DER CORONARKREISLAUF

PHYSIOLOGIE · PATHOLOGIE · THERAPIE

VON

DR. MAX HOCHREIN

PROFESSOR AN DER UNIVERSITÄT LEIPZIG

MIT 54 ABBILDUNGEN

BERLIN

VERLAG VON JULIUS SPRINGER

1932

ISBN-13:978-3-642-89854-9   e-ISBN-13:978-3-642-91711-0
DOI: 10.1007/978-3-642-91711-0

Zur Einführung.

Die Monographie von M. Hochrein, die hier den Fachgenossen vorgelegt wird, ist nicht allein und nicht einmal in erster Linie eine Zusammenfassung des gesamten Wissens von der Physiologie und Pathologie des Coronarkreislaufes. Gewiß sind Arbeiten und Anschauungen anderer Forscher eingehend berücksichtigt. Indessen sehe ich den Hauptwert dieser Arbeit weniger in der kritischen Besprechung fremder Leistungen, als in der Wiedergabe der eigenen Untersuchungen des Verfassers.

Seitdem ich vor mehr als 20 Jahren mit meinem talentvollen, im Kriege gebliebenen Mitarbeiter Alfred Zahn mich mit Problemen der Coronarphysiologie und -pathologie beschäftigt hatte, ließen mich diese Fragen nicht mehr los. Die große Häufigkeit der Kranzarterienerkrankungen unter den Patienten meines jetzigen Wirkungskreises gab nun weitere Anregung, alte Gedanken zu verfolgen. Mein Oberarzt Max Hochrein hat seit Jahren mit trefflicher experimenteller und klinischer Methodik wertvolle Beiträge zur Coronarphysiologie und -klinik geliefert. Diese Untersuchungen, die den ganzen, für uns Ärzte so wichtigen Fragenkomplex von den verschiedensten Seiten angreifen, gewinnen dadurch an Wert und Bedeutung, daß sie mit einer Methodik ausgeführt sind, die weit mehr, als es noch vor wenigen Jahren möglich war, jene Forderung erfüllt, die solche Forschungen für den Kliniker erst recht wertvoll machen: nämlich das Experiment unter Bedingungen auszuführen, die den Verhältnissen im lebenden Organismus entsprechen. Das war auch schon 1912 mein leitender Gedanke, der damals freilich nur unvollkommen verwirklicht werden konnte.

Die eigene experimentelle und klinische Erfahrung des Verfassers ist es, die dieser Monographie ihre Berechtigung verleiht. Sonst könnte man im Zweifel sein, ob heute, wo die größeren Werke von Mahaim und Condorelli vorliegen, noch eine breitere Darstellung des gleichen Gebietes der Pathologie zweckmäßig erscheint. Indessen wird jeder Leser, der jene Bücher kennt, sofort ersehen, daß hier andere Gedanken herrschend sind: In den verdienstvollen Werken, die ich oben nannte, Vorherrschen diagnostischer Gesichtspunkte und breite Darstellung der großen Fortschritte, die uns die Methode der Elektrokardiographie gerade hier gebracht hat. Gewiß vernachlässigt auch M. Hochrein diese wichtige Methodik nicht, aber der Hauptwert seiner Darstellung liegt doch mehr auf dem Gebiete der experimentellen Coronarforschung, an der er in den letzten Jahren lebhaften Anteil genommen hat.

So möge diese Arbeit durch ihren Gehalt an Wertvollem, Eigenem bei den Fachgenossen Beachtung finden und den Ausgang weiterer klinischer und experimenteller Forschung bilden.

Leipzig, im September 1932.

P. Morawitz.

Vorwort.

Die Häufigkeit der Coronarerkrankungen an der Leipziger Medizinischen Klinik regte mich zur intensiven Beschäftigung mit Störungen des Coronarkreislaufes an. Da bis vor wenigen Jahren unsere Kenntnisse auf dem Gebiete der Physiologie dieses Gefäßgebietes noch sehr lückenhaft waren, so daß für klinische Arbeiten keine große Förderung erwartet werden konnte, ergab sich die Notwendigkeit eigener experimenteller Forschung. Die bisherigen Untersuchungen über das Verhalten isolierter Kranzarterien oder Kreislaufmodelle (Langendorff-Herz bzw. Starling-Präparat) waren bei diesen Arbeiten wichtige Wegweiser, einen Ersatz für den intakten Kreislauf konnten sie jedoch nicht bieten. Nur der gesamte Organismus ist imstande, die Kenntnis der Reaktionen des Coronarkreislaufes zu vermitteln, die am Krankenbette im Wechselspiel mechanischer, chemischer und nervöser Faktoren zur Beobachtung gelangen.

Schon Morawitz und Zahn hatten sich bei ihren Coronararbeiten von diesen Gedankengängen leiten lassen. Die technischen Schwierigkeiten, die damals derartigen Untersuchungen im Wege standen, konnten durch die inzwischen entwickelten Methoden behoben werden. In Gemeinschaft mit Ch. J. Keller, mit dem auch der größte Teil der beschriebenen physiologischen und pharmakologischen Versuche ausgeführt wurde, gelang zum ersten Male der Nachweis, daß mit Hilfe der Reinschen Stromuhr der Coronarkreislauf auch am Ganztier, bei geschlossenem Thorax und natürlicher Atmung, unter konstanten Versuchsbedingungen untersucht werden kann. Damit war die Möglichkeit gegeben auf breiter Basis die normale und pathologische Physiologie, sowie die Pharmakologie des Coronarkreislaufes zu studieren.

Die Stellung des Praktikers zu physiologischen Problemen ist von der des Theoretikers verschieden. So auch hier. Wenn auch gelegentlich auf Teilfragen, wie Funktion der Coronararterienwand, Abhängigkeit des Blutangebotes und des Widerstandes im Coronarsystem bei willkürlich gewählten Versuchsbedingungen usw. eingegangen wurde, stand doch für mich im Mittelpunkte des Interesses die Reaktion des intakten Coronarkreislaufes auf Lebensäußerungen des gesamten Organismus. Es entstand, angeregt durch die Probleme am Krankenbett, eine Physiologie des Coronarkreislaufes, die vor allem praktischen Fragen genügen soll.

Die Vertiefung in bestimmte physiologische Probleme führte auch zu anatomischen Studien, die in Gemeinschaft mit W. Spalteholz durchgeführt wurden. So ist der theoretische Teil dieser Arbeit zum großen Teil auf eigenen Forschungen aufgebaut.

Das große Interesse für Coronarerkrankungen, das in einer ungeheuren Literatur zum Ausdrucke kommt, verlangte neben einer ausführlichen Beschreibung der verschiedenen Krankheitsbilder auch ein Eingehen auf klinische Zusammenhänge, die zwischen den einzelnen Störungen im Coronarkreislauf bestehen. Die Forschungsergebnisse der letzten Jahre gestatten es, zahlreiche Symptome, die bisher schwer verständlich waren, leichter zu deuten und in ihrer Auswirkung auf den gesamten Organismus besser zu beurteilen.

Die Ausführungen über die Therapie der Coronarerkrankungen sind das Ergebnis experimenteller Forschungen und klinischer Erfahrungen. Da die Leipziger Klinik mit ihrem großen Material eine seltene Gelegenheit zum Studium derartiger Krankheiten gibt, wurden im therapeutischen Abschnitt nicht nur schematische Angaben gemacht, sondern es wurde an Hand von Krankheitsberichten auch auf individuelle Reaktionen eingegangen. Wir sind heute bereits imstande, auf dem Boden gesicherter experimenteller Befunde eine Klinik der Coronarerkrankungen mit klaren Zielen zu betreiben. Die Lücken unseres Wissens sind allerdings auf verschiedenen Gebieten noch groß. Ich hielt es für richtiger, an den betreffenden Stellen auf diese Lücken hinzuweisen, statt sie mit Hypothesen auszufüllen. Ich hoffe, daß diese Arbeit dazu beitragen wird, die Kenntnis der Pathologie und Klinik der Coronararterien zu fördern und zu weiteren Beobachtungen anzuregen.

Leipzig, im September 1932.

MAX HOCHREIN.

Inhaltsverzeichnis.

A. Anatomie.

I. Die Coronararterien.

Am menschlichen Herzen sind normalerweise zwei Coronararterien vorhanden, die A. coronaria dextra und die A. coronaria sinistra. Die beiden Gefäße entspringen aus der Wand der Aortenwurzel in den Sinus Valsalvae der beiden vorderen Taschenklappen. Besichtigt man die Abgangsstelle der Kranzarterien bei systolischer Stellung der Semilunarklappen, so liegen die Ostien meist in der Höhe des freien Klappenrandes. Nimmt man den Umfang eines Sinus Valsalvae, so entspringen die Kranzarterien meist in der Halbierungslinie, häufig aber auch näher dem vorderen Ende der Ansatzlinie der zugehörigen Semilunarklappe. Die Bedeutung der Lage der Coronarostien für die Größe des Blutangebotes an die Kranzarterien soll später noch eingehend besprochen werden.

Die Hauptstämme der Coronararterien verlaufen alle an der Herzoberfläche, erst Äste zweiter und dritter Ordnung gelangen in die Tiefe des Herzmuskels. Die Hauptstämme sind von Epikard bedeckt und von epikardialem Fett umhüllt. Nur bei extremster Unterernährung sieht man dieses Fettlager geringer werden. Manchmal ziehen über die Hauptstämme einige Muskelfasern brückenförmig hinweg. Eine starke Schlängelung, die bei oberflächlichen Arterien des großen Kreislaufes als Alterserscheinung gedeutet wird, findet man in den Hauptstämmen und den feineren Verzweigungen der Coronararterien bereits bei Neugeborenen.

Der Verlauf der Herzarterien beim Menschen ist von W. SPALTEHOLZ, JAMIN und MERKEL, BANCHI, J. TANDLER, L. GROSS eingehend geschildert worden. Diesen Ausführungen ist zu entnehmen, daß es kaum zwei menschliche Herzen gibt, die hinsichtlich der Gestaltung ihres Gefäßsystems vollständig identisch sind. Die gleiche Beobachtung wurde am Hundeherzen, das häufig zu physiologischen und pharmakologischen Versuchszwecken diente, gemacht.

Die Anomalien im Ursprung und Verlauf der Coronararterien, die beim Menschen am häufigsten beobachtet werden, sind von BOCHDALEK, GALLAVARDIN und RAVAULT zusammenfassend geschildert worden.

Die Versorgungsgebiete der Coronararterien zeigen ebenfalls keine allgemeingültigen Gesetzmäßigkeiten, doch kann man mit großer Häufigkeit sehen, daß die rechte Kranzarterie den größten Teil des rechten Herzens, die hintere Hälfte des Septums und auch einen Teil der Hinterwand des linken Ventrikels versorgt. Die rechte Coronararterie beteiligt sich weiterhin an der Versorgung des medialen (hinteren) Papillarmuskels der linken Kammer. Die linke Coronararterie versorgt den übrigen Teil des linken Ventrikels, die vordere Hälfte des Septums einen schmalen Streifen längs der Kammerscheidewand an der vorderen Fläche des rechten Ventrikels. Der große Papillarmuskel des rechten Ventrikels wird zum Teil von der linken Kranzarterie ernährt. Nach den Ausführungen von GROSS soll mit zunehmendem Alter die linke Coronararterie ein immer größeres Gebiet der Herzernährung übernehmen.

Der Verlauf der subepikardialen Äste folgt nur teilweise der Richtung der oberflächlichen Muskellagen, teilweise ist er ganz unabhängig von ihr. Die in die Tiefe ziehenden Arterienzweige durchsetzen die Muskulatur im allgemeinen senkrecht zur Oberfläche, ohne Beziehung zur Verlaufsrichtung der Muskelzüge; sie gelangen bis unter das Endokard oder treten evtl. in die Papillarmuskeln ein. Ihre Seitenäste gehen spitz- oder rechtwinklig ab und biegen in die Richtung der Muskelfaserzüge ein.

In der physiologischen und klinischen Literatur spielt die Stenosierung verschiedener Teile des Coronararteriensystems eine große Rolle. Die Einwirkung eines derartigen Vorganges auf das Elektrocardiogramm ist eingehend studiert worden. Das Verständnis für die verschiedenartigen Ergebnisse dieser Untersuchungen wird gefördert durch eine genauere Betrachtung der Blutversorgung des Reizleitungssystems. Da im weiteren Verlauf von experimentellen Untersuchungen an

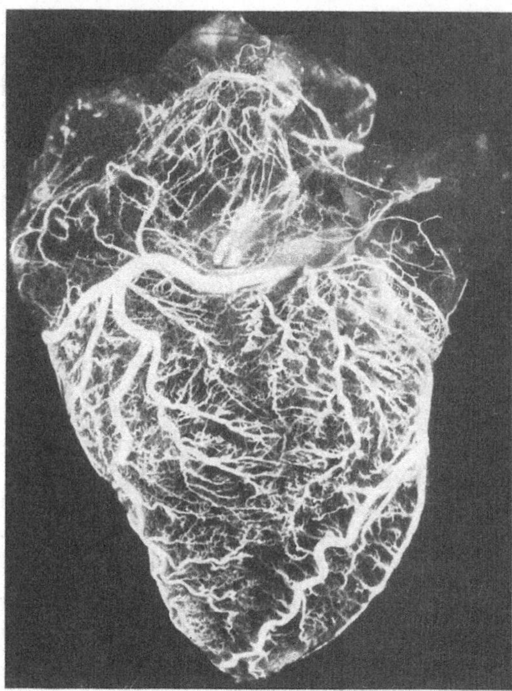

Abb. 1. Herz eines menschlichen Neugeborenen. Die Coronararterien sind mit Chromgelb-Gelatine-Masse injiziert. Das Herz ist unter Ausdehnung der Herzhöhlen in Formalinlösung gehärtet und dann durchsichtig gemacht (SPALTEHOLZ). Photographische Aufnahme. Vergr. etwa 2:1. Ansicht von vorn und rechts.

Hunden und von klinischen Beobachtungen die Rede sein soll, wird auf die Verhältnisse beim Menschen und Hund kurz eingegangen.

1. Die Blutversorgung des Reizleitungssystems beim Menschen.

Bereits KEITH und FLACK wiesen darauf hin, daß der Sinusknoten ein eigenes Gefäßsystem besitzt. KOCH konnte zeigen, daß diese Gefäße von der rechten Coronararterie kommen. Der ASCHOFF-TAWARAsche Knoten und der oberste Teil des HISschen Bündels erhalten ihre Blutzufuhr von einer Arterie, die HAAS „A. septi fibrosi" genannt hat. Als ein relativ großes Gefäß entspringt sie kurz vor der Umschlagstelle der rechten Kranzarterie zum Ram. desc. post. Sie dringt unter dem Kranzvenentrichter hindurch und verläuft dann auf der rechten Seite des Vorhofsseptums — etwa in der Höhe der Ansatzlinie der mittleren Tricuspidalklappe — in der Richtung auf den ASCHOFF-TAWARAschen Knoten. Diesen durchsetzt sie; mit dem HISschen Bündel zieht sie dann nach vorn. An dessen Teilungsstelle splittert sie sich in folgende Äste auf: Ein dünner Ast zieht im Vorhofsseptum nach oben. Mehrere Äste dringen unter der mittleren Tricuspidalklappe hindurch und verästeln sich auf der rechten Seite des Ventrikelseptums in dessen hinterem, oberem Viertel. Ein Ast zieht nach links, das Sept. membran. durchbohrend. Er versorgt den oberen Abschnitt des linken Schenkels des Hisschen Bündels.

Noch vor Abgang der A. sept. fibr. entspringt aus der rechten Coronararterie der „Ram. septi ventric." (HAAS). Er teilt sich in zwei Äste. Der rechte versorgt die hintere Hälfte des Ventrikelseptums mit Blut, zusammen mit jenem Ast der A. sept. fibr. In gleicher Weise verhält es sich mit dem linken Ast auf der linken Septumseite. Mit kleinen perforierenden Ästen nimmt der Ram. desc. post. art. coron. dextr. an der Versorgung der Hinterseite des Septums teil. Bisweilen ist dieser oder jener Ast länger oder kürzer.

Der ASCHOFF-TAWARAsche Knoten, das Hissche Bündel und der hintere Teil der beiden Schenkel werden von hinteren Ästen der rechten Coronararterie versorgt.

Die linke Kranzarterie übernimmt dagegen mit perforierenden Ästen ins Septum, besonders vom Ram. desc. ant. aus, den vorderen und unteren Anteil des Septums und mithin die feineren Äste des Reizleitungssystems. Einzelne Äste können beinahe an die Pars membran. heranziehen, erreichen sie aber nie. Der vordere Ast des linken Schenkels wird fast ausschließlich von ihr versorgt. Die mittleren Zweige des Bündels erhalten Blutzufuhr von beiden Coronararterien.

Diese Schilderung der Blutversorgung des Reizleitungssystems, die sich im wesentlichen auf die Untersuchungen von HAAS stützt, trifft nach den Befunden von MÖNCKEBERG, GROSS, CRAINICIANU, SPALTEHOLZ, GERANDEL und VISCHIA nicht für alle Fälle zu. Das Verhalten zeigt eine größere Variabilität, auf die hier nicht eingegangen werden soll. (Näheres bei SPALTEHOLZ und VISCHIA.)

In neuerer Zeit hat MAHAIM sich mit der Blutversorgung des Reizleitungssystems eingehend beschäftigt. Er gibt eine zum Teil etwas abweichende Darstellung.

Nach M. spricht man am besten von einer „Vascularisation antérieure" und einer „Vascularisation postérieure" des Septums.

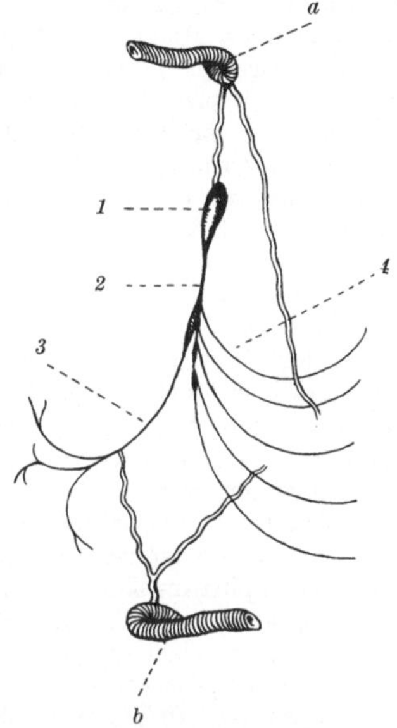

Abb. 2. Schema des Hisschen Bündels und seiner Verzweigungen nach MAHAIM; Les maladies organiques du faisceau de HIS-TAWARA. Paris (1931).

a Vascularisation postérieure.
b Vascularisation antérieure.
1 ASCHOFF-TAWARAscher Knoten.
2 Hissches Bündel.
3 Rechter Schenkel.
4 Linker Schenkel.

Die V. antérieure geschieht durch Äste des Ram. desc. ant. der Art. coron. sin. Die V. postérieure erfolgt durch Äste der A. desc. post. Diese A. desc. post. ist in 90% der Fälle die Fortsetzung der A. circumflexa dextra, in 10% der Fälle aber die Fortsetzung der A. circumflexa sin.

Der *TAWARAsche Knoten* wird immer von der A. septi fibrosi (HAAS) versorgt. Diese entstammt der Vascularisation postérieure.

Der *truncus communis* (*das Hissche Bündel* im engeren Sinne) wird meistens von der Art. sept. fibrosi mitversorgt, ebenso der Anfangsteil der beiden Schenkel, doch kommt unter Umständen auch eine Gefäßversorgung von vorne zur Beobachtung.

Am *linken Schenkel* des *Hisschen Bündels* werden die vorderen Zweige von Ästen des Ram. desc. ant., damit von der V. antérieure versorgt, die hinteren Zweige dagegen von Ausbreitungen der A. desc. post., damit von der V. postérieure. Das Ausbreitungsgebiet der beiden Gefäßversorgungen wechselt aber mehr oder weniger.

Über die individuellen Variationen in der Gefäßversorgung des *rechten Schenkels des Hisschen Bündels* sind wir noch nicht völlig unterrichtet. Immerhin können wir sagen, daß in der Regel der rechte Schenkel von Zweigen der A. desc. ant. versorgt wird, darunter in seinem unteren Teil vom „ramus limbi dextri (GROSS)", einem Zweig der zweiten „perforans anterior" aus der A. desc. ant.

2. Die Blutversorgung des Reizleitungssystems beim Hund.

Die Ausbreitung der linken Kranzarterie ist beim Hund viel größer als beim Menschen. Während bei letzterem der Ram. desc. post. der rechten Kranzarterie angehört, ist er beim Hund, wenigstens in den meisten Fällen, das Ende des Ram. circumfl. coron. sin. Dementsprechend entspringt die auch beim Hund vorhandene A. sept. fibr. hier aus der linken Coronaria, an der Stelle des Umbiegens in den Ram. desc. post. Sinus und Atrioventrikularknoten werden in gleicher Weise wie beim Menschen versorgt. Die Gebiete aber, die beim Menschen durch Endäste der A. sept. fibr. und den Ram. septi ventr. aus ernährt werden, erhalten beim Hund ihre Blutzufuhr von einer einzigen großen Arterie. (Kleine Äste dringen natürlich auch hier von den Ram. desc. ant. und post. aus ins Septum.) Diese große Septumarterie entspringt aus der linken Coronararterie, entweder aus deren Truncus oder aus dem Anfangsteil des Ram. desc. ant., aber höchstens 3 mm nach der Teilung. In einigen Fällen liegt ihr Ursprung so nahe der Aorta ($^1/_2$ mm), daß ihre Unterbindung am schlagenden Herzen fast unmöglich ist. Bisweilen ist sie doppelt angelegt. In diesen Fällen läuft die distale dann regelmäßig nahe der vorderen Scheidewandkammergrenze rechts auf dem Septum, parallel dem Ram. desc. ant. Der gewöhnliche Verlauf jedoch ist folgender: sie dringt fast senkrecht in das Septum ein, jedoch nahe dessen rechter Oberfläche. Der — viel stärkere — rechte Ast der A. sept. zieht als Fortsetzung des Stammes von vorn oben nach unten (spitzenwärts). Ein Ast zieht nach hinten unten, der andere nach dem vorderen Papillarmuskel. Die Teilungsstelle in diese beiden Äste liegt ca. $1^1/_2$ cm hinter dem Ursprung aus der linken Coronaria. Ein ziemlich kräftiger Seitenast, der noch vor dieser Teilung abgeht, zieht unter der mittleren Tricuspidalklappe hinweg nach dem a.-v. Knoten und geht dort Anastomosen mit der A. sept. fibr. ein. Der linke Ast des Ram. sept. ist viel kleiner. Er verläuft auf der linken Seite des Septums nach hinten unten, liegt aber nicht so oberflächlich wie der rechte. Außerdem wird die linke Seite von perforierenden Ästen des rechten Astes versorgt. Unterbindet man den Ram. sept. und injiziert die Coronararterien mit Zinnobergelatine, die auch die feinsten Anastomosen füllt, so findet man, daß nur ein dünner Saum des Septums, der der äußeren Wand entspricht, gefäßgefüllt erscheint. Daraus folgt, daß beim Hund der a.-v. Knoten von 2 Seiten, vom Ram. sept. fibr. und vom Ram. sept. aus, Blut empfängt, während das Reizleitungssystem in seinem weiteren Verlauf vom Ram. sept. allein versorgt wird.

HENLE und HYRTL bestritten die Existenz von *Anastomosen* zwischen den Coronararterien und den einzelnen Ästen derselben Arterie. Die Versuche von COHNHEIM und v. SCHULTHESS-RECHBERG führten dann zu der Vorstellung, daß die Coronararterien Endarterien seien. Diese Lehre wurde durch die Untersuchungen von W. SPALTEHOLZ, JAMIN und MERKEL, BIANCHI, TANDLER und GROSS widerlegt. Wir wissen heute, daß eine große Menge von Anastomosen zwischen den verschiedenen Ästen der beiden Coronararterien bestehen, und daß Äste der rechten und linken Coronararterie in großer Ausdehnung im Ventrikelseptum, den Papillarmuskeln, der Wurzel der großen Gefäße (GALLI 1903) und in der Wand der Vorhöfe (MORRIS 1927) miteinander in Verbindung stehen. Auch im Sulcus atrio-ventricularis an der Hinterfläche des Herzens und zwischen dem R. descendens anterior und posterior werden zuweilen Verbindungen gefunden. Ferner konnte gezeigt werden, daß die Coronararterien mit den Vasa vasorum der beiden Schlagadern und durch Gefäße an der Umschlagstelle des Perikards mit den Aa. mammariae internae und den Gefäßen des Zwerchfells anastomosieren.

Die Menge und die Art der Anastomosenbildung zeigen außerordentliche individuelle Verschiedenheiten. Im höheren Alter soll die Zahl der Anastomosen zwischen den Coronararterien, besonders im Ventrikelseptum und in den feineren Verzweigungen, stetig zunehmen (GROSS).

Die Capillarausbreitungen im Herzen haben nach SPALTEHOLZ (1924) Ähnlichkeiten mit denen im Skeletmuskel. Die Maschen des Capillarnetzes sollen mehrere Muskelfasern umschließen. ALBRECHT (1903) führt als Besonderheit an, ,,daß die Maschen eine rechteckige Form besitzen, daß die Capillaren stets unter

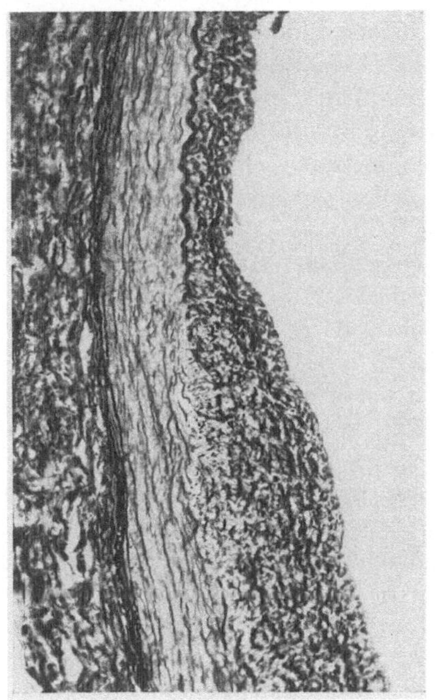

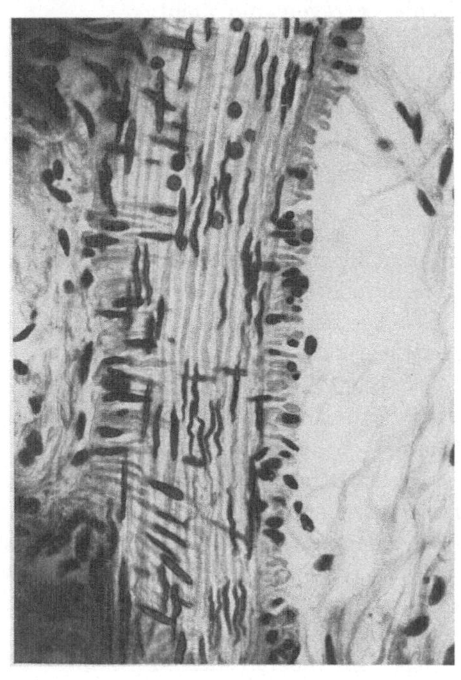

Abb. 3. Querschnitt des Stammes der linken Coronararterie eines sechsjährigen Knaben. WEIGERTS Resorcin Fuchsin. Vergr. 100.

a Intima. *b* Media. *c* Adventitia.

Abb. 4. Längsschnitt einer kleinen Arterie aus dem Septum des Herzens eines sechsjährigen Knaben. Hämalaun-Eosin. Vergr. 350.

mehr oder weniger spitzem Winkel aneinanderstoßen''. WEARN und ZSCHIESCHE (1928) haben gefunden, daß die Capillaren ein Netzwerk bilden, dessen Maschen 3—4mal so lang als breit sind. Zum Unterschied gegen den Skeletmuskel findet WEARN, daß schräge und quere Anastomosen zwischen den die Herzmuskelfasern begleitenden Capillaren häufiger sind. In allen untersuchten Herzen kommen auf 1600 Muskelfasern 1000—1100 Capillaren. In den Vorhöfen und den PURKINJEschen Fasern ist die Zahl geringer, 500—560 (JOHNSTONE und WAKEFIELD (1922), WEARN und ZSCHIESCHE (1928).

Sowohl von anatomischer als auch von physiologischer Seite wurde der *morphologischen Struktur* der Coronararterienwände größtes Interesse entgegengebracht (Literatur bei SPALTEHOLZ und HOCHREIN), da die Coronararterien einesteils häufig der Sitz pathologischer Veränderungen sind, und man andererseits aus der Wandstruktur das eigenartige Verhalten des Coronarsystems bei physiologischen und pharmakologischen Eingriffen zu erklären suchte.

Eigene Untersuchungen (W. Spalteholz und M. Hochrein) führten uns zu folgender Vorstellung über die wesentlichen Eigentümlichkeiten des Baues der menschlichen Coronararterien und ihrer Unterschiede gegenüber anderen Arterien.

Nur die — *oberflächlich gelegenen* — Stämme und Anfangsstücke der großen Äste zeigen starke Abweichungen von der Struktur der übrigen Arterien, und zwar:

a) Ihre Intima ist relativ und absolut dicker; sie kann das Doppelte der Media betragen und mehr.

b) Die Intima enthält vereinzelt und — in der äußeren Zone — gruppenweise Längs- bzw. Schrägmuskelfasern, deren Gesamtmenge jedoch meistens kleiner ist als diejenige der Ringmuskelfasern der Media; die Muskelfasergruppen sind mit längs verlaufenden elastischen Fasern durchflochten.

c) In der ganzen Intima verlaufen sehr viele, meistens sehr kräftige elastische Fasern in der Längsrichtung, vielfach zu Lamellen gruppiert, die konzentrisch angeordnet sind. An der Grenze der Media bilden sie eine Lamina elastica interna, die teilweise sehr stark, zusammenhängend und einfach, teilweise verdoppelt oder vollständig in Einzelfasern aufgelöst ist.

d) Die Media ist vielleicht etwas schwächer als an anderen gleich großen Arterien.

e) Die Media enthält nur verhältnismäßig wenig elastische Fasern.

f) Zwischen der Intima und Media findet in beschränktem Maße ein Austausch von Muskelfasern statt.

g) Auffällige Unterschiede zwischen rechter und linker Kranzarterie sind nicht vorhanden.

An den anderen Teilen der großen Äste und an deren oberflächlichen Zweigen nehmen diese charakteristischen Abweichungen nach der Peripherie zu sehr rasch ab, so daß die kleinen Zweige kaum noch Unterschiede von anderen entsprechenden Arterien erkennen lassen. Die kleinen und kleinsten Arterienzweige im Inneren der Muskulatur sind fast ebenso gebaut wie in anderen Organen, jedoch

h) auch kleine Arterien im Herzmuskel selbst besitzen anscheinend Längsmuskelfasern in der Intima.

Die Altersveränderungen scheinen uns nach unserem — allerdings kleinen — Materiale nicht so ausgesprochen und so typisch zu sein, wie Wolkoff es annimmt.

II. Die Venen des Herzens.

Die Herzvenen gehören wie die Herzarterien entwicklungsgeschichtlich dem System des Körperkreislaufes an. Nach Tandler ist man zur Ansicht berechtigt, daß primär alle Herzvenen in den Sinus venosus cordis gemündet haben, erst sekundär dürften einzelne Venen den Zusammenhang mit jenem Sinusderivat, welches den größten Anteil der Herzvenen in sich sammelt, verloren und Mündungen an anderen Stellen des Herzens gefunden haben. Dahin gehören die Venae parvae cordis, während die Venae minimae cordis sich wohl nach einem ganz anderen Prinzip entwickelt haben dürften.

Man kann, den Ausführungen TANDLERS entsprechend, das Venensystem in folgende Abschnitte einteilen:

a) Der Sinus coronarius.

Der Sinus coronarius cordis endet proximal an der Valvula Thebesii und reicht distal nach der gewöhnlichen Definition so weit, als das Gefäßrohr von der Herzmuskulatur umgriffen wird. An der Innenseite verlegt man den Anfang des Sinus coronarius an jene Stelle, an welcher sich die Valvula Vieussenii befindet. Da jedoch der Übergang der quergestreiften Muskulatur in die Venenwand ein allmählicher ist, kann das distale Stück des Sinus coronarius wohl muskelfrei sein, so daß die Valvula Vieussenii ein muskelfreies Stück des Sinus gegen die Vena magna abgrenzt, niemals aber reicht die Muskulatur über die Valvula Vieussenii nach links. Die in den Sinus coronarius mündenden Venen zeigen große individuelle Schwankungen, als Typus findet man 1. die Vena magna cordis, 2. die Vena obliqua Marshalli und 3. den Truncus communis der Vena cordis dextra und der Vena interventricularis posterior. Der Sinus ist meistens, aber nicht immer, im Sulcus coronarius gelegen. Er zieht nicht selten in einem herzspitzenwärts konkaven Bogen über die hintere Wand des linken Vorhofes, so daß die von ihm sonst eingenommene Furche leer bleibt. Der Sinus coronarius ist allseitig bis an seine Mündung von ihm eigener zirkulärer Muskulatur umgriffen. Hierzu kommen noch einzelne longitudinale resp. schiefe Fasern, welche, aus der Vorhofsmuskulatur stammend, über ihn hinwegziehen.

b) Die Äste des Sinus coronarius.

1. Die *Vena magna cordis*. Die Vena magna cordis beginnt als Vena interventricularis anterior an der Herzspitze, wo sie mit der Vena interventricularis posterior anastomosiert, zieht hierauf in der vorderen Interventrikularfurche zusammen mit dem Ramus descendens der Arteria coronaria sinistra gegen die Herzbasis, biegt, an der Coronarfurche angelangt, unter dem linken Herzohr in scharfem Bogen nach links, umgreift, in der Coronarfurche gelegen, den Margo obtusus cordis und mündet in den Sinus coronarius. Sie bezieht eine Reihe mächtiger Venen aus der Wand des linken Ventrikels und einzelne auch von der des rechten Ventrikels, darunter auch eine Vene, die der Arteria adiposa sinistra Vieussenii entspricht, aus dem Conus arteriosus. Am Margo obtusus cordis empfängt die Vena magna die Vena marginalis sinistra, an der hinteren Fläche des linken Ventrikels die Vena ventriculi sinistri posterior. Die Vena marginalis sinistra biegt manchmal, bevor sie vena magna erreicht, nach hinten ab und verläuft an der hinteren Herzwand ein Stück weit parallel mit dem Endstück der Vena magna, um in dieses oder sogar direkt in den Sinus coronarius zu münden.

2. Die kleine *Vena obliqua atrii sinistri* (Marshalli) läuft, vor den Lungenvenen beginnend, über den linken Vorhof nach abwärts, gelangt an die Hinterfläche des Vorhofes und steigt schief gegen das Ende des Sinus coronarius ab. Der Sinus coronarius stellt ihre eigentliche Fortsetzung dar.

3. Die *Vena interventricularis posterior* beginnt an der Herzspitze, zieht zusammen mit dem Ramus descendens posterior der Arteria coronaria dextra in der hinteren Ventrikularfurche nach aufwärts und mündet entweder isoliert oder in Form eines Truncus communis mit der Vena coronaria dextra in den Sinus coronarius. Sie erhält Zweige von der ganzen Facies diaphragmatica cordis.

4. Die *Vena coronaria dextra*. In den meisten Fällen repräsentiert diese Vene ein kleines Gefäß, welches, im hinteren Anteil der rechten Coronarfurche verlaufend, in die Vena interventricularis posterior oder in den Sinus direkt mündet.

c) Die Venae parvae cordis.

Als solche werden die direkt in den rechten Vorhof mündenden Venen bezeichnet. Von diesen ist die mächtigste die am Margo acutus cordis verlaufende Vene, welche den Sulcus coronarius überbrückt und unmittelbar darüber in den rechten Vorhof mündet, *Vena Galeni*. Mit ihr parallel verlaufen, teils ventral, teils dorsal gelegen, drei bis vier kleinere Venenstämme, welche dieselben Mündungsverhältnisse zeigen. Hierzu kommt noch eine in der Conusgegend entspringende Vene, welche zwischen Conus und dem rechten Herzohr in die Tiefe dringt und ebenfalls selbständig in den rechten Vorhof mündet (CRUVEILHIER), weiter eine in das rechte Herzohr mündende Vene, welche Blut aus dem Anfangsteil der Aorta und A. pulmonalis und aus dem anliegenden Stück des rechten Herzohres bringt, ZUCKERKANDLsche Vene.

d) Venae minimae Thebesii.

Neben den beiden eben beschriebenen Arten von Venen unterscheidet man noch eine dritte, deren Ausbreitungs- und Mündungsweise weitgehenden Variationen unterworfen ist. Die Existenz dieser Venen ist lange Zeit sehr umstritten gewesen, doch kann heute, besonders auf Grund der Untersuchungen von L. LANGER, an deren Vorhandensein nicht mehr gezweifelt werden. TANDLER (s. auch KRETZ) beschreibt sie in folgender Weise:

Die Venae minimae der beiden Vorhöfe sind entweder die selbständigen Ausfuhrwege kleinerer Capillarbezirke oder direkte Anastomosen mit den größeren, mehr oberflächlich gelegenen Venen. Im ersteren Falle sind sie sehr klein: der Durchmesser ihrer Mündungen beträgt dann nur Bruchteile eines Millimeters, in letzterem sind sie größer, und ihre Mündung ist als eine flache weite Grube zu sehen, in deren Fond sich sekundäre Öffnungen befinden. Im rechten Vorhof sind die Foramina Thebesii zahlreich. Sie sitzen hier hauptsächlich an der Scheidewand, besonders in der Nähe des Limbus Vieussenii. Auch in der Nähe der Valvula Thebesii kommen sie häufig vor. Im linken Vorhof sind sie weitaus seltener; fast konstant ist, wie schon LANGER angibt, eine an der Scheidewand des linken Vorhofs knapp oberhalb der Abgangsstelle des Aortenzipfels gelegene größere Venenmündung, welche nicht nur aus der Vorhofs-, sondern auch aus der Ventrikelscheidewand Blut in den linken Vorhof bringt.

Im Bereiche der Ventrikel sind die Foramina Thebesii bezüglich ihres Vorkommens und ihrer Lokalisation großen Variationen unterworfen. Man sieht sie hauptsächlich an der Basis der Papillarmuskeln und rechterseits in der Nähe des Conus. LANGER beschreibt sie auch in der Nähe der Herzspitze. Die Venae minimae der Ventrikel stehen nicht in offener Kommunikation mit den Venen der Herzoberfläche, sondern sie stellen, wie dies LANGER beschreibt, selbständige Zentren von kleinen capillaren Venengebieten in der Herzmuskulatur und im subendokardialen Bindegewebe dar. Ihre Anastomose mit den übrigen Venen geschieht nur auf dem Wege der Capillaren.

Die physiologische Bedeutung der Venae minimae ist noch recht unklar. U. KINOSHITA zeigte an Herzen, bei denen die Totenstarre gelöst war, daß der Herzmuskel unter geringem Druck auf dem Wege der Venae Thebesii mit einer gefärbten Flüssigkeit völlig durchsetzt werden kann. Nach WEARN erfolgt die Blutversorgung des Herzens auf zwei Wegen: Coronararterie—Capillare—Coronarvene und —sinus oder arterio-thebesianische Kanäle— Venae Thebesii—Herzhöhle. Der zweite Weg, der den hohen capillaren Widerstand umgeht, wird vom Blutstrom, falls kein zu hoher intraventrikulärer Druck vorliegt, bevorzugt. Während der Systole ist diese Bahn verschlossen. GRANT und VIKO konnten die von WEARN vermuteten Kanäle zwischen Coronararterien und Venae Thebesii nicht nachweisen. Dagegen zeigten sie die leichte Durchgängigkeit der bekannten Anastomosen zwischen V. Thebesii und Coronarvenen durch die rasche Füllung der Coronarvenen mit gefärbter Lösung bei Injektion in die Orifizien der V. Thebesii. Diese Verbindungswege müssen weit durchgängig sein, denn Gelatinelösung, die zu dick ist, um die Capillaren passieren zu können, gelangt bei geringem Injektionsdruck leicht von den Coronarvenen in die V. Thebesii. G. STELLA konnte nicht den Beweis dafür erbringen, daß in irgendeiner Herzphase Blut aus den Herzhöhlen nach Durchdringung des Herzmuskels in die Coronararterien gelangen kann. Während der Systole ist die Durchblutung der V. Thebesii von den Herzhöhlen her unterbrochen, eine geringe Blutversorgung des Herzens scheint auf diesem Wege während der Diastole möglich zu sein.

Genauere Angaben über die morphologische Struktur der Herzvenen sind spärlich. Ähnlich wie die Hirnvenen sind die Herzvenen sehr dünnwandig. Die kleinen und mittelgroßen Venen bestehen neben dem Endothel nur aus Bindegewebe und elastischen Fasern (BENNINGHOFF). Die kleinsten Herzvenen bestehen nur aus einem feinen Häutchen, das von Endothel ausgekleidet ist. Erst bei größeren Venen treten einige Züge glatter Muskelfasern auf, die vorwiegend ringförmig oder schräg zur Gefäßachse verlaufen. Durch die Adventitia sind die Herzvenen im intermuskulären Bindegewebe befestigt (v. EBNER). Schon im mittleren Lebensalter finden sich Altersveränderungen in Form von knotigen Intimaverdickungen (T. SATO). Die Media nimmt ab, die Intima verdickt sich.

e) Die Klappen der Herzvenen.

Das Vorhandensein von Klappen in den Herzvenen war schon VIEUSSENS und MORGAGNI bekannt. W. GRUBER hat sich mit der Frage nach dem Vorkommen der Klappen in den Herzvenen besonders beschäftigt. Aus den Untersuchungen von W. GRUBER und TANDLER ist zu entnehmen, daß an den Venenstämmen selbst keine Klappen vorhanden sind. Nur an den Mündungsstellen der Venen in den Sinus coronarius kommen Klappen vor. Die am häufigsten vorkommende ist die schon von VIEUSSENS beschriebene und nach ihm benannte Valvula Vieussenii an der Mündungsstelle der Vena magna cordis in den Sinus coronarius. Sie ist meist gut entwickelt und unpaar, doch findet man auch Fälle, in welchen diese Klappe paarig ist. Die beiden vorhandenen Klappen sind meist verschiedener Größe. An der Mündungsstelle der Vena ventriculi sinistri posterior existiert ebenfalls nicht selten eine gut entwickelte Klappe; ähnlich verhält sich die Mündung der Vena interventricularis posterior und des Truncus communis dieser Vene und der Vena coronaria dextra.

III. Die Lymphgefäße des Herzens.

Wir können nach TANDLER am Lymphapparat des Herzens drei Anteile unterscheiden: Die abführenden Lymphgefäße, in welche manchmal Lymphdrüsen eingeschaltet sind, zweitens die Lymphgefäße im subepikardialen Bindegewebe und drittens die Ausbreitung dieser Lymphgefäße im Myokard und im subendokardialen Gewebe.

Lymphgefäßnetze im subepikardialen Bindegewebe und ihre abführenden Stämmchen sind bereits von MASCAGNI abgebildet und von SAPPEY in größerer Vollkommenheit dargestellt worden. Spätere Autoren (s. AAGAARD) fanden dann, daß die Maschen dieses Netzes ausgefüllt sind von einem außerordentlich feinen Netz der eigentlichen Lymphcapillaren. Die abführenden Hauptstämmchen folgen dem Verlauf der Blutgefäße. Man spricht im allgemeinen von einem linken und einem rechten Lymphstamm, die aber besonders an der Vorderfläche des Herzens untereinander weitgehende Anastomosen zeigen. Dem rechten Lymphstamm ist die hintere Fläche des rechten Ventrikels und dessen Seitenwand sowie dessen rechte Hälfte seiner vorderen Wand zugehörig, während der linke Stamm die Lymphe des ganzen linken Ventrikels und die eines Teiles der vorderen Fläche des rechten Ventrikels abführt.

Die Lymphgefäße des rechten Ventrikels vereinigen sich an der hinteren Fläche allmählich zu einem neben dem Ramus descendens posterior der rechten Coronararterie verlaufenden größeren Stamm, der, am Sulcus coronarius angelangt, umbiegt und in diesem, das Herz umgreifend, nach rechts und vorn zieht. Auf dem Wege dahin empfängt er eine größere Anzahl von Lymphgefäßen, sowohl von der Hinterfläche und vom Seitenrand als auch von einem Teil der Vorderwand des rechten Ventrikels. So zum rechten Lymphstamm des Herzens geworden, zieht er zunächst in der Furche zwischen Aorta und Arteria pulmonalis nach aufwärts, traversiert die Vorderfläche des Arcus aortae und verläßt das Pericard.

Die Lymphgefäße an der Hinterwand des linken Ventrikels sammeln sich in einem links vom Ramus descendens posterior der Arteria coronaria dextra im Sulcus longitudinalis posterior gelegenen Stamm, welcher unter stetiger Aufnahme von Seitenästen in der linken Atrioventrikularfurche nach vorn zieht und, am linken Rand des Conus angelangt, ein mächtiges Lymphgefäß empfängt, welches meist aus der Vereinigung von zweien im Sulcus longitudinalis anterior verlaufenden entsteht. In die beiden letztgenannten ergießt sich die

Lymphe an der vorderen Fläche des linken Ventrikels und aus dem benachbarten Areale des rechten. Von da gelangt der linke Lymphstamm an die hintere Fläche der Arteria pulmonalis, zieht an dieser nach aufwärts und gelangt hinter den Aortenbogen, wo er ebenfalls das Perikard verläßt.

Die regionären Lymphdrüsen liegen als Lymphoglandulae mediastinales anteriores an der vorderen Fläche der Bifurcatio tracheae. Im subepikardialen Bindegewebe kommen bisweilen Lymphdrüsen vor, welche wohl als Schaltdrüsen aufzufassen sind.

Der Verbreitungsmodus der im Myokard und Endokard gelegenen Lymphgefäße ist noch sehr strittig. RANVIER geht in der Beschreibung des Lymphgefäßsystems des Myokards so weit, daß er das Herz mit einem lymphatischen Schwamm vergleicht. Auch LUSCHKA erklärt, daß die Lymphgefäße des Myokards außerordentlich zahlreich sind, eine Ansicht, welcher EBERTH und BELAJEFF entgegentreten, da sie im Herzfleisch selbst nicht gerade zahlreiche Lymphgefäße finden. AAGAARD vertritt eine ähnliche Ansicht wie LUSCHKA.

Das subendokardiale Lymphgefäßnetz soll äußerst kleinmaschig sein und hängt an zahlreichen Stellen mit dem intermuskulären und durch perforierende Äste mit dem subepikardialen zusammen. Nach EBERTH und BELAJEFF sind die Chordae tendineae sowie die größeren Anteile der Klappen von Lymphgefäßen frei. Sie beschreiben die Ausbreitung von Lymphgefäßen an den Atrioventrikularklappen beiläufig in jenem Areale, in welchem wegen des Vorhandenseins von Muskulatur auch Blutgefäße enthalten sind (s. auch AAGAARD).

IV. Die Herznerven.

Die *Herznerven*, Vagus und Sympathicus, leiten Impulse, die im Coronarsystem konstriktorische und dilatatorische Wirkungen auslösen können. Ausführliche Darstellungen der Herznerven, insbesondere der Aufsplitterung von Vagus, Sympathicus und N. depressor, finden sich bei TIGERSTEDT, TANDLER, DANIEPOLU, JONESCO und JONESCU. Von den neueren Arbeiten verdienen die ausführlichen Schilderungen der Herznerven bei den höheren Säugetieren und beim Menschen von E. PERMAN und beim Menschen von W. BRAEUCKER besondere Erwähnung.

Aus der Beschreibung von PERMAN entnehmen wir folgendes:

1. Kaninchen.

Am Kaninchen sind Nervus vagus und Sympathicus am Halse voneinander getrennt, und die Ansa Vieusseni ist nicht mit dem Nervus vagus vereint. Der Nervus depressor entspringt gewöhnlich mit zwei Wurzeln, einer vom Nervus laryngeus superior und einer vom Nervus vagus. Er läuft dann ganz nahe am Sympathicus entlang zur oberen Brustapertur herab, wo er sich mit den übrigen Herznerven verbindet. Zuweilen findet man, daß der Nervus depressor nach längerem oder kürzerem selbständigen Verlauf am Halse mit dem Sympathicus verschmilzt. Nach PERMAN tritt nie eine Vereinigung mit dem Nervus vagus ein. Nach Angabe der meisten Forscher vereinigt sich der Nervus depressor ungefähr an der oberen Brustapertur mit den übrigen Herznerven. Zweige zum Herzen kommen an der rechten Seite vom Nervus vagus (SCHUMACHER) und Nervus recurrens (KAZEM-BECK, SCHUMACHER, KRAUSE) sowie auf der linken Seite vom Nervus recurrens (KRAUSE). Weiter kommen auf beiden Seiten Zweige vom Ganglion cerv. med., Ganglion stellatum oder den sympathischen Grenzsträngen.

Durch die Vereinigung dieser Nerven entstehen an jeder Seite zwei Nervenstämme, die dorsal vom Aortenbogen und ventral von der rechten A. pumonalis verlaufen. Ventral von diesem Gefäß verbinden sich die von rechts und links kommenden Nerven miteinander, um dann nach KAZEM-BECK beiderseits von der Basis der A. pulmonalis an die ventrale Wand der Kammern zu laufen. Die dorsal vom Aortenbogen verlaufenden Nerven geben nach KREHL und ROMBERG Zweige ab, die dorsal von der rechten A. pulmonalis zur dorsalen Wand der Vorhöfe ziehen.

Über den Verlauf des Nervus depressor nach seiner Vereinigung mit den übrigen Herznerven gehen die Ansichten auseinander. Nach CYON und KAZEM-BECK geht er sowohl rechts

wie links zusammen mit diesen zum Herzen. SCHUMACHER dagegen meint, daß er in Form
feiner Zweige sich von den übrigen Herznerven abzweigt, und daß der rechte Nervus depressor
zur dorsalen und der linke zur ventralen Wand der Aorta geht. KÖSTER und TSCHERMAK
haben dieselbe Ansicht.

2. Hunde.

Beim Hund sind Nervus vagus und Sympathicus zwischen oberstem und mittlerem Hals-
ganglion von einer gemeinsamen kräftigen Bindegewebsscheide umschlossen. Eine Unterscheidung der beiden Nerven ist gewöhnlich nach Eröffnung dieser Scheide möglich. Distal
vom Ganglion cerv. med. sind der Nervus vagus und der ventrale Teil der Ansa Vieusseni
gleichfalls von einer gemeinsamen Bindegewebsscheide umschlossen, aber etwas distal von
der A. subclavia trennen sie sich voneinander. An der rechten Seite ist die Ansa Vieusseni
oft schwer vom Nervus vagus zu isolieren, links gelingt es leicht.

Es gibt also nach den meisten Forschern beim Hund keinen außerhalb der Vago-Sympathicus-Scheide verlaufenden Nervus depressor. Nach Eröffnung dieser Scheide hat man
einen Nervus depressor gefunden, der mit ein oder zwei Wurzeln vom Nervus laryngeus sup.
und vagus entspringt, um sich nach längerem oder kürzerem Verlauf mit dem Nervus vagus
oder mit dem Sympathicus zu vereinigen, und dann nach SCHUMACHER sich mit einem Zweig
weiter distalwärts fortzusetzen. Nicht selten fehlt auch in der Vago-Sympathicus-Scheide
ein selbständiger Nervus depressor. FISCHER konnte in dieser Scheide, wenn auch mit
Schwierigkeit, einen Nervus depressor isolieren, der an den großen Arterien entlang zum
Herzen verlief, an der rechten Seite dorsal, an der linken ventral vom Aortenbogen. KAZEM-
BECK fand ebenso in der Vago-Sympathicus-Scheide einen selbständigen Nervus depressor sin.,
der sich mit Zweigen vom Ganglion stellatum und Nervus recurrens verband und ventral
vom Aortenbogen zu den Kammern verlief. SCHUMACHER hat auf der linken Seite einen
Zweig zur ventralen Wand des Aortenbogens verfolgt, von dem er meint, daß er die Fortsetzung des Nervus recurrens sin. wäre.

PERMAN fand zuweilen, daß der Nervus laryngeus superior nach seinem Ursprung einen
schwachen Zweig abgibt, der nach kurzem Verlauf in die Vago-Sympathicus-Scheide eintritt
und sich mit dem Nervus vagus vereinigt. In anderen Fällen wurde beobachtet, daß der
Nervus vagus ungefähr in der Mitte des Halses einen feinen Zweig abgibt, der innerhalb
der gemeinsamen Nervenscheide verläuft, um nach einigen Zentimetern von neuem mit dem
Vagusstamm zu verschmelzen. Häufig ist es jedoch nach PERMAN — und damit stimmen
auch unsere Beobachtungen überein — beim Hunde nicht möglich, einen Nerv zu finden,
der dem in der Literatur beschriebenen Nervus depressor entspricht.

3. Nerven des Herzens beim Menschen.

Beim *Menschen*
gehen auf jeder Seite drei kräftige sympathische Nerven zum Herzen. Sie
kommen von den drei sympathischen Halsganglien. Vom Ganglion cervicale
sup. entspringt der Nervus cardiacus sup. Das ist ein kräftiger Nerv, der sich
gewöhnlich mit ein paar feinen Zweigen verbindet, die distal von dem erwähnten
Ganglion vom Grenzstrang entspringen. Er verbindet sich auch mit Zweigen
vom Nervus laryngeus sup. und vom Nervus vagus. Er läuft am Hals medial
vom sympathischen Grenzstrang. In der Gegend der oberen Brustapertur hat
dieser Nerv zuweilen ein kleines Ganglion, das Ganglion cardiacum sup.
(VALENTIN).

Die rechten Rami cardiaci n. vagi und Nn. cardiaci des Sympathicus verlaufen in der Regel zur dorsalen (rechten) Fläche des Aortenbogens, ziehen
dann größtenteils vor dem R. dexter A. pulmonalis zur rechten Wand der
A. pulmonalis und gelangen von da teils zwischen Aorta und A. pulmonalis zum
Plexus coronarius dexter, teils dorsal von der A. pulmonalis zum Plexus coronarius sinister. Links verlaufen gewöhnlich die Rami cardiaci superiores n. vagi

und der N. cardiacus superior (zuweilen auch der N. cardiacus medius) zur ventralen (linken) Fläche des Aortenbogens und ziehen zwischen Aorta und A. pulmonalis zum Plexus coronarius dexter, können aber auch vor der A. pulmonalis Zweige zum Plexus coronarius sinister senden; die übrigen linksseitigen Herznerven gehen zur dorsalen (rechten) Fläche des Aortenbogens, bilden dort untereinander und mit rechtsseitigen Ästen ein lockeres Geflecht (daselbst bisweilen das kleine *Ganglion cardiacum (Wrisbergi)*, aus dem Ästchen zu den Vorhöfen, zu Aorta, Ductus arteriosus (Botalli) und A. pulmonalis ziehen, und gelangen dann meistens an der dorsalen Seite der A. pulmonalis zum Plexus coronarius sinister. Jede Herzhälfte erhält somit Nerven von beiden Seiten. Der *Plexus coronarius cordis dexter (anterior)* und der (stärkere) *Plexus coronarius cordis sinister (posterior)* begleiten zum Teil die entsprechenden Kranzarterien und ihre Äste und versorgen in der Hauptsache nur die Facies sternocostalis der Kammern. Von den dorsal vom Aortenbogen verlaufenden Herznerven gehen Zweige zur dorsalen Fläche des rechten Vorhofes, sowie mit dem Lig. venae cavae sinistrae zur dorsalen Fläche des linken Vorhofes und bilden dort ein Geflecht, aus dem subepikardial Äste zum größten Teil der Facies diaphragmatica der Kammern ziehen und dort mit den Ästen der anderen Geflechte anastomosieren können.

Nach den Ergebnissen von BRAEUCKER bilden die zum Herzen ziehenden beiderseitigen Nerven um den Aortenbogen ein echtes, kompliziertes Geflecht, in welches stets auch Ästchen der 5 (evtl. 6) oberen Bauchganglien eintreten. Dieses Geflecht, in dem eine Trennung der sympathischen Fasern von den Vagusfasern ganz unmöglich ist, geht ohne scharfe Grenze einerseits in die Plexus coronarii, andererseits in die Geflechte um die Äste des Aortenbogens und um die Aorta descendens über und hängt auch mit den Geflechten der benachbarten Organe vielfach zusammen. BRAEUCKER fand, daß auch beim Kaninchen und Hund die Nervengeflechte auf den großen Gefäßen und dem Aortenbogen nicht durch eine scharfe Grenze vom eigentlichen Herzgeflecht (Plexus coronarii) getrennt sind, sondern daß sie ineinander übergehen (Abb. 5).

Ein großer Teil vom Nervenapparat des Herzens liegt im subepikardialen Gewebe. Diese Tatsache ist bei einer Perikarditis von großer Wichtigkeit. Bei dieser Krankheit kommt der subepikardiale Nervenapparat in ein entzündlich verändertes Gewebe zu liegen.

Unsere Kenntnisse über den feineren Verlauf der Nervenendigungen im Herzen selbst sind noch sehr mangelhaft (Literatur bei MÖNCKEBERG, WOROBIEW, SCHURAWLEW). In den Wänden der Kranzgefäße werden Ganglienzellen angetroffen, die in größeren oder kleineren Gruppen polygonaler Zellen in das Bindegewebe oberflächlicher und tiefer Schichten der Adventitia eingebettet sind. Die Adventitia und Media der Arterien und Venen des Herzens enthalten reichlich Nervenverzweigungen, auch kommen Nervenendigungen in Form feiner Faserverzweigungen vor, die in kleine Knötchen auslaufen oder auch Endapparate von recht komplizierter Form bilden. Die dicken Nerven der Adventitia führen häufig neben den marklosen auch einige markhaltige Fasern. An den Vasa vasorum in der Wand der Kranzgefäße kann man nicht selten die Aufsplitterung von Nervenfasern beobachten (W. GLASER).

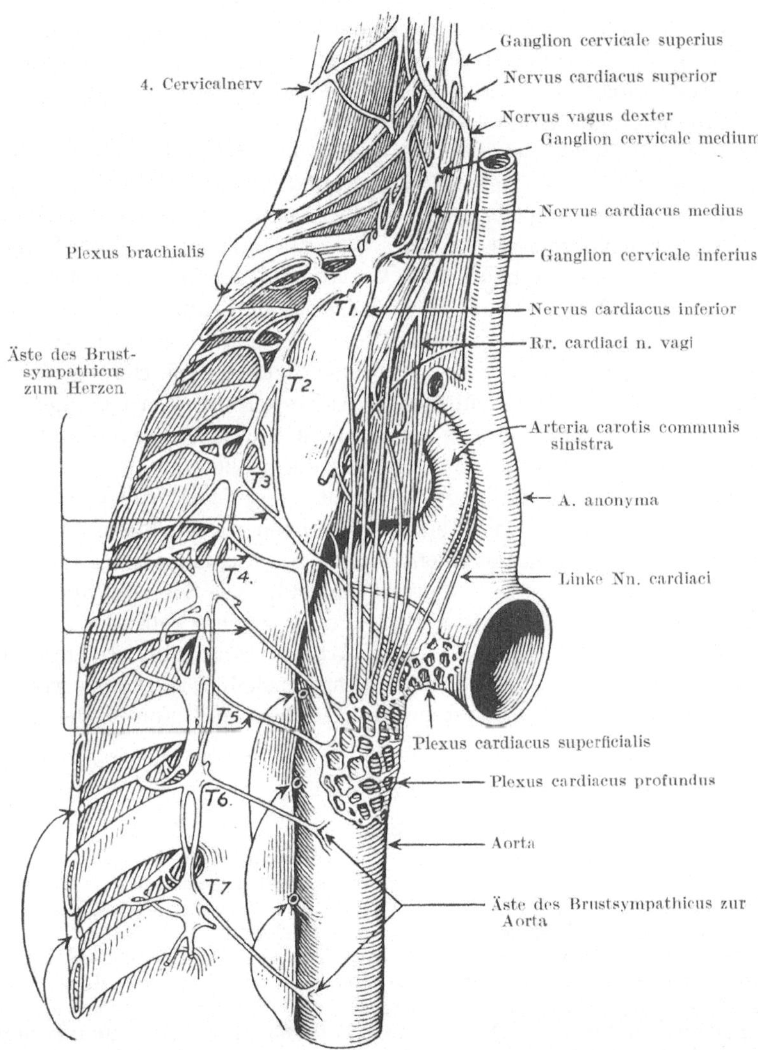

Abb. 5. Schematische Darstellung der Nervenverbindungen des Herzens von P. D. WHITE auf Grund der Untersuchungen von BRAEUCKER und KUNTZ (P. D. WHITE, Heart Disease, New York 1931).

Zusammenfassung.

Seit den grundlegenden Arbeiten von SPALTEHOLZ und HIRSCH über Topographie und Anastomosen der Coronararterien wurden in mehreren Monographien die feineren Verzweigungen des Coronarsystems eingehend geschildert. Diesen Ausführungen ist zu entnehmen, daß es kaum zwei menschliche Herzen gibt, die hinsichtlich der Gestaltung ihres Gefäßsystems vollständig identisch sind. Wir können diesen Befund auch für das Hundeherz bestätigen. Experimentelle Untersuchungen, die sich mit den Folgen von Coronarverschlüssen beschäftigen, werden dadurch sehr erschwert, ebenso verlieren klinische Vorstellungen, die sich nur auf wenige Beobachtungen stützen, sehr an Beweiskraft. Diese Regellosigkeit in der Anordnung scheint noch stärker bei den Herznerven ausgeprägt zu sein. PERMAN und BRAEUCKER haben eine vorzügliche Darstellung der häufigsten Variationen der Herznerven bei Säugetieren und auch beim Menschen geliefert. Experimentator und Herznervenchirurg werden aus diesen gründlichen Studien Nutzen ziehen können. Unsere Kenntnisse über den feineren Verlauf der Nervenendigungen im Herzen selbst sind noch sehr mangelhaft. Das frühzeitige Auftreten der Coronarsklerose veranlaßte eingehende Untersuchungen der normalen Coronararterienwand. Gegenüber anderen Arterien fiel auf, daß die Intima der großen Coronararterien relativ und absolut dicker ist; sie kann das Doppelte der Media betragen und mehr. Es handelt sich dabei nicht um Alterserscheinungen, da wir diesen Befund auch schon bei Kindern erheben konnten. Auch die Schlängelung der Coronararterien findet sich bereits in frühester Jugend. Die kleinen und kleinsten Arterienzweige im Innern der Muskulatur sind fast ebenso gebaut wie in anderen Organen, jedoch besitzen auch kleinste Arterien anscheinend Längsmuskelfasern in der Intima. Schlängelung und Längsmuskelfasern dienen wahrscheinlich der Anpassung des Gefäßsystems an Größen- und Formänderungen des Herzens.

Literatur.

Anatomia.

AARGAARD, OTTO C.: Les vaisseaux lymphatiques du cœur. Kopenhagen: Levin & Munksgaard 1924. — ALBRECHT, E.: Der Herzmuskel und seine Bedeutung für Physiologie, Pathologie und Klinik des Herzens. Berlin 1903. — ARNOLD: Handbuch der Anatomie des Menschen 2, II. 1851. — ASCHOFF: Pathologische Anatomie 2. 1911.

BANCHI: Morfologia della arteriae cordis. Arch. ital. Anat. 3, 87 (1904). — BARBOUR, H.: Constricting influence of adrenalin upon the human coronary arteries. J. of exper. Med. 15, 404 (1912). — Die Struktur verschiedener Abschnitte des Arteriensystems in Beziehung auf ihr Verhalten zum Adrenalin. Arch. f. exper. Path. 68, 41 (1912). — BENNINGHOFF, A.: Blutgefäße und Herz. v. MÖLLENDORFFs Handbuch der mikroskopischen Anatomie des Menschen 6, 1. Teil. Berlin 1930. — BOCHDALEK: Anormaler Verlauf der Kranzarterien des Herzens. Virchows Arch. 41, 260 (1867). — BONNET, R.: Über den Bau der Arterienwand. Dtsch. med. Wschr. 34, 260, 263 (1908). — BRAEUCKER, W.: Das vegetative Nervensystem 106, 137—195. 1928. — Der Brustteil des vegetativen Nervensystems und seine klinisch-chirurgische Bedeutung. Beitr. Klin. Tbk. 66, H. 1/2, 1—65 (1927).

COHNHEIM, JUL., u. ANT. v. SCHULTHESS-RECHBERG: Über die Folgen der Kranzarterienverschließung für das Herz. Virchows Arch. 85, 503—536 (1881). — COLUCCI, V.: Mem. R. Accad. Sci. Inst. Bologna, Seria V, 177 (1897, 7. Juli). — CRUVEILHIER: Traité d'anatomie descriptive 4. Paris 1845.

DOGIEL u. ARCHANGELSKY: Arch. f. Physiol. 113, 39 (1906).

EBNER, V. VON: Herz. Handbuch der Gewebelehre von KÖLLICKER. — EDHOLM, G.: Anat. Anz. 42, 124 (1912). — EIGNER: Topographie der Herzganglien, zit. nach PERMAN. 1909. — ELLENBERGER u. BAUM: Anatomie des Hundes, S. 530. Berlin 1891. — ELLIS: Demonstrations of Anatomy. London 1849.

FABER, A.: Die Arteriosklerose. Jena 1912. — FAHR: Zur Frage der Ganglienzellen im menschlichen Herzen. Zbl. Herzkrkh. 1910.

GALLAVARDIN, L., u. P. RAUVAULT: Anomalie d'origine de la coronaire antérieure. Lyon méd. 136, 270 (1925). — GALLI, GIOVANNI: Über anastomotische Zirkulation des Herzens. Münch. med. Wschr. 1903 II, 50, 1146—1148. — GLASER, W.: In R. L. MÜLLER: Lebensnerven und Lebenstriebe. Berlin: Julius Springer 1931. — GRANT, R. T., u. L. E. VIKO: Heart 15, 103 (1929). — GROSS, LOUIS: The blood supply to the heart in its anatomical and clinical aspects. Pp. 171. New York: Hoeber 1921. New York 1925.

HAAS: Über die Gefäßversorgung des Reizleitungssystems des Herzens. Anat. H. 43, H. 131, S. 629 (1911). — HENLE, J.: Handbuch der systematischen Anatomie des Menschen, 1. Aufl., 3, 1. Abt., S. 87. Braunschweig 1868. — HIRSCH, C. U., u. W. SPALTEHOLZ: Coronararterien und Herzmuskel. Dtsch. med. Wschr. 1, 790—795 (1907). — HIS jr.: Die Entwicklung des Herznervensystems bei Wirbeltieren. Abh. sächs. Ges. Wiss., Math.-naturwiss. Kl. 18 (1891). — HIYEDA, K.: J. of orient. Med. (Dairen) 4 (1926). — HYRTL, J.: Die Korrosionsanatomie und ihre Ergebnisse. Wien 1873.

JACQUES: Nerfs du cœur. Traité d'anat. hum. Poirier 2, II (1902). — JOVES, L.: Wesen und Entwicklung der Arteriosklerose. Wiesbaden 1903.

KAZEM-BECK: Beitrag zur Innervation des Herzens. Arch. f. Anat. 1888, Abt. 12. — KEITH, A., u. M. FLACK: The auriculo-ventricular bundle of the human heart. Lancet 2 (1906). — KINOSCHITA, W.: Coll. papers Med. Coll. Osaka, Japan 4 (1929). — KOCH, W.: Über die Blutversorgung des Sinusknotens und etwaige Beziehungen des letzteren zum Atrio-Ventrikularknoten. Münch. med. Wschr. 1909, 2362. — KÖSTER u. TSCHERMAK: Über Ursprung und Endigung des N. depressor und N. laryngeus sup. beim Kaninchen. Arch. f. Anat. Suppl. 26 (1902). — KRAUSE, W.: Die Anatomie des Kaninchens. Leipzig 1868. — KRAUSE: Anatomie des Kaninchens, S. 316. Leipzig 1884. — KREHL u. ROMBERG: Über die Bedeutung des Herzmuskels und der Herzganglien für die Herztätigkeit des Säugetieres. Arch. f. exper. Path. 30 (1892). — KREIDMANN: Anatomische Untersuchungen über den N. depressor beim Menschen und Hunde. Arch. f. Physiol. 2 (1878). — KRETZ, J.: Über die Bedeutung der Venae (minimae) Thebesii für die Blutversorgung des Herzmuskels. Virchows Arch. 266, H. 3, 647—675 (1927).

LISSAUER: Über die Lage der Ganglienzellen des menschlichen Herzens. Arch. mikrosk. Anat. 74 (1909). — LONGET: Anatomie et physiologie du système nerveaux de l'homme 2. Paris 1842. — LUSCHKA: Die Anatomie des Menschen 2, I (1863).

MORRIS, LAIRD M.: Cardiac aneurym. Amer. Heart J. 2, 548—560 (1927). — MÜLLER, L. R.: Beiträge zur Anatomie, Histologie und Physiologie des N. vagus usw. Dtsch. Arch. klin. Med. 101 (1901).

PERMAN: Anatomiska untersökningar öfver Hjärtnerverna hos högre dägy djur. Stockholm 1920. — Anatomische Untersuchungen über die Herznerven bei den höheren Säugetieren und beim Menschen. Z. Anat. 71, 1/3, 382—457 (1924).

REINECKE, O.: Arch. mikrosk. Anat. 89, 15 (1917).

SATO, T.: zit. nach BENNINGHOFF. 1926. — SPALTEHOLZ, WERNER: Die Arterien der Herzwand. Anatomische Untersuchungen am Menschen- und Tierherzen, 165 S., 15 Tafeln. Leipzig: S. Hirzel 1924. — SPALTEHOLZ, W., u. M. HOCHREIN: Über die anatomische und funktionelle Beschaffenheit der Coronararterienwand. Arch. f. exper. Path. 1932. — SCHUHMACHER, V.: Zur Frage der Herzinnervation bei den Säugetieren. Anat. Anz. 21 (1902). — SCHURWALENS: Die Herznerven des Hundes. Z. Anat. 86, H. 5/6, 655—697 (1928). — SCHWALBE: Lehrbuch der Neurologie, S. 879, 1003. Erlangen 1881.

TANDLER, J.: Anatomie des Herzens. Handbuch der Anatomie des Menschen 3, Abb. 1. Jena 1913. — TIGERSTEDT, ROBERT: Die Physiologie des Kreislaufes 1, 307ff. 1921. I—IV, 2. Ausg. Berlin und Leipzig 1921—1923; Vid I, 201—208, 306—319; III 36—41; IV.

VALENTIN, SOEMMERING: Hirn- und Nervenlehre. Leipzig 1841. — VIGNAL: Recherches sur l'appareil ganglionaire du cœur des vertébrés. Arch. de Physiol. 13 (1881). — VISCHIA, QU.: Contributo allo studio delle arteriae coronariae cordis. Sinna 1926.

WEARN, J. T., u. ZSCHIESCHE: The extent of the capillary bed of the heart. J. of exper. Med. **47**, 273—291 (1928). — WIGGERS, C.: The innervation of the coronary vessels. Amer. J. physiol. **24**, 404 (1909); **90**, 558 (1929). — WOROBIEW: Herznerven. Med. Klin. **1926**, Nr 24.

B. Die experimentelle Coronarforschung.

Der Mechanismus der Blutzirkulation im Coronarsystem bietet dem Verständnis beträchtliche Schwierigkeiten, da der Ursprung der Coronararterien in einem Wirbelgebiet liegt, dessen Strombahnen den in den übrigen Teilen des Gefäßsystems geltenden hämodynamischen Gesetzmäßigkeiten geradliniger Strombahnen nicht gehorchen. Weiterhin befindet sich das zu versorgende Organ, das Herz, in einem wechselnden Kontraktionszustand, wodurch die Möglichkeit einer dauernden Beeinflussung der Weite der in der Herzmuskulatur eingelagerten Gefäße gegeben scheint.

Beim Studium der Literatur der experimentellen Coronarforschung wurde uns klar, daß die bisherigen Ergebnisse mit all ihren Widersprüchen nur unter gleichzeitiger Berücksichtigung der jeweils gebrauchten Methodik verstanden werden können. Noch vor wenigen Jahren schien es unmöglich, aus dieser Fülle gegensätzlicher Beobachtungen und verschiedener Vorstellungen ein Bild vom tatsächlichen Geschehen am Coronarsystem zu gewinnen. Die Fülle des Materials wird rasch übersichtlicher, wenn wir berücksichtigen, daß, abgesehen von den Arbeiten, die mit der Methode von MORAWITZ und ZAHN ausgeführt wurden, noch nie die Coronardurchströmung untersucht worden war. Mit dem LANGENDORFF-Herzen und STARLING-Präparat hatte man bisher lediglich den Widerstand im Coronarsystem bestimmt. Untersuchungen einzelner Strompulse unter biologischen Versuchsbedingungen wurden bisher mit brauchbaren Methoden nicht durchgeführt. Betrachtet man unter diesem Gesichtswinkel die bisherigen widerspruchsvollen Ergebnisse der Coronarforschung, dann wird man verstehen, warum die Klinik der Coronarerkrankungen wenig durch experimentelle Untersuchungen gefördert werden konnte. Ein Fortschritt auf dem Gebiete der experimentellen Coronarforschung konnte nur dann erzielt werden, wenn die bisher gebrauchten Methoden einer kritischen Prüfung unterzogen und neue Methoden geschaffen wurden, die den Forderungen klinischer Fragestellungen nach biologischen Versuchsbedingungen gerecht werden. Wenn es uns endlich gelungen ist, den Coronarkreislauf unter Verhältnissen zu untersuchen, die unerreichbar schienen: intaktes Gefäßsystem, geschlossener Thorax, natürliche Atmung, so verdanken wir diesen Erfolg in erster Linie den methodischen Arbeiten von PH. BROEMSER und vor allem von H. REIN, deren Apparate wir bei unseren verschiedenen Arbeiten hauptsächlich verwendeten. Bevor wir an die Beschreibung eigener Versuche gehen können, ist es notwendig, in kurzen Zügen die Methoden zu nennen, die früher der Coronarforschung dienten.

I. Methodik.

Der Versuch, aus anatomischen Verhältnissen zwischen Coronarostien und Semilunarklappen spekulative Schlüsse auf die Blutzirkulation in den Kranzgefäßen zu ziehen, hat zu dem bekannten Streit MORGAGNI und FANTONI geführt, dem später die Polemik zwischen HYRTL und BRÜCKE über die Selbststeuerung des Herzens in der Frage der systolischen bzw. diastolischen Durchblutung folgte. In neuerer Zeit beginnen die experimentellen Untersuchungen des Coronarstromes mit der Registrierung des Blutstromes eröffneter Coronararterien beim Pferd (REBATEL, CHAUVEAU), wodurch gezeigt werden konnte, daß der Coronardruck ein Maximum in der Systole und Diastole besitzt. Vergleichende experimentelle Untersuchungen des Coronarsystems konnten erst nach Bekanntwerden der von LANGENDORFF angegebenen Methode durchgeführt werden. Da viele Anschauungen über Physiologie und Pharmakologie des Coronarsystems auf Untersuchungen mit dieser Methode, die wir als bekannt voraussetzen, zurückgehen, soll auf einige technische Neuerungen etwas näher eingegangen werden.

Beim LANGENDORFF-Herzen treten häufig plötzlich und scheinbar spontan wesentliche Veränderungen im Sinne einer Verbesserung als auch einer Verschlechterung seiner Funktion ein. Anscheinend gleichgültige Eingriffe, wie die Umschaltung von einem Blutreservoir auf das andere, noch mehr aber geringfügige Schwankungen im Drucke der Durchblutungsflüssigkeit, können nicht nur vorübergehende, sondern bisweilen lange anhaltende Änderungen der Herztätigkeit zur Folge haben.

In neuerer Zeit ist von HEUBNER und MANCKE ein Durchströmungsapparat angegeben worden, bei dem diese Unregelmäßigkeiten der Herzarbeit nicht eintreten, so daß an dem gleichmäßig arbeitenden Herzen physiologische und pharmakologische Untersuchungen ausgeführt werden können.

Neben der Gleichmäßigkeit der Herzarbeit bietet dieser neue Durchströmungsapparat noch einen anderen Vorteil. Bisher wurde die Wirkung eines Pharmakons auf das Herz meistens in der Weise untersucht, daß eine wirksame Dosis in den Zuleitungsschlauch eingespritzt wurde. Damit sind zwei wesentliche Nachteile verbunden: erstens ist eine exakte Dosierung nicht möglich, und zweitens wirkt das Pharmakon nur während der kurzen Zeit ein, in der die eingespritzte Lösung durch das Coronarsystem fließt.

Die Analyse der pharmakologischen Wirkung einer Substanz läßt sich aber nur dann ausführen, wenn das Herz mit allmählich ansteigenden Konzentrationen des in der Nährlösung gelösten Giftes während einer bestimmten Zeit durchströmt werden kann. Stets ist die Aufnahme einer Konzentrationswirkungskurve über den ganzen Bereich von den unterschwelligen bis zu den maximal wirkenden Dosen zu erstreben.

Aus diesen Gründen konstruierten HEUBNER und MANCKE den Durchströmungsapparat in der Weise, daß außer der Nährlösung 6—7 verschiedene Konzentrationen der Lösung einer wirksamen Substanz dem Herzen ohne Zeitverlust angeboten werden können. Dabei ist dafür gesorgt, daß Temperatur, Druck und Menge der aus den verschiedenen Gefäßen dem Herzen zufließenden Lösungen absolut konstant sind, so daß die Konzentration an Gift tatsächlich die einzige Variable bleibt.

Durch WIEMER wurde eine neue Art der Registrierung angegeben, die es erlaubt, mehrere Faktoren der Herztätigkeit — z. B. Frequenz, Gesamtförderung und Coronardurchströmung — auf engem Raume übereinander aufzuzeichnen. Die nach seinem Verfahren erhaltenen Kurven lassen auf einen Blick erkennen, welche der registrierten Faktoren von den geprüften Giftkonzentrationen verändert werden; neben der unteren Schwellkonzentration geben die Kurven also auch in übersichtlicher Weise darüber Aufschluß, welcher dieser Faktoren für das geprüfte Gift am meisten empfindlich ist. Dies ist besonders wichtig wegen der Abhängigkeit der Coronardurchströmung von dem Ausmaß der Herzkontraktionen.

STAUB und GRASSMANN haben eine Verbesserung der Methode von LANGENDORFF in der Richtung zu erreichen gesucht, daß der linke Ventrikel nicht dauernd leer in nahezu systolischer Stellung verharrt, sondern mit Nährflüssigkeit gefüllt und unter einen gewissen Innendruck gesetzt wird; dies ermöglicht zugleich eine Registrierung der Herztätigkeit in Form einer Volumendruckkurve, die eine bessere Proportion zu der wirklichen Herzarbeit aufweist als die Längenexkursion der Herzspitze bei Häkchenschreibung. Eine besondere Komplikation ergab sich bei dieser Anordnung durch die Venae Thebesii, von denen aus sich der linke Ventrikel dauernd zunehmend mit Flüssigkeit füllen kann, bis er schließlich maximal dilatiert ist; diesem Umstand mußte bei der technischen Ausarbeitung besonders Rechnung getragen werden.

Durch RIGLER ist in jüngster Zeit ein Vorhofkammerkreislauf-Präparat beschrieben worden. Er schaltet an den Schliffzapfen des HEUBNER-MANCKEschen Apparats eine Doppelkanüle an, deren einer Ansatz in die Aorta, der andere in eine der Lungenvenen eingebunden wird. Das Herz wird vom rechten Vorhof aus mit Nährlösung gespeist; durch Vorschaltung eines STARLINGschen Wiederstandes kann Druck und Menge reguliert werden. Das aus der Aorta herausgeworfene Schlagvolumen wird als Volumenschwankung eines großen Gummiballes mit Pistonrekorder reguliert. Das Präparat bietet den Vorteil, daß das linke Herz in einem Kreislauf arbeitet, bei dem Venendruck, Schlagvolumen und Schlagfolge fortlaufend beobachtet werden können.

Die von STARLING angegebene Methode des Herz-Lungen-Präparates (Methodik s. in ABDERHALDENs Handbuch der biologischen Arbeitsmethoden Abt. V, Teil IV, S. 827) umfaßt bereits mehrere mechanische Faktoren der Zirkulation und Respiration, die unter biologischen Verhältnissen den Coronarkreislauf beeinflussen können. Die Untersuchung der Herzdurchblutung erfolgt durch Bestimmung des Einstromes unter konstantem Druck in eine eröffnete Coronararterie. Zur Registrierung der Stromänderung im Coronarsystem wurde von ANREP diese Methode mit dem Hitzdrahtanemometer kombiniert (DAVIS, LITTEL und VOLHARD). In dieser Form erfuhr das STARLING-Präparat eine vielseitige Verwendung bei den verschiedensten Fragen der Coronarforschung (ANREP und Mitarbeiter). TIGERSTEDT und GANTER haben eingehend die Ergebnisse der Untersuchungen, die wir der LANGENDORFFschen und STARLINGschen Methode verdanken, geschildert.

Die bei diesen Versuchen auftauchenden Widersprüche suchte man durch Studien an isolierten Streifen von Coronararterien zu klären (Literatur bei GANTER, ROTHLIN).

Es soll an dieser Stelle auf die verschiedenen Vorstellungen von der Hämodynamik des Kreislaufes, die durch Untersuchungen am isolierten überlebenden Herzen oder auch am Gefäßstreifen gewonnen worden sind, nicht näher eingegangen werden. KRAYER hat in ausgezeichneter Weise ein Bild von der Leistungsfähigkeit derartiger „Coronarmodelle" gegeben und die Ergebnisse der bisherigen Untersuchungen hinsichtlich ihrer biologischen Bedeutung kritisch beleuchtet.

Der Kliniker ist meist nicht nur an Einzelheiten, die uns isolierte Organe leichter vermitteln, interessiert. Die Probleme am Krankenbett verlangen eine Kenntnis des physiologischen und pathologischen Geschehens in den verschiedenen Organen, die in situ den biologischen Einflüssen des gesamten Organismus mit all den mechanischen, chemischen und nervösen Wechselwirkungen ausgesetzt sind. Um dieses Ziel zu erreichen, müssen wir die klaren Verhältnisse des „Modellversuches" am isolierten Herzen verlassen und die vielen Unbekannten, die für uns der Organismus in seiner Gesamtheit noch besitzt, in Kauf nehmen. MORAWITZ und ZAHN gelang es zuerst, durch Einführung der Venensinuskanüle in die experimentelle Coronarforschung die Reaktion der Kranzgefäße am Herzen in situ, bei dem die biologischen Zusammenhänge mit dem Kreislauf und dem Nervensystem gewahrt blieben, zu untersuchen.

Mit der MORAWITZschen Arbeit beginnt erst die Untersuchung der „Coronardurchblutung" unter Versuchsbedingungen, die biologischen Verhältnissen nahekommen. Die Verwendung der von MORAWITZ und ZAHN ausgearbeiteten Methode führte zu den Ergebnissen, die die Basis für unsere heutigen Vorstellungen von den Wechselbeziehungen zwischen Coronarstrom und Arteriendruck bzw. Pulszahl bilden. Desgleichen gehen viele unserer Anschauungen über den Einfluß von Vagus und Sympathicus auf die Herzdurchblutung, sowie unsere Kenntnisse über die pharmakologische Beeinflussung der Herzdurchblutung auf Versuche mit dieser Methode zurück (Literatur bei MORAWITZ und ZAHN, TIGERSTEDT, GANTER).

Ausgehend von den Gedankengängen, die Morawitz und Zahn bei der Veröffentlichung ihrer Venensinuskanüle mitteilten, waren wir bemüht, für das Coronarsystem Versuchsbedingungen zu schaffen, die über viele Stunden konstant bleiben und sich noch weiter den biologischen Verhältnissen nähern. Nach längeren Vorarbeiten (Hochrein, Keller und Mancke) gelang es uns (Hochrein und Keller 1930), zu zeigen, daß eine Untersuchung des Coronarstromes am Ganztier bei vollständig intaktem Kreislauf und Spontanatmung bei geschlossenem Thorax möglich ist.

Die Versuchsanordnung der Untersuchungen, auf die sich unsere im weiteren Verlauf entwickelten Vorstellungen der Coronarphysiologie und -pharmakologie beziehen, soll kurz geschildert werden.

Ganztier.

Coronaruntersuchungen am Ganztier bei intaktem Coronarkreislauf, geschlossenem Thorax und Spontanatmung wurden erstmalig von Hochrein und Keller ausgeführt.

Die Versuche werden am besten an schweren (15—30 kg) Hunden ausgeführt. Bekanntlich ist das Coronarsystem bei jedem Tier nicht nur hinsichtlich seiner Verzweigungen, sondern auch der Lage seiner Hauptstämme, die teils oberflächlich liegen, teils von Muskelzügen überdeckt sind, verschieden. Zur Untersuchung am uneröffneten Gefäß sind solche Tiere zu bevorzugen, deren Coronararterien in ihrem Anfangsteil schon in die Herzmuskulatur eingebettet sind (häufig bei deutschem Kurzhaar und Dobermann).

Ist man lediglich an der mittleren Durchströmung der linken Kranzarterie bei eröffnetem Thorax interessiert, eröffnet man diesen durch einen Schnitt von der Fossa jugularis bis zum Proc. xyphoideus. Zur Registrierung der mittleren Durchströmung verwendet man die Reinsche Stromuhr. Die A. coron. sin. wird kurz nach Abgang des Ramus circumflexus auf eine Strecke von 6—7 mm stumpf aus dem Muskel frei präpariert und dann ein Diathermiethermoelement von entsprechender Größe um das Gefäß gelegt. Die Elementrinne wird in üblicher Weise mit einer Kollodiummembran verschlossen. Dabei ist es wichtig, daß das Element durch die umgebende Muskulatur fest fixiert wird, um so während der Herzkontraktion Verschiebungen des Elements oder Abknicken des Gefäßes unmöglich zu machen. Bei einiger Übung gelingt es leicht, ohne Störung der Herztätigkeit, diesen Eingriff auszuführen. Das Perikard, das zur Freilegung dieser Stelle in einem etwa 2 cm langen Schnitt eröffnet werden muß, wird nun wieder sorgfältig vernäht und das Herz dann in seine normale Lage gebracht. Unter diesen Bedingungen ist das Diathermiethermoelement durch das Perikard und die übergelagerte Lunge vollständig von der Außentemperatur abgeschlossen, so daß die Konstanz der zu messenden Temperaturpotentiale durch die Außentemperatur nicht gestört wird.

Um der Forderung nach biologischen Respirationsverhältnissen bei unseren Coronaruntersuchungen gerecht zu werden, arbeiteten wir, entsprechend den Angaben von Janssen und Rein, folgende Versuchsanordnung aus: An großen Hunden (Deutsch-Kurzhaar) wird in Morphin-Pernocton-Narkose die linke 4. Rippe subperiostal vom Brustbeinansatz bis zur mittleren Axillarlinie reseziert. Die Pleura wird in einem glatten Schnitt eröffnet, so daß die Lunge langsam kollabiert. Während der Operation wird die Atmung mit einer Starling-Pumpe bei mäßigem Überdruck künstlich unterhalten. Das Perikard wird, ohne das Herz aus seiner natürlichen Lage zu bringen, in der oben geschilderten Weise eröffnet und die linke Coronararterie mit einem Diathermiethermoelement versehen. Die Schnittwunden werden nun mit Etagennaht luftdicht vernäht. Der Pneumothorax wird durch Überdruck unmittelbar vor dem letzten Nahtschluß beseitigt. Die künstliche Atmung wird nun weggenommen und die Spontanatmung setzt kurz danach wieder ein. Bleibt schon der Kreislauf der Tiere mit offenem Thorax über mehrere Stunden intakt, so ist dies erst recht bei den spontan atmenden der Fall. Die Hunde würden den chirurgischen Eingriff glatt überstehen und aus der Narkose erwachen. Sie müssen daher am Schluß der Versuche durch Chloroform getötet werden.

Zur Registrierung der Atemmechanik wird ein Glasplatten-Pneumotachograph (HOCH-REIN) verwendet, der in die Trachea der Versuchstiere eingelegt werden kann, so daß der normale Respirationsvorgang nicht gestört wird. Die Empfindlichkeit dieses Pneumo-tachographen kann der Fragestellung entsprechend variiert werden.

Die bei verschiedenen Versuchen diskutierte Zirkulation des großen und kleinen Kreis-laufes kann in folgender Weise bestimmt werden: Die Registrierung der Durchströmung des linken Hauptastes der A. pulmonalis mit der REINschen Stromuhr gibt ein Bild vom Blut-einstrom in den kleinen Kreislauf. Vielen Kreislauftheorien liegt die Anschauung zugrunde, daß aus der Zirkulation in der A. pulmonalis oder in den beiden Hohlvenen auf die Zirkulation im großen Kreislauf geschlossen werden darf, da man annimmt, daß das Schlagvolumen des rechten und linken Ventrikels gleich sei. Diese Arbeitshypothese ist, wie unsere Unter-suchungen am kleinen Kreislauf gezeigt haben, nicht richtig. Das Schlagvolumen des rechten und linken Ventrikels ist bei vielen physiologischen und pharmakologischen Eingriffen stark verschieden (HOCHREIN und MATTHES). Die Kontinuität des Kreislaufes ist trotz lange dauernder Verschiedenheit durch die große Kapazität des Lungendepots gewährleistet (HOCHREIN und KELLER). Die physiologischen Gesetzmäßigkeiten zwischen Coronardurch-blutung und Herzleistung, die diese Verhältnisse nicht berücksichtigen, bedürfen der Nach-prüfung. Wir beziehen uns, wenn wir auf die Beziehungen zur Hämodynamik des großen Kreislaufes eingehen, auf Strommessungen an der Aorta thoracalis. Wir gewinnen bei einer derartigen Messung zwar nur relative Werte, doch können wir Richtungsänderungen genau registrieren. Für Strommessungen im großen Kreislauf eignen sich am besten sehr junge Hunde.

Untersuchungen am Coronarkreislauf mit der von uns ausgearbeiteten Ver-suchsanordnung entsprechen bereits weitgehend den Forderungen nach biologischen Bedingungen und führen zu Ergebnissen, die in ihrer Gesamtheit eine Über-tragung auf klinische Verhältnisse gestatten. Teilvorgänge der bei den ver-schiedenen Eingriffen sich abspielenden Stromschwankungen können jedoch wegen der Unsumme von Faktoren, die bei diesen Mechanismen mitwirken, mit dieser Versuchsanordnung nur schwer analysiert werden.

Für klinische Fragen interessieren uns aber verschiedene Einzelheiten, wie die Größe der Blutmenge, die dem Coronarsystem unter verschiedenen Bedin-gungen angeboten wird, und der Widerstand, den der Blutstrom in der Peri-pherie erfährt. Es wurden daher Methoden entwickelt, die eine getrennte Unter-suchung des Blutangebotes und des Widerstandes im Coronarsystem des Ganz-tieres gestatten.

Da der Einfluß der Hämodynamik im Ursprungsgebiet der Coronargefäße auf das *Blut-angebot an die Coronararterien* bisher noch nie in genügender Weise berücksichtigt worden war, ergab sich die Notwendigkeit, die maßgebenden dynamischen Faktoren in ihrer Be-ziehung zum Coronarstrom durch Modellversuche am menschlichen Herzen festzulegen.

Der Ausflußteil des linken Ventrikels, die Semilunarklappen, die Sinus Valsalvae und die Aorta werden unter physiologische mechanische Bedingungen gesetzt, so daß der normale Klappenschluß wieder eintritt. Einzelheiten dieser Methodik sind an anderer Stelle aus-führlich beschrieben worden (HOCHREIN).

Durch dieses System wird mit einem Rhythmisator in gewissen Perioden physiologische Kochsalzlösung geschickt. Dieser Apparat ist so genau eingestellt, daß ohne Behinderung der diastolischen Füllung und systolischen Ausstoßung das physiologische Insuffizienzvolumen erfaßt werden kann. Es läßt sich sowohl das Schlagvolumen (zwischen 20—100 ccm) als auch die Pulszahl (zwischen 55 und 75) variieren. Die zeitlichen Beziehungen zwischen Systolen- und Diastolendauer bleiben bei Änderung der Pulszahl jedoch unverändert.

Die linke Coronararterie ist zur Messung der Druckverhältnisse am Coronarostium (Co-ronareinflußdruck p) mit einem Hg-Manometer verbunden. Der Aortendruck wird an der A. carotis oder subclavia sin. bestimmt. An der linken Coronararterie wird im R. circumflexus der Coronardruck gewonnen. Ein kleiner Luftwindkessel Ec gestattet eine Variation des elasti-schen Faktors der Coronararterien. Der Flüssigkeitsstrom hat nun noch einen STARLINGschen Widerstand Wc zu überwinden. Die durch dieses System fließende Flüssigkeit wird als Coronareinstrom V bezeichnet und für eine gewisse Zeit (Minute) in den einzelnen Versuchen festgelegt. Der Flüssigkeitsstrom in der Aorta hat einen variablen STARLINGschen Widerstand Wa zu überwinden. Eine Variation der Windkesselwirkung der Aorta kann in der Weise erreicht werden, daß an die A. anonyma ein Luftpolster von bestimmtem Ausmaß angeschlossen wird. Der gleiche Effekt kann erzielt werden, wenn man die Aorta in Form und Größe in Glas nachbildet und vergleichende Untersuchungen mit und ohne Luftpolster ausführt (M. HOCHREIN).

Mit dieser Versuchsanordnung können im großen Kreislauf die Pulszahl, der Aortendruck, das Schlagvolumen, die Windkesselwirkung, d. h. die Elastizität der Aorta, und der Widerstand variiert werden.

In allen Versuchen wurde der Widerstand im Aortensystem gewechselt, um bestimmte Druckwerte zu erzielen. Von den übrigen vier Faktoren wurden zwei stets konstant gehalten

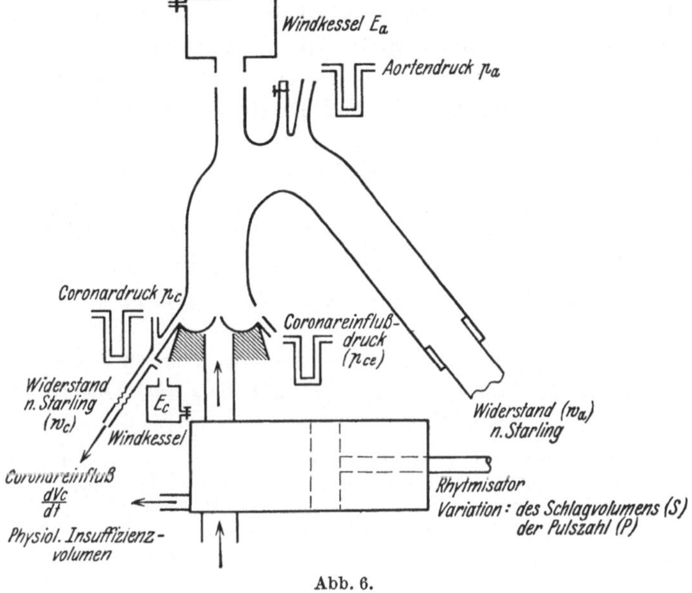

Abb. 6.

und zwei gewechselt. Die beiden Variablen wurden dann in den verschiedenen Versuchsserien zum Coronareinstrom (Kubikzentimeter pro Minute) in Beziehung gesetzt. Dem Coronareinstrom wurde in allen Versuchen ein konstanter Widerstand von 50 cm H_2O entgegengesetzt.

Die graphische Darstellung von drei Variablen geschieht am einfachsten durch ein CARTESIANIsches Nomogramm, wobei wir als Ordinate stets den Coronareinstrom, als Abszisse und Konturlinien die Komponenten des großen Kreislaufes wählen.

Bei diesen Versuchen wurde die Beobachtung gemacht, daß der am Coronarostium gemessene Druck, der Coronareinstromdruck p_a, sich bei konstanter Windkesselfunktion proportional dem Coronareinstrom $\frac{dVc}{dt}$ erwies.

Auf Grund dieses Befundes war es möglich, auch beim Ganztier Blutangebot und Widerstand im Coronarsystem getrennt zu studieren.

Für das Studium der *isolierten Durchströmung* der linken Coronararterie unter konstantem Druck halten wir bei der Bearbeitung klinischer Fragen das Ganztier mit intakten Nervenverbindungen besser geeignet als das LANGENDORFF-Herz oder das STARLING-Präparat. Für derartige Versuche eignen sich besonders Tiere, deren Coronararterien an der Ursprungsstelle möglichst oberflächlich liegen (in der Mehrzahl bei deutschen Schäferhunden), da es dann ohne Schädigung des Herzens leichter gelingt, den Hauptstamm so frei zu präparieren, daß an einer bestimmten Stelle gleichzeitig die beiden Kanülen für die Durchströmung und die Druckmessung eingebunden werden können. Die Druckmessung am Coronarostium erfolgt mit einem BROEMSERschen Glasplattenmanometer. Zur Durchströmung der eröffneten Coronararterien unter konstantem Druck wird körperwarme, sauerstoffgesättigte Tyrodelösung verwendet. Diese Nährlösung wird vor dem Einstrom ins Herz durch ein DEWAR-Gefäß geleitet. In diesem ist in das Glasröhrensystem ein Stück Kalbsvene eingebunden, an die in gleicher Weise wie bei der REINschen Eichvorrichtung die Stromuhr angelegt ist. Die Eichung dieser Vorrichtung findet nach Abschluß eines Versuches durch Änderung des Ausflußdruckes und Messung der unter verschiedenen Drucken abströmenden Flüssigkeit statt. Durch diese Versuchsanordnung gelingt es in einfacher Weise, am Ganztier aus der Durchblutung eines unter konstantem Druck durchströmten Coronararterienastes den Coronarwiderstand, ferner aus dem am Coronarostium gemessenen Druck das Blutangebot an das Coronarsystem in erster Annäherung zu bestimmen.

Die bisher besprochenen Methoden geben lediglich Auskunft über Mittelwerte der Herzdurchblutung. Viele Unklarheiten in der Literatur des Coronarsystems sind dadurch entstanden, daß man mit Methoden, die eine träge Einstellung besitzen, Schlüsse auf die Form des einzelnen Strompulses, insbesondere auch auf den Einfluß von Systole und Diastole auf die Herzdurchblutung, ziehen wollte.

Zur genauen Analyse der Strompulse in den Coronararterien muß man Registriersysteme verwenden, die den FRANKschen Forderungen hinsichtlich des von ihm entwickelten Begriffes der „Güte" entsprechen. Unter Registriersystem ist dabei nicht nur der Schreibapparat, sondern das ganze Flüssigkeits- bzw. Luftsystem zu verstehen, das bei der Untersuchung des Coronarstromes Verwendung findet.

Apparate, die den obengenannten Forderungen entsprechen, besitzen wir in dem von BROEMSER konstruierten Tachographen und Differentialsphygmographen.

Eine Einbindung dieses Tachographen in eine Coronararterie, um den Durchfluß durch ein Kranzgefäß zu bestimmen, konnte bisher nicht durchgeführt werden. Technisch einfacher liegen die Verhältnisse bei der Bestimmung des Widerstandes im Coronarsystem. Unter konstantem Druck wird ein Ast der linken Coronararterie mit Nährlösung durchströmt. In den dickwandigen Schlauch der Flüssigkeitsleitung wird dicht vor dem Herzen der Tachograph eingebunden. Die Ausschläge zeigen Zu- und Abnahme des Widerstandes im Coronarsystem quantitativ an.

Der Differentialsphygmograph erlaubt eine Registrierung der Coronardurchströmung an der uneröffneten Coronararterie. Eine derartige Untersuchung gibt ein genaues Bild vom zeitlichen Ablauf qualitativer Unterschiede der Durchblutung, eine quantitative Auswertung ist vorerst nicht möglich (HOCHREIN).

Isolierte überlebende Coronararterie.

Da in der Literatur des Coronarsystems Untersuchungen der *isolierten überlebenden Coronararterie* eine große Rolle spielen, soll kurz auf einige methodische Gesichtspunkte eingegangen werden, die bei der Deutung widersprechender Ergebnisse berücksichtigt werden müssen.

Vergleichende Untersuchungen isolierter Gefäße können nur dann genau durchgeführt werden, wenn man bei Veränderungen der Längen- und Quermaße die Gesichtspunkte beachtet, die O. FRANK in seiner Arbeit „Arterienelastizität" niedergelegt hat. Unter Berücksichtigung der darin entwickelten Gesetzmäßigkeiten wurde eine neue Methode entwickelt (HOCHREIN und MEIER), die eine Untersuchung überlebender Coronargefäße in sauerstoffgesättigter Nährlösung bei konstanter Temperatur, physiologischer Belastung, bestimmten p_H unter physiologischer und pharmakologischer Einwirkung gestattet.

Physiologische und pharmakologische Untersuchungen am isolierten Gefäßstreifen führen oft zu Ergebnissen, die sich widersprechen oder schwer vergleichbar sind, da die meisten Autoren nicht berücksichtigen, unter welchen dynamischen Bedingungen diese Gefäße geprüft werden. Es ist keineswegs gleichgültig, ob man ein unbelastetes Gefäß untersucht, ob man normale Spannungsverhältnisse schafft, oder ob die zu untersuchenden Gefäße sich in einem überdehnten Zustande befinden. Die später genannten Untersuchungen an isolierten Coronargefäßen beziehen sich stets auf Gefäße, die in einen Spannungszustand gebracht worden sind, der ungefähr dem normalen Arteriendruck entsprechen würde. Um

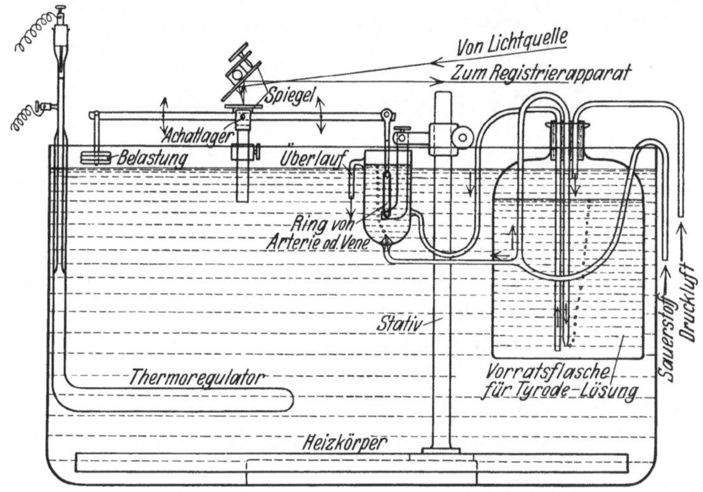

Abb. 7. Schematische Darstellung der Versuchsanordnung zur Bestimmung des Elastizitätsmoduls und der Reaktionsfähigkeit überlebender Gefäße.

diesen Spannungszustand ausfindig zu machen, ist es notwendig, den Gefäßdurchmesser, die Gefäßdicke und die Breite des Gefäßringes bei verschiedenen Belastungen zu ermitteln (Berechnung s. bei O. FRANK).

Zusammenfassung.

Unsere experimentelle Forschung begann mit einer kritischen Auseinandersetzung der bisher gebrauchten Methoden. Es darf nicht vergessen werden, daß Untersuchungen der Coronardurchströmung unter länger dauernden Versuchsbedingungen früher nicht durchgeführt werden konnten. LANGENDORFF-Herz und STARLING-Präparat zeigten, wie unter unphysiologischen Bedingungen der Widerstand des absterbenden Herzens auf verschiedene Einflüsse reagiert. Erst die MORAWITZ-ZAHNsche Venensinuskanüle trug der Forderung nach biologischen Durchströmungsverhältnissen, allerdings nur für eine kurze Zeitspanne, Rechnung. Es wird das Verdienst von H. REIN um die Coronarforschung bleiben, daß er durch die Ausarbeitung der Stromuhr die Wege geebnet hat, um am intakten Kreislauf des spontan atmenden Ganztieres die mittlere Durchblutung des Herzens bei stundenlanger Konstanz biologischer Verhältnisse zu untersuchen. Wir hatten schon früher den BROEMSERschen Differentialsphygmographen zur Registrierung einzelner Strompulse am intakten Coronarsystem verwendet. Die scharfe Trennung der verschiedenen Methoden nach ihrer „Güte" für die Untersuchung einzelner Strompulse bzw. mittlerer Stromgröße kann viele Mißverständnisse in der experimentellen Coronarforschung beseitigen. Um die Stromkurven in bezug auf coronaren

Widerstand und Blutangebot an die Coronararterien analysieren zu können, arbeiteten wir eine Versuchsanordnung aus, die auch am Ganztier durchgeführt werden kann. Die genauere Analyse der Funktionen, denen der Zustrom an die Coronararterien unterliegt, vermittelt ein Coronarmodell, das die Stromverhältnisse des menschlichen Herzens nachahmt. Die widersprechenden Befunde über das Verhalten überlebender Coronararterienwände suchten wir durch Entwicklung einer Methode, die konstante äußere Bedingungen (O_2-Zufuhr, p_H, Temperatur und biologische Belastung) gewährleistet, aufzuklären.

II. Physiologische Ergebnisse.

Da wir erst am Anfang neuer Forschungswege des Coronarsystems stehen, wäre es verfehlt, heute bereits die weitere Entwicklung durch Theorien zu hemmen. Die später noch zu besprechenden Versuchsergebnisse sollen lediglich Beobachtungen schildern und dem Leser die Möglichkeit geben, unter Berücksichtigung der Methodik sich eigene Vorstellungen zu bilden. Man muß jedoch beachten, daß die heute der Coronarforschung zur Verfügung stehenden Methoden, die ein genaues Arbeiten unter biologischen Bedingungen gestatten, nicht nur Richtungsänderungen bei irgendwelchen Eingriffen zu zeigen, sondern auch alle Feinheiten einer individuellen Reaktion der Versuchstiere wiedergeben. Ergebnisse von Untersuchungen an Ganztieren können zwar den klinischen Beobachtungen an die Seite gestellt werden, eine Analyse dieser Ergebnisse bereitet jedoch, auch wenn wir vereinfachte Verhältnisse durch künstliche Beatmung, Trennung von Blutangebot und Widerstand im Coronarsystem usw. schaffen, wegen unübersehbarer Beeinflussung durch eine Unmenge mechanischer, chemischer und nervöser Faktoren vorerst noch beträchtliche Schwierigkeiten.

a) Der Druck in den Coronararterien.

Die Wechselbeziehungen aller Faktoren, die bei der Durchblutung der Coronararterien eine Rolle spielen, lassen sich in erster Annäherung durch folgende Formel, die von O. Frank für den großen Kreislauf angewandt wurde, zum Ausdruck bringen:

$$i = \frac{p \cdot \lambda}{w},$$

wobei bedeutet: p der Coronardruck, w der Widerstand des Systems, λ die Dehnbarkeit der Arterienwand (der reziproke Wert ist der Elastizitätsmodul E) und i die Stromstärke (diese wiederum ist in erster Annäherung proportional der in der Zeiteinheit in die Arterie geschleuderten Blutmenge: $\frac{dV}{dt}\Big)$.

Es ist zu berücksichtigen, daß diese Gleichung nicht nur mechanische Beziehungen umfaßt, sondern daß ihr auch nervöse und chemische Komponenten eingegliedert werden müssen.

Da der Coronardruck als Resultante all dieser Funktionen betrachtet werden muß, ist er auch an allen Wechselwirkungen, die sich zwischen diesen Faktoren abspielen können, beteiligt. Die folgenden Ausführungen beschäftigen sich nicht mit einer funktionellen Auswertung des Coronardruckes, sie sollen lediglich eine Beschreibung seines Ablaufes und seiner absoluten Höhe unter verschiedenen Kreislaufbedingungen geben.

Die Form des seitenständig gemessenen Coronardruckes zeigt, oberflächlich betrachtet, weitgehende Übereinstimmung mit dem Ablauf des Druckes in den zentralen Arterien des großen Kreislaufes. Kurz nach der S-Zacke des Elektro-

kardiogramms steigt der Coronardruck steil an. Der Anstieg wird zuweilen
durch einen nur selten deutlich ausgeprägten Wendepunkt unterbrochen. Das
Maximum des Coronardruckes ist nicht spitz, sondern meist kuppelförmig. Die
nun im zentralen Druck so deutlich ausgeprägten Druckschwankungen im
Abstieg vom Maximum, die von O. FRANK auf Wellen, die in der Peripherie
reflektiert werden, bezogen worden sind, kommen in der Coronardruckkurve
nicht deutlich zum Vorschein. Der Beginn des Rückflusses und der Moment
des Klappenschlusses besitzen keine charakteristischen Punkte, doch ist die
Incisur, die die endgültige Stellung der Klappen während der Diastole angibt,
in der Coronardruckkurve ebenfalls durch eine Unterbrechung des absteigenden
Schenkels gekennzeichnet. Es folgt dann in der Diastole eine nochmalige mäßige
Erhebung, ein zweites Maximum, das bei niedrigem Druck deutlich ausgeprägt
ist, während bei höherem Druck nach der Incisur eine Zeitlang nahezu eine
Druckkonstanz besteht. Die entsprechende Stelle in der zentralen Druckkurve

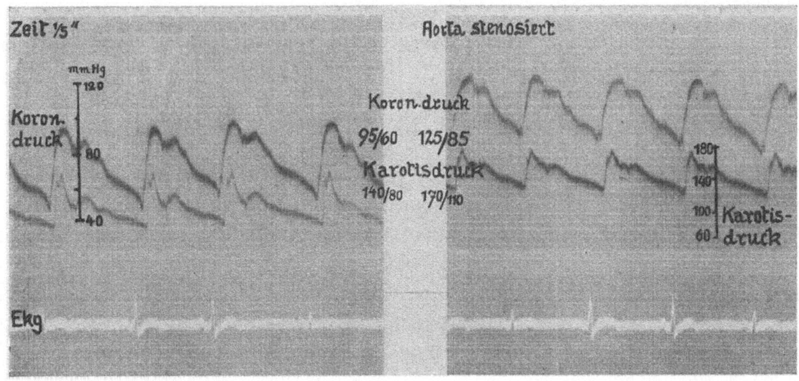

Abb. 8.

bezeichnet die Druckdifferenz zwischen Aortenwurzel und Vorhofsdruck. Im
abfallenden Schenkel des Coronardruckes findet man zuweilen nach diesem
zweiten Maximum noch eine geringe Erhebung.

Der zeitliche Vergleich der Coronardruckkurve mit dem Druckablauf im
großen Kreislauf und dem Elektrokardiogramm ergibt eindeutig, daß das Druckmaximum in der Systole liegt.

Die Einzelheiten der Coronardruckkurve weisen trotz vieler Ähnlichkeiten
mit dem zentralen Druck Verschiedenheiten auf, die nur verständlich werden,
wenn man sich die Stromverhältnisse in der Aortenwurzel während der Systole
und Diastole vergegenwärtigt. Während der Systole füllt der Blutstrom, der
vom Herzen nach der Peripherie geht, die Aortenwurzel nicht völlig aus. Es
treten im Ursprungsgebiet der Coronararterien Wirbelströme auf, die während
der Systole die Semilunarklappen stellen und dem eingeschnürten Hauptstrom
anpressen (HOCHREIN). In dieser Zeit steigt die Coronardruckkurve an. Dieser
Druckanstieg ist aber nicht, wie verschiedentlich angenommen wurde, auf eine
Vermehrung des Widerstandes im Coronarsystem, auf eine „systolische Hemmung" zu beziehen, sondern in dieser Phase der Herzaktion findet bereits eine
vermehrte Durchströmung der Coronararterien statt (HOCHREIN, KELLER und

Mancke). Am Ende der Systole treten im großen Kreislauf Druckschwankungen auf, die in Beziehung stehen zur Geschwindigkeit des Rückstromes und zum Mechanismus des Semilunarklappenschlusses.

In der Aortenwurzel haben die Wirbelströme am Ende der Systole die Semilunarklappen in Schlußstellung gebracht, und sie füllen nun, bis der Rückstrom aus der Peripherie einsetzt, der die Klappen völlig schließt und sie in ihre diastolische Lage bringt, das Ursprungsgebiet der Coronararterien aus. Die Druckänderungen können daher in diesem Gebiet nicht sehr groß und plötzlich sein. Das Maximum des Coronardruckes bildet daher nur eine leicht gewölbte Kuppel, der scharfe Druckabfall im großen Kreislauf am Ende der Systole erscheint in der Coronarkurve lediglich als seichtes Tal. Dem zweiten Anstieg entspricht eine Drucksteigerung im zentralen Druck, die anzeigt, daß die Geschwindigkeit der Rückströmung gleich Null geworden ist, so daß der Druck im wesentlichen wieder die Höhe erreicht, die er ohne das Klappenschlußereignis eingenommen hätte. Aber auch diese Druckschwankung tritt in den Coronararterien nicht sofort in Wirksamkeit. Mit Einsetzen des Rückflusses von der Peripherie nach dem Herzen treten neue Wirbel in der Aortenwurzel auf, die die Druckdifferenzen im großen Kreislauf dämpfen, so daß der Anstieg zur zweiten Erhebung des Coronardruckes nur allmählich erfolgt. Diese „Dämpfung" der Druckunterschiede des großen Kreislaufes muß nicht nur mit der Wirbelbildung im Ursprungsgebiet der Coronararterien, sondern auch mit der Windkesselwirkung der Aorta und bis zu einem gewissen Grade auch mit der bereits normalerweise vorhandenen Intimahyperplasie der Coronarwände in Zusammenhang gebracht werden. Da aus der Physik ferner bekannt ist, daß der Seitendruck eines Flüssigkeitsstromes stets höher ist als der Druck der Wirbel, die er erzeugt, so kann man auf Grund der bisherigen Erörterungen hinsichtlich der absoluten Werte des Coronardruckes folgende Vermutungen aussprechen: Es steht zu erwarten, daß die absoluten Werte des Maximaldruckes und der Druckamplitude in den Coronararterien geringer sind als in der Aorta, und daß Druckänderungen nicht mit der gleichen Plötzlichkeit eintreten wie im großen Kreislauf.

In zahlreichen Tierversuchen (Hund) wurden direkte Messungen des Coronar- und Carotisdruckes mit geeichten Apparaten vorgenommen. Bei Messungen unter möglichst biologischen Verhältnissen ist der Coronardruck stets niedriger als der Carotisdruck. Wir fanden Werte für den Maximaldruck in der Carotis und der Coronararterie wie 140 : 95, 150 : 110, 170 : 125 mm Hg und andere mehr. Die Druckamplituden zeigten Werte wie 50 : 30, 60 : 35, 60 : 40 mm Hg und andere mehr. Leriche und Mitarbeiter fanden bei Messung des Druckes in der Carotis und im zentralen Stumpf der Coronaria Werte wie 90 und 60 mm Hg oder 150 und 140 mm Hg.

Zwischen der Höhe des Aorten- und Coronardruckes besteht keine lineare Funktion. Dies ist verständlich, wenn man berücksichtigt, daß der Coronardruck nicht direkt vom Aortendruck, sondern vom Blutangebot an die Coronararterie abhängig ist. Das Blutangebot ist zwar eine Funktion des Aortendruckes, es steht aber auch noch zur Windkesselfunktion, zur Blutgeschwindigkeit in der Aorta und zur Pulszahl in Beziehung.

Der Einfluß der Pulszahl auf den Coronardruck ist aus Abb. 9 ersichtlich. Von einem ursprünglichen Wert von 150/100 fällt der Carotisdruck bei einer Pulsverlangsamung von 172 auf 90 Schläge in der Minute (Vagusreizung) auf 130/65 mm Hg ab. Abgesehen von den verschiedensten chemischen und nervösen

Veränderungen, die durch die Bradykardie ausgelöst werden, zeigt auch die Kreislaufdynamik bei verschiedener Pulszahl neben dem Druckunterschied beträchtliche Änderungen in den Strombahnen der Aortenwurzel. Trotz der geringen Senkung des maximalen Carotisdruckes von 150 auf 130 mm Hg sinkt daher der Coronardruck auf Werte (z. B. 110/80 auf 90/50), die zum Carotisdruck in keiner Proportion stehen. Abgesehen von der Druckhöhe ist auch die Druckform beachtenswert. Der höhere und raschere Druckablauf in der Coronararterie zeigt noch deutlicher als in Abb. 8, daß der Druckanstieg nach dem Klappenschluß nicht mehr zustande kommt. Vom Maximum ab fällt der Coronardruck unter Bildung eines undeutlichen Wendepunktes dauernd ab. Diese Unterschiede im diastolischen Teil der Druckkurve sind wohl nicht nur auf mechanische Verhältnisse in der Aortenwurzel, sondern auf chemische und nervöse Faktoren, die den Abstrom regulieren, zu beziehen.

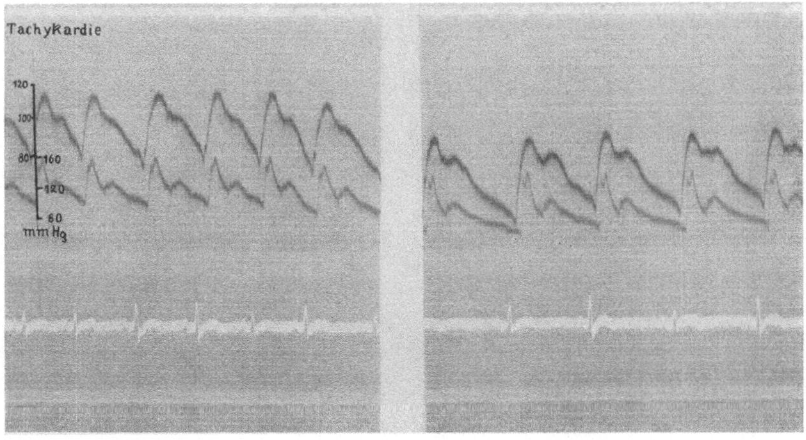

Abb. 9.

Noch eindrucksvoller ist die Beziehung zwischen der Schlagzahl des Herzens und dem Coronardruck unter pathologischen Bedingungen, wenn durch Digitalis eine Bradykardie erzeugt wird, zu erkennen.

Es ist nicht beabsichtigt, hier auf die Coronardurchströmung bei experimenteller Aorteninsuffizienz noch auf den Einfluß von Digitalis auf die Coronardurchströmung näher einzugehen. Abb. 10 soll lediglich zeigen, daß bei einer Aorteninsuffizienz durch Digitalis eine Pulsverlangsamung von 105 auf 72 erzeugt werden kann. Der maximale Carotisdruck verharrt bei 135 mm Hg. Der Minimaldruck steigt von 50 auf 65 mm Hg. Der Coronardruck steigt infolge der Digitaliswirkung trotz der Bradykardie von 80/60 auf 95/75 mm Hg an.

Neben der Form und der absoluten Höhe des Coronardruckes kommt auch den zeitlichen Beziehungen der Coronardruckkurve zur Herzaktion eine besondere Bedeutung zu. Es ist vor allem wünschenswert zu wissen, welche zeitlichen Beziehungen zwischen dem Eintritt des coronaren Druckmaximums und den verschiedensten Herzphasen bei Variation der Blutströmung, Windkesselwirkung und des Druckes in der Aorta bestehen. Die Funktionen dieser Faktoren sind am Ganztier nur schwer zu analysieren. Es wurden daher diese Untersuchungen am menschlichen Herzklappen-Aorten-Präparat ausgeführt (HOCHREIN und KELLER).

Da in der Literatur meist nur auf den Carotisdruck Bezug genommen wird, wurde die zeitliche Maximumdifferenz zwischen Carotis- und Coronardruck bestimmt. Am Ganztier beginnt der Anstieg des Coronardruckes vor dem Carotisdruck, die Maxima fallen fast zusammen. Bei niedrigem Druck liegt das Coronarmaximum manchmal etwas vor, bei höherem Druck meist etwas hinter dem Carotismaximum.

Modellversuche zeigen, daß das Coronarmaximum etwas vor dem Carotismaximum liegt. Bei Konstanz des Schlagvolumens und des Aortenwindkessels beobachtet man, daß die Zeitdifferenz zwischen Carotismaximum und Coronarmaximum mit zunehmendem Aortendruck und zunehmender Pulszahl kleiner wird. Unter sonst konstanten Bedingungen ist jedoch der Einfluß der Windkesselwirkung auf die Lage der Maxima am größten. Bei großem Windkessel

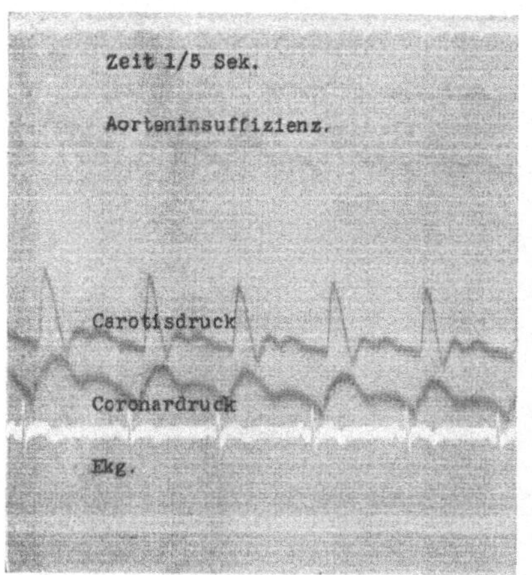

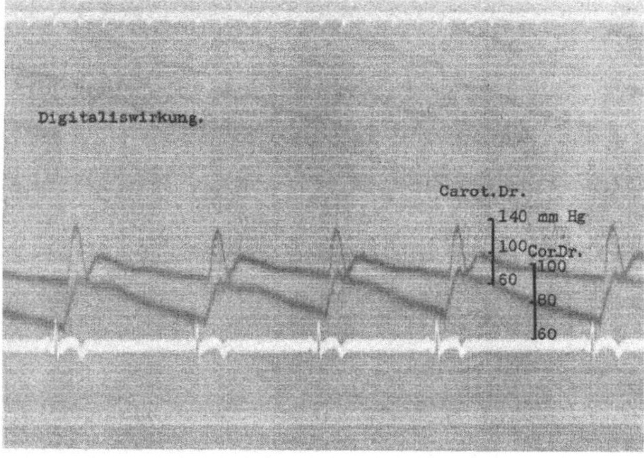

Abb. 10.

liegt das Coronarmaximum vor dem Carotismaximum. Schaltet man den Windkessel aus, dann folgt das Coronarmaximum beträchtlich nach.

Dieser Befund ist vielleicht mit geeignet, einige der widersprechenden Resultate, die man bei den Coronaruntersuchungen am Ganztier und am vereinfachten Kreislauf (STARLING-Präparat), bei dem der Windkessel der Aorta zum Teil ausgeschaltet ist, gefunden hat, zu erklären. Während man am Ganztier Strom- und Druckmaximum der Coronararterien in der Systole findet, sind bei Ausschaltung des Windkessels diese Punkte etwas nach der Diastole zu verschoben.

Zusammenfassung.

Der Coronararteriendruck wurde mit einem hochempfindlichen Manometer fortlaufend registriert. Der Druckablauf zeigt Ähnlichkeiten mit dem Aortendruck. Die Unterschiede in der Form werden ausführlich besprochen. Das Maximum des Coronardruckes liegt in Ruhe, bei physiologischen und pharmakologischen Eingriffen in der Systole. Der absolute Wert des Maximaldruckes sowie die Druckamplitude sind im Coronarsystem geringer als in der Aorta. Bei Umstellungen besteht in diesen beiden Kreislaufabschnitten keine Proportionalität der Druckwerte.

b) Untersuchungen der isolierten Coronararterie.

Um zu einer Vorstellung von der Funktion der Coronararterienwand zu gelangen, führten wir Untersuchungen nach folgenden Gesichtspunkten aus: Wir wissen, daß die Funktion der Arterienwände im wesentlichen darin besteht, durch ihre Elastizität Energie während der Systole für den Weitertransport des Blutes in der Diastole zu speichern. Wir untersuchten daher nach einer von O. Frank beschriebenen Methode den Elastizitätsmodul von verschiedenen Abschnitten des Coronararteriensystems beim Menschen in verschiedenen Lebensaltern. Die Ergebnisse früherer Untersuchungen gaben uns Vergleichsmöglichkeiten mit dem funktionellen Verhalten der Arterien des übrigen Kreislaufes (Hochrein). Derartige Untersuchungen an Leichenmaterial führen, wenn man Arterien vom gemischten Typ untersucht, nur zu einer Vorstellung über die Funktion der elastischen Fasern. Will man die gesamte elastische Funktion von muskulären Arterien kennenlernen, dann müssen die Gefäße überlebend untersucht werden. Da die Coronararterien des Kalbes bereits verschiedentlich für anatomische und pharmakologische Studien verwendet worden sind, verwendeten wir für unsere Untersuchungen an überlebenden Gefäßen ebenfalls die Coronararterien und als Vergleichsobjekte die Femoralarterien dieses Tieres. Die von Hochrein und Meier angegebene Methode gestattet eine funktionelle Untersuchung unter konstanten äußeren Verhältnissen an lebenden und toten Gefäßen. Die Ergebnisse derartiger Untersuchungen führen, wenn wir in erster Annäherung annehmen, daß bei gleichen Versuchsbedingungen ein konstanter Muskeltonus besteht, zu gewissen Schlüssen über den Anteil der muskulösen Bestandteile der Gefäßwände an der gesamten elastischen Funktion.

Aus technischen Gründen müssen sich Elastizitätsprüfungen auf relativ große Arterien beschränken. Wir untersuchten die Ringdehnung des Ramus descendens und eines oberflächlichen Astes des Ramus circumflexus der A. coron. sin. Die kleinen, in der Muskulatur eingebetteten Rami sind mit unserer Methodik der Untersuchung nicht mehr zugänglich.

Untersucht man bei verschiedenaltrigen Individuen die Beziehungen zwischen Elastizitätsmodul und Spannung, dann läßt sich zwar mit zunehmendem Alter eine Erhöhung des Elastizitätsmoduls feststellen, doch sind die Ergebnisse keineswegs so eindeutig wie die früher an der Aorta gefundenen Werte (Hochrein). Aus dem Rahmen fallen die Patienten, die an einer Hypertension litten. Die Wände ihrer Coronararterien sind starrer, d. h. funktionell älter, als dem Alter der Patienten entsprechen würde. Dieser Befund gewinnt eine klinische Bedeutung durch die bereits früher mitgeteilte statistische Beobachtung, daß auch die Coronarsklerose bei Hypertonikern viel häufiger beobachtet wird als bei Patienten mit normalem Blutdruck. Man wird im allgemeinen geneigt sein, die funktionelle Altersveränderung und die Arteriosklerose ursächlich auf den Hochdruck zu beziehen. Andererseits muß jedoch erwogen werden, ob nicht die durch die Coronarveränderung hervorgerufene Verschlechterung in der Blutversorgung des Herzens als nutritive Reaktion einen Hochdruck auslösen und unterhalten kann.

Eine vergleichende Untersuchung verschiedener Teile des Arteriensystems an demselben Individuum ergibt für tote Gefäße, daß der Stamm der linken

Coronararterie eine Dehnbarkeit besitzt, die zwischen der der Aorta descendens und
der Arteria brachialis liegt. Die Dehnbarkeit kleinerer Stämme ist noch geringer.

Elastizitätsuntersuchungen an toten Gefäßen, die dem muskulösen Typ
angehören, führen zu Ergebnissen, deren Übertragung auf biologische Verhältnisse nur sehr bedingt zulässig ist. Um die funktionelle Bedeutung der Gefäß-
muskulatur zu erkennen, wurden Elastizitätsuntersuchungen an überlebenden
Coronararterien und zum Vergleich auch an Femoralarterien und 14 Tage
später unter den gleichen Bedingungen an
den toten Gefäßen ausgeführt. Die Lebens-
fähigkeit der Gefäße wurde durch die Reaktion auf Histamin geprüft. Die Unter-

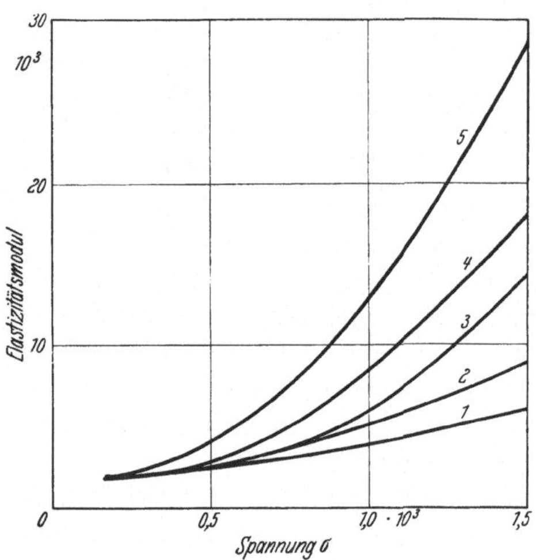

Abb. 11. Der Elastizitätsmodul verschiedener menschlicher Arterien in seiner Beziehung zur Gefäßwand-
spannung.
1. Aorta ascendens. *2.* Aorta descendens.
3. A. coron. sin. *4.* A. brachialis. *5.* A. pulmonalis.

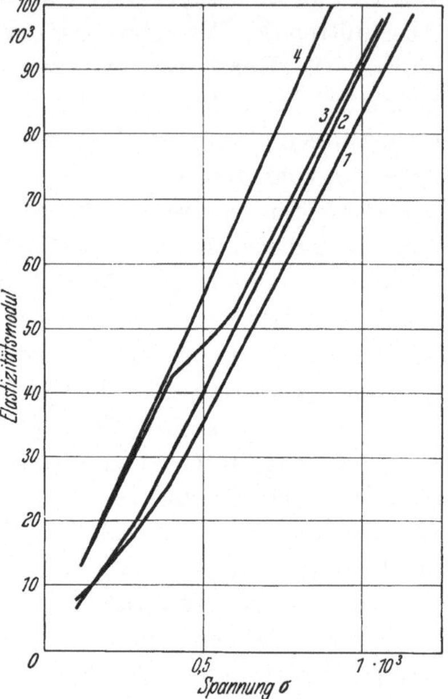

Abb. 12.   Elastizitätsmodul und Gefäßwand-
spannung einer überlebenden und einer toten
Coronar- und Femoralarterie.
1. überlebende, *2.* tote Coronararterie.
3. überlebende, *4.* tote A. femoralis.

suchungen wurden in körperwarmer, sauerstoffgesättigter Tyrodelösung, die
auf ein p_H 7,4 eingestellt wurde, vorgenommen.

Das Ergebnis einer derartigen Untersuchung zeigt Abb. 12.

Durch Zusammenwirken von Muscularis und elastischen Fasern erscheinen
Gefäße, die einen natürlichen Tonus besitzen, dehnbarer als tote. Wir sind
berechtigt, diese Differenz in der Dehnbarkeit auf die elastische Funktion der
Muscularis zu beziehen, da leicht gezeigt werden kann, daß lebende Gefäße
ein engeres Lumen im unbelasteten Zustand haben, und daß die den toten Gefäßen eigene Elastizität lediglich auf die elastischen Fasern zu beziehen ist.

Die Berechnung der Leistung der Gefäßwandmuskulatur aus der Funktion
der überlebenden Arterien ist wenig biologisch, doch kann in erster Annäherung
gezeigt werden, welche Aufgabe dem Muskelanteil an der Gesamtelastizität der
Coronararterie zukommt.

Bei einer beliebigen Belastung über $\sigma = 500$ sehen wir, daß die Elastizitäts-
kurven des lebenden und toten Gefäßes annähernd parallel laufen, d. h. daß
in physiologischen Druckbreiten die elastische Funktion der Muscularis an-

nähernd konstant bleibt. Bei einer Belastung von $\sigma = 600$ beträgt der Elastizitätsmodul der lebenden Coronararterie 46000, der toten Coronararterie 50000 dyn., d. h. der Widerstand gegen eine Deformation bei dieser Belastung ist beim lebenden Gefäß um 4000 dyn. geringer. In welcher Weise nun die elastischen Kräfte bei zunehmender Belastung in Aktion treten, läßt sich schwer beurteilen. Da der Durchmesser des lebenden Gefäßes eine geringere Dimension besitzt als der des toten, ist anzunehmen, daß in niederen Spannungsbereichen vorwiegend die Muscularis in Anspruch genommen wird.

Durch den Vergleich mit anderen Gefäßen können Werte gewonnen werden, die relative Schlüsse auf die Reaktionsfähigkeit der Muscularis gestatten. Die Differenz der lebenden und toten A. femoralis zeigt bei gleicher Belastung einen Wert von 12000 dyn. In erster Annäherung wird man daher sagen können, daß die Wirksamkeit der Muscularis der Coronararterie nur ein Drittel so stark ist als die der Femoralarterie des gleichen Tieres, d. h. die Coronararterie ist funktionell betrachtet als ein muskelschwaches Gefäß anzusehen. Da wir wissen, daß bei Einwirkung von pharmakologischen Mitteln auf überlebende Arterien in der Hauptsache die Tätigkeit der Muscularis bedeutsam ist, wird man bei vergleichenden Untersuchungen an verschiedenen Arterien für die Coronararterien nur geringe Ausschläge erwarten dürfen.

Bei der Besprechung der Funktion der Coronararterien muß der dieses Gefäß so kennzeichnende Befund, die Intimaverdickung, besonders berücksichtigt werden. Die Dicke der Intima, die oft die Dicke der Media übertrifft, wird im wesentlichen verursacht durch das Auftreten längsgestellter glatter Muskelfasern und eine Vermehrung der elastischen Elemente. Analogieschlüsse können zur Erklärung des merkwürdigen Befundes nicht herangezogen werden, da in anderen Gefäßgebieten eine derartige Dicke der Intima nicht vorkommt. Diese Intimaverdickung findet sich aber vor allem in den Hauptstämmen. Der Gedanke, mechanische Ursachen damit zu verbinden, liegt daher nahe. Auf Grund der eigenartigen hämodynamischen Verhältnisse des Coronarsystems ist daran zu denken, daß die Intimaverdickung als eine Bremsvorrichtung anzusehen ist, die bei dem mit dem Alter zunehmenden Druck und der abnehmenden Windkesselwirkung der Aorta als Schutz gegen starke Stromstöße kompensierend wirksam wird. Der von verschiedenen Seiten vertretenen Vorstellung, daß der Längsmuskulatur eine besondere Bedeutung bei der Erweiterung der Coronararterien durch Kontraktion dieser Muskelgruppen zukommt, können wir nicht beipflichten. Da wir bereits beim Herzen des Säuglings eine starke Schlängelung der Hauptstämme der Coronararterien sehen, ist vielleicht eine der Funktionen der Längsmuskulatur in der Anpassung des Gefäßnetzes an die Formänderungen des Herzens während der verschiedenen Aktionsphasen zu suchen.

Zusammenfassung.

Am toten Gefäß nimmt die Dehnbarkeit der verschiedenen Abschnitte der Coronararterien mit der Entfernung vom Coronarostium ab. Da die Untersuchung der überlebenden Coronararterien gezeigt hat, daß der Anteil der Muscularis an der Gesamtelastizität der Gefäßwand gegenüber der A. femoralis nur sehr gering ist, kann eine Umformung des Coronarstromes durch die Funktion der Coronararterienwand, die ANREP in großem Ausmaße annimmt, kaum stattfinden. Die Funktion der Coronararterien besteht daher vorwiegend darin, als Blutleiter zu dienen. In ihrem Anfangsteil wirken sie als Bremsvorrichtung gegen Stromstöße und tragen so zur Konstanz der Herzdurchblutung bei. Weiterhin beteiligen sie sich an der Gestaltung des Coronardruckes.

c) Die mittlere Herzdurchströmung.

1. Die absolute Größe der mittleren Kranzgefäßdurchblutung.

α) **In der Ruhe.** Am LANGENDORFF-Herzen sind zahlreiche Beobachtungen über die Durchblutungsgröße der Coronargefäße ausgeführt worden. Diese Versuche wurden indessen zum größten Teil unter Anwendung anderer Nährlösungen als Blut vorgenommen. BOHR und HENRIQUES bestimmten an dem vom Kreislauf vollständig isolierten Hundeherzen Stromvolumina von Aorta und Pulmonalis und fanden für Minute und 100 g Herzmuskel eine Blutmenge von durchschnittlich 30 ccm. EVANS und STARLING stellten nach der Methode von HEYMANS und KOCH unter Anwendung der Tamponkanüle von MORAWITZ und ZAHN beim Hund für die Minute und 100 g Herzmuskel eine durchschnittliche Blutmenge von 60 ccm fest. BROEMSER bestimmte nach FICK sowie mit der von J. HENDERSON angegebenen Jodäthylmethode die zirkulierende Blutmenge von Kaninchen und untersuchte mit dem von ihm konstruierten Tachographen den Durchfluß der Aorta ascendens. Aus der Differenz bestimmt er die Herzdurchblutung mit ca. 8—12% des Minutenvolumens bei Drucken von 90—120 mm Hg. H. REIN kommt bei Registrierung der zirkulierenden Blutmenge an der V. cava superior und inferior sowie der rechten und linken Kranzarterie für den Hund zu einem Wert der Herzdurchblutung von ca. 7% der gesamten Zirkulation. J. WARBURG berechnete nach einer gasometrischen Methode für den Menschen eine Herzdurchblutung in Ruhe von 6,3, bei schnellem Gang von 4,2, bei Rekordarbeit von 3,6% des Minutenvolumens.

Aus Untersuchungen von ANREP und seinen Mitarbeitern geht hervor, daß beim Hunde ungefähr 75% des Coronarkreislaufes durch die linke und zwei Drittel hiervon durch den Ramus descendens gehen, während nur 25% durch die Coronaria dextra laufen. Eigene Versuche mit der REINschen Stromuhr, die absolute Größe der Herzdurchblutung beim Hund zu bestimmen, scheiterten an den anatomischen Verhältnissen der linken Coronararterie. Es ist nicht möglich, um den Stamm der gesamten linken Coronararterie ein Thermoelement zu legen, da bekanntlich beim Hund sofort nach dem Ursprung ein dicker Ramus septi in die Tiefe geht.

EVANS und STARLING sowie MARKWALDER und STARLING haben gezeigt, daß aus dem Coronarsinus durchschnittlich 60% des Herzwandblutes abfließt, während die restlichen 40% durch die Venae Thebesii ihren Weg nehmen. Dieses Verhältnis soll konstant und unabhängig von der absoluten Durchblutungsgröße der Herzwand sein. Durchströmungsversuche an menschlichen Herzen mit physiologischer Kochsalzlösung gaben für den durch die V. Thebesii passierenden Teil des Coronarkreislaufes weit höhere Zahlen (bis ca. 90%) (CRAINICIANU, KRETZ, WEARN).

β) **Bei der Arbeit.** Unsere Vorstellungen über den Einfluß körperlicher Arbeit auf die Durchblutung des Herzens beruhen nicht auf direkten Messungen, sondern größtenteils auf Berechnungen, denen chemische Analysen des Blutes und der Atemluft zugrunde liegen. Eine kurze zusammenfassende Darstellung der bisherigen Ergebnisse beim Menschen finden wir bei BOCK und DILL: Physiology of Muscular Exercise.

Bei einer Versuchsperson, die eine mittelschwere Arbeit leistet, kann man ein Minutenvolumen von ca. 21 Liter pro Minute und einen Arteriendruck von 130 mm Hg annehmen. Nach EVANS ist unter diesen Bedingungen die Herzarbeit mit ca. 44,6 mkg zu beziffern. Der Nutzeffekt beträgt unter diesen Bedingungen ca. 25%. Daraus muß auf einen Sauerstoffverbrauch des Herzens von ca. 85 ccm pro Minute geschlossen werden. Bei schwerer Arbeit nehmen JURUSAWA, HILL, LONG und LUPTON einen Sauerstoffverbrauch von 160 ccm pro Minute an. Nimmt man bei schwerer Arbeit einen Ausnutzungskoeffizienten des Sauerstoffes von 0,60 an, so ergibt sich eine Herzdurchblutung von 1,4 Litern pro Minute. Weiterhin können wir aus diesen Zahlen schließen, daß der Stoffwechsel des Herzens etwa 4% des gesamten Sauerstoffverbrauchs benötigt. Wird die körperliche Leistung weiter erhöht, dann steigt auch der Sauerstoffverbrauch des Herzens. HILL wies darauf hin, daß die Blutmenge, die pro Minute durch das Coronarsystem während schwerer Arbeit fließt, den zwei- oder dreifachen Wert des Herzvolumens beträgt.

Nach STARLING und EVANS kann man beim ruhenden Menschen eine Herzdurchblutung von ca. 140 ccm pro Minute annehmen. Besteht die Annahme, daß der Stoffwechsel des Herzmuskels etwa 4% des vom ganzen Organismus verbrauchten Sauerstoffs beträgt, zu Recht, dann würde, wenn der O_2-Verbrauch des Körpers 250 ccm pro Minute beträgt, die Herzdurchblutung auf ca. 200 ccm steigen, vorausgesetzt, daß der O_2-Gehalt des Arterienblutes mit 200 ccm pro Liter und der Ausnutzungskoeffizient mit 0,25 in Rechnung gesetzt wird. Da bei schwerer körperlicher Arbeit der Sauerstoffbedarf des Herzens auf das Sechzehnfache des Ruhewertes ansteigen kann, ist auf Grund dieser Berechnung anzunehmen, daß die durch das Herz fließende Blutmenge bei der Arbeit eine ca. siebenfache Vergrößerung erfahren kann.

Auch wenn man von anderer Seite an dieses Problem herangeht, kommt man zu ähnlichen Werten. Auf Grund der Untersuchungen von LEWIS kann man für den Menschen annehmen, daß das O_2-verbrauchende Gewebe des Herzmuskels ca. 200 g beträgt. Das maximale Bedürfnis an Sauerstoff scheint etwa den Wert von 0,8 ccm pro Gramm in der Minute zu besitzen; als Mittelwert läßt sich eine Größe von ca. 0,6 ccm pro Gramm in der Minute errechnen. Nach EVANS beträgt der Ausnützungskoeffizient für Sauerstoff bei geringer Arbeit 0,46, bei schwerer Arbeit 0,60. Gehen wir davon aus, daß das arterielle Blut einen Sauerstoffgehalt von ca. 210 ccm pro Liter besitzt, dann kann man bei schwerer Arbeit bei einem Coronarstrom von 1400 ccm pro Minute eine Sauerstoffaufnahme des Herzens von 175 ccm ermitteln.

Es fragt sich nun, wie sich der Herzmuskel gegenüber Stoffwechseländerungen bei der Arbeit verhält.

Die Leistungsfähigkeit des Herzens hängt in hohem Maße von dem jeweiligen Sauerstoffgehalt des Myokards ab. Ein geringfügiger Sauerstoffmangel verursacht bereits Herzdilatation und Reizleitungsstörungen. Die Reizschwelle des Herzens für Milchsäure soll infolge eines geringeren Pufferungsvermögens etwa ein Drittel tiefer als die des Skeletmuskels liegen. Es sind für das Herz Mittelwerte von 0,072 gm-% und für den Skeletmuskel von 0,252 gm-% angegeben worden. Aus diesen Beobachtungen kann gefolgert werden, daß die maximale Sauerstoffschuld des Herzmuskels niemals mehr als ein Drittel derjenigen des Skeletmuskels betragen kann. Die Empfindlichkeit des Herzmuskels gegenüber Verschiebungen im physikalisch-chemischen Gleichgewicht verlangt in höherem Maße eine rasche Anpassung der Blutversorgung an die jeweilige Stoffwechsellage, als dies für den Skeletmuskel notwendig ist (KATZ und LANG). Daraus ergibt sich die Notwendigkeit einer rasch wechselnden Einstellung der Durchblutungsgröße. Die Vorgänge, die dem Coronarsystem eine Anpassung an den jeweiligen Blutbedarf des Herzens ermöglichen, sollen im weiteren Verlaufe eingehend besprochen werden.

Zusammenfassung.

Die genaue Beschreibung des Coronardruckes und der Funktion der Coronararterienwand besitzt rein theoretisches Interesse. Eines der wichtigsten praktischen Probleme der Coronarforschung muß in der Ermittlung der Durchblutungsgröße des Herzens unter physiologischen Einwirkungen gesehen werden. Wir können diese Größe vorerst nicht einmal für die Ruhe genau bestimmen. Sämtlichen Methoden liegen Annahmen zugrunde, deren Beweis noch aussteht. Man wird aber annehmen dürfen, daß in Ruhe die Herzdurchblutung etwa 7 bis 10 % des Minutenvolumens beträgt. Dieses Verhältnis ändert sich bei körperlicher Arbeit. Die Herzdurchblutung wird bei steigender Leistung rasch relativ kleiner. Das Verhältnis Minutenvolumen über Herzdurchblutung, verglichen mit der Herzbelastung bei einer bestimmten Arbeit, das weiten individuellen Schwankungen unterworfen ist, bestimmt in erster Linie die Leistungsfähigkeit des Kreislaufes.

2. Mechanismus der Coronardurchblutung.

α) **Blutangebot an die Coronararterie.** Untersucht man am menschlichen Aortenklappenmodell den Einfluß von Aortendruck, Aortenelastizität, Pulszahl und Schlagvolumen auf das Blutangebot an die Coronararterien, dann beobachtet man folgende Gesetzmäßigkeiten, die in Nomogrammen dargestellt werden sollen.

In allen Versuchen wurde der Widerstand im Aortensystem gewechselt, um bestimmte Druckwerte zu erzielen. Von den übrigen vier Faktoren wurden zwei stets konstant gehalten und zwei gewechselt. Die beiden Variablen wurden dann in den verschiedenen Versuchsserien zum Coronareinstrom (Kubikzentimeter pro Minute) in Beziehung gesetzt. Dem Coronareinstrom wurde in allen Versuchen ein konstanter Widerstand von 50 cm H_2O entgegengesetzt.

In der Abb. 13a ist das Blutangebot als Funktion des Aortendruckes dargestellt. Die Coronardurchströmung zeigt eine Zunahme mit steigendem Blutdruck unter sonst konstanten Bedingungen. Die Änderung der Pulszahl zwischen 56—72 Schlägen ist dabei ohne nennenswerten Einfluß. In einigen Versuchen wurde eine geringe Zunahme des Coronareinstromes mit steigender Pulszahl beobachtet.

Die Höhe des Aortendruckes ist aber keineswegs allein für die Größe des Blutangebotes an die Coronararterien verantwortlich. Abb. 13b zeigt die Abnahme des Coronareinstromes mit abnehmender Elastizität für verschiedene

Aortendruckwerte und bei konstantem Schlagvolumen (Aortenstromgeschwindigkeit) und konstanter Pulszahl.

Diese Beobachtung ist wichtig für die Beurteilung der Coronardurchströmung bei Verhärtung der Aortenwand. Eine Abnahme der Aortendehnbarkeit unter normalen Bedingungen tritt mit zunehmendem Alter ein, ohne daß damit starke morphologische Veränderungen der Aortenwandstruktur einhergehen müssen. Auch die wenig dehnbare Hypertonikeraorta zeigt in ihrem histologischen Bau oft keine Besonderheiten, so daß man in diesen Fällen die Zunahme des Elastizitätsmoduls auf eine veränderte Struktur in der Anordnung des elastischen Gewebes zurückführen muß. Die Verhärtung der Aorta bei Aortitis luica

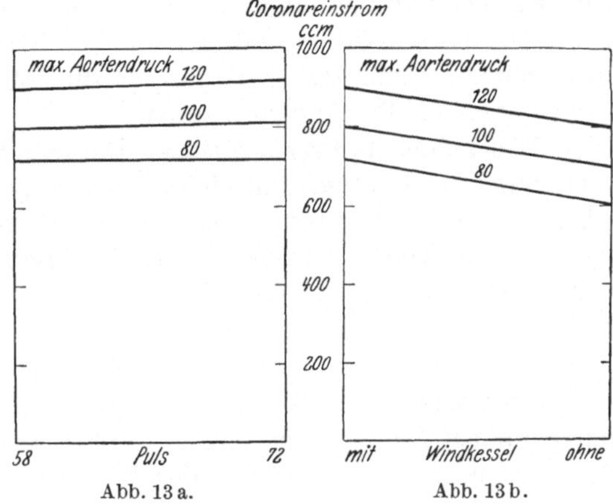

Abb. 13a.   Abb. 13b.

und bei Arteriosklerose ist durch bestimmte anatomische Bilder charakterisiert.

In den folgenden Versuchsserien ist der Aortendruck konstant gehalten worden. Als Abszisse ist die Windkesselfunktion und als Konturlinien sind einmal das Schlagvolumen, einmal die Pulszahl aufgetragen worden.

Abb. 14a zeigt bei konstantem Aortendruck, daß der Coronareinstrom mit zunehmender Geschwindigkeit des Aortenstromes, die durch eine Vergrößerung

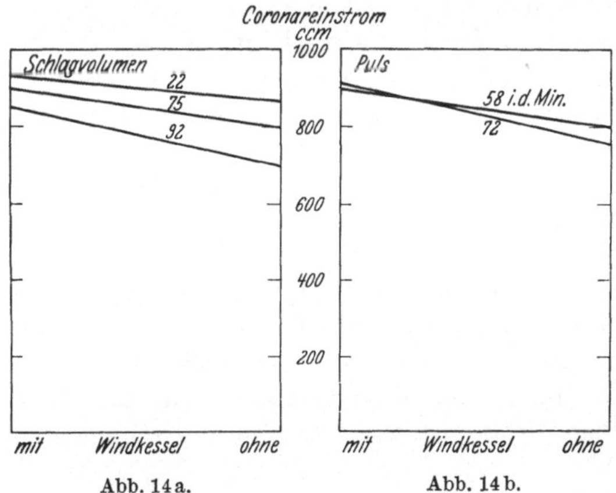

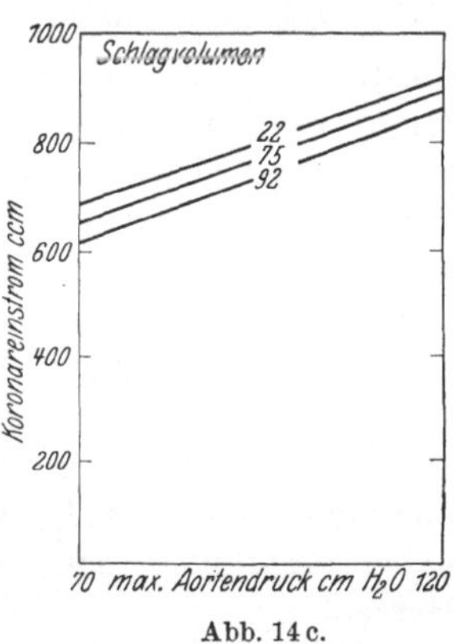

Abb. 14a.   Abb. 14b.   Abb. 14c.

des Schlagvolumens und eine Verminderung des Aortenwiderstandes erzeugt wurde, abnimmt. Diese Differenz wird bei abnehmender Aortenelastizität größer. Weiterhin ist aus Abb. 14b ersichtlich, daß mit zunehmender Pulszahl, wenn die Aortenelastizität gleichfalls abnimmt, der Coronareinfluß fällt.

In Abb. 14c sind die Beziehungen bei konstanter Aortenelastizität und Pulszahl wiedergegeben. Bei steigendem Aortendruck mit sinkender Stromgeschwindigkeit des Aortenblutes nimmt der Coronareinstrom zu.

3*

Zusammenfassung.

Wir fassen diese Untersuchungen in folgender Weise zusammen: Die durch die Systole im Anfangsteil der Aorta hervorgerufenen Stromverhältnisse bestimmen den Coronareinstrom. Nicht nur die Höhe des Aortendruckes, sondern auch die Windkesselfunktion und die Blutstromgeschwindigkeit der Aorta, sowie unter bestimmten Bedingungen die Pulszahl, sind von Einfluß auf das Blutangebot an die Coronararterien.

β) **Widerstand im Coronarsystem.** Die Durchströmungsversuche der Coronararterien bei konstantem Einflußdruck am LANGENDORFF-Herzen und STARLING-Präparat müssen hier besprochen werden, obgleich sie in der Literatur Durchblutungsversuchen unter biologischen Bedingungen an die Seite gestellt werden.

LANGENDORFF stellte fest, daß die Coronararterien im Anfang der Systole erweitert und im weiteren Verlauf dieser Phase wegen der starken Zusammenziehung der Herzwand verengt werden; infolgedessen wird die Zufuhr von Blut in den Kranzarterien während der Systole geringer als während der Diastole und kann bei genügend starker Kontraktion der Herzwand gänzlich aufhören (TSCHUEWSKY). Auch ein von der Kammerhöhle aus wirkender Druck wirkt komprimierend auf die Kranzgefäße und vermindert die Durchblutung des Herzens (MAGRATH und KENNEDY, HYDE). Die wechselweise stattfindende Zusammenziehung und Erweiterung der Herzkammerwand und die dadurch bedingten Variationen in der Weite der Kranzgefäße scheinen auf die Coronarströmung einen vorteilhaften Einfluß auszuüben; denn nach PORTER und LANGENDORFF ist diese beim schlagenden Herzen deutlich größer als beim stillstehenden bzw. totenstarren (TIGERSTEDT). ANREP und seine Mitarbeiter vertreten die Anschauung, daß während der Systole sich der arterielle Teil des Coronarkreislaufes verengert. Bleiben Gefäßweite und Perfusionsdruck gleich, so wird der Einstrom in das isoliert profundierte Coronargefäß um so geringer, je kräftiger die Systole ist und je länger sie dauert. Bei kräftiger Kontraktion stockt der Strom ganz, er kann sogar rückläufig gehen, und Blut kann aus den Orifizien herausgepreßt werden. Während der Diastole ist der Kreislauf geöffnet, und die Durchströmung ist dann von der Höhe des diastolischen Aortendruckes abhängig. Wenn die Systole nicht besonders kräftig ist, wird der Coronarstrom nicht so stark gehemmt. Mit sinkendem Blutdruck soll die Coronardurchströmung zunehmen, so daß auch bei eintretender Herzschwäche die Coronardurchströmung gesichert ist. Beim Kammerflimmern ist die Arterienbahn weit geöffnet (ANREP). LANGENDORFF und H. FREDERIQC hatten dabei beobachtet, daß der Blutstrom im allgemeinen von derselben Größe ist wie beim normal schlagenden Herzen.

Diese Vorstellung von der systolischen Hemmung des Coronarstromes hat nicht allgemeine Bestätigung gefunden. Sie ist in der Literatur der experimentellen Coronarforschung Gegenstand vielfacher Erörterungen geworden. SPALTEHOLZ wies auf Grund anatomischer Befunde und theoretischer Überlegungen darauf hin, daß die Kontraktion des Herzmuskels die „Zwischenfelder", in denen die Coronargefäße verlaufen, wahrscheinlich vergrößert, sicherlich aber nicht verkleinert. Für eine Kompression der Arterien während der Kontraktion lassen sich durch anatomische Untersuchungen keine Beweise erbringen.

Untersucht man am Ganztier den Widerstand des Coronarsystems bei konstantem Einflußdruck (Methodik, S. 19), dann müßte nach den Angaben der Literatur bei einer Steigerung des Aortendruckes der Coronarstrom abnehmen.

Abb. 15 stellt das Ergebnis eines Versuches bei kurzdauernder Stenosierung der Aorta thoracalis dar. Die Untersuchung wurde am Ganztier (Hund) bei eröffnetem Thorax und künstlicher Atmung durchgeführt. Registriert ist der Druck in der A. femoralis und am Coronarostium, sowie die Durchströmung des eröffneten R. descendens der A. coron. sin. bei konstantem Perfusionsdruck von 90 cm H_2O. Es kommt in dem isoliert durchströmten Coronargebiet nicht, wie die ANREPsche Theorie verlangt, während der vermehrten Herzleistung zu einer Vermehrung, sondern zu einer Verminderung des peripheren Widerstandes. Die Herzdurchblutung bei konstantem Einflußdruck nimmt bei gesteigerter Herzleistung zu.

Bereits bei der Besprechung der „Methodik" wurde darauf hingewiesen, daß zur Untersuchung der Frage nach dem Einfluß der verschiedenen Herzphasen auf den Coronarstrom die bisher angewandten Methoden unzulänglich waren, da sie eine genaue Wiedergabe einzelner Strompulse nicht erlaubten.

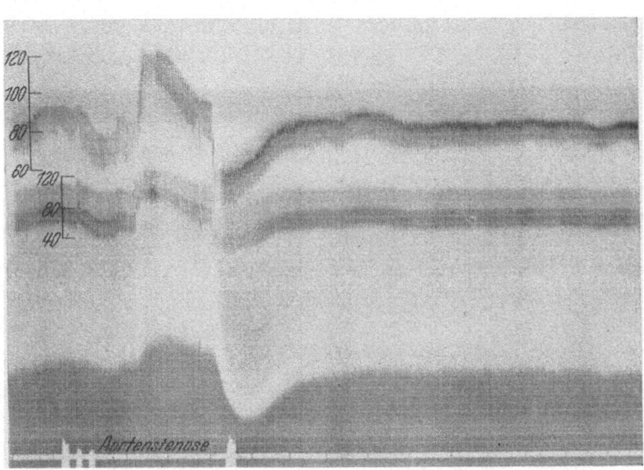

Abb. 15. Stenose der Aorta thoracalis.
Kurven von oben nach unten: Druck am linken Coronarostium, Aortendruck, Stromkurve des unter konstantem Druck durchströmten peripheren Teiles der linken Kranzarterie.

Einzelheiten dieses Problems, insbesondere die Frage der systolischen Hemmung und der diastolischen Durchblutung des Herzens, besitzen unter biologischen Verhältnissen ein besonderes klinisches Interesse. Sie sollen bei der Besprechung einzelner Strompulse näher erörtert werden.

Zusammenfassung.

Am Ganztier beobachten wir an dem unter konstantem Druck isoliert durchströmten Coronararterienast bei Leistungssteigerung eine Durchblutungszunahme und nicht die von der ANREPschen Theorie verlangte Abnahme.

3. Die autonome Regulation des Blutstromes in den Coronararterien.

Untersuchungen am isolierten Herzen und am Herz-Lungen-Präparat (STARLING und Mitarbeiter, DUSSER DE BARENNE u. a.) führten zu der Auffassung, daß die Coronardurchblutung in hohem Grade vom Druck in der Aorta abhängig ist. MORAWITZ und ZAHN betonten aber bereits, daß keineswegs immer eine lineare Funktion zwischen Aortendruck und Coronardruck besteht und Änderungen des Tonus auch ohne Abhängigkeit vom arteriellen Druck vorkommen.

ANREP und Mitarbeiter sehen diese Disproportion zwischen Aortendruck und Coronardurchströmung nicht in einer Änderung der Tonuslage des Coronarsystems, sondern nehmen an, daß der Blutstrom in den Coronararterien durch die Höhe des diastolischen Aortendruckes und die „systolische Hemmung, die zunimmt, je kräftiger das Herz schlägt", reguliert wird. WEARN dagegen glaubt, daß in der Diastole das Blut aus den Coronararterien durch die arteriothebesianischen Kanäle nach den Vv. Thebesii fließt. In der Systole ist dieser Weg verschlossen, so daß das Blut aus den Coronararterien in die Capillaren und die Coronarvenen fließen muß.

Während beide Theorien die Coronardurchblutung im wesentlichen von Druckdifferenzen in der Aorta und dem Ventrikel abhängig machen mit dem Unterschiede, daß WEARN die Capillardurchblutung systolisch, ANREP diastolisch annimmt, konnte bereits in den vorausgehenden Abschnitten gezeigt

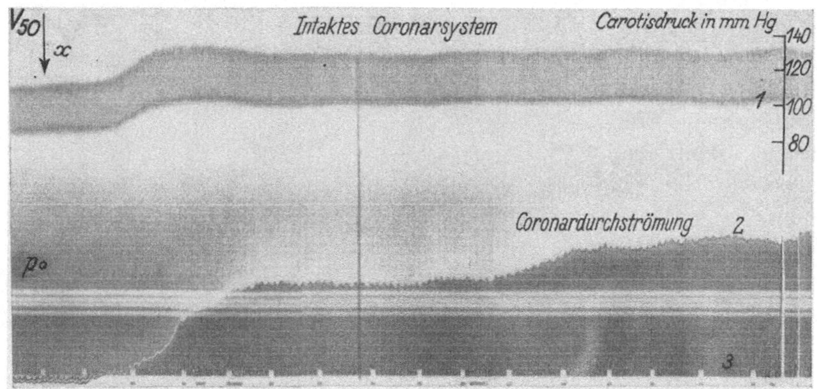

Abb. 16. Coronardurchströmung nach Adrenalininjektion (von links nach rechts zu lesen). Oben: Blutdruck. Unten: Stromvolumen der Kranzarterien; mit der REINschen Stromuhr bestimmt (Versuch am Hunde). Herz in situ.

werden, daß die Höhe des Aortendruckes allein noch keine Schlüsse auf das Blutangebot an die Coronararterien erlaubt, und daß die Systole die Herzdurchblutung durch Vergrößerung des peripheren Widerstandes nicht hemmt.

Es ist nun notwendig, an einem Beispiel zu zeigen, daß unter biologischen Verhältnissen am Ganztier die Coronardurchströmung anders verläuft, als der Aortendruck vermuten läßt. In einfacher Weise läßt sich dieses gegensätzliche Verhalten bei Adrenalin- und Histamindarreichung demonstrieren.

Untersucht man den Coronarstrom am intakten Coronarsystem, dann sieht man nach einer intravenösen Darreichung von 0,1 ccm Sympatol, das wir wegen seiner geringen toxischen Wirkung dem Adrenalin vorziehen (HOCHREIN und KELLER), mit dem Ansteigen des Arteriendruckes eine starke, langdauernde Zunahme des Coronarstromes, die etwa in der 60. Sekunde eine nochmalige Steigerung erfährt.

Diese vermehrte Coronardurchblutung setzt synchron mit dem Anstieg des Carotisdruckes ein. Dieser Befund steht in einem gewissen Widerspruch zu HAEUSLER, der am Herz-Lungen-Präparat gefunden hatte, daß die fördernde Wirkung des Adrenalins auf den Herzmuskel immer früher einsetzt als die Erweiterung der Coronargefäße. Das Herz soll daher zuerst zu kräftigerer Tätigkeit angeregt werden und anfänglich den Coronarstrom vermindern, bevor eine bessere Durchblutung zustande kommt.

Um festzustellen, ob, wie verschiedentlich angenommen wurde, diese Zunahme der Coronardurchblutung lediglich durch Zunahme des Blutdruckes erklärt werden kann, wurde bei gleich großer Sympatolgabe neben dem Carotisdruck der Coronareinflußdruck, der, wie früher ausgeführt worden war, unter diesen Bedingungen annähernd proportional ist dem Blutangebot, und ferner der Abstrom des Coronararteriensystems an, einer bei konstantem Einflußdruck isoliert durchströmten Coronararterie bestimmt.

Wäre das Coronarsystem vollkommen druckpassiv, dann hätte man, nachdem die Druckverhältnisse im isoliert durchströmten Gebiet konstant geblieben sind, keine Änderung im Abstromgebiet erwarten dürfen. Sollte jedoch die Anschauung von ANREP und HAEUSLER zu Recht bestehen, dann müßte sofort nach der Injektion eine Verminderung des Coronarstromes eintreten. Aus unseren Versuchen ist zu entnehmen, daß sofort mit dem Anstieg des Carotisdruckes eine Zunahme der Coronardurchströmung zu sehen ist. Der Verlauf der Stromkurven bei intaktem System und bei isolierter Durchströmung ist jedoch beträchtlich verschieden. Die Stromkurve, die bei der Durchströmung mit konstantem Einflußdruck beobachtet wurde, zeigt anfänglich, wenn sie synchron dem Carotisdruck ansteigt, nur eine geringe Zunahme. Im weiteren Verlauf jedoch, wenn der Carotisdruck nach einer Sattelbildung eine neue, dem Ausgangswert gegenüber erhöhte Gleichgewichtslage einnimmt, erreicht die Coronardurchströmung in wellenförmigem Anstieg etwa in der 60. Sekunde ihr

Maximum und stellt sich dann ebenfalls auf eine neue erhöhte Gleichgewichtslage ein. Die Ausschläge der beiden Stromkurven sind bei ungefähr gleicher Empfindlichkeit des Registriersystems nicht nur in ihrer Form, sondern auch in ihrer Größe verschieden. Am intakten System ist die Zunahme der Coronardurchströmung beträchtlich größer.

Die vermehrte Coronardurchströmung nach Adrenalin und ähnlich wirkenden Körpern am intakten Coronarsystem ist daher nicht nur auf einen mechanischen Faktor, ein vermehrtes Blutangebot zu beziehen, sondern

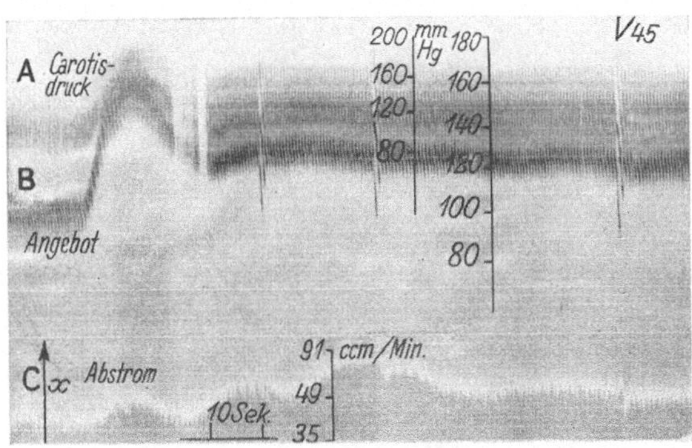

Abb. 17. Versuch am Hunde. Herz in situ.

A Carotisdruck. *B* Druck am Coronarostium. *C* Durchströmung einer isolierten Kranzarterie bei konstantem Druck. Wirkung von Adrenalin. Vermehrung der Coronardurchströmung bei *B* im wesentlichen durch Steigerung des Carotisdruckes, bei *C* durch Erweiterung der Kranzgefäße.

wir müssen auch Veränderungen im peripheren Teil des Coronarsystems annehmen, die die Durchströmung erleichtern. Es soll dabei vorerst nicht die Frage aufgeworfen werden, durch welchen Mechanismus diese Verminderung des peripheren Widerstandes hervorgerufen wird, in welcher Weise chemische bzw. nervöse Vorgänge eine Rolle spielen.

Noch klarer zeigt es sich, daß die Coronardurchströmung nicht nur vom Blutangebot, d. h. von dem Druck in der Aorta, abhängig ist, sondern auch von dem Verhalten der Coronararterien bzw. dem peripheren Widerstand in diesem System bei Verabreichung von Histamin.

Untersucht man den Einfluß von Histamin (0,005 mg pro Kilogramm) auf den Coronarstrom bei intaktem Kreislauf und künstlicher Atmung, so findet man, daß der Carotisdruck von 140 mm Hg auf etwa 70 mm Hg abnimmt, während der Coronarstrom dagegen eine starke Zunahme erfährt. Auch am isolierten Coronargebiet, bei konstantem Einflußdruck, ist diese Zunahme der Coronardurchströmung deutlich zu sehen.

Ähnlich liegen die Verhältnisse bei intaktem Kreislauf und normaler Atmung. Die Vermehrung der Coronardurchblutung, trotz sinkenden Arteriendruckes, am intakten Kreislauf ist somit ein weiterer Beweis dafür, daß nicht allein das Blutangebot, sondern auch aktive Vorgänge im Coronargebiet selbst die Blutversorgung des Herzens regulieren.

Der wellenförmige Verlauf der Stromkurve erweckt die Vorstellung, daß die Zunahme der Durchströmung nach Histamin nicht auf die Änderung eines einzigen Faktors in der Peripherie des Coronarsystems zu beziehen ist, sondern daß wir diesen eigenartigen Kurvenverlauf ebenfalls als die Resultanten des Kräftespiels verschiedener Faktoren ansehen müssen, die zu verschiedener Zeit und in verschiedenem Ausmaß wirksam werden.

Auf die Änderungen der Coronardurchströmung nach Adrenalin und Histamin soll nicht weiter eingegangen werden, da sie im pharmakologischen Teil eine eingehendere Besprechung finden sollen. REIN hat in späteren Versuchen mit einer Versuchsanordnung, die mit der eingangs beschriebenen weitgehend übereinstimmt, und durch physiologische

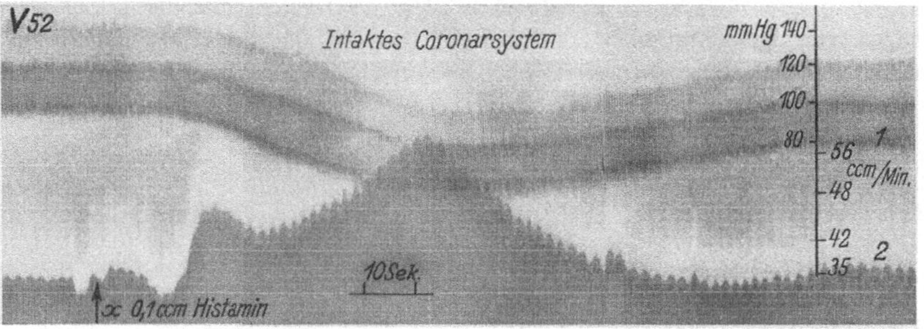

Abb. 18. Versuch am Hunde. Herz in situ. Wirkung von Histamin.
Senkung des Blutdruckes (oben). Trotzdem Steigerung der Coronardurchströmung (untere Kurve).

Experimente, die später noch erörtert werden sollen, ebenfalls dargetan, daß das Coronarsystem, unabhängig von der Höhe des Aortendruckes, durch verschiedene Faktoren beeinflußt werden kann.

Zusammenfassung.

Noch bis vor wenigen Jahren hatten sich namhafte Kreislaufforscher für das druckpassive Verhalten des Coronarkreislaufes eingesetzt. Das Experiment schien diese Anschauung zu bestätigen. Es fehlte aber nicht an Klinikern — hier ist vor allem H. KOHN zu nennen —, die sich auf Grund genauer Beobachtungen am Krankenbette nicht von der Anschauung, daß der Coronarkreislauf eine autonome Regulation besitzen müsse, abbringen ließen. Die klinische Beobachtung hat gesiegt. Wir konnten zeigen, daß die Größe der Herzdurchblutung vom Aortendruck unabhängig ist. Vielleicht hätte man sich schon früher zur heutigen Anschauung durchringen können, wenn der Experimentator die klinische Beobachtung als sichere Tatsache in seinen Überlegungen gewertet hätte und nicht aus der Insuffizienz der Methodik zum Schlusse gekommen wäre, daß der mangelnde experimentelle Nachweis dem Fehlen biologischer Vorgänge gleichzusetzen ist.

4. Abhängigkeit der Kranzgefäßdurchblutung von extra- und intrakardialen Faktoren.

Die frühere Vorstellung, daß die Coronargefäße ein außerordentlich passives Gefäßgebiet seien, das in der Hauptsache von mechanischen Verhältnissen im großen Kreislauf und vom Kontraktionszustand des Herzmuskels abhängig ist, kann heute nicht mehr aufrechterhalten werden. Wir wissen, daß zahlreiche mechanische, chemische und nervöse Faktoren die Durchblutung des Herzens bestimmen. Da diese Faktoren nicht nur den Coronarkreislauf beeinflussen, sondern auch unter sich in Beziehung stehen, muß die Größe der Herzdurchblutung als komplexe Funktion zahlreicher extra- und intrakardialer Faktoren angesehen werden. Solange die Resultanten der zahlreichen Kombinationen der verschiedenen Faktoren auf die Coronardurchströmung nicht näher bekannt sind, lassen sich die einzelnen Faktoren nur in erster Annäherung analysieren.

α) **Mechanische Faktoren.** Der Einfluß der hämodynamischen Verhältnisse in der Aortenwurzel auf das Blutangebot an die Coronararterien und der Ventrikelkontraktion auf den coronaren Widerstand wurde bereits eingangs besprochen. Bei Versuchen am Herzen in situ fanden MORAWITZ und ZAHN, daß die Durchblutungsgröße eine optimale Herzfrequenz besitzt, und daß sowohl bei Frequenzsteigerung als auch bei -verminderung die Durchblutung abnimmt. Weiterhin konnten sie zeigen, daß bei Steigerung des Aortendruckes, die sie durch Abdominalkompression oder durch intravenöse Infusion von Kochsalzlösung hervorriefen, das Stromvolumen in den Coronarien beträchtlich erhöht ist. MARKWALDER und STARLING konnten Beziehungen zwischen Schlagvolumen und Coronarkreislauf nicht feststellen, während H. REIN beobachtete, daß das Minutenvolumen und die Coronardurchblutung in direkter Proportion stehen.

Eine genauere Analyse der Coronardurchblutung aus der Kreislaufmechanik erweist sich als außerordentlich kompliziert, da die Änderung eines Kreislauffaktors nicht nur sämtliche mechanischen Komponenten auf ein neues Niveau bringt, sondern auch eine Verschiebung chemischer und nervöser Gleichgewichte hervorruft, die nun ihrerseits wieder die Herzdurchblutung beeinflussen. Die Annahme einer Abhängigkeit der Herzdurchblutung von der Pulszahl, dem Minutenvolumen usw. ist daher nur bedingt richtig, da unter biologischen Änderungen unter Umständen die gegensätzliche Wirkung erzielt werden kann.

Aus eigenen Untersuchungen ist vorerst lediglich zu entnehmen, daß eine Abhängigkeit des Blutangebotes von den Strömungsverhältnissen und dem Druck in der Aortenwurzel, sowie der Elastizität der Aortenwand besteht. Bei genauer Analyse dieser Faktoren ergeben sich wichtige Einblicke in die Blutversorgung des Herzens. Von allen mechanischen Faktoren, die den Coronarstrom beeinflussen, kommt dem Aortendruck eine besondere Bedeutung zu. Die Zunahme der Herzdurchblutung steht aber zur Steigerung des Aortendruckes nicht in direkter Proportion, da auch die Geschwindigkeit des Aortenstromes eine maßgebende Rolle spielt. Eine gleich große Aortendrucksteigerung verursacht eine stärkere Vermehrung der Herzdurchblutung, wenn sie durch eine periphere Kontraktion anstatt durch eine Zunahme des Schlagvolumens ausgelöst wird. REIN hat gefunden, daß ein- und dieselbe Leistung erfolgt unter um so geringerem Blutbedarf der Kranzgefäße, je niederer die Herzfrequenz bzw. je größer das Schlagvolumen ist.

Da verschiedene mechanische Faktoren der Coronardurchblutung eng mit chemischen und nervösen Vorgängen verknüpft sind, sollen bei der Besprechung dieser Komponenten auch mechanische Einflüsse berücksichtigt werden.

β) **Innervation der Kranzarterien.** Die gleichen Schwierigkeiten, die bei den mechanischen Faktoren besprochen wurden, erschweren auch das Studium nervöser Einflüsse auf die Herzdurchblutung. Dazu kommt noch, daß derartigen Versuchen häufig schon deshalb keine absolute Beweiskraft zukommen kann, da bei den meisten Versuchstieren noch viel zu wenig über den genauen anatomischen Verlauf der den Tonus der Coronararterien beeinflussenden Nerven bekannt ist. Die bisherigen Ergebnisse der Literatur sind daher noch außerordentlich widersprechend.

Dilatation. Während Doogiel und Archangelsky, Sassa sowie Drury und Sumbal eine Konstriktion der Coronararterien durch den Sympathicus annehmen, wird von anderer Seite dem Sympathicus eine dilatatorische Wirkung zugesprochen (Morawitz und Zahn, Anrep). Die Erfahrung, daß die reflektorische Gefäßerweiterung nach sensibler Reizung des Herzens oder bei Anämie oder Asphyxie des Zentralnervensystems ausbleibt, wenn die Ganglia stellata entfernt sind, kann als weiterer Beweis, daß die Coronardilatation auf sympathischen Bahnen zum Herzen gelangt, angesehen werden (Morawitz und Zahn, Anrep und Segall). Nach Greene findet man dilatatorische Fasern in den Netzen herunter bis zum 6. Thorakalganglion. Von den Netzen, die vom 5. und 6. Ganglion der linken Seite ausgehen, lassen sich besonders starke Wirkungen erzielen. Die Coronardilatatoren sollen in den gleichen Stämmen wie die Acceleratoren, aber in anderer Verteilung, verlaufen. Coronargefäßerweiterung bei Vagusreiz wird von Drury und Smith berichtet.

Konstriktion. Der Erfolg der Vagusreizung wird in der Literatur ebenfalls verschieden beurteilt. Nakawaga beobachtet, daß die Vagusreizung die Coronargefäße überhaupt nicht beeinflußt. Leriche, Fontaine und Kunlin schließen aus Druckmessungen im zentralen und peripheren Stumpf der eröffneten linken Kranzarterie, daß Vagusreiz keine Coronarkonstriktion bewirkt. Demgegenüber stehen die Beobachtungen zahlreicher Autoren, die feststellen konnten, daß die Herzdurchblutung bei Vagusreiz abnimmt (Porter, Maass, Wiggers, Anrep und Segall, Rein). Die vagalen Vasokonstriktoren üben eine Dauertonisierung der Coronargefäße aus. Es geht dies daraus hervor, daß Durchschneidung des Vagus den coronaren Durchstrom bedeutend anschwellen läßt (Anrep und Segall, Rein u. a.).

Weitere Untersuchungen von Rein zeigen, daß durch beide Vagusnerven vasokonstriktorische Fasern verlaufen, die durch Atropin ausschaltbar sind und in einem gewissen Dauertonus stehen, wobei sie ohne Rücksicht darauf, ob sie vom rechten oder linken Nerven stammen, an allen Gefäßen des Kranzgefäßsystems gleichzeitig und funktionell gleichwertig nach dem Herzmuskel führen. Das Ausmaß der Verengerung der Kranzgefäße bei Vagusreiz ist von der Reizdauer und der Lage der Ausgangsdurchblutung unabhängig, dagegen wird das Ausmaß der der Konstriktion folgenden Dilatation weitgehend von der Reizdauer bestimmt: Diese terminale Hyperämie ist wahrscheinlich lokal bedingt und ähnlich wie eine „reaktive Hyperämie" zu deuten.

Um die nervösen Einflüsse auf die Herzdurchblutung besser analysieren zu können, wurden elektrische Reizungen des N. vagus und N. depressor mit dem Gildemeister-Kochschen Apparat unter den verschiedensten Bedingungen vorgenommen (Hochrein und Gros). Wir gehen auf diese Verhältnisse etwas näher ein, da die Ergebnisse in ihrer Mannigfaltigkeit imstande sind, die in der Literatur besprochenen Verschiedenheiten zu beleuchten.

Reizt man den linken Vagus in der Mitte zwischen Schlüsselbein und Kehlkopf (Reizung A) mit verschiedenen Frequenzen und Stromstärken, dann erhält man wechselnde Reizeffekte. Eine geringe Abnahme der Coronardurchblutung kann schon bei Stromstärken von 0,2 mA bei einer Konstanz des Arteriendruckes, der Pulszahl und der Lungendurchströmung gesehen werden. Verwendet man höhere Intensitäten, dann wird die Abnahme der Coronardurchblutung deutlicher, die Pulszahl bleibt unverändert. Der Arteriendruck zeigt nur eine geringe Beeinflussung, manchmal fällt er etwas ab. Während der Reizung kommt es zu einem Atemstillstand, dem eine starke Vermehrung der Lungendurchblutung folgt. Ein weiterer Anstieg der Stromstärke bei derselben Frequenz löst eine Bradykardie mit geringer Arteriendrucksenkung . aus. Die Coronardurchströmung nimmt dabei noch weiter ab. Der Atemstillstand geht wiederum mit einer Zunahme der Lungendurchströmung einher. Geht man mit der Stromintensität noch höher, dann kommt es zu einem völligen Herzstillstand. Der Arteriendruck, die Lungen- und Coronardurchströmung sinken ab, und die Atmung steht still. Kurz danach nimmt der Arteriendruck langsam zu, überschreitet den Ausgangswert und geht nach einer nochmaligen Abwärtsbewegung auf das Ruheniveau zurück. Die Lungendurchblutung erreicht zu einer Zeit, in der der Arteriendruck noch lange unter der Norm liegt, und die Pulszahl verlangsamt ist, einen Wert über dem Ausgangsniveau. Die Coronardurchströmung zeigt einen ähnlichen Richtungsverlauf wie der arterielle Druck.

Die Wirkung der Vagusreizung auf die Durchblutung des Herzens und der Lunge ist eine Funktion der Stromfrequenz und der Stromstärke. Die geringste

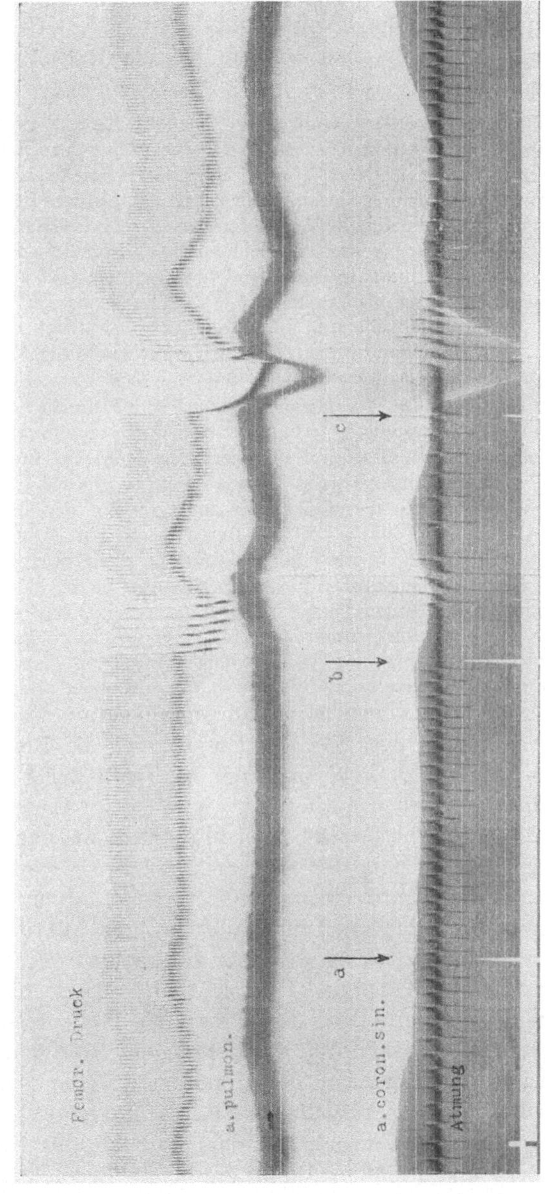

Abb. 19. Reizung des unteren Halsvagus (elektrische Reizung) beim Hund. a Frequenz 23, Stromstärke 0,30 mA. b Frequenz 23, Stromstärke 0,80 mA. c Frequenz 23, Stromstärke 1,40 mA.

Stromstärke, um irgendeinen Effekt auszulösen, wird bei Frequenzen um 100 in der Sekunde gefunden. Diese optimale Frequenz zeigt bei den einzelnen Versuchstieren kleine individuelle Verschiedenheiten. Die Reizstärke, die bei dieser optimalen Frequenz einen deutlichen Effekt auslöst, beträgt ca. 0,2—0,3 mA. Mit zunehmender und abnehmender Frequenz steigt die für die Erreichung der Reizschwelle benötigte Reizstärke.

Ähnliche Beziehungen wie die für die Reizschwelle beschriebenen Gesetzmäßigkeiten finden wir auch für die Latenzzeit.

Bei einigen Versuchen machten wir folgende Beobachtung: Reizt man den Vagus weiter oberhalb, kurz nach dem Austritt aus Foramen jugulare (Reizstelle *B*), dann erzielt man, wenn wir von einer geringen Verschiebung der Reizschwelle absehen, ungefähr die gleichen Effekte wie bei Reizung oberhalb der Clavicula. Anders liegen die Verhältnisse, wenn man den Vagus zwischen den beiden Reizorten durchschneidet. Die Durchblutung der Lunge sowie der Arteriendruck werden gleichmäßiger, die Schwankungen mit langsamen Perioden (MORAWITZsche Pulmonalreflexwellen) verschwinden fast vollständig. Bei Reizung werden Änderungen im Atemmechanismus nicht mehr beobachtet. Der Arteriendruck, der beim Eintritt der Reizschwelle nur allmählich absank, stürzt nach der Vagusdurchschneidung steil ab. Wir schließen daraus, daß die Durchschneidung Fasern ausschaltet, die dämpfend auf plötzliche Kreislaufänderungen wirken. Die Umstellungen erfolgen nicht mehr allmählich, da die Kompensationsmechanismen fehlen, die die Kreislaufumstellungen nivellieren. Während unter normalen Verhältnissen das Reizoptimum bei ca. 100 Frequenzen liegt, ist der periphere Vagusstumpf praktisch nur mehr für Frequenzen unter 50 pro Sekunde ansprechbar. Der unter diesen Bedingungen ausgelöste Reizeffekt zeigt einen deutlichen Unterschied zwischen der Reizung *A* und *B*. Vor der Vagusdurchschneidung und auch danach bei Reizung von *B* geht die Reizwirkung mit einer starken Abnahme der Coronardurchblutung einher, die als eine Konstriktion der Kranzgefäße gedeutet wird. Reizt man nach Vagusdurchschneidung die Stelle *A*, dann bleibt dieser konstriktorische Effekt aus. Wir erklären uns diesen Unterschied in der Weise, daß zwischen beiden Reizstellen die zentrifugalen Coronarkonstriktoren den Vagus verlassen haben, während die pressorischen Fasern weiter im Vagus verlaufen. Die zahlreichen Nervengeflechte in der Gegend des Ganglion cervicale superior erschweren eine Analyse dieser Fasern, doch ist mit großer Wahrscheinlichkeit anzunehmen, daß es sich um die Rami cardiaci superiores handelt.

Neben Vagus und Sympathicus scheint die Regulation des Blutstromes in den Coronararterien auch noch der Kontrolle der Blutdruckzügler (N. depressor und Sinusnerv) zu unterliegen.

Die HERINGsche Versuchsanordnung, Abklemmen und Freigabe der Carotiden, die eine Ausschaltung der Sinusnerven bewirkt, ruft bei zahlreichen Versuchstieren eine Mehrdurchblutung des Herzens hervor. Dieser Vorgang ist als die Resultante verschiedener Mechanismen, die auf das Coronarsystem konstriktorisch und dilatatorisch wirken, zu deuten. (Ausführliche Besprechung bei HOCHREIN und KELLER.) Übersichtlicher liegen die Verhältnisse bei direkter Reizung des N. depressor. Reizt man den N. depressor mit einem Induktorium, dann werden die bekannten Erscheinungen: Bradykardie, Arteriendrucksenkung, Apnoe und auch eine von der Höhe des Arteriendruckes unabhängige Coronarstromverminderung ausgelöst.

Untersucht man nun den N. depressor mit elektrischen Reizen von wechselnder Stärke und Frequenz, dann ergibt die Betrachtung unserer Untersuchungsergebnisse, daß die in der Literatur bekannten Wirkungen der Aortennervreizung: Arteriendrucksenkung, Pulsverlangsamung usw. bei Anwendung verschiedener Stromfrequenzen und Reizstärken keineswegs als gesetzmäßige Reaktion angesehen werden können. Trotz aller individuellen Verschiedenheiten lassen sich aus dem Mittel unserer Gesamtergebnisse in erster Annäherung folgende Beziehungen ermitteln:

Bei Frequenzen unterhalb des Optimums tritt bei Reizung mit steigender Intensität zuerst eine kurzdauernde Arteriendrucksenkung und eine geringe Zunahme der Herzdurchblutung auf. Puls und Atmung bleiben unbeeinflußt. Nimmt die Intensität weiter zu, dann kommt es zu einer Bradykardie, Apnoe und bei konstantem Maximaldruck zu einer starken Senkung des Minimaldruckes. Die Herzdurchblutung nimmt anfänglich etwas zu, dann ab und am Ende der Reizung gleichzeitig mit einem steilen Anstieg des Arteriendruckes stark zu (Abb. 21a).

Innerhalb der Optimalfrequenz ist die erste Reaktion eine geringe Abnahme der Coronardurchströmung bei einer Konstanz der übrigen Faktoren. Mit

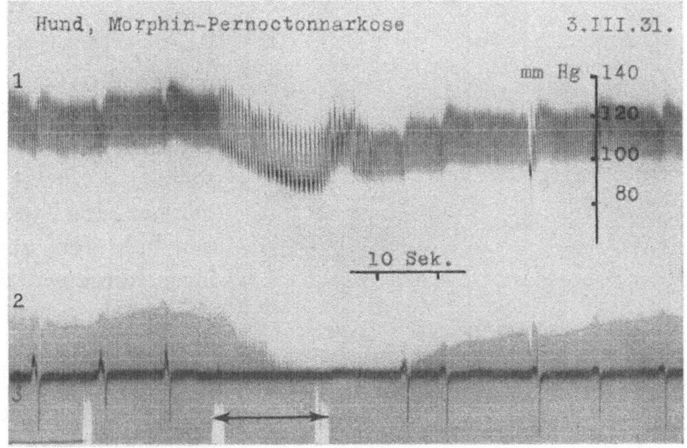

Abb. 20. Elektrische Reizung des N. depressor (Aortennerv).
1 Druck A. femoralis. *2* Coronardurchströmung. *3* Respiration.

zunehmender Intensität kommt es, wie Abb. 21b zeigt, zu einer starken Abnahme der Herzdurchblutung, einer Steigerung des Arteriendruckes, wobei die Pulszahl nahezu gleichbleibt, und einer Tachypnoe.

Bei einer Reizfrequenz, die das Optimum übersteigt, kommt es anfänglich bei gleichbleibender Pulszahl zu einer Arteriendrucksenkung und kurzem Atemstillstand, wobei die Herzdurchblutung konstant bleibt. Nimmt die Reizstärke zu, dann kommt es bei gleichbleibender Pulsfrequenz erst zu einer geringen Abnahme, dann zu einer raschen Zunahme des Arteriendruckes. Die Atmung setzt anfänglich aus, und dann folgt eine kurzdauernde Hyperventilation. Die Coronardurchströmung nimmt, wie Abb. 21c zeigt, mit Beginn der Hyperventilation stark zu.

Die in den Abb. 21a, b, c dargestellten Reaktionsformen zeigen eine Abhängigkeit von der Reizfrequenz und der Stromstärke, nicht aber von der Reizdauer.

Das gegensätzliche Verhalten der Respiration bei Reizung der Blutdruckzügler ist von Koch und Mark ebenfalls beobachtet worden. Allerdings kann aus ihrer Schilderung nicht ersehen werden, ob es sich dabei um individuelle Eigenarten oder um verschiedene Wirkungen beim gleichen Versuchstier handelt. Sowohl bei Reizung des Aorten- als auch des Sinusnerven wurde neben der typischen Reaktion der Atemhemmung, die in einer Abnahme der Frequenz und der Atemausschläge und sogar längerem Atemstillstand bestehen kann, eine Zunahme der Frequenz gesehen.

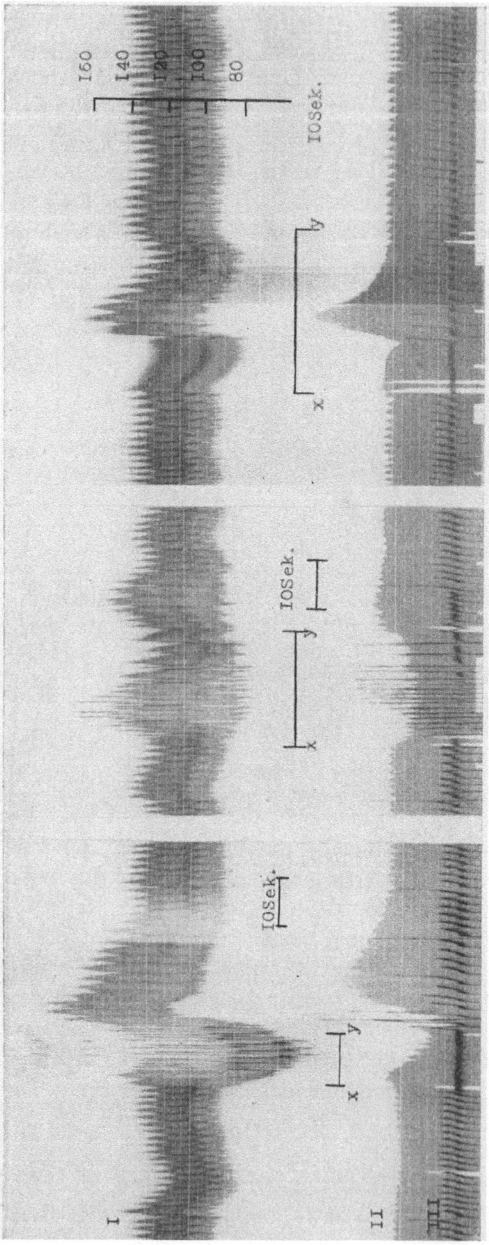

Unsere Versuche ergeben, daß an ein- und demselben Versuchstier die Reizung des N. depressor je nach der angewendeten Frequenz und Intensität verschiedene, oft sogar gegensätzliche Reaktionsformen auslösen kann. Der Depressorreiz kann bewirken: Arteriendrucksteigerung und -senkung, Bradykardie, Zunahme und Abnahme der Coronardurchblutung, sowie Apnoe und Hyperventilation. Aus unseren Versuchen ist vorerst nicht zu entnehmen, inwieweit die einzelnen Faktoren, abgesehen von ihren direkten Beziehungen, sich noch gegenseitig beeinflussen. Um diese Verschiedenheiten zu erklären, läge wohl am nächsten, an die Mitreizung anderer Nervenfasern bei den verschiedenen Formen der Reizung zu denken. Nachdem wir bei der Wahl unserer Reizelektrode und bei der Anlage am Nerven sehr auf deren Isolierung achteten, um das Auftreten von Stromschleifen auf ein Minimum herabzusetzen, glauben wir doch, in Anbetracht der bei unseren Ergebnissen auftretenden Gesetzmäßigkeiten annehmen zu müssen, daß die einzelnen Kreislauf- und Atemphänomene ein verschiedenes Reizoptimum besitzen. Der verschiedenartige Effekt der Depressorreizung kann vorläufig nur so erklärt werden, daß der N. depressor trotz seiner scheinbar einheitlichen Struktur und seines winzigen Durchmessers kein einheitlicher Nerv, sondern ein Fasergeflecht ist, bei dem die einzelnen Fasern

Abb. 21. *x—y* Reizung des N. depressor beim Hund. *I* Femoralisdruck. *II* Coronardurchströmung. *III* Atmung. a Frequenz 23, Stromstärke 0,9 mA. b Frequenz 112, Stromstärke 0,9 mA. c Frequenz 314, Stromstärke 1,5 mA.

auf verschiedene Frequenzen und Intensitäten ansprechen. Niedere Frequenzen und geringe Intensitäten würden dann die Fasern erregen, die zu einer Arteriendrucksteigerung führen. Die Auslösung einer Bradykardie benötigt stets höhere Reizstärken. Arteriendrucksenkung und Coronarkonstriktion werden meist bei niedriger Frequenz und hoher Reizstärke gefunden. Man kann sich aber den Mechanismus der verschiedenen Vorgänge auch so vorstellen, daß ein einheitlicher Nerv verschiedene Angriffspunkte hat, deren Empfindlichkeit verschieden ist, so daß je nach der Art und der Stärke des auf den Nerven treffenden Reizes verschiedene Reaktionszentren eingeschaltet werden.

Die Bedeutung der Blutdruckzügler für die Coronardurchblutung läßt sich auch in physiologischer Weise durch Ausschaltung der Sinusnerven (HERINGscher Versuch) bzw. durch Dämpfung des Depressorentonus bei Aortendrucksenkung zeigen.

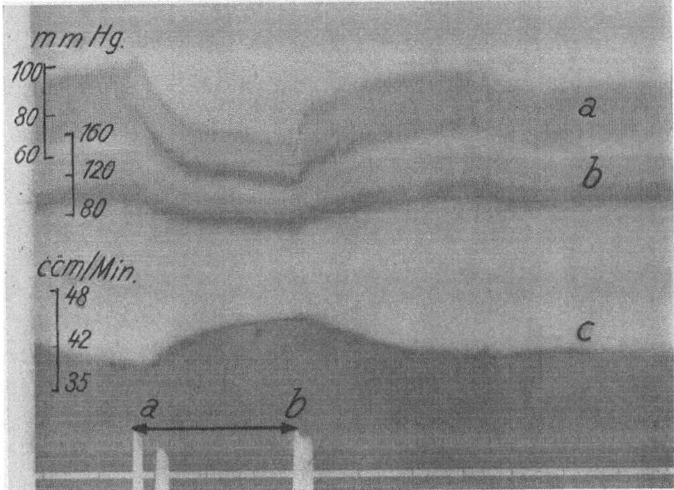

Abb. 22. *a* Druck am linken Coronarostium. *b* Druck A. femor. *c* Stromkurve des isolierten und unter konstantem Druck durchströmten Ram. descend. der li. art. coron.

Bei einem Versuchstier wurde der Druck in der A. femoralis und am linken Coronarostium mit BROEMSER-Manometer registriert. Weiterhin wurde der Ram. descendens der linken Coronararterie isoliert bei konstantem Druck durchströmt und die Durchblutungsgröße mit der REINschen Stromuhr aufgezeichnet. Für kurze Perioden kann man den Aortendruck durch Abklemmen der Vena cava inf. senken (a—b) und dadurch den Blutdruckzüglertonus ausschalten. Gleichzeitig mit dem Abfall des Aortendruckes kommt es in der isolierten Coronararterie, die keine mechanische Beziehung zum übrigen Coronarsystem besitzt, zu einem starken Durchblutungsanstieg. Das Blutangebot an die linke Coronararterie, das wir durch den Druck am Coronarostium bestimmten, zeigte entsprechend dem Aortendruckabfall eine deutliche Abnahme.

Sensible Nerven. Ein besonderes klinisches Interesse beanspruchen für die operative Behandlung der Angina pectoris die Nervenbahnen, auf welche Schmerzempfindungen geleitet werden sollen. Die Abb. 23 zeigt eine schematische Darstellung der empfindungsleitenden Bahnen von JONESCO und JONESCU.

Die vom Herzen nach der Aorta ausgehenden Empfindungen können in verschiedener Weise geleitet werden (EDENS).

„Die Hauptbahn verläuft durch den N. cardiacus inferior, Ganglion stellatum, Thorakalganglion, Rami communicantes $C\,8$ bis $D\,4$ zum Zentralorgan. Eine zweite, obere Bahn verläuft durch den B. cardiacus inferior vagi, Nervus vagus, zum Ganglion cervicale superius und von dort durch die Rami communicantes $C\,2$—4 zum Rückenmark, durch den Plexus carotis zum Ganglion Gasseri. Außerdem verbinden Rami mediastinales $D\,1$—6 das Herz und Aortengeflecht mit dem Grenzstrang und den Rami communicantes oder Spinalnerven.“ LERICHE stellte fest, daß durch elektrische Reizung der freigelegten Halsnerven oder durch Kneifen des unteren Teiles des Ganglion stellatum heftige anginoide Schmerzen in der Präkardialgegend und den drei obersten Intercostalräumen ausgelöst werden können. Bei elektrischer Reizung des oberen Teiles der Ganglion stellatum tritt der Schmerz in beiden Armen auf. Novocainisierung der beiden Ganglien beseitigt den Schmerz sofort. Elektrisieren der letzten Rami communicantes des Halses verursacht Schmerzen in der Schulter und im linken Arme. Die Reizung der Rami communicantes des siebenten Halsnerven ruft Schmerzen in der Hand und der Innenseite des Oberarmes, Reizung der Rami communicantes des rechten Nerven Schmerzen in der Gegend des Schulterblattes hervor.

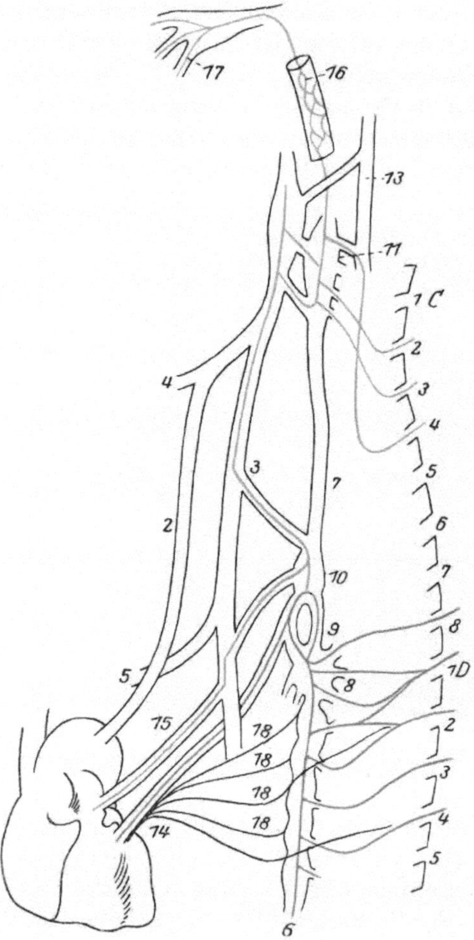

γ) **Hormonale Beeinflussung.** Man kennt zweierlei Arten von Hormonen, eigentliche Hormone und solche, die ihre Funktion gleichsam nur im Nebenamte ausüben, sog.

Abb. 23. Sensible Bahnen des Herzens (nach JONESCO und JONESCU); rot untere, blau obere Bahn.
2 N. depressor. *3* N. vagus. *4* N. laryng. sup. *5* N. recurrens. *6* Sympathic. thorac. *7* Sympath. cervic. *8* Gangl. stellatum. *9* Ansa Vieussenii. *10* Gangl. cervic. inf. *11* Gangl. cerv. sup. *12* Gangl. nodos. *13* N. hypoglossus. *14* N. cardiac. inf. *15* Ram. cardiac. inf. vagi. *16* Plexus caroticus. *17* Gangl. Gasseri. *18* BRÄUCKERsche Fasern.

Parhormone (GLEY). Als Beispiel für ein Parhormon wird vielfach die Kohlensäure angeführt, sie gilt nicht nur als das Hormon des Atemzentrums, sondern auch als Reizmittel für die Erregbarkeit anderer Organe (Darm, Herz usw.). Auch die saueren Produkte, die bei der Arbeit entstehen, werden in diesem Zusammenhang genannt (H. EPPINGER). Unter eigentlichen Hormonen verstehen wir Substanzen mit spezifischen Eigenschaften, die von eigens dazu befähigten Zellen gebildet werden. Die experimentelle Coronarforschung hat sich mit der Einwirkung dieser Stoffe auf die Herzdurchblutung noch eingehender zu beschäftigen, da durch verschiedene klinische Beobachtungen und Tierversuche wahrscheinlich gemacht wurde, daß bei hormonalen Störungen die Coronardurchströmung in spezifischer Weise beeinflußt werden kann. Bei einer systematischen Bearbeitung dieser Frage müßten Bedingungen geschaffen werden, die den Zustand einer Über- bzw. Unterfunktion der bekannten Hormone in übersichtlicher Weise nachahmen. Ein derartiger Versuchsplan ist heute noch nicht durchzuführen, da die Voraussetzung hierfür, die Kenntnis der wirksamen Substanzen, noch fehlt. Auch bei den rein dargestellten Stoffen, wie Adrenalin, Insulin usw., bestehen noch beträchtliche Schwierigkeiten, da diese Stoffe an einem System angreifen, das durch die Wechselwirkung aller Drüsen mit innerer Sekretion reguliert wird. Unsere Beobachtungen berichten daher lediglich von der Reaktion einer komplexen Funktion, die vorerst noch aus zahlreichen Unbekannten besteht, auf Einwirkung bestimmter Hormone. Unsere Kenntnisse über die hormonale Beeinflussung des Coronarsystems sind daher noch sehr gering. Die Erfahrungen am Krankenbette bilden noch unsere wichtigste Erkenntnisquelle. Wir begnügen uns daher mit einigen kurzen Hinweisen, die die große klinische Bedeutung, aber auch die Schwierigkeiten der experimentellen Untersuchung dieser Frage beleuchten sollen.

Die Coronarwirkung der Parhormone Kohlensäure und Milchsäure wird auf S. 52 ausführlich besprochen werden. In schwacher Konzentration verursachen diese Säuren eine Mehrdurchblutung, während bei höherer Konzentration Kohlensäure eine Coronarkonstriktion bewirken kann. Wahrscheinlich ist diese Säure aber auch bei schwächerer Konzentration, wenn gleichzeitig nervöse Störungen vorliegen, imstande, den Coronarstrom zu hemmen.

Die Einwirkung von Adrenalin auf den Coronarkreislauf ist verschiedentlich eingehendst untersucht worden. Es kann als gesicherte Tatsache gelten, daß Adrenalin sowohl das Blutangebot an die Coronararterien infolge der Blutdrucksteigerung erhöht als auch die Durchblutung infolge einer Dilatation der Coronarperipherie erleichtert. Die Einzelheiten der Adrenalinwirkung auf den Coronarkreislauf sind auf S. 79 eingehender beschrieben. Aus der Klinik sind Beobachtungen bekannt geworden, daß Insulin in höherer Dosis beim Diabetes Krankheitsbilder hervorrufen kann, die wir sonst nur bei mangelhafter Herzdurchblutung kennen. Es sind uns Diabetiker bekannt, deren Stoffwechselstörung nicht besonders schwer beurteilt werden muß, die aber, um zuckerfrei zu werden, dauernd Insulin brauchen. Die Empfindlichkeit gegen Insulin ist dabei sehr groß. Wenige Einheiten (ca. 20—30) können genügen, um bei gut verteilter Kost (ca. 150 g Brot) Schwankungen des Blutzuckers von 350 auf 90 mg-% zu bewirken. Der Blutzuckerabfall geht mit stenokardischen Beschwerden einher. Andererseits wissen wir, daß intravenöse Traubenzuckerinjektionen eine bessere Durchblutung des Herzens bewirken. Man könnte daher für akute Versuche annehmen, daß bei Hyperinsulinismus die Coronardurchblutung vermindert, bei Hypoinsulinismus vermehrt ist. Diese Vorstellung stimmt mit einer Auffassung überein, die in den letzten Jahren vor allem durch die Arbeiten von MACLEOD, STAUB u. a. gestützt wurde, nämlich daß Insulin das Hormon des Parasympathicus sei, wie Adrenalin das des Sympathicus.

Im Tierexperiment ist es uns allerdings nicht gelungen, diese Störungen an Umstellungen der Kreislaufdynamik einwandfrei nachzuweisen. Die folgende Tabelle gibt Aufschluß über Versuche, die zur Klärung dieser Frage unternommen wurden.

Hund, 3 Jahre, männlich, 20 kg.

Narkose: Morphin + Pernocton. Reflexerregbarkeit in normaler Weise erhalten.

Registriert: Druck A. femoralis. — Durchblutung der rechten und linken Coronararterie. — Respiration.

	Zeit	Blut-zucker mg	Atmung Fre-quenz	Arterien-druck mm Hg	Puls-zahl	Relative Coronar-durch-blutung ccm/sec.	Sonstige Veränderungen
Ausgangswerte . .	15,27	140	16	145/108	150	44	
Insulin 10 E i. v.	15,30						
	15,37	126	u. v.	140/110	160	45	
	15,40	108	u. v.	140/112	170	45	
	15,47	94	18	133/112	180	48	Auftreten von zahlreichen Extrasystolen
10 ccm Calorose i. v.	15,50						
	15,52	349	15	150/110	150	48	Nur noch wenige Extrasystolen
	15,55	230	u. v.	140/110	160	48	
	16,10	122	18	135/110	170	45	
	16,12	60	25	130/110	180	45	Zahlreiche Extrasystolen

Trotz starker Änderungen im Blutzuckerniveau und geringer Schwankungen in der Pulszahl sowie der Höhe des Arteriendruckes zeigt die mittlere Coronardurchblutung keine nennenswerten Schwankungen. Einen Vergleich der Insulinwirkung mit der des Adrenalins können wir bezüglich der Beeinflussung des Coronarsystems nicht anstellen. Die stenokardischen Beschwerden bei Hyperinsulinismus sind auf Grund dieser Beobachtungen nicht lediglich hämodynamisch, etwa durch einen Spasmus der Coronararterien, zu deuten. Im weiteren Verlauf soll auf die übrigen Mechanismen, die derartige Erscheinungen hervorrufen, noch näher eingegangen werden. Interessant ist, daß in diesen Versuchen die Behebung der akuten Herzschwäche durch intravenöse Traubenzuckerdarreichung zwar eine Tonisierung des Gefäßessystems und eine Unterdrückung der Herzunregelmäßigkeiten bewirkte, die Herzdurchblutung aber in keiner Weise beeinflußte.

Überblicken wir die Statistiken unserer Coronarkranken, dann ist es vielleicht kein Zufall, daß das Alter der Patienten nicht im Senium, sondern meist im Präsenium, der Periode hormonaler Umstellungen, gefunden wird. Andererseits muß es auffallen, daß bei jugendlichen Kranken Coronarleiden häufig mit einer Sexualneurose kombiniert sind. Es ist uns daher wahrscheinlich, daß auch das Sexualhormon in irgendeiner Form den Coronarkreislauf beeinflussen kann.

In letzter Zeit ist besonders auf die Coronarwirkung des Hypophysenhinterlappenextraktes hingewiesen worden. Da diese Untersuchungen zu wichtigen klinischen und therapeutischen Schlußfolgerungen führten, soll auf die Kreislaufwirkung dieser Substanz etwas näher eingegangen werden. Für unsere Versuche stand uns das Hypophysenhinterlappenpräparat von PARKER, DAVIS (Pitressin) und das der I. G. Farbenindustrie (Tonephin) zur Verfügung.

Die Untersuchung von Hypophysenpräparaten ist in der Literatur häufig der Gegenstand eingehender Untersuchungen gewesen. An überlebenden Coronararterien (PAL), am künstlich durchströmten Herzen (DALE) und am Coronarkreislauf des STARLINGschen Herz-Lungen-Präparates (BODO, ANREP und STACEY, HÄUSLER, RÖSSLER) ist die konstriktorische Wirkung dieser Präparate nachgewiesen worden. HOLZ fand eine Coronardilatation bei der Katze, eine Coronarkonstriktion beim Hunde. Nach MELVILLE und STEHLE soll Adrenalin imstande sein, die durch Pitressin erzeugte Coronarkonstriktion aufzuheben.

Weiterhin wurde beobachtet, daß eine Wiederholung der Pitressinwirkung am Coronarsystem, auch wenn mehrere Stunden zwischen den beiden Injektionen liegen, nicht stattfindet. Bereits HOWEL und DALE hatten auf Grund von Untersuchungen am isolierten Kaninchenherzen auf diesen merkwürdigen Befund aufmerksam gemacht. ROSS, DREYER und STEHLE konnten diese Beobachtung für das Herz-Lungen-Präparat bestätigen. RÖSSLER kommt daher durch diese Literaturangaben und durch eigene Versuche am STARLING-Präparat zur Vorstellung, daß das Herz durch Verabreichen unschädlicher Pitressingaben gegen die unvermeidlichen schweren Schädigungen einer sonst stark wirksamen Dosis geschützt werden kann.

Nach einer Injektion von zwei Einheiten Pitressin tritt nicht, wie aus der Literatur zu erwarten, eine Verminderung der Coronardurchströmung, sondern eine vermehrte Herzdurchblutung ein. Der Carotisdruck steigt dabei mäßig an, die Pulszahl bleibt unverändert. Bereits nach 3 Minuten ist Pitressin wieder wirksam. Der Carotisdruck bleibt nunmehr unverändert. Es treten einige Herzunregelmäßigkeiten auf. Der Coronarstrom dagegen erfährt eine nochmalige starke Zunahme. Eine Verminderung des Coronarstromes nach Pitressin kann aber auch am Ganztier unter Umständen beobachtet werden, und zwar dann, wenn starke Herzunregelmäßigkeiten auftreten. Werden diese Herzunregelmäßigkeiten überwunden, dann kommt es auch ohne pharmakologische Einwirkung zu der normalerweise auftretenden Mehrdurchblutung (HOCHREIN).

Nehmen wir die bisher in der Literatur niedergelegten Beobachtungen vom Coronarspasmus als gesicherte Tatsachen eines Teilvorganges in der Pitressinwirkung auf das Coronarsystem an, dann wird man daran denken können, daß der erhöhte Aortendruck den Coronarspasmus durchbricht und dann rein mechanisch die Coronardurchströmung vermehrt. Diese Erklärung genügt aber nicht für die Stromsteigerung bei einer nochmaligen Injektion, da zu dieser Zeit, abgesehen von einigen Herzunregelmäßigkeiten, die stets Zacken der Durchblutungszunahme in der Stromkurve erzeugen, keine Änderungen in der Kreislaufdynamik auftreten. Da man wegen der unveränderten Kreislauflage auch Stoffwechselfaktoren im Herzen selbst ausschließen kann, muß man die Ursache der Mehrdurchblutung nach Pitressin in nervösen Einflüssen suchen.

Durchschneidet man beiderseits den Vagosympathicus, dann tritt die dilatatorische Wirkung nicht mehr ein, in gleicher Weise wie am STARLING-Präparat sieht man am entnervten Herzen des Ganztieres nach Pitressin eine starke Verminderung der Coronardurchströmung.

Unsere Untersuchungen mit Tonephin zeigen ein ganz anderes Bild wie die Pitressinwirkung. Regelmäßig beobachteten wir, unabhängig von der Reaktion des Arteriendruckes, eine geringe Verminderung der Coronardurchblutung. Diese Verminderung setzte etwa 40—50 Sekunden nach der Injektion ein und hielt längere Zeit (oft ca. 20 Minuten) an. Auch wenn wir durch verschiedene Eingriffe, wie Umstimmung des vagosympathischen Gleichgewichtes durch Atropin bzw. Gynergen oder durch Entbluten, die allgemeine Kreislauflage änderten, konnten wir regelmäßig nach Tonephin eine mäßige Abnahme der Durchblutung erzielen.

Die verschiedene Wirksamkeit der beiden Präparate Pitressin und Tonephin ist vorerst schwer zu klären. Wir verwendeten in allen unseren Versuchen relativ frische Substanzen, so daß der Einwand der Unwirksamkeit des spezifischen Hypophysenhinterlappenextraktes nicht stichhaltig ist. Andererseits muß daran gedacht werden, daß diese Organpräparate nicht frei von anderen spezifischen Bestandteilen, besonders Histamin, sind. Es muß der

Untersuchung mit noch weiter gereinigten Präparaten vorbehalten bleiben, festzustellen, ob die bisher beschriebenen Effekte als reine Ergebnisse einer Hormonwirkung oder als Wirkung einer Kombination verschiedener kreislaufwirksamer Substanzen gedeutet werden müssen.

δ) **Chemische Faktoren. Einfluß der Wasserstoffionenkonzentration.** Der Einfluß der Säuerung auf das Coronarsystem in Form von Säurezusatz oder CO_2-Inhalation ist durch zahlreiche Arbeiten nach den verschiedensten Gesichtspunkten hin untersucht worden.

Untersuchungen am isolierten Herzen (BARCROFT und DIXON, IWAI), am STARLINGschen Herz-Lungen-Präparat (MARKWALDER und STARLING) sowie auch an anderen künstlich durchströmten Organen (BAYLISS, HEYMANN, HOOKER u. a.) führten nach CO_2-Anreicherung zu einer vermehrten Durchströmung. Die isolierten überlebenden Coronararterien sollen bei CO_2-Einwirkung eine Dilatation (COW, LUDKEWICH) zeigen. PEAECE findet dagegen, daß weder die Kohlensäure noch die Fleischmilchsäure gefäßerweiternd wirken, sondern stets eine Kontraktion am isoliert durchströmten Organ hervorrufen. Nach FLEISCH-ATZLER und Mitarbeitern soll der Gefäßtonus von der Wasserstoffionenkonzentration abhängig sein. Im alkalischen Bereich kommt es zu Kontraktion, im sauren, zwischen p_H 7,0 und 5,0, zu einer maximalen Dilatation. Der Wendepunkt der Reaktionskurve soll in der Gegend des normalen Blut p_H liegen. Durch diese Beobachtungen ist es möglich, eine gewisse Erklärung für die verschiedenen, bisher widersprechenden Beobachtungen zu geben.

Am Ganztier bei intaktem Kreislauf, noch mehr aber bei natürlicher Atmung, werden durch die CO_2-Vermehrung im Blut chemische, nervöse und mechanische Kompensationsmechanismen ausgelöst, die eine Übertragung der am isolierten Organ gefundenen Verhältnisse nur mit größter Zurückhaltung gestatten.

Bei *künstlicher Beatmung* mit einem CO_2-, O_2-Gemisch sinkt der Arteriendruck, wenn man CO_2 in höheren Konzentrationen verwendet, etwas ab, die Pulszahl bleibt unverändert. Die Coronardurchströmung bleibt anfangs, wenn der Druck bereits sinkt, konstant und zeigt dann, etwa in der 20. Sekunde, eine starke, sehr rasch zunehmende Verminderung, die auch etwa 50 Sekunden nach Absetzen der CO_2-Darreichungen noch anhält. Daran anschließend kommt es zu einer beträchtlichen Zunahme, die über 60 Sekunden andauert. Der Arteriendruck kehrt in etwa 20 Sekunden nach Absetzen der CO_2-Darreichung nach einer kurzdauernden geringen Erhöhung zu seinem Ausgangswert zurück. Während der starken Schwankungen in der Coronardurchströmung bleibt der Druck unverändert. Dieser Versuch läßt sich mit großer Regelmäßigkeit wiederholt reproduzieren.

Bei *natürlicher Atmung* kommt es etwa in der 10. Sekunde der CO_2-Darreichung zu einer Tachy- und Hyperpnoe, die nach Absetzen der CO_2-Atmung langsam abklingt und etwa in der 240. Sekunde wieder vollkommen verschwunden ist. Die Druck- und Stromkurven zeigen nun ein ganz anderes Verhalten als bei künstlicher Atmung. Der Arteriendruck sinkt kurzdauernd ab, um dann in der 30. Sekunde über den Ausgangswert stetig anzusteigen. Das Maximum wird etwa in der 20. Sekunde nach Absetzen der Kohlensäure erreicht. Der nun einsetzende Abfall führt kurzdauernd unter den Ausgangswert. In etwa der 300. Sekunde stellt sich der Druck wieder konstant auf den Ausgangswert ein. Diese Druckschwankungen werden von Wellen 3. Ordnung (MAYER) bzw. pulmonalen Reflexwellen (MORAWITZ) überlagert. Auch in der Coronardurchströmung sind diese Wellenbewegungen deutlich zu erkennen. Es korrespondieren nahezu regelmäßig Arteriendruckzunahme und Coronarstromverminderung. Die

Wellen 2. Ordnung dagegen zeigen ein proportionales Verhalten zwischen Aortendruck und Coronardurchströmung. Die gleichen Beziehungen zwischen den verschiedenen Druckwellen und der Durchströmung hatte KELLER auch an den Gehirngefäßen beobachtet. Abgesehen von diesen Wellenbewegungen findet man sofort nach der CO_2-Einwirkung eine etwa 20 Sekunden anhaltende Stromvermehrung, dann nimmt die Stromkurve stetig ab, sie fällt bereits in der 30. Sekunde unter den Ausgangswert und erreicht in der 40. Sekunde nach Absetzen der Kohlensäure ein Minimum. Die nun folgende Zunahme der Coronardurchströmung führt nicht zu einem Übersteigen des Ausgangswertes, sondern bleibt über 300 Sekunden gegenüber der Ausgangsströmung vermindert.

Gibt man nun Atropin und dämpft dadurch den Vagustonus, dann erfährt der Atemmechanismus und auch der Arteriendruck während und nach CO_2-Darreichung ungefähr die gleichen Veränderungen wie vorher. Die Coronardurchströmung zeigt noch die geringe Zunahme bei Beginn der CO_2-Atmung, doch fällt die daran anschließende starke Verminderung weg. Es wird nur der Ausgangswert erreicht, und bereits noch während der CO_2-Atmung kommt es zu einer beträchtlichen Steigerung der Coronarstromkurve, die in der 80. Sekunde nach Absetzen der Kohlensäure ihr Maximum hat und in der 300. Sekunde noch nicht zum Ausgangswert zurückgekehrt ist. Diese Beobachtungen zeigen, daß durch die Herabsetzung des Vagustonus ein konstriktorischer Faktor der Coronardurchströmung ausgeschaltet bzw. ein dilatatorischer vermehrt wirksam wird.

Dämpft man den Sympathicustonus durch Gynergen, dann ruft die Kohlensäureatmung wiederum eine zunehmende Tachy- und Hyperpnoe, die nach Absetzen der Kohlensäureatmung wieder langsam abklingt, hervor. Der Arteriendruck fällt etwas ab und nähert sich nach Absetzen der Kohlensäure wieder der Norm. Die Wellen 3. Ordnung treten nicht mehr auf. Hiermit stehen die Untersuchungen von MORAWITZ in Einklang, der fand, daß die Vagusausschaltung allein diese Wellen nicht zum Verschwinden bringt. Unsere weitere Beobachtung, daß nach Gynergen die pulmonalen Reflexwellen verschwinden, bestätigt ebenfalls die von MORAWITZ ausgesprochene Vermutung, daß der afferente Reflexbogen über den Sympathicus und das Vasomotorenzentrum geht. Das Atemzentrum ist hierbei kaum beteiligt, da unter den verschiedenen Versuchsbedingungen die Veränderung der Atmung stets gleichmäßig abläuft. Die Coronardurchströmung zeigt nun keinerlei Zunahme mehr. Sie sinkt nach Beginn der CO_2-Atmung stetig ab und erreicht etwa in der 20. Sekunde nach der CO_2-Darreichung ein Minimum. 300 Sekunden nach Absetzen von CO_2 liegt die Stromkurve noch beträchtlich unter dem Ausgangswert. Nach der beiderseitigen Durchschneidung des Vagosympathicus erhält man während und nach CO_2-Atmung prinzipiell die gleichen Bilder.

Eine andere biologische Form der Säuerung führten wir mit einer lang dauernden Infusion von Rechtsmilchsäure, die uns von MERCK nach den Angaben von J. C. IRVINE hergestellt worden war, durch. Wir beobachteten bei einer starken Hyperpnoe eine kurz dauernde Arteriendrucksendung und Tachykardie sowie eine lang anhaltende Mehrdurchblutung des Herzens (Abb. 24). Nach beiderseitiger Durchschneidung des Vagosympathicus sahen wir häufig neben einer Hyperpnoe eine Arteriendrucksteigerung und eine stärkere Zunahme der Herzdurchblutung (Abb. 25).

Bei einer Alkalose, die durch eine langsame Infusion einer $NaHCO_3$-Lösung hervorgerufen wurde, beobachteten wir, noch bevor Änderungen des Arteriendruckes und der Atmung eintraten, eine starke Abnahme der Herzdurchblutung. Es kommt dann zu einer Puls- und Atemverlangsamung, Arteriendrucksteigerung und Vertiefung der Atmung. Die Herzdurchblutung nimmt nunmehr zu, um nach Einsetzen einer Tachykardie und Apnoe wieder abzunehmen. Nach Auftreten von Herzunregelmäßigkeiten kommt es zu einer starken Tachykardie,

die Atmung ist beschleunigt, unregelmäßig und oberflächlich, wahrscheinlich durch Zwerchfellkrämpfe gestört. Die Herzdurchblutung zeigt in diesem Stadium eine lang anhaltende Vermehrung (Abb. 26).

Sauerstoffmangel. Den Ausführungen von KRAYER entnehmen wir, daß sich der dilatatorische Effekt des O_2-Mangels im Herz-Lungen-Präparat beson-

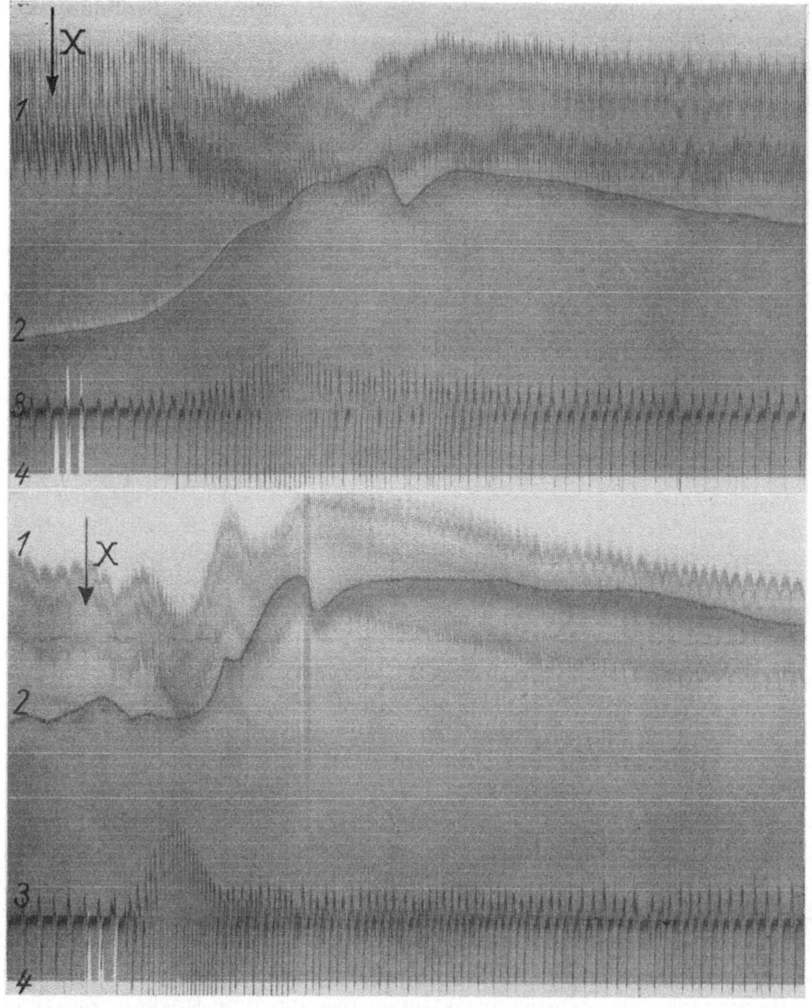

Abb. 24. Vor Durchschneidung des Vagosympathicus.
Abb. 25. Nach Durchschneidung des Vagosympathicus. Bei x Beginn der Infusion von 10 ccm 20proz. Rechtsmilchsäure.
1 Druck in A. femor.   2 Durchströmung in A. coron.   3 Respiration.   4 Zeit 10 Sekunden.

ders eindrucksvoll an einer Zunahme der Durchblutungsgröße der Coronargefäße zeigt (HILTON und EICHENHOLTZ).

Die Zunahme der Durchblutung bleibt gering bis zu einer O_2-Sättigung von 50%. Eine Reihe von experimentellen Ergebnissen spricht dafür (GREHMELS und STARLING), daß bei diesen Graden des O_2-Mangels der O_2-Bedarf des Herzens zum großen Teil durch

Zunahme der arteriovenösen O_2-Differenz gedeckt wird. Fällt die O_2-Sättigung stärker ab, so steigt jetzt die Durchblutung stark an, sie kann das 4—5fache der Grunddurchblutung erreichen, auch dann, wenn CO_2-Spannung und Wasserstoffionenkonzentration konstant gehalten werden.

Verglichen mit dem Säurereiz zur Gefäßerweiterung ist der Reiz des O_2-Mangels ganz erheblich wirkungsvoller.

Die Natur der Wirkung ist ungeklärt. Die STARLINGsche Schule nimmt an, daß es sich um einen unmittelbaren Einfluß des mangelhaft mit O_2 gesättigten Blutes auf die Coronargefäße handelt (ANREP). Es ist vorläufig nicht entschieden, ob nicht sekundäre Stoffwechseländerungen, die vom Muskelgewebe aus wirken, an dem Effekt beteiligt sind. Auch die Feststellung, daß der O_2-Verbrauch des Herzens während der Anoxämie nicht verändert ist, kann die endgültige Entscheidung der Frage nicht bringen (W. R. HESS).

Untersucht man unter biologischen Versuchsbedingungen Hunde, die aus einem Stickstoffbehälter in natürlicher Weise atmen, dann nimmt, noch bevor

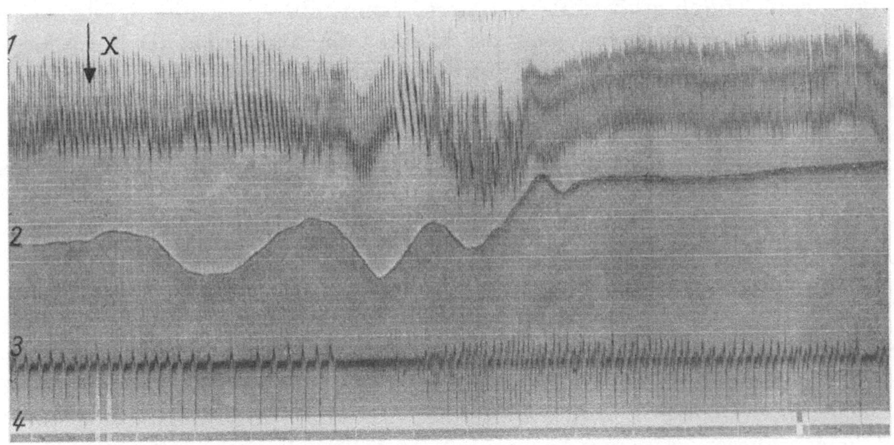

Abb. 20. Bei x Beginn der Infusion von 10 ccm 20proz. $NaHCO_3$-Lösung.
1 Druck in A. femor. *2* Durchströmung in A. coron. *3* Respiration. *4* Zeit 10 Sekunden.

Atmung und Arteriendruck eine wesentliche Änderung zeigen, die Coronardurchblutung stark zu und erreicht ihr Maximum erst einige Zeit nach Absetzen der Stickstoffbeatmung. Im Verlauf der Beatmung kommt es zu einer Verlangsamung und Vertiefung der Respiration, einer geringen Arteriendrucksteigerung und Auftreten von Herzunregelmäßigkeiten.

Nach Absetzen der N-Beatmung wird die Respiration etwas unregelmäßig und beschleunigt und fällt rasch zur Norm zurück. Die Coronardurchströmung erreicht langsam ihren Ausgangswert.

Stenose der Trachea ruft ebenfalls eine Mehrdurchblutung des Herzens hervor.

Die Ausführungen von H. REIN zeigen, daß eine Erstickung 20 Sekunden vor Beginn des starken Blutdruckanstieges und 25—30 Sekunden vor Zunahme des Blutstromes der unteren Hohlvene eine Vermehrung der Coronardurchblutung um mehr als 100% hervorruft. Ein Parallelismus von Aortendruck und Kranzgefäßdurchblutung ist dabei nicht festzustellen. Sehr wohl zeigt sich eine Abhängigkeit von der Schlagfrequenz und der dem Herzen zuströmenden Blutmenge der Hohlvene. Die lokale Beeinflussung der Kranzgefäße durch die Arterialisierung des Blutes spielt offensichtlich bei intaktem Vagus nur eine untergeordnete Rolle. Nur bei entsprechender Zusammenarbeit mit den im Vagus verlaufenden vasomotorischen Fasern wird sie sich in der Regelung der Blutzufuhr zum Herzmuskel auswirken können.

ε) **Stoffwechselprodukte und Coronardurchströmung.** Systematische Untersuchungen über diese Frage liegen vorerst, wenn wir Kohlensäure und Sauerstoff außer acht lassen, nur in geringer Zahl vor. Von McGinty ist gezeigt worden, daß Blutuntersuchungen bei Hunden in der Coronarvene ein niedrigeres Milchsäureniveau als in der Coronararterie ergeben. Das Herz absorbiert Milchsäure aus dem Coronarblut. Faradische Reizung des Vagus verursacht eine Abnahme der Milchsäureabsorption pro Minute. Reizung des Ganglion stellatum erzeugt anscheinend keine Änderung der Milchsäureabsorption pro Minute. Bei einer geringen Verminderung des Coronarstromes durch kleine Pitressindosen nimmt die Absorption zu, während einer starken Verminderung durch größere Pitressindosen nimmt die Absorption infolge einer mangelhaften Sauerstoffversorgung des Herzens ab. Die Größe der Milchsäureabsorption des Herzmuskels ist scheinbar unabhängig vom Milchsäureniveau im Arterienblut und auch bis zu einem gewissen Grade von der Durchblutungsgröße des Herzens.

Eigene Untersuchungen am Ganztier ergaben, daß bei intravenöser Injektion von Milchsäure trotz Arteriendrucksenkung eine starke Zunahme der Herzdurchblutung erfolgt. Da auch nach beiderseitiger Durchschneidung des Vagosympathicus eine Mehrdurchblutung eintritt, ist anzunehmen, daß die Milchsäure einen direkten dilatierenden Einfluß auf die Coronargefäße ausübt (s. S. 54).

Die Wirkung der Produkte des Zellkernstoffwechsels, der Purine, Guanosine und Adenosine, wird wegen ihrer therapeutischen Bedeutung bei den pharmakologischen Besprechungen erwähnt werden (S. 86). Man sieht entweder eine mäßige Dilatation oder keine Beeinflussung. Abnahme der Durchblutung wurde mit keinem dieser Präparate beobachtet. In diesem Rahmen soll auch auf die physiologische Bedeutung der Höhe des Blutzuckerspiegels hingewiesen werden. Wir wissen, daß in Tierversuchen intravenöse Traubenzuckerinjektion eine Dilatation der Kranzarterien erzeugt. Weiterhin wurde häufig beobachtet, daß bei Diabetikern mit Coronarsklerose eine Insulininjektion Angina pectoris auslösen kann. Es ist wahrscheinlich, daß Änderungen im Zuckergehalt des Blutes bereits normalerweise die Herzdurchblutung teils in direkter Wirkung auf die Gefäßwand, teils indirekt über andere Organe (Bauchspeicheldrüse, Nebennieren usw.) beeinflussen (s. auch S. 49).

Zusammenfassung.

Die Größe der Herzdurchblutung erwies sich als Resultante zahlreicher mechanischer, nervöser und chemischer Faktoren. Bei Untersuchungen unter sonst konstanten Bedingungen nimmt die Coronardurchströmung mit steigendem Aortendruck, beschleunigter Herzfrequenz und abnehmendem Schlagvolumen zu. Die Coronargefäße sind in einem konstriktorischen Tonus, der vom Vagus reguliert wird, gehalten. Coronarkonstriktion kann durch Reizung des Vagus der Blutdruckzügler erzielt werden. Wichtig scheint die Reizart zu sein, denn wir finden, wenn wir bei elektrischer Reizung des gleichen Nerven (Aortennerv) Frequenz und Stromstärke variieren, sowohl Zunahme als auch Abnahme der Herzdurchblutung. Der Einfluß des Sympathicus auf das Coronarsystem bedarf noch weiterer Untersuchungen. Unsere Kenntnis der hormonalen Beeinflussung der Herzdurchblutung, die größtes Interesse der normalen und pathologischen Physiologie beansprucht, ist noch recht lückenhaft. Wir untersuchten die Einwirkung der Hormone der Nebenniere (Adrenalin), der Bauchspeicheldrüse (Insulin) und des Hinterlappens der Hypophyse (Pitressin und Tonephin). Änderung der Wasserstoffionenkonzentration nach der sauren Seite verursacht im allgemeinen eine Zunahme der Coronardurchströmung, in stärkerer Konzentration kann es, wahrscheinlich mit beeinflußt durch die übrigen Reaktionen des Kreislaufes, auch zu einer Abnahme kommen. Sauerstoffmangel und verschiedene Stoffwechselprodukte haben eine Zunahme der Herzdurchblutung zur Folge.

5. Coronardurchströmung und Herzleistung.

Schon in unseren ersten Veröffentlichungen hatten wir darauf hingewiesen, daß unter physiologischen Bedingungen im intakten Organismus die Größe der Herzdurchblutung abhängig ist von der Herzleistung. In erster Annäherung wird man die Herzleistung definieren können als ein Produkt aus Schlagvolumen, Pulszahl und Aortendruck. Dem Referat von KRAYER entnehmen wir, daß am denervierten Herzen des Herz-Lungen-Präparates unter sonst konstanten Bedingungen bei Änderungen des Minutenvolumens (Schlagvolumen mal Pulszahl) zwischen 100 und 1200 ccm die durch die Coronargefäße strömende Blutmenge unverändert bleibt (ANREP und NAKAGAWA). Da unter diesen Bedingungen der Aortendruck konstant gehalten wird, ergibt sich der Schluß, daß keine Beziehungen zwischen gesteigerter Arbeitsleistung durch Minutenvolumenvermehrung und Coronardurchblutung bestehen.

Dieser Befund ist um so auffallender, als die Mehrleistung durch Vergrößerung des Schlagvolumens mit einer Erhöhung der Anfangslänge der Ventrikelmuskulatur und damit, wenn STARLINGS Annahmen richtig sind, mit einer Erhöhung des O_2-Verbrauches verbunden ist (STARLING).

Da die Coronardurchblutung nicht zunimmt, kann der O_2-Mehrbedarf des Herzens nur durch eine Erhöhung der arteriovenösen O_2-Differenz gedeckt werden. Es wurde darauf hingewiesen, daß möglicherweise dieser Erhöhung der Ausnützung die relative Verlängerung der Diastole entgegenkommt, die durch die vergrößerte Anfangsfüllung bedingt ist.

Am intakten Kreislauf des Ganztieres konnten wir zeigen, daß die Zunahme der Coronardurchblutung nicht, wie man aus den Versuchen am isolierten Organ oder am Herz-Lungen-Präparat annehmen möchte, in Proportion zur Höhe des arteriellen Druckes steht. Wir wiesen darauf hin, „daß eine vermehrte *Herzleistung* die Bedingungen für ein vermehrtes Blutangebot und für einen erleichterten Durchstrom im Coronarsystem schafft" (HOCHREIN und KELLER).

REIN hat diese Auffassung bestätigt und besonders darauf hingewiesen, daß das Coronarsystem, wenn die Leistungszunahme des Herzens durch eine Frequenzsteigerung hervorgerufen wird, verhältnismäßig sehr viel mehr Blut schluckt, als wenn dieselbe Mehrleistung durch Schlagvolumenvergrößerung zustande kommt. Die Anpassung der Coronardurchblutung an die Herzleistung erfolgt — im Gegensatz zum Skeletmuskel — in der Weise, daß die Mehrdurchblutung der Mehrleistung des Herzens stets um eine meßbare, bis zu mehreren Sekunden betragende Zeit vorhergeht.

In weiteren Untersuchungen hat sich H. Rein nochmals mit dieser Frage beschäftigt und in anschaulicher Weise erneut gezeigt, daß die Kranzgefäßdurchblutung nicht durch den mittleren Aortendruck bestimmt wird. Mit steigender Leistung des Herzens steigt die Coronardurchblutung nicht linear, sondern asymptotisch einem Grenzwert zustrebend an. Die Analyse der Beziehungen zwischen Herzleistung, Coronardurchblutung und Schlagvolumen ergibt, daß pro Leistungseinheit das Coronarsystem um so weniger Blut erhält, je größer das Schlagvolumen ist. Ein- und dieselbe Leistung erfolgt unter um so geringerem Blutbedarf der Kranzgefäße, je niederer die Herzfrequenz bzw. je größer das Schlagvolumen ist.

6. Verschiedenheiten in der Durchblutung der rechten und linken Coronararterie.

Die bisher unter biologischen Bedingungen am Ganztier vorliegenden Studien über die Durchblutungsgröße des Coronarsystems wurden von Rein an der rechten, von uns an der linken Kranzarterie ausgeführt. Für vergleichende Untersuchungen beider Coronarien lag bisher kein Anlaß vor, da man allgemein annahm, daß die Schlagvolumina beider Ventrikel gleich seien und Proportionalität zwischen der Leistung des rechten und linken Herzens bestehe. Für die Durchblutung der rechten und linken Kranzarterie hatte man stillschweigend ebenfalls eine derartige Proportionalität angenommen.

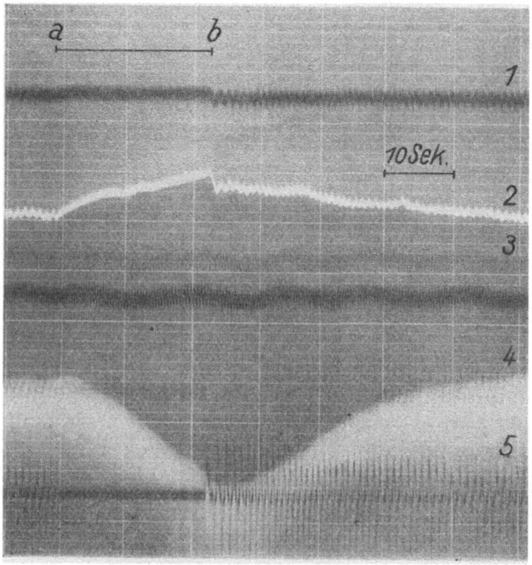

Die Untersuchungen von Hochrein und Matthes hatten aber gezeigt, daß die Annahme von der Gleichheit bzw. Proportionalität nicht zu Recht besteht. Wird bei intaktem Kreislauf und normaler Spontanatmung gleichzeitig der Druck im großen und kleinen Kreislauf, sowie die Durchblutung der A. pulmonalis und Aorta registriert, so kann man bereits bei geringfügigen physiologischen bzw. pharmakologischen Eingriffen ein verschiedenartiges Verhalten in der Dynamik beider Kreislaufabschnitte beobachten. Reizt man z. B. den N. vagus, so kann man bei Erregung mit bestimmten elektrischen Strömen sehen, daß der Druck sowie die Durchblutung der A. pulmonalis zu-, der Druck und die

Abb. 27. Hund; 1 Jahr, männlich. Narkose Morphin-Pernocton. Geschlossener Thorax, natürliche Atmung.
1 Druck A. pulmonalis. *2* Durchblutung A. pulmonalis. *3* Druck A. femoralis. *4* Durchblutung Aorta thoracalis. *5* Respiration. Von *a—b* elektrische Reizung des linken Vagosympathicus (0,2 mA).

Durchblutung in der Aorta abnehmen. Es handelt sich hierbei um ausgiebige Blutverschiebungen, die erst nach längerer Zeit, nachdem Druck und Puls schon längst auf ihre Ausgangswerte zurückgekehrt sind, ausgeglichen werden.

Bei verschiedenen pharmakologischen Eingriffen werden ähnliche Verhältnisse beobachtet (s. HOCHREIN und MATTHES). Die Kontinuität des Gesamtkreislaufes wird trotz Verschiedenheiten in der Leistung beider Herzhälften durch die Depotfunktion der Lunge ausgeglichen. Das Gefäßsystem der Lunge wirkt als Puffer zwischen den beiden Herzkammern, indem es durch Änderungen seines Fassungsvermögens, wahrscheinlich durch Öffnen und Abschließen von Capillaren, Gegensätze ausgleicht. Dieser Aufgabe kommt das Lungendepot nicht passiv, abhängig von der Druckdifferenz zwischen rechtem Ventrikel und linkem Vorhof, nach. HOCHREIN und KELLER hatten bereits bei der erstmaligen

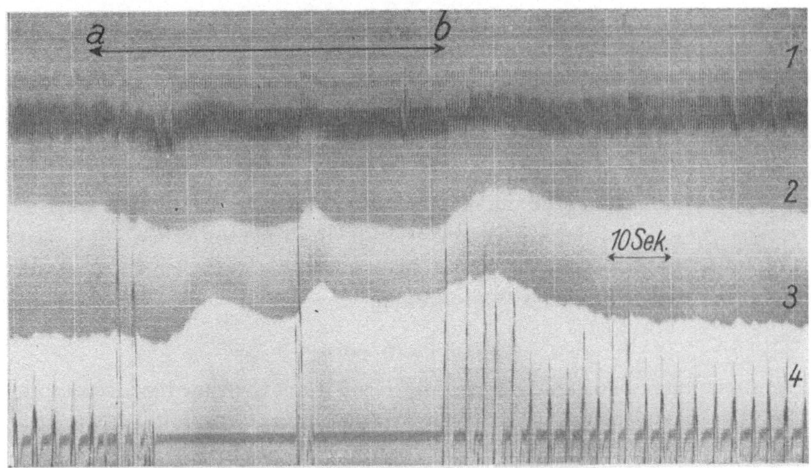

Abb. 28.   *1* Druck A. femoralis.   *2* Durchblutung der linken Kranzarterie.   *3* Durchblutung der rechten Kranzarterie.   *4* Respiration. Von *a—b* linker Vagosympathicus elektrisch mit 0,3 mA gereinigt.

Beschreibung dieses Depots gezeigt, daß die Funktion durch mechanische, chemische und nervöse Faktoren, unabhängig vom Pulmonalisdruck, reguliert wird.

Besteht die Auffassung, daß die Coronardurchblutung in erster Linie von der Leistung des Herzens abhängig ist, zu Recht, dann ist zu erwarten, daß bei verschiedener Beanspruchung des rechten bzw. linken Ventrikels auch Verschiedenheiten in der Durchblutungsgröße der rechten und linken Kranzarterie, selbst unter Berücksichtigung, daß strenggenommen rechtes und linkes Herz nicht ausschließlich von der entsprechenden Coronaria ernährt werden, auftreten.

Registriert wurden nunmehr die Durchblutung der rechten und linken Coronararterie, der Druck in der A. femoralis, sowie die Respiration. Wir greifen aus diesen Versuchen wieder das Beispiel des Vagusreizes heraus.

Reizt man den linken Vagus mit elektrischen Strömen, wie sie durch das gewöhnliche Reizinduktorium gewonnen werden, dann kommt es zur bekannten Wirkung Atemstillstand, Arteriendrucksenkung und Bradykardie. HOCHREIN und KELLER hatten gezeigt, daß dabei auch die Lungen- und Aortendurchblutung abnehmen. Reizt man aber mit Strömen, die auch bei den Versuchen in Abb. 27 Verwendung gefunden hatten (sinusreine Wechselströme 0,2—0,4 mA, Frequenz 50), dann kommt es zu folgenden Umstellungen.

Am rechten Herzen beobachtet man bei geringer Verminderung der Pulszahl Anstieg des Druckes und der Durchblutung der A. pulmonalis, am linken Herzen Konstanz bzw. geringen Abfall des Aortendruckes sowie Abnahme der Aortendurchblutung. Die Stromkurve der rechten Kranzarterie zeigt entsprechend der erhöhten Leistung des rechten Ventrikels eine deutliche Zunahme, die der linken Kranzarterie eine Abnahme. Am Ende der Reizung, mit Einsetzen der Hyperventilation, kommt es zu einem weiteren Anstieg der Durchströmung der rechten, sowie zu einer entsprechenden Zunahme der linken Kranzarterie.

Ähnliche Unterschiede in der Durchblutung in der linken und rechten Kranzarterie können auch bei pharmakologischen Eingriffen, die das rechte und linke Herz in verschiedener Weise belasten, beobachtet werden.

Wir sehen in diesen Befunden einen Beweis für unsere Behauptung, daß die Größe der Coronardurchblutung in erster Linie eine Funktion der Herzleistung ist. Eine weitere Auswertung dieser Ergebnisse kann praktische Bedeutung bekommen, wenn es gelingt, besseren Einblick in die Arbeitsweise beider Ventrikel zu gewinnen. Vielleicht werden dann verschiedene vorerst noch recht unklare klinische Beobachtungen, wie Sitz der Coronarsklerose, Prädilektionsstellen für Coronarthrombosen, rasche Leistungsänderungen bestimmter Herzabschnitte bei Änderung des vagosympathischen Gleichgewichtes, schlechte Wirkung der Digitalis bei verschiedenen Kreislaufleiden usw. in neuem Lichte erscheinen.

Zusammenfassung.

Unter normalen Bedingungen ist die Größe der Coronardurchströmung eine Funktion der Herzleistung. Für die Anschauung, daß ein schwaches Herz bessere Durchblutungsbedingungen besitze, konnte kein Beleg erbracht werden. Die Leistungen des rechten und linken Ventrikels stehen nicht immer in Proportion. Durch bestimmte physiologische und pharmakologische Einwirkung nimmt die Leistung des einen Ventrikels zu, die des anderen ab. Dementsprechend kann man bei gleichzeitiger Untersuchung der rechten und linken Coronararterie je nach der Beanspruchung des rechten und linken Herzens eine Durchblutungsänderung in entgegengesetzter Richtung beobachten.

7. Periphere Einflüsse.

Periphere Einflüsse, die die Coronardurchströmung verändern, besitzen ein besonderes klinisches Interesse, da wir wissen, daß bereits ein Schmerz oder eine Abkühlung einen Anfall von Angina pectoris auslösen kann. REIN zeigte, daß bereits Anblasen mit kalter Luft genügen kann, um die Herzdurchblutung zu vermehren. In unseren Versuchen mit lokalen Hautreizen ist es durch Belegen von breiten glattrasierten Hautstellen mit Eisstücken bzw. mit heißfeuchten Tüchern nie gelungen, eine nennenswerte Änderung der Durchblutung des Herzens zu erzeugen. Auch das Abklemmen einer A. femoralis für 3 Minuten übte keinen Einfluß auf die Coronardurchströmung aus.

Schmerzen dagegen, die durch mechanische Reizung des N. femoralis, Nasenkneifen u. a. m. erzeugt wurden, riefen nicht nur eine geringe Drucksteigerung

und Hyperventilation, sondern auch eine starke Mehrdurchblutung des Herzens
hervor, die auch nach Absetzen des Reizes noch längere Zeit anhielt. Wird
durch Gynergen der Sympathicustonus herabgesetzt, dann tritt diese Schmerz-
reaktion meist nicht mehr auf. GREENE hat durch Reizung der zentralen Enden
des N. ischiadicus, des N. splanchnicus und des Magenvagus häufig eine aus-
geprägte Coronardilatation erzielt.

Wir schließen aus den bisher vorliegenden Versuchen, daß die Coronardurchströmung sich unter normalen Bedingungen in einem sehr stabilen Gleichgewicht befindet. Etwaige konstriktorische Reize, die beim Kranken eine Verminderung der Herzdurchblutung erzeugen, scheinen beim Normalen nicht
nur voll, sondern sogar überkompensiert zu werden, so daß eine Verschiebung
des Strömungsgleichgewichtes durch kurz dauernde physiologische Reize in der
Peripherie nur in Richtung der Mehrdurchblutung erfolgen kann.

Zusammenfassung.

Wir hatten gehofft, in Analogie zu klinischen Beobachtungen, durch periphere Einflüsse, Kälte, Schmerz usw., eine Verminderung der Herzdurchblutung
auslösen zu können. Der Erfolg derartiger Eingriffe war meist sehr gering.
Änderungen erfolgten nur im Sinne einer Durchblutungszunahme.

8. Coronarkreislauf und Atmung.

Die Einflüsse der Respiration auf die Herzdurchblutung konnten, solange
man nicht gelernt hatte, bei geschlossenem Thorax und spontaner Atmung die
Coronardurchströmung aufzuzeichnen, nicht untersucht werden. Die vielseitige
Einwirkung der Atmung auf den großen Kreislauf durch mechanische, chemische
und nervöse Faktoren spiegelt sich bis zu einem gewissen Grade auch am Coronarsystem wieder. Ausschlaggebend für die Art und Stärke der Einwirkung ist
die allgemeine Kreislauflage.

Im allgemeinen fördert die Atmung die Herzdurchblutung, und zwar erfolgt
die Zunahme fast gleichzeitig mit dem Beginn der Inspiration. Wie die beiderseitige Durchschneidung des Vagosympathicus zeigt, liegt am entnervten Herzen
die Coronardurchblutung wegen Aufhebung des vagischen Konstriktorentonus
auf einem erhöhten Niveau. Die respiratorischen Schwankungen im Coronarsystem sind nach Vagusdurchschneidung stark vergrößert, ohne daß die respiratorischen Arteriendruckschwankungen wesentlich zugenommen haben. Dieser
Befund gestattet die Annahme, daß dem Vagosympathicus eine nivellierende
Wirkung auf die respiratorischen Stromschwankungen, die wahrscheinlich durch
chemische bzw. mechanische Faktoren ausgelöst werden, zukommt (Abb. 29a u. b).

Erhöht man den intrapulmonalen Druck durch starke Aufblähung der Lunge,
dann beobachtet man nach einiger Zeit ohne deutliche Beziehungen zur Höhe
des Arteriendruckes eine Mehrdurchblutung des Herzens. Bei Freigabe der
Respiration folgt eine starke Hyperventilation, und damit geht eine nochmalige
Zunahme der Coronardurchströmung einher (Abb. 30).

Da der mittlere Arteriendruck und die Herzfrequenz bei diesem Eingriff
annähernd konstant bleiben, wird man den raschen Anstieg der Coronardurchblutung auf nervöse Faktoren beziehen müssen, da kaum anzunehmen ist,

daß eine etwaige Verschlechterung der Sauerstoffversorgung bereits in 6 Sekunden eine Coronardilatation bewirkt. Um die Frage einer reflektorischen Beziehung

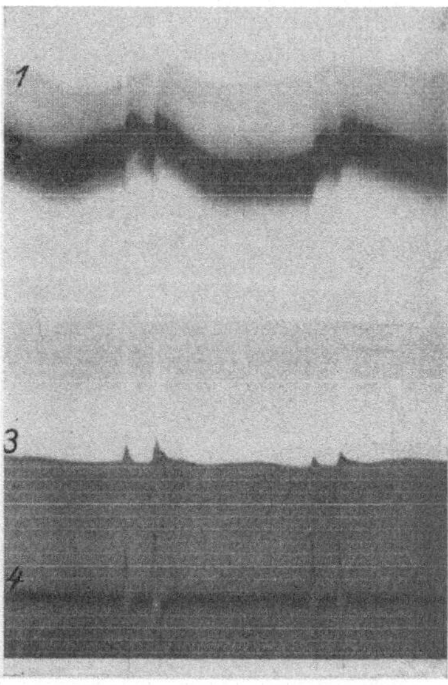

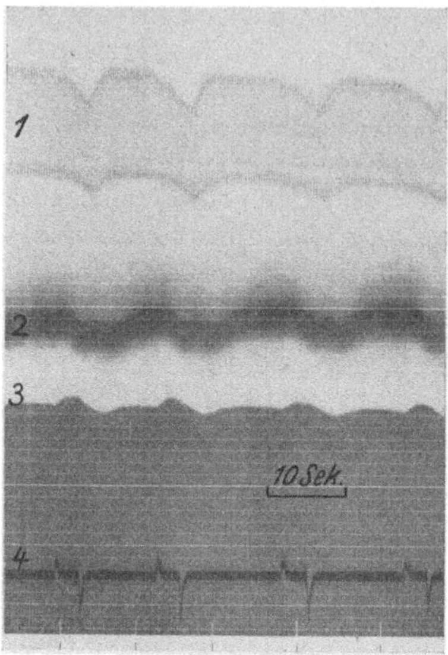

Abb. 29a. Vor beiderseitiger Durchschneidung des Vagosympathicus.

1 Druck A. femoralis. *2* Stromkurve A. pulmonalis. *3* Stromkurve A. coron. sin. *4* Pneumotachogramm.

Abb. 29b. Nach beiderseitiger Durchschneidung des Vagosympathicus.

1 Druck A. femoralis. *2* Stromkurve A. pulmonalis. *3* Stromkurve A. coron. sin. *4* Pneumotachogramm.   Kurve 2 zwecks besserer
Übersicht nach unten verschoben.

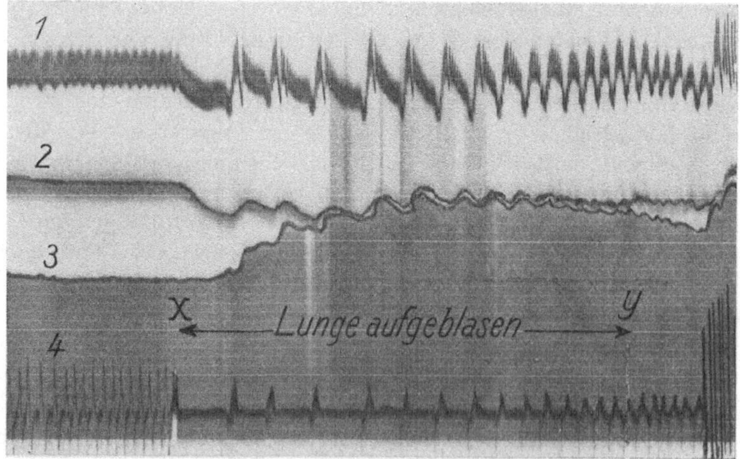

Abb. 30. *1* Druck A. femoralis. *2* Durchströmung A. pulmonalis. *3* Durchströmung A. coronaria. *4* Respiration.
Von *X—Y* künstliche Beatmung bei fortgesetzter starker Steigerung des intrapulmonalen Druckes.

zwischen intrapulmonalem Druck und Coronartonus zu klären, führten wir eine Reihe von Versuchen mit künstlicher Beatmung bei geringer Erhöhung des intrapulmonalen Druckes durch.

In der Mehrzahl unserer Versuche führt jede Form der künstlichen Beatmung mit der STARLING-Pumpe, gleichgültig ob wir Tachy- oder Bradypnoe, Hyper- oder Hypoventilation erzeugen, anfänglich zu einer Durchblutungsabnahme, im weiteren Verlauf zu einer geringen Zunahme (Abb. 31). Gibt man die normale Respiration wieder frei, dann ist es für die Herzdurchblutung im Gegensatz zur Durchströmung der A. pulmonalis nicht so wesentlich, ob die Beatmung nun eine Apnoe oder Hyperventilation auslöst. Beziehungen lassen sich lediglich zur Reaktion des Arteriendruckes wahrnehmen. Ein Steigen geht meist mit einer Zunahme, ein Sinken mit einer Abnahme der Herzdurchblutung einher. Es handelt sich hier jedoch nicht um mechanische Folgeerscheinungen, denn es bestehen keine Gesetzmäßigkeiten zwischen der Änderung des Arteriendruckes und der Coronardurchströmung hinsichtlich der Dauer und ihres Ausmaßes. H. REIN hat beobachtet, daß bei Aufhebung der Spontanatmung durch künstliche Hyperventilation eine Zunahme der Herzdurchblutung eintritt, wenn man die Ventilation etwas vermindert, ohne dabei Spontanatmung auszulösen.

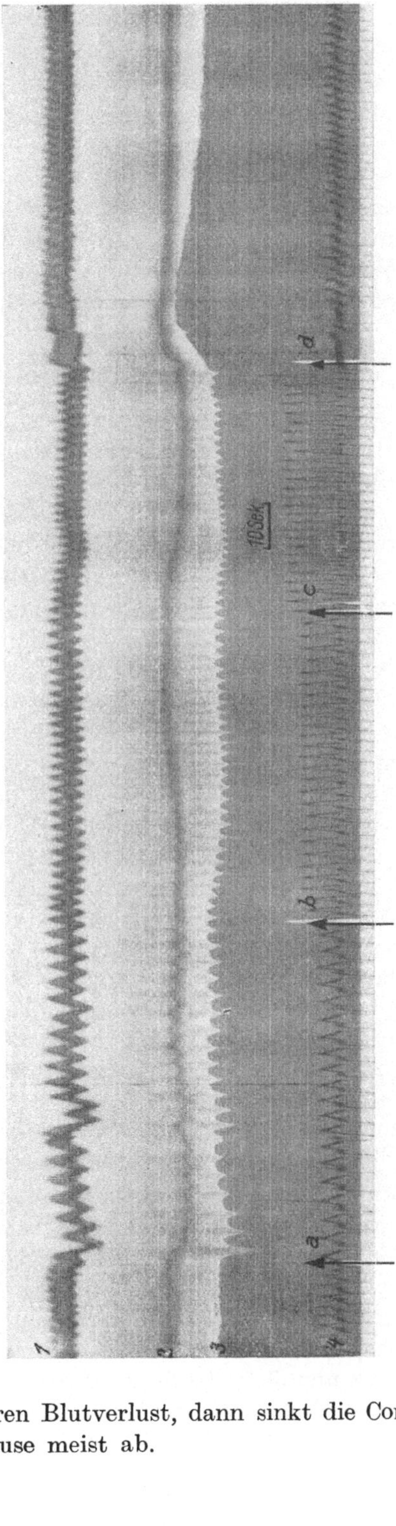

Bei unregelmäßiger Atmung nimmt die Coronardurchblutung während kurz dauernder Atempausen zuweilen ab und nicht, wie man auf Grund der Ergebnisse bei Säuerung annehmen möchte, zu. Wird die Atmung dagegen durch Morphin unregelmäßig gemacht, dann kann während längerer Atempausen eine starke Zunahme der Herzdurchblutung beobachtet werden; kombiniert man damit eine Kreislaufstörung durch größeren Blutverlust, dann sinkt die Coronardurchströmung während einer Atempause meist ab.

Abb. 31. *1* Druck Art. femoralis. *2* Stromkurve Art. pulmonalis. *3* Stromkurve Art. coron. sin. *4* Pneumotachogramm. *a* Künstliche Atmung, großes respiratorisches Volumen, geringe Frequenz. *b* Künstliche Atmung, großes respiratorisches Volumen, mittlere Frequenz. *c* Künstliche Atmung, großes respiratorisches Volumen, hohe Frequenz. *d* Normale Atmung. Bis *a* normale Atmung.

Zusammenfassung.

Die normale Spontanatmung fördert im allgemeinen die Herzdurchblutung. Dem Vagosympathicus scheint eine nivellierende Wirkung der respiratorischen Schwankungen des Coronarstromes zuzukommen. Steigerung des intrapulmonalen Druckes durch künstliche Beatmung verursacht je nach der allgemeinen Kreislauflage Zu- bzw. Abnahme des Coronarstromes, meist jedoch eine Abnahme. Vermindert man bei künstlicher Atmung die Ventilationsgröße, ohne jedoch Spontanatmung auszulösen, dann tritt Zunahme der Herzdurchblutung ein. Bei unregelmäßiger Atmung kommt es, unabhängig von der Ursache der Störung, während der Pausen meist zur Ab-, seltener zur Zunahme des Coronarstromes.

d) Coronardurchblutung und Herzaktion.

Die bisherigen Ausführungen über die Durchblutung des Herzens beziehen sich auch auf die mittlere Durchblutung der Coronararterien. In der Literatur ist häufig die für die Klinik so wichtige Frage der Beziehungen zwischen Herzaktion und Coronardurchblutung diskutiert und in widersprechender Weise beantwortet worden. REBATEL hatte mit dem CHAUVEAUschen Hämatographen den Blutstrom in der rechten Coronararterie bei Pferden bestimmt und gefunden, daß zwei Perioden der Vorwärtsbewegung in dieser Stromkurve vorhanden sind. Die erste erwies sich synchron der Systole, und die zweite erfolgte während der Diastole. Später wurde häufig die Vorstellung vertreten, daß durch die systolische Kontraktion des Herzmuskels die Peripherie des Coronarsystems kontrahiert wird, so daß die Herzdurchblutung im wesentlichen nur in der Diastole erfolgen kann (MILLER, SMITH und GRABER). In neuerer Zeit hatten besonders ANREP und seine Mitarbeiter sich mit dieser Frage eingehend beschäftigt. Am Herz-Lungen-Präparat bei isolierter Durchströmung der linken Coronararterie unter konstantem Druck glaubten sie, mit Hilfe des Hitzdrahtanämometers gezeigt zu haben, daß durch die Herzkontraktion der Blutstrom in den Coronararterien entweder gestoppt oder stark vermindert wird. Diese systolische Hemmung erwies sich um so größer, je stärker die Herzkontraktion im Verhältnis zum Durchströmungsdruck war. Die Herzdurchblutung erfolgte bei ihren Versuchen im wesentlichen in der Diastole. Unter normalen Bedingungen wurde das Durchströmungsmaximum kurze Zeit nach der Erschlaffung des Herzens beobachtet. Die Durchströmung verharrte auf diesem Niveau bis zum Beginn der Systole.

In unseren eigenen Versuchen, die am Ganztier zum Teil an eröffneter Coronararterie mit konstantem Durchströmungsdruck, zum Teil an der uneröffneten Coronararterie bei geschlossenem Thorax und Spontanatmung ausgeführt wurden, konnte gezeigt werden, daß die Anschauungen von ANREP, die, wie unsere einleitenden Bemerkungen zeigten, lediglich den Widerstand im Coronarsystem, aber nicht die gesamte Durchströmung des Herzens betreffen, für das Ganztier nicht gültig sind. Untersucht man mit empfindlichen Apparaten (Tachograph und Glasplattenmanometer nach BROEMSER) an einer eröffneten Coronararterie den Druck und die isolierte Durchströmung bei konstantem Einflußdruck, dann findet man, daß sowohl das Maximum des Coronardruckes (Abb. 8) als auch das Maximum des Abstromes in der isolierten Coronararterie, d. h. der geringste

Widerstand, systolisch gelegen sind. An der uneröffneten Coronararterie konnte gezeigt werden, daß auch das Pulsmaximum in der Systole liegt (Abb. 32). Weiterhin ließ sich der Nachweis erbringen, daß bei Registrierung der Blutgeschwindigkeit der uneröffneten Coronararterie mit Hilfe des Broemserschen Differentialsphygmographen das Maximum der Geschwindigkeitskurve in der Austreibungsperiode des Herzens zu liegen kommt (Abb. 33). Damit glauben wir bewiesen zu haben, daß die *Vorstellung einer systolischen Hemmung des Coronarstromes nicht zu Recht besteht,* und die aus diesen Vorstellungen gezogenen klinischen Schlußfolgerungen der theoretischen Grundlage entbehren.

Von Anrep, Davis und Volhard wurde nun diese Frage mit Hilfe neuer Methoden (Stromuhr nach Stolnicow) am Herz-Lungen-Präparat und von Rössler und Paskual am isolierten Katzen- und Kaninchenherzen einer nochmaligen Prüfung unterzogen. Nachdem die bisherigen Versuche am Herz-Lungen-Präparat bei konstantem Durchströmungsdruck ausgeführt worden waren, wurde der Einfluß periodischer Druckschwankungen untersucht. Bei diesen Untersuchungen wurde gefunden, daß die Kurve der Coronardurchblutung verschiedene Erhebungen und Senkungen aufweist: 1. eine geringe Abnahme während der Anspannungszeit, 2. einen starken Anstieg während der Austreibungszeit, 3. einen Abfall mit der Erschlaffung des Herzens und 4. einen nochmaligen Anstieg während der Diastole. Sinkt der Aortendruck, dann wird die Abnahme des Coronarstromes in der isometrischen Periode der Herzaktion immer geringer, die systolische Zunahme der Herzdurchblutung tritt dagegen immer deutlicher hervor. Weiterhin beobachtet man unter diesen Bedingungen mit abnehmendem Aortendruck eine Verminderung der Coronardurchblutung in der Diastole. Verschiedene Versuche zeigten eine völlige Hemmung des Coronarstromes in der Diastole, bei noch weiterem Druckabfall wird sogar ein diastolischer Rückfluß beobachtet.

Diese neueren Versuchsergebnisse bei periodischer Durchströmung der Coronararterien stehen, wie Anrep selbst angibt, in Widerspruch zu den Befunden, die er bei konstantem Einstromdruck erhoben hatte. Eine Erklärung wird in folgender Weise gesucht. Bei Durchströmung unter konstantem Druck wird die Elastizität der Coronarwand nicht in Anspruch genommen. Die Stromkurve gibt daher getreu das Verhalten des peripheren Widerstandes am Myokard gegenüber der Durchblutung wieder. Bei einer periodischen Durchströmung von der Aorta aus wird die Elastizität der Coronararterie durch den wechselnden Einstromdruck in Tätigkeit treten und den Coronarstrom in den großen Coronararterien beeinflussen. Um diesen Elastizitätsfaktor zu studieren, wurde versucht, die Peripherie des Coronarsystems durch Injektion von Lycopodium sowie durch Stromstöße mit einer Pumpe, die einen völligen Capillarverschluß erzeugen sollen, zu sperren. Unter diesen Bedingungen fand Anrep ebenfalls eine systolische Zunahme der Coronardurchströmung. Andererseits wurde bei zwei Starling-Herzen, bei denen die Aorta des einen die linke Coronararterie des anderen versorgte, wobei systolischer und diastolischer Aortendruck konstant gehalten wurde, während die Schlagzahl variierte, folgender Befund erhoben: Wenn zwei Systolen aufeinandertreffen, ist die Coronardurchströmung geringer, als wenn der systolische Druck das erschlaffte Herz durchströmt. Auf Grund dieser Befunde wird nunmehr von Anrep folgende Anschauung vertreten:

„Es besteht zu Recht, daß die Stromkurven in den großen Coronararterien eine systolische und eine diastolische Zunahme besitzen. Diese Beobachtung bedeutet aber
nicht, daß die Durchströmung des Herzmuskels in beiden Phasen eine Zunahme
erfährt. Während der Systole erzeugt die Kontraktion des Herzmuskels einen
Widerstand, der groß genug ist, um den Durchströmungsdruck eines systolischen
Aortendruckes von beträchtlicher Höhe auszugleichen. Die systolische Zunahme
der Stromkurve wird auf eine elastische Ausdehnung der Coronararterienwand während des systolischen Einstromes bezogen. Das Herz als ganzes Organ wird sowohl
bei einer periodischen Durchströmung von der Aorta aus als auch bei einer isolierten Durchströmung mit konstantem Druck nur in der Diastole mit Blut versorgt."

Es ist nicht unsere Aufgabe, hier darzulegen, daß die Versuche von ANREP,
soweit sie in ihren Ergebnissen unseren Vorstellungen widersprechen, unter

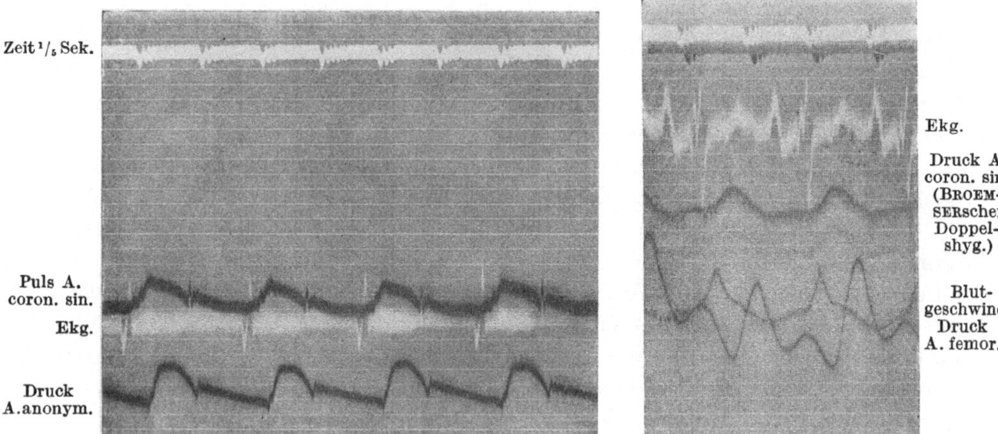

Abb. 32. Ganztier (Hund). Eröffneter Thorax, künstliche Atmung (STARLING-Pumpe). Intaktes Coronarsystem, natürliche Kreislaufverhältnisse.

Bedingungen gewonnen worden sind, die mit den Verhältnissen am intakten
Ganztier nicht verglichen werden können. Die nunmehrige Theorie von ANREP
und seinen Mitarbeitern über die Beziehungen der Coronardurchblutung zur
Herzaktion setzt voraus, daß die Coronararterien außerordentlich dehnbare
Wände besitzen, so daß sie imstande sind, während der Systole ein Stromvolumen
zu speichern, das beträchtlich größer ist als die gesamte Durchblutung in der
Diastole. Untersuchungen von SPALTEHOLZ und HOCHREIN haben jedoch dargetan, daß diese Voraussetzung nicht gegeben ist. Die Dehnbarkeit der großen
Arterienstämme des Coronarsystems ist beträchtlich geringer als die der Aorta.

Unsere Untersuchungen zeigen somit, daß die ANREPsche Theorie von der
„systolischen Hemmung" auch in ihrer neuen Modifikation nicht auf biologische
Verhältnisse des Ganztieres übertragen werden darf. Ungeklärt bleibt vorläufig
noch die Rolle Vv. Thebesii während der einzelnen Phasen der Herzaktion, da
ANREPS und unsere eigenen Versuche lediglich Strombilder in der A. coronaria
erfassen.

Von STELLA ist die Frage diskutiert worden, ob nicht während der Systole
die arterio-thebesianischen Kanäle (WEARN) vermehrt durchblutet werden.

Nach J. Kretz sind die Durchströmungsverhältnisse der Thebesiusgefäße in der Systole des Herzens am günstigsten. Wearn nimmt an, daß die Vv. Thebesii während der Systole verschlossen sind (s. S. 8).

Die vorausgehenden Ausführungen über den Einfluß der Herzleistung auf die Coronardurchblutung haben zu dem Schluß geführt, daß die Größe der Myokarddurchblutung von der Leistung der Systole in hohem Maße abhängig ist. Teleologische Überlegungen machen es in Anbetracht der gesetzmäßigen Beziehungen zwischen Herzleistung und Coronardurchblutung sehr unwahrscheinlich, daß der Energieaufwand der systolischen Stromzunahme durch Kurzschlüsse der arterio-thebesianischen Kanäle dem Stoffwechsel der Herzmuskelzelle verlorengehen soll. Die primitive Vorstellung, daß bei der Muskelkontraktion die eingelagerten Gefäße zusammengepreßt und daher schlechter durchblutet werden, ist von Keller, Loeser und Rein für den Skeletmuskel eindeutig widerlegt worden. Auf Grund anatomischer Untersuchungen hatte Spalteholz bereits früher den gleichen Beweis für den Herzmuskel geführt. Wir sind daher auf Grund objektiver Beobachtungen und teleologischer Überlegungen der Auffassung, daß die nunmehr auch von Anrep und seinen Mitarbeitern anerkannte systolische Zunahme des Coronarstromes, die auch in Anreps Kurven den diastolischen Gipfel weit übersteigt, zu einer vermehrten Durchblutung der Herzmuskelzelle in der Systole führt. Wir lehnen die Hypothesen der systolischen Blutspeicherung in den Coronararterien und des systolischen Kurzschlusses durch die Vv. Thebesiae, da keinerlei Beweise hierfür vorliegen, ab.

In dieser Vorstellung werden wir bestärkt durch die Ausführungen von Stepp, Böger und Parade, die durch Injektion kontrastgebender Mittel in die Coronararterien röntgenologisch zeigen konnten, daß die rascheste Vorwärtsbewegung im Herzmuskel systolisch erfolgt. Auch Rein hat in neueren Untersuchungen, die dem Studium der Beziehungen zwischen Coronardurchblutung, Herzleistung, Aortendruck und Schlagvolumen dienten, betont, daß die starke Durchblutungszunahme bei Frequenzsteigerung nicht in Einklang zu bringen ist mit den Befunden Anreps über die systolische Hemmung des Coronarblutstromes.

Zusammenfassung.

Die Frage nach der Beziehung des Coronarstromes zur Herzaktion ist wegen ihres großen theoretischen und praktischen Interesses häufig der Gegenstand eingehender Erörterungen gewesen. Es muß festgestellt werden, daß die meisten Angaben der Literatur sich auf Untersuchungen stützen, die, abgesehen von unbiologischen Bedingungen, wegen geringer „Güte" der Apparatur der Bearbeitung dieses Problems nicht genügen. Wir hatten uns besonders mit der Theorie Anreps und seiner Schule auseinanderzusetzen, die behauptet, daß die Herzdurchblutung von der Kreislaufdynamik der Diastole abhängig ist, da der Coronarstrom eine systolische Hemmung erfährt, die unter Umständen zu einer rückläufigen Bewegung führen kann. Unsere Untersuchungen am Ganztier mit hochwertigen Apparaten zeigten in der Systole ein Maximum des Coronardruckes und des -abstromes (= geringstem Widerstand in der Peripherie) sowie an der uneröffneten Coronararterie ein Maximum des Pulses und der Durchströmung. Bei steigender Ventrikelleistung nimmt die Herzdurchblutung zu. Unsere Anschauung geht auf Grund dieser Beobachtungen dahin, *daß die Art der Systole die Durchblutungsgröße des Herzens bestimmt.* In neueren Untersuchungen hat sich ANREP unserem Standpunkt genähert, indem er zugibt, daß bei periodischer Coronardurchströmung infolge großer Dehnbarkeit der Coronararterienwand ein Maximum in der Systole liegen kann. Diese Blutwelle kommt aber dem Herzmuskel nicht zugute, da der Coronarstrom systolisch gehemmt ist. Das Blut fließt daher durch Kurzschluß über die Vv. Thebesii ab. Bekanntlich vertritt WEARN den Standpunkt, daß die Vv. Thebesii systolisch verschlossen sind. Der Beweis dieser neuen ANREPschen Darstellung steht noch aus. Wir hatten gezeigt, daß ein Argument dieser Theorie, die große Dehnbarkeit der Coronararterienwand, nicht zu Recht besteht.

Wir lehnen auf Grund unserer Untersuchungen die ANREPsche Theorie von der „systolischen Hemmung" der Herzdurchblutung auch in ihrer neuen Modifikation ab. Die aus der ANREPschen Vorstellung gezogenen klinischen Schlußfolgerungen über die Coronardurchblutung bei Aorteninsuffizienz, Herzhypertrophie usw. entbehren der theoretischen Grundlage.

e) Wechselbeziehungen.

Für die Beurteilung von physiologischen Eingriffen und pathologischen Vorgängen am Coronarsystem wäre es wünschenswert, die Wechselbeziehungen, die zwischen den einzelnen Organen bestehen, zu kennen. Unser Wissen über die Stellung des Coronarsystems in diesem Kräftespiel ist noch sehr gering. Nur wenige normale Reaktionen sind in ihrer ganzen Ausdehnung bekannt. Einzelne pathologische Verhältnisse kennen wir in Teilerscheinungen aus empirischen Erfahrungen der Klinik. Jeder Eingriff, der zu einer Änderung der Herzdurchblutung führt, ist begleitet von Umstellungen der Herzleistung und der Dynamik des großen und kleinen Kreislaufes. Welcher dieser Vorgänge ist als Zeichen der Störung, welcher als Kompensation zu betrachten?

ANREP hatte, ausgehend von der Theorie der systolischen Hemmung, die Hypothese aufgestellt, daß bei einer Insuffizienz des Kreislaufes der verminderte Aortendruck und schwache Kontraktionen des Herzmuskels günstige Bedingungen für die Coronardurchblutung schaffen und so der Herzschwäche entgegenarbeiten. Unsere Untersuchungen, sowie die von H. REIN, BÖGER und PARADE haben gezeigt, daß diese Wechselwirkung am Ganztier nicht vorhanden ist.

Nachdem wir bei der Analyse dieser Vorgänge komplexe Funktionen vor uns haben, kann man eine Klärung dadurch anstreben, daß man Versuchsbedingungen schafft, die eine Variation nur weniger Faktoren nach sich ziehen, so daß man den Faktor, der sich am stabilsten erweist, als Vergleichsbasis wählen kann. Ein derartiges Vorgehen hat L. J. HENDERSON bei der Analyse der physikalischchemischen Gesetzmäßigkeiten des Blutes mit Erfolg durchführen können. Die Verhältnisse am Coronarsystem sind aber vorerst noch so wenig übersichtlich, daß wir uns mit der Schilderung einiger Zustandsbilder begnügen müssen.

Ein einfaches Beispiel zum Studium von Wechselwirkungen ist die langsame Entblutung in verschiedenen Perioden. Vom hämodynamischen Standpunkt aus betrachtet, interessiert uns dabei neben der Anämie vor allem das wachsende Mißverhältnis zwischen Blutbett und Blutmenge. Die Umstellungen im großen Kreislauf bei Blutentzug sind von H. E. HERING und H. REIN eingehend beschrieben worden.

H. E. Hering entwickelte auf Grund von Untersuchungen an den Blutdruckzüglern, daß eine stärkere Blutdrucksenkung, etwa infolge eines größeren Blutverlustes, folgende Regulationen auslösen müsse: Die allermeisten kleinen Arterien des Körpers verengern sich mit Ausnahme der des Gehirns und der des Herzens, die sich erweitern. Diese Gefäßwirkung wird unterstützt durch das Adrenalin, da der die Adrenalinsekretion hemmende Tonus der Blutdruckzügler infolge der Blutdrucksenkung vermindert ist. Das Herz schlägt schneller und stärker, und die Bronchien erweitern sich.

Auf Grund früherer Beobachtungen hatte es sich als zweckmäßig erwiesen, zwei Stadien der Entblutung einander gegenüberzustellen,

a) einen Blutverlust bis ca. 10 % und

b) einen solchen über ca. 25 % der gesamten Blutmenge.

Im ersten Stadium kompensiert der Kreislauf gewöhnlich den Blutverlust durch Entleerung der Blutdepots und allgemeine Vasokonstriktion. Ein mäßiger Grad von Tachypnoe tritt ein. Die Pulszahl ist kaum verändert, der Arteriendruck bleibt konstant. Die Coronardurchströmung zeigt meist keine Veränderungen, sie nimmt etwas zu, wenn die Pulszahl wächst, und wenn aus irgendwelchen Gründen Atempausen auftreten. Man hat den Eindruck, daß in diesem Zustand die Tachypnoe dämpfend auf die Herzdurchblutung wirkt.

Fährt man nun mit der Entblutung fort, so tritt bei rascher Entblutung ein Sturz im Arteriendruck ein. Im ersten Augenblick nimmt die Durchblutung der Peripherie des großen Kreislaufes etwas zu, dann stark ab. Das Blutdepot der Lunge wird noch weiter entleert. Starke Hyperventilation und Tachykardie bei kleiner Pulsamplitude setzen ein. Die Herzdurchblutung ist anfangs mit dem Arteriendruck ebenfalls abgesunken. Mit der Druckregulation durch Pulsbeschleunigung erreicht sie wieder ein höheres Niveau, das über dem Ausgangswert liegen kann. Bei langsamer Entblutung fehlen die initialen Kreislaufumstellungen. Pharmakologische Prüfungen zeigen, daß der Kreislauf nunmehr vorwiegend unter dem Einfluß des Sympathicustonus steht. Wird die Entblutung noch weiter fortgesetzt, dann fällt der Arteriendruck noch mehr ab, die Pulszahl nimmt nicht weiter zu, die Atmung bekommt den Typ, den wir nach der Durchschneidung des Vagosympathicus regelmäßig beobachten, nämlich Verlangsamung, verlängertes Inspirium, Atempause, stoßweises Exspirium. Im Arteriendruck treten starke respiratorische Schwankungen auf. Die Herzdurchblutung, die anfänglich mit dem Sinken des Arteriendruckes weit unter ihr Ausgangsniveau fällt, erfährt mit dem Einsetzen der langsamen und vertieften Atmung eine geringe Zunahme.

Die bei einem so einfachen Vorgang wie der Entblutung sich abspielenden Erscheinungen sind, wie diese kurze Schilderung gezeigt hat, außerordentlich mannigfaltig. Eine Erklärung für die sich abspielenden Wechselwirkungen in den verschiedenen Gefäßgebieten ist teilweise durch nervöse Regulationen möglich. Besteht die Auffassung zu Recht, daß die Blutdruckzügler die Durchblutung des Herzens und der Lunge kontrollieren, und daß eine Erregung Konstriktion der Coronargefäße sowie Dilatation der Lungengefäße verursacht, dann ist es verständlich, daß ein Vorgang, der zur Blutleere des kleinen Kreislaufes führt, die Füllung des Coronarkreislaufes begünstigt und umgekehrt.

Weiterhin ist daran zu denken, daß ein erhöhter Sympathicustonus, der bei der Entblutung durch Verminderung des Tonus der Blutdruckzügler und durch die damit verbundene Adrenalinausschwemmung zustande kommt, Tachykardie, mäßigen Anstieg des gesunkenen Druckes, Auspressung des Leber-, Haut- und Lungendepots und Coronardilatation erzeugt. Die Ventilation, die normalerweise Vagusimpulse auslöst, bleibt unter diesen Umständen auch bei starker Steigerung unterschwellig und fördert lediglich rein mechanisch die Blutbewegung im kleinen Kreislauf. Dadurch steigt die arteriovenöse Druckdifferenz im Coronarsystem und auch die Größe der Coronardurchblutung.

Anders liegen die Verhältnisse, wenn wir Steigerung des Sympathicustonus bei normaler Blutfüllung des Organismus annehmen. Es kommt zu erhöhtem Arteriendruck, der eine Steigerung des Vagustonus zur Folge hat. Entsteht nun aus irgendwelchen Gründen eine weitere Vaguserregung, z. B. über den Atemmechanismus, dann folgen durch nervöse Regulationen Blutstauung der Lunge, Tachypnoe, Coronarkonstriktion usw. (Siehe Abb. 21 b.) Andererseits lassen unsere Versuche über die Blutzirkulation im kleinen Kreislauf vermuten, daß der Füllungsgrad des Lungendepots auf nervösem Wege Atemmechanismus und Dynamik des großen Kreislaufes beeinflussen kann. Blutstauung in der Lunge z. B. ist nicht nur das Resultat verschiedener Mechanismen, sondern kann wahrscheinlich auch Ursache einer rein nervösen Tachypnoe und Coronarkonstriktion werden.

Diese Beispiele zeigen bereits, daß das Erkennen eines Überwiegens des Vagus- bzw. Sympathicustonus noch keine Schlüsse auf die Wechselwirkung der verschiedenen Organe erlaubt, wenn wir nicht die allgemeine Kreislauflage mit berücksichtigen. Die zahlreichen hämodynamischen Erscheinungen, die wir vom Tonus des sympathischen und parasympathischen Nervensystems abhängig machen, werden zuweilen leichter verständlich, wenn wir beachten, daß zwischen beiden Systemen kein einfaches Gleichgewicht herrscht. Es kann die Erregung des einen überwiegen, wobei Erregung beider erhöht oder vermindert sein kann. Die Größe der Herzdurchblutung ist demnach bei Kreislaufregulationen, an denen das Coronarsystem beteiligt ist, vom Grad sympathischer und parasympathischer Erregungen abhängig. Eine besonders ungünstige Konstellation für das Coronarsystem stellen unter bestimmten Bedingungen Vagusreize bei hohem Sympathicustonus dar. Der erhöhte Aortendruck führt zu vermehrter Herzleistung, die einen hohen Durchblutungsbedarf des Herzens bedingt. Der erhöhte Druck dämpft die Adrenalinausscheidung, die durch Coronardilatation die Herzdurchblutung heben könnte. Ein Vagusimpuls, der durch irgendeinen Umstand ausgelöst wird, kann diesen stark belasteten Kreislauf vollkommen erschüttern. Es kommt zu Coronarkonstriktion und Lungenstauung in schwerster Auswirkung, da die Reserven des Kreislaufes bereits durch den hohen Sympathicustonus erschöpfend herangezogen werden.

Will man nicht den Tonus des vegetativen Nervensystems, sondern die Arteriendrucksenkung als Ausgangspunkt der Betrachtung wählen, dann kann man den Kreislauf nach Entblutung mit einem Zustand bei Herzmuskelschädigung durch hohe Barbitursäuredosen in Parallele setzen. Um die Regulation durch nervöse Einflüsse auf das Herz auszuschalten, genügt es, beiderseits den Vagosympathicus zu durchschneiden. In tiefer Barbitursäurenarkose ist bei niedrigem Arteriendruck und geringer Druckamplitüde die Atmung oberflächlich, das Blutdepot der Lunge ist gefüllt, und die Herzdurchblutung ist vermindert. Eine Reizung der sympathischen Endorgane, z. B. durch Adrenalin, erzeugt eine Hyperventilation, geringe Arteriendrucksteigerung und damit parallel laufend eine Zunahme der Herzdurchblutung.

Betrachtet man die ökonomische Herzdurchblutung als Dominante in dieser Wechselwirkung verschiedener Kreislauffaktoren, dann wäre es interessant festzustellen, in welcher Reihenfolge und in welchem Ausmaße die einzelnen Regulationen bei Änderung der Herzdurchblutung einsetzen. Studien zur Analyse dieser Verhältnisse sind bereits früher gelegentlich der Vagus- und Aortenreizung beschrieben worden (HOCHREIN und GROS). Unter Berücksichtigung der verschiedenen Versuchsbedingungen wird man als Kompensation bei einer ungenügenden Herzdurchblutung Pulsbeschleunigung und Hyperventilation, weiterhin bei geringem Vagustonus Aortendrucksteigerung, bei erhöhtem Vagustonus Aortendrucksenkung ansehen müssen. Eine zu starke Herzdurchblutung kann durch Vergrößerung des Schlagvolumens (H. REIN) und Pulsverlangsamung, ferner bei geringem Vagustonus durch Aortendrucksenkung, bei erhöhtem Vagustonus durch Aortendrucksteigerung gehemmt werden. Theoretisch lassen sich hier je nach der Beschaffenheit des Herzens, dem Niveau des Vagus- und Sympathiscutonus, sowie dem Verhältnis zwischen Blutmenge und Blutbett die verschiedensten Kreislaufbilder konstruieren.

Zusammenfassung.

Die zahlreichen Einzelbeobachtungen über das Verhalten des Coronarstromes gewinnen erst praktische Bedeutung, wenn es gelingt, ihren Sinn im Rahmen der Lebensäußerungen des gesamten Organismus zu erfassen. Wir schilderten die Umstellungen des Kreislaufes bei Blutentnahme und Verschiebung des vago-sympathischen Gleichgewichtes. Durch das Studium der Wechselbeziehungen, die zwischen den einzelnen Organen bestehen, wird uns das Verständnis für die Zweckmäßigkeit der verschiedenen Reaktionen der Herzdurchblutung erleichtert.

Literatur.

ANREP, G. V.: The regulation of the coronary circulation. Physiologic. Rev. 6, 596—629 (1026). — Neue Untersuchungen über Physiologie und Pharmakologie der Coronargefäße. Arch. f. exper. Path. 138, H. 1—4, 119—129 (1928). — ANREP, G. V., E. W. H. CRUICKSHANK, A. C. DOWNING u. SUBBA RAU: Heart 14, 141 (1927). — ANREP, G. V., u. DE B. DALY: Output of adrenaline in cerebral anoxaemia. Proc. roy. Soc. London B 97, 450 (1925). — ANREP, DAVIS u. VOLHARD: The effect of pulse pressure upon the coronary blood flow J. of Physiol. Vol. LXXIII Nr 4 S. 405 (1931). — ANREP, G. V., u. A. C. DOWNING: J. sci. Ind. 3, 221 (1926). — ANREP, G. V., u. H. HÄUSLER: J. of Physiol. 65, 357 (1928); 67, 299 (1929). — ANREP, G. V., u. B. KING: Ebenda 64, 341 (1928). — ANREP, G. V., u. H. N. SEGALL: The regulation of the coronary circulation. Heart 13, 239—260 (1926). — ANREP, G. V., u. R. S. STACEY: Drugs upon the coronary circulation. J. of Physiol. 64, 187 (1927). — ANREP, G. V., u. E. H. STARLING: Central and reflex regulation of the circulation. Proc. roy. Soc. London, R. Ser. B, 97, 463 (1925). — ATZLER, E., u. L. FRANK: Beiträge zur Methodik der Froschgefäßdurchspülung. Pflügers Arch. 181, 142 (1920). — ATZLER, E., u. G. LEHMANN: Über den Einfluß der Wasserstoffionenkonzentration auf die Gefäße. Ebenda 190, 118 (1921).

BARCROFT, J., u. W. E. DIXON: The Gaseous Metabolism of the Mammalian Heart. J. of Physiol. 35, 182 (1907). — BAYLISS, W. M.: The Action of Carbon Dioxide on Blood-Vessels. Proc. physiol. Soc. in J. of Physiol. 26, 32 (1901). — BOCK, A. B., u. D. B. DILL: Physiology of Muscular Exercise. London und New York: Longmans Green & Co. 1931. — BOEGER u. PARADE: Zur Frage der Abhängigkeit der Coronardurchblutung von der Herzaktion. Klin. Wschr. 1931, Nr 48, 2207. — BOER, S. DE: Über die Folgen der Sperrung der Kranzarterien für das Entstehen von Kammerflimmern. Dtsch. Arch. klin. Med. 143, 20 (1923). — BOHR, CHR., u. V. HENRIQUES: Über die Blutmenge, welche den Herzmuskel durchströmt. Skand. Arch. Physiol. 5, 232—237 (1895). — BRAUN, L., u. B. SAMET: Experimentelle Untersuchungen an den Coronargefäßen und über Kammerflimmern. Wien. klin. Wschr. 1931, 136. — BRODIE, T. G., u. W. C. CULLIS: The innervation of the coronary vessels. J. of Physiol. 43, 313 (1911). — BRODIE, T. G., u. W. E. DIXON: On the innervation of the pulmonary blood vessels, and some observations on the action of suprarenal extract. Ebenda 30, 476 (1904). — BROEMSER, PH.: Untersuchungen über die Messung der Stromstärke in Blutgefäßen. Z. Biol. 88, H. 3. — Der Differentialsphygmograph. Ebenda 88, H. 3. — BRÜCKE: Sitzgsber. Akad. Wiss. Wien, Math.-naturwiss. Kl. 14, 346 (1854).

CLARK, A. J.: Comparative physiology of the heart, Pp. 157, Vid. 94—96, 118—153. Cambridge 1927. — Cow, D.: Some reactions of surviving arteries. J. of Physiol. 42, 132 (1911).

DALE, H. H., u. A. N. RICHARDS: The Vasodilator Action of Histamine and of some other Substances. J. of Physiol. 52, 110 (1918). — DANIELOPOLU: Anatomie und Physiologie der sensiblen kardio-aortalen Bahnen beim Menschen. Z. klin. Med. 106, H. 1/2 (1927). — DANIELOPOLU, D., J. MARCOU u. G. G. PROCA: Sur l'innervation des coronaires. Rôle des filets sympathiques et des filets parasympathiques. C. r. Soc. Biol. Paris 107, 419 bis 421 (1931). — DAVIS, J. C., LITTLER u. E. VOLHARD: Der Hitzdrahtanemometer und seine Anwendung zur Messung von Blutströmen. Arch. f. exper. Path. 163, H. 3, 1931 (1931). — DAWSON, W. T., u. OSCAR BODANSKY: Interruption of perfusion of isolated rabbit heart upon reaction of coronary flow. Proc. Soc. exper. Biol. a. Med. 28, 635—636 (1931). — DOGIEL u. ARCHANGELSKY: Arch. f. Physiol. 113, 39 (1906). — Gefäßverengernde Nerven der Kranzarterien. Pflügers Arch. 116, 482 (1907). — DRURY u. SMITH: Observations relating to the nerve supply of the coronary artery of the tortoise. Heart 11, H. 1 (1924). — DRURY, A. N., u. J. J. SUMBAL: Nerve supply of coron. art. (tortoise). Ebenda 11, 267 (1924). — DUSSER DE BARENNE, J. G.: Über eine Methode zur genauen Bestimmung des gesamten Coronarkreislaufes. Pflügers Arch. 188, 281—286 (1921).

EPPINGER, H., LÜDKE u. SCHLAYER: Lehrbuch der pathologischen Physiologie, S. 91 bis 142. Leipzig 1922. — EVANS, C. LOVATT: The velocity factor in cardiac work. J. of Physiol. 52, 6—14 (1918). — Recent advances in physiology, Pp. 370, Vid. 92—128. London 1926. — EVANS, C. LOVATT, u. Y. MATSUOKA: The effect of various mechanical conditions on the gaseous metabolism and efficiency of the mammalian heart. J. of Physiol. 49, 378 bis 405 (1914/15). — EVANS, C. LOVATT, u. E. H. STARLING: The part played by the lungs in the oxidative process of the body. Ebenda 46, 413—434 (1913).

FLEISCH, A.: CO_2-Wirkung auf die Blutgefäße. Pflügers Arch. 171, 86 (1918). — Verstärkte Durchblutung tätiger Organe. Schweiz. med. Wschr. 1922, Nr 23. — Zum Mechanismus der Gefäßerweiterung im arbeitenden Organ. Klin. Wschr. 8, Nr 28, 1315. — FRANÇOIS-FRANCK: Effet vaso-dilatateur sur les vaisseaux de l'écorche cérébrale et les vaisseaux du myocarde. C. r. Soc. Biol. 1903, 1448. — FRANK, O.: Grundform des arteriellen Pulses. Z. Biol. 37, 483 (1899). — TIGERSTEDTS Handbuch der biologischen Arbeitsmethoden. Hämodynamik. — Arterienelastizität. Z. Biol. 1920. — FRÉDÉRICQ: Arch. internat. Physiol. 5, 234. — FURUSAWA, K., A. V. HILL, C. N. H. LONG u. H. LUPTON: Muscular Exercise, Lactic Acid, and the Supply and Utilisation of Oxygen. Parts VII/VIII. Proc. roy. Soc. B, 97, 155 (1924).

GANTER, BETHE: BERGMANNs Handbuch der normalen und pathologischen Physiologie. — GANTER, G.: Über die einheitliche Reaktion der glatten Muskulatur des Menschen. Münch. med. Wschr. 1924, 194. — GANTER, G., u. A. ZAHN: Experimentelle Untersuchungen am Säugetierherzen usw. Pflügers Arch. 145, 335 (1912). — GLEY: Relations entre les organes à sécrétions internes. International Congress of Medicine 17. London 1913. — GREENE, C. W.: An Analysis of the efferent pathways and vasomotor control of the coronary circulation in the dog. Amer. J. Physiol. 97, 526 (1931). — GREHMELS, H., u. E. H. STARLING: Infl. of p_H and anoxaemia upon the heart volume. J. of Physiol. 61, 297 (1926). — GUBERGRITZ, M. M., u. S. J. JAROSLAW: Zur Frage nach der Entstehung der Schmerzen bei Angina pectoris. Z. Kreislaufforsch. 23, 251—261 (1931).

HALLER: Elementa physiologica corporis humani 1, 371. Lausanne 1757. Zit. bei TIGERSTEDT: Die Physiologie des Kreislaufs 1, 306. — HÄUSLER, H.: Coron. circul. cardiac and local vasc. factors. J. of Physiol. 68, 324 (1929). — HENRIQUES, V.: Über die Verteilung des Blutes vom linken Herzen zwischen dem Herzen und dem übrigen Organismus. Biochem. Z. 56, 230—248 (1913). — HERING, H. E.: Methodik zur Untersuchung der Carotissinusreflexe. Handbuch der biologischen Arbeitsmethoden, Abt. 5, Teil 8, S. 685. 1929. — Über die Beziehungen der Blutdruckzügler zum Tonus der Coronararterien und zur Angina pectoris.

Verh. dtsch. Ges. inn. Med. **1931**, 312—313. — Der Blutdruck reguliert vermittels der Blutdruckzügler (die Aortennerven und die Sinusnerven) den Tonus des Parasympathicus. Dtsch. med. Wschr. **1931**, Nr 13. — Die Atemregulation vermittels der tonisch-frequenzfördernden Vagusfasern und der tonisch-frequenzhemmenden Atemzügler, sowie ihre pathologische Auswirkung. Med. Klin. **1931**, Nr 15. — HESS, WALTER RUDOLF: Die Verteilung von Querschnitt, Widerstand, Druckgefälle und Strömungsgeschwindigkeit im Blutkreislauf. Handbuch der normalen und pathologischen Physik, Vid. VII/2, Pp. 919—920. 1927. — Die Regulierung des Blutkreislaufs. Leipzig: Thieme 1930. — HEUBNER, W.: Die Physiologie der Coronardurchblutung. Verh. dtsch. Ges. inn. Med. **1931**, 339—340. — HEYMANS u. KOCHMANN: Une nouvelle methode de circulation artificielle à travers le cœur isolé de mammifère. Arch. internat. Pharmaco-dynamie **13**, 379 (1904). — HILL, A. V.: Muscular movement in man: The factors governing speed and recovery from fatigue, Pp. 104, Vid. 20 bis 26. New York 1927. — HILTON, R., u. F. EICHHOLTZ: Chemic. factors on coron. circul. J. of Physiol. **59**, 413 (1925). — HOCHREIN, MAX: Arterienelastizität bei der Tuberkulose. Münch. med. Wschr. S. 1512—1514 (1926). — Über die Strombahnen im Anfangsteil der Aorta, ihre Wirkung und ein neues Modell zu ihrer Demonstration. Ebenda **1927**, Nr 31, 1312. — Über den Kreislaufmechanismus bei der Hypertension. Arch. f. exper. Path. **133**, 325—384 (1928). — Experimentelle Untersuchungen des Blutstroms in den Coronararterien. Verh. dtsch. Ges. inn. Med. **1931**, 291—296. — Klinische und experimentelle Untersuchungen der Herzdurchblutung. Klin. Wschr. **2**, 1705—1709 (1931). — HOCHREIN, MAX, u. WALTER GROS: Untersuchungen am Coronarsystem. III. Mitteilung: Der Druck in den Coronararterien. Naunyn-Schmiedebergs Arch. **160**, 66—73 (1931). — Elektrische Reizversuche am N. vagus und N. depressor (Aortennerven) zum Studium der regulatorischen Beziehungen zwischen Atmung und Kreislauf. Pflügers Arch. **229**, H. 4 u. 5, 642—656 (1932). — HOCHREIN, MAX, u. CH. J. KELLER: Untersuchungen am Coronarsystem. I. Mitteilung: Über die Beziehungen der Blutströmung in den Coronararterien zur Herzaktion. Arch. f. exper. Path. **159**, H. 3, 300—311 (1931). — II. Mitteilung: Zur Frage der autonomen Regulation des Blutstromes im Coronarsystem unter besonderer Berücksichtigung der Kohlensäureatmung. Ebenda **159**, H. 3, 312—327 (1931). — IV. Mitteilung: Der Einfluß der Blutdruckzügler (H. E. HERING) auf die Coronardurchströmung. Naunyn-Schmiedebergs Arch. **160**, 205—219 (1931). — Beiträge zur Blutzirkulation im kleinen Kreislauf. I. Mitteilung: Der Einfluß mechanischer Vorgänge auf die mittlere Durchblutung und die Depotfunktion der Lunge. Ebenda **164**, H. 5/6, 529/551 (1932). — II. Mitteilung: Über die Beeinflussung der mittleren Durchblutung und der Blutfüllung der Lunge durch pharmakologische Mittel. Ebenda **164**, H. 5/6, 552 bis 564 (1932). — HOCHREIN, MAX, J. KELLER u. R. MANCKE: Die Durchströmung der Coronararterien. Arch. f. exper. Path. **151**, H. 3/4, 146—160 (1930). — HOCHREIN, MAX, u. KARL MATTHES, Verschiedenheiten der Schlagvolumina des rechten und linken Ventrikels in ihrem Einfluß auf Lungendepot und Herzdurchblutung. Internationaler Physiol. Kongr. Rom (1932). Pflügers Arch. (1932) in Druck. — HOCHREIN, MAX u. ROLF MEIER: Über den Mechanismus der Blutdrucksenkung durch Histamin. Ebenda **153**, H. 5/6, 309—324 (1930). — HOCHREIN, MAX, u. KL. SCHNEYER: Klinische Pneumotachographie. BRUGSCH: Erg. inn. Med. (1932). — HOCHREIN, MAX, u. W. SPALTEHOLZ: Untersuchungen am Coronarsystem. V. Mitteilung: Die anatomische und funktionelle Beschaffenheit der Coronararterienwand. Naunyn-Schmiedebergs Arch. **163**, H. 3, 333—352 (1931). — HOOKER, D. W. WILSON, u. H. CONNETT: The Perfusion of the Mammalian Medulla: the Effect of Carbon Dioxide and other Substances on the Respiratory and Cardio-Vascular Centers. Amer. J. Physiol. **43**, 351 (1917). — HYDE, J. H., C. B. ROOT u. H. CURL: A Comparison of the Effects of Breakfast, of no Breakfast and of Coffeine on Work in an Athlete and a Non-Athlete. Ebenda **43**, 371 (1917). — HYRTL, J.: Sitzgsber. Akad. Wiss. Wien, Math.-naturwiss. Kl. **14**, 373 (1854). — Lehrbuch der Anatomie des Menschen, 11. Aufl., S. 886. Wien 1870. — HÜRTLE, KARL: Die mittlere Blutversorgung der einzelnen Organe. Handbuch der normalen und pathologischen Physiologie, Vid. VII/2, Pp. 1493 bis 1495. Berlin 1927.

IWAI, M.: Untersuchungen über den Einfluß der Wasserstoffionenkonzentration auf die Coronargefäße usw. Pflügers Arch. **202**, 356 (1924).

JONESCO u. JONESCU: Experimentelle Untersuchungen über die afferenten kardio-aortalen Bahnen und über den phys. Nachweis des Depressor als isolierter Nerv beim Menschen. Z. exper. Med. **48**, H. 3/5 (1928). — JANEWAY, TH., u. E. PARK: The question of epinephrin in the circulation and its relation to the blood pressure. J. of exper. Med. **16**, 541 (1912).

Katz, L. N., u. C. N. H. Long: Lactic Acid in Mammalian Cardiac Muscle. Part I. The Stimulation Maximum. Proc. roy. Soc. B, 99, 8 (1925). — Keller, Ch. J.: Untersuchungen über die Gehirndurchblutung. I. Mitteilung: Gibt es eine Autonomie der Gehirngefäße. Arch. f. exper. Path. 154, H. 4/6, 357—380. — Keller, Loeser u. Rein: Die Physiologie der Skeletmuskeldurchblutung. Z. Biol. 90, H. 3, 260—298. — Kisch, Bruno: Das Schlagvolumen und das Zeitvolumen einer Herzabteilung. Handbuch der normalen und pathologischen Physiologie, Vid. VII/2, Pp. 1169—1174. Berlin 1927. — Koch, E., u. E. Mark: Über die reflektorische Beziehung zwischen Blutdruck und Atmung vermittels der Blutdruckzügler. Z. Kreislaufforsch. 1931, H. 10, 319. — Krayer, Otto: Die Physiologie der Coronardurchblutung. Ergebnisse am isolierten Organ und Herz-Lungen-Präparat. Verh. dtsch. Ges. inn. Med. 1931, 237—247. — Kretz, J.: Über die Bedeutung der Venae (minimae) Thebesii für die Blutversorgung des Herzmuskels. Virchows Arch. 266, H. 3, 647—675 (1927). — Die Physiologie der Coronardurchblutung. Verh. dtsch. Ges. inn. Med. 1931, 462—463. — Krogh, August: The anatomy and physiology of capillaries, Pp. 276. New Haven 1922.

Langendorff, O.: Untersuchungen am überlebenden Säugetierherzen. Pflügers Arch. 61, 291. — Zur Kenntnis des Blutlaufs in den Kranzgefäßen des Herzens. Ebenda 78, 423 (1899). — Über die Innervation der Coronargefäße. Zbl. Physiol. 21, 551 (1907). — Langer, Ludwig: Die Foramina Thebesii im Herzen des Menschen. Sitzgsber. ksl. Akad. Wiss., Math.-naturwiss. Kl. 82, III Abg., 25—39 (1880, Druck 1881). — Lannelongue: Recherches sur la circulation des parois du cœur. Arch. de Physiol. 1, 24—34 (1868). — Leriche: Presse méd. 82 (1925). — J. de Neur. 27, Nr 1 (1927). — Leriche, René, Louis Herrmann u. René Fontaine: Ligature de la coronaire gauche et fonction cardiaque chez l'animal intact. C. r. Soc. Biol. Paris 107, 545—546 (1931). — Ligature de la coronaire gauche et fonction du cœur après énervation sympathique. Ebenda 107, 547 bis 548 (1931). — Leriche, R. R., Fontaine et J. Kunlin: Contribution à l'étude des nerfs vasomoteurs du coeur. C. r. Soc., Biol. Paris 110, 299 (1932). — Lewis, T., G. W. Pickering u. P. Rothschild: Observations Upon Muscular Pain in Intermittent Claudication. Heart 15, 359 (1931). — Lindhard, J.: Undersogelser Angaaende Hjaertets Minutvolumen i Hoile og under Muskelarbeide, Disp. Pp. 131. Kobenhavn 1914. — Lupton, H.: An Analysis of the effects of Speed on the mechanical Efficiency of Human Muscular Movement. J. of Physiol. Vol. 57, p. 337 (1923).

Maas, P.: Experimentelle Untersuchungen über die Innervation der Kranzgefäße des Säugetierherzens. Pflügers Arch. 74, 281 (1899). — Macleod: Kohlenhydratstoffwechsel und Insulin. Berlin (1927). — Magrath, G. B., u. H. Kennedy: On the relation of the volume of the coronary circulation to the frequency and force of the ventricular contraction in the isolated heart of the cat. J. of exper. Med. 2, 13—33 (1897). — Mancke, Rudolf: Zur Frage der Herz- und Gefäßwirkung kleinster Joddosen. Klin. Wschr. 1931, Nr 32. — Mancke, R., u. W. Heubner: Ein Apparat für vergleichende Untersuchungen am Warmblüterherzen in der Versuchsanordnung nach Langendorff. Arch. f. exper. Path. 137, H. 5/6, 257 (1928). — Markwalder, Josef, u. Ernst H. Starling: A note on some factors which determine the bloodflow through the coronary circulation. J. of Physiol. 47, 275—284 (1913/14). — McGinty, Daniel A.: Studies on the coronary circulation. I. Absorption of lactic acid by the heart muscle. Amer. J. Physiol. 98, 244—254 (1931). — Melville, K. J., u. R. L. Stehle: The antagonistic action of ephedrine (or adrenaline) upon the coronary constriction, produced by pituitary extract and its effect upon blood pressure. J. of Pharmacol. 42, 455—470 (1931). — Mettier, S. R., Louise J. Zschiesche u. J. T. Wearn: Demonstration of direct vascular communications between the coronary arteries and chambers of the heart. Trans. Assoc. amer. Physicians 44, 345—347 (1929). — Middleton u. Otway: Insulin Shok and the Myocardium. Amer. J. med. Sci. 181, 39 (1931). — Miller, G. H., Fred Smith u. V. C. Graber: The influence of changes in the cardiac rate and irregular action of the heart on the coronary circulation. Amer. Heart J. 2, 479—489 (1927). — Morawitz, P.: Krankheiten des Kreislaufes. Lehrbuch der inneren Medizin, S. 296—414. Berlin: Julius Springer 1931. — Morawitz, P., u. A. Zahn: Über den Coronarkreislauf am Herzen in situ. Zbl. Physiol. 26, 465 (1912). — Untersuchungen über den Coronarkreislauf. Dtsch. Arch. klin. Med. 116, 364 bis 408 (1914). — Müller, E. A., H. Salomon u. G. Zuelzer: Der Einfluß der Sauerstoffausnutzung auf Coronardurchblutung, Wirkungsgrad und maximale Leistungsfähigkeit des Säugetierherzens. Z. exper. Med. 31, H. 1/2, 1—10 (1930).

PAL, J.: Über die Gefäßwirkung des Hypophysenextraktes. Wien. med. Wschr. **1909**, 138. — PLESCH: Sauerstoffversorgung und Zirkulation in ihren kompensatorischen Wechselbeziehungen. Kongr. inn. Med. **1909**, 305. — PORTER, W. TOWSEND: On the results of ligation of the coronary arteries. J. of Physiol. **15**, 121—138 (1894). — Further researches on the closure of the coronary arteries. J. of exper. Med. **1**, 46—70 (1896). — PORTER u. H. O. BEYER: The vasomotor nerves of the heart. Amer. J. Physiol. **3**, 24 (1900). — PRATT, F. H.: The nutrition of the heart: through the vessels of Thebesius and the coronary veins. Ebenda **1**, 86—103 (1898). — PRINCE, A. L.: Variations in coronary pressure and bearing on the relaxation rate of the ventricles. Ebenda **37**, 543 (1915).

REBATEL: Recherches expérimentales sur la circulation dans les art res coronaires. Paris: Th se 1872. — REIN, H.: Die Thermo-Strom-Uhr II. Z. Biol. B. **89**, H. 3, 195 (1929). — Klin. Wschr. **1930**, 1485. — Vasomotorische Regulationen. ASCHER - SPIRO: Erg. Physiol. **32**, 28 (1931). — Die Physiologie der Herzkranzgefäße. Z. Biol. **92**, 101—127 (1931). — Die Physiologie der Coronardurchblutung. Untersuchungen des Coronarkreislaufes am intakten Organismus. Verh. dtsch. Ges. inn. Med. **1931**, 247—262. — RIGLER, R.: Das Vorhofkammerkreislaufpräparat. Arch. f. exper. Path. **163**, 295—310 (1931). — RÖSSLER, R.: Ebenda **153**, H. 1/2, 30 (1930). — RÖSSLER, R., u. W. PASCUAL: The coronary circulation in the isolated perfused heart. J. of Physiol. **74**, Nr 1, 1—16 (1932). — ROTHBERGER, C. J.: Erg. Physiol. **32**, 472 (1931). — ROTHLIN, E.: Experimentelle Untersuchungen über die Wirkungsweise einiger chemischer, vasotonisierender Substanzen organischer Natur auf überlebende Gefäße III. Z. Biol. **111**, 325 (1920).

SASSA, K.: Untersuchungen über den Coronarkreislauf des überlebenden Säugetierherzens. Pflügers Arch. **198**, 573 (1923). — SATÔ, KANAME: Pharmakologische Studien über die Funktion der Coronargefäße, zugleich ein Beitrag zu ihrer Innervation. Jap. J. med. Sci., Trans. Int. Med. etc. **2**, 189—238 (1931). — SINGER, RICHARD: Experimentelle Studien über die Schmerzempfindlichkeit des Herzens und der großen Gefäße und ihre Beziehung zur Angina pectoris. I. Mitt. Wien. Arch. inn. Med. **12/2**, 193 (1926). — SMITH, FRED M.: The coronary circulation (1927). Arch. int. Med. **40**, 281—291 (1927). — SMITH, FRED M., G. H. MILLER u. V. C. GRABER: The relative importance of the systolic and the diastolic blood pressure in maintaining the coronary circulation. Ebenda **38**, 109—115 (1926). — SPALTEHOLZ, WERNER: Die Arterien der Herzwand. Anatomische Untersuchungen am Menschen und Tierherzen, Pp. 165, 15 Tafeln. Leipzig: S. Hirzel 1924. — SPALTEHOLZ, W., u. C. HIRSCH: Coronarkreislauf und Herzmuskel. Kongr. inn. Med. **1907**. — SPALTEHOLZ, W., u. M. HOCHREIN: Untersuchungen am Coronarsystem. V. Mitteilung: Die anatomische und funktionelle Beschaffenheit der Coronararterienwand. Naunyn-Schmiedebergs Arch. **163**, 333—352 (1931). — SCHAEFER, E. A.: Do the coronary vessels posses vasometer nerves? A-des scienc. Biol. publ. par l'institut impérial de méd. expérim., tome 11, suppl., S. 251. St. Petersburg 1904. — STARLING, E. H., and C. L. EVANS: An Address on some Heart Problems. Lancet **2**, 1199 (1921). — STAUB, H.: Insulin. Berlin (1925). — STAUB, H., u. W. GRASSMANN: Über die Wirkungsgrenze einiger Gifte am isolierten Säugerherzen. Arch. f. exper. Path. **154**, H. 4/6, 317/341 (1930). — STELLA, G.: Some observations on the effect of pressure in the carotid sinus upon the arterial pressure and upon the coronary circulation. J. of Physiol. **73**, 45—53 (1931). — STEPP: Diskussion zur Angina pectoris. Verh. dtsch. Kongr. inn. Med. **1931**.

TIGERSTEDT, ROBERT: Über die Ernährung des Säugetierherzens. Skand. Arch. Physiol. **2**, 394—407 (1891). — II. Ebenda **5**, 71—88 (1895). — Die Physiologie des Kreislaufes, L—IV, 2. Ausg. Berlin und Leipzig 1921—1923.

UNGER, W.: Die MORAWITZ-ZAHNsche Coronarmethode. Z. exper. Med. **4**, 75 (1916).

WARBURG, ERIK J.: Über den Coronarkreislauf und über die Thrombose einer Coronararterie. II. Pathologie und Klinik. Acta med. scand. **73**, 545—604 (1930). — WEARN, J. T.: Thrombosis of the coronary arteries, with infarction of the heart. Amer. J. med. Sci. **165**, 250—276 (1923). — WEARN, J. T., u. ZSCHIESCHE: The extent of the capillary bed of the heart. J. of exper. Med. **47**, 273—291 (1928). — WIEMER, P.: Methodisches zur LANGENDORFFschen Apparatur für die Durchströmung des Warmblüterherzens. Arch. f. exper. Path. **143**, H. 1/2, 1—9 (1929). — WIGGERS, C.: The innervation of the coronary vessels. Amer. J. Physiol. **24**, 404 (1909); **90**, 558 (1929). — WIGGERS, C. J.: Physiologic Meaning of Commun Clinical Signs and Symptoms in Cardiovascular Disease. J. amer. med. Assoc. **96**, 603—610 (1931, 21. Februar).

III. Pharmakologie der Kranzgefäße.

Den folgenden Ausführungen muß die Besprechung der Richtlinien, die uns bei der pharmakologischen Untersuchung der am Coronarsystem wirkenden Mittel geleitet hatten, kurz vorausgeschickt werden. Um derartige Versuche für die Klinik brauchbar zu machen, waren wir bemüht, die Leistungsfähigkeit der bisher in der Kreislaufpharmakologie verwendeten Methoden kennenzulernen und unter Verwendung neuer Methoden Versuchsbedingungen auszuarbeiten, die den biologischen Verhältnissen entsprechen (HOCHREIN und MEIER, HOCHREIN und KELLER).

Unser Interesse erstreckt sich in erster Linie auf die Kreislaufwirkung von körpereigenen und pharmakologischen Mitteln in physiologischen oder therapeutischen Dosen. Die Toxikologie, die durch eine Störung biologischer Kompensationen physiologische Reaktionen umdrehen kann, wird bei der Besprechung der für die Klinik wichtigen Kreislaufmittel nicht näher ausgeführt werden. Bei der Dosenbestimmung folgten wir den von W. HEUBNER für Schwellenwertbestimmungen entwickelten Gedankengängen. Bei einer Übertragung unserer pharmakologischen Versuchsergebnisse auf die Verhältnisse am Krankenbett wird man zwei Einwänden begegnen müssen.

1. Unsere Versuche sind an gesunden Hunden ausgeführt worden. Die Ergebnisse sollen auf kranke Menschen, die in anderer Weise wie normale Organismen reagieren können, übertragen werden.

Die Berechtigung dieses Einwandes ist stets anerkannt worden, und man versuchte daher, soweit Beobachtungen an Menschen nicht möglich sind, durch Erzeugung pathologischer Zustände bei Versuchstieren diesen Forderungen gerecht zu werden. In einigen Fällen scheint dieses Vorgehen auch bereits zu brauchbaren Resultaten geführt zu haben (W. HEUBNER, R. MANCKE, HOCHREIN und KELLER u. a.).

2. Fast sämtliche Versuche wurden in Narkose ausgeführt. Es ist daher wichtig, den Einfluß, den die Narkose auf den Ausfall unserer Versuchsergebnisse hat, zu kennen.

Unsere Narkose bei 20—30 kg schweren Hunden wurde in der Regel in der Weise ausgeführt, daß das Versuchstier am Abend vorher 6—8 ccm Morphium erhielt, so daß für die Einschläferung nur mehr 2—6 ccm Pernocton i. v. benötigt wurden. Die Versuche wurden für $1^1/_2$ Stunde nach beendeter Operation unterbrochen, um den Shock, der durch Anlegen von Registrierinstrumenten gesetzt wurde, abklingen zu lassen. Welchen Einfluß hat nun Pernocton auf den Kreislauf? Bei einem Versuchstier, bei dem die Narkose nach ca. 6 Stunden fast völlig abgeklungen war, wurde die Wirkung eines Kreislaufmittels (Lobelin 0,1 ccm i. v.) auf den Arteriendruck, Pulszahl, Atemmechanik, Herz- und Lungendurchblutung untersucht. In Abständen von 15 Minuten wurden bis 12 ccm Pernocton in Dosen von 1—2 ccm intravenös injiziert und dazwischen Lobelin verabreicht. Bei 4 ccm sahen wir noch keinen Einfluß auf Kreislauf und Atemmechanik, von 4 bis ca. 6 ccm eine geringe Zunahme der Herzdurchblutung, in höheren Dosen Arteriendrucksenkung, Abnahme der Lungendurchblutung bei relativ langer Aufrechterhaltung der Herzdurchblutung, schließlich Atemlähmung. Noch bei 12 ccm Pernocton ruft Lobelin eine für die

Wirkung dieses Mittels charakteristische Änderung der Kreislauf- und Atemmechanik hervor. Wir schließen aus diesen Versuchen, daß eine oberflächliche Pernoctonnarkose die Reaktionsfähigkeit des Kreislaufs nicht stört. In kleinen Dosen besitzt Pernocton aber auch wie andere Barbitursäurepräparate (Luminalnatrium, Veramon usw.) neben einer beruhigenden und schmerzstillenden Wirkung den Vorzug, ohne starke Veränderung der Dynamik im großen Kreislauf in mäßigem Grade die Herzdurchblutung über eine lange Zeitspanne zu fördern.

Eine ausführliche Schilderung der älteren Literatur der Pharmakologie der Coronargefäße finden wir bei Rigler und Rothberger, Tigerstedt und Ganter. Wir gehen auf Einzelheiten der am Langendorff-Herzen und Starling-Präparat erhobenen Befunde nicht näher ein und besprechen unter Hinweis auf frühere Literatur vorwiegend eigene am Ganztier erzielte Ergebnisse. Um dem Verständnis der bisherigen Coronarpharmakologie näherzukommen, ist es jedoch notwendig, kurz auf die Pharmakologie der isolierten Coronararterie einzugehen.

a) Isolierte Coronararterien.

Die pharmakologische Beeinflussung der isolierten Coronararterie spielt bei den Theorien über die Durchblutung des Herzens eine bedeutende Rolle. Tigerstedt und Ganter haben die umfangreiche Literatur dieser Fragestellung anschaulich geschildert. Eine besondere Rolle spielt das den anderen Körperarterien gegenüber gegensätzliche Verhalten bei Einwirkung von Adrenalin.

Langendorff, Cow und Pal fanden am zirkulären Coronargefäßstreifen von Schaf und Rind unter Einwirkung von Adrenalin eine Verlängerung. Ducret stellte fest, daß Adrenalin auf die Kranzarterien des Herzens konsequent dilatatorisch wirkt. Die Stärke der Dilatation sei jedoch von der Tonuslage abhängig und werde ferner von dem Calciumtiter, dem Sauerstoffgehalt und der Temperatur der Nährlösung sowie dem Alter des Versuchstieres beeinflußt. Rothlin beobachtete, daß durch Adrenalin beim Typus equinus stets eine Verengerung, beim Typus bovinus in kleinen Dosen eine Verengerung, in großen Dosen eine Erweiterung herbeigeführt wird. Da anscheinend verschiedene Tierarten ein verschiedenes Verhalten gegenüber Adrenalin zeigen, sind Versuche, die an isolierten Kranzgefäßen menschlicher Herzen angestellt wurden, von besonderem Interesse. Barbour fand, daß beim Menschen durch Adrenalin eine Kontraktion, bei Tieren eine Dilatation ausgelöst wird. Zur gleichen Auffassung kam Anitschkow, auf Grund von Versuchen am „überlebenden" menschlichen Herzen. Gruber und Roberts beobachteten verschiedene Adrenalinwirkungen bei der Anwendung verschiedener Nährlösungen.

Unsere Versuche mit einer Methodik, bei der die Ausschläge 70fach optisch vergrößert werden, und mit der die Gefäße (Hund und Rind) bei physiologischer Spannung unter vollkommener Temperaturkonstanz untersucht werden konnten, ergaben bei Adrenalindarreichung, je nach der Tonuslage, zuweilen eine Kontraktion, häufig keine Wirkung, nie aber eine Dilatation. Wenn wir statt Adrenalin Histamin auf die überlebenden Arterien einwirken ließen, so sahen wir, daß Histamin in der gleichen Weise wie auf die Arterien des großen Kreislaufes bei belasteten Kranzarterien konstriktorisch wirkt. Entsprechend dem geringen funktionellen Anteil der Muscularis ist die Verengerung gegenüber stark muskulösen Arterien (A. femoralis) gering. Eine Dilatation wurde mit Histamin auch bei wechselnder Dosis (10^{-7} bis 10^{-5}) an den Coronararterien des Kalbes, Rindes und Hundes nie beobachtet. Desgleichen rufen die meisten gebräuchlichen Kreislaufmittel an der überlebenden Coronararterie eine Konstriktion oder keine Wirkung hervor. (Wir untersuchten Adrenalin, Histamin, Strophantin, Digitalis, Organextrakte, Pituitrin und Bariumchlorid.)

Eine Ausnahme macht Amylnitrit. Es tritt eine starke Entspannung auf, die durch Auswaschen mit Tyrodelösung praktisch nicht reversibel ist. Dieser Befund ist nicht als Zeichen einer Schädigung des überlebenden Gefäßpräparates, sondern einer außerordentlich festen Bindung des Amylnitrites an das Gefäß zu werten, da eine nachfolgende Histamindarreichung prompt eine Kontraktion auslöst.

b) Ergebnisse am Ganztier unter biologischen Kreislauf- und Atembedingungen bei Berücksichtigung der Ergebnisse am Coronarmodell (LANGENDORFF-Herz und STARLING-Präparat).

Bei Betrachtung der Ergebnisse am LANGENDORFF-Herzen und STARLING-Präparat hat man sich zu vergegenwärtigen, daß am Ganztier und am innervierten Herz-Lungen-Präparat die Coronargefäße unter dem dauernden Einfluß von Vagusimpulsen stehen, die die Gefäße in einem bestimmten Kontraktionszustand halten. Das isolierte Herz hat nach dem Ausfall der Nervenverbindungen infolge einer hohen, völlig unökonomischen Ruhedurchblutung weitgehend die Möglichkeit verloren, seine Durchblutung physiologischen und pharmakologischen Einflüssen durch autonome Regulationen anzupassen. Das Coronarsystem erscheint vollkommen druckpassiv. Weiterhin ist zu berücksichtigen, daß die Coronardurchblutung unter konstantem Druck kein Bild von der „Coronardurchströmung", sondern nur unter sehr vereinfachten Bedingungen vom coronaren Widerstand gibt. Wenden wir diese Erfahrungen auf die Ergebnisse pharmakologischer Untersuchungen an, dann werden zahlreiche widersprechende Resultate verständlich, und sie lassen sich in die am Ganztier gemachten Beobachtungen zwanglos eingliedern.

Gehen wir bei der Schilderung unserer eigenen Versuche von der Betrachtungsweise der Klinik aus, dann interessieren uns die Stoffe, die eine Vermehrung bzw. eine Verminderung der Herzdurchblutung hervorrufen, und solche, bei denen die Mehrdurchblutung des Herzens mit einer Blutdrucksteigerung oder -senkung einhergeht.

1. Blutdrucksteigernde Mittel, die zu einer Mehrdurchblutung des Herzens führen.

Eine Mehrdurchblutung des Herzens kann unter sonst konstanten Bedingungen durch eine Aortendrucksteigerung oder durch eine Dilatation der Coronargefäße erzielt werden. Wir kennen Mittel, die blutdrucksteigernd und dilatatorisch, und solche, die blutdrucksteigernd und konstriktorisch wirken. Die Dilatation und Konstriktion kann auf nervösem Wege (Sympathicus oder Vagus) erfolgen, oder auch durch direkte Einwirkung auf die Gefäßwand zustande kommen. Im Kräftespiel, aus dem die Größe der Coronardurchblutung resultiert, ist die Höhe des Aortendruckes bei konstantem Puls hinsichtlich der Richtungsänderung in der Herzdurchblutung der maßgebende Faktor. Eine direkte Proportion zwischen der Durchblutungsgröße und der Höhe des Aortendruckes besteht aber auch unter diesen Bedingungen nicht. Steigt der Aortendruck an, dann wird reflektorisch der Vagustonus erhöht und ein konstriktorischer Mechanismus im Coronarsystem in Tätigkeit gesetzt.

Da der Vagus den Tonus im Coronarsystem weitgehend beherrscht, kommt dem *Atropin* eine große pharmakologische Bedeutung zu. Die starke Zunahme der Coronardurchblutung nach beiderseitiger Durchschneidung des Vago-sympathicus ist bei der Besprechung des Herznervensystems (S. 42) eingehend erörtert worden. Nach REIN gelingt es, den coronarkonstriktorischen Effekt des Vagus durch Atropin auszuschalten. Allerdings scheinen diese Bahnen widerstandsfähiger zu sein als diejenigen, auf denen die chronotropen Bahnen verlaufen. Man sieht nicht selten, daß nach Atropingaben, die imstande sind, die charakteristischen Puls- und Atemveränderungen hervorzurufen, keine wesentliche Steigerung der Herzdurchblutung eintritt.

Adrenalin. Wie allgemein bekannt, ist die auffallendste Wirkung des *Adrenalins* und seiner Verwandten (*Ephetonin, Sympatol*) eine Blutdrucksteigerung. Die Zunahme der Coronardurchströmung gilt gleichfalls als eine gesicherte Tatsache. Diese Vermehrung der Coronardurchströmung wird auf die Erhöhung des Aortendruckes bei gleichzeitiger Dilatation des Coronargefäßes bezogen (MORAWITZ und ZAHN, LANGENDORFF, EPPINGER und HESS, MASS, MARKWALDER und STARLING u. a.). Eine Dilatation nach Adrenalin wird jedoch nicht allgemein angenommen. WIGGERS, DRURY und SMITH u. a. schreiben dem Adrenalin eine konstriktorische Wirkung auf das Coronargefäß zu. BRODIE und CULLIS sahen bei einer kleineren Adrenalindosis, bei der eine Änderung der Herztätigkeit noch nicht auftritt, Vasokonstriktion, bei höherer Konzentration dagegen Dilatation. SATO beobachtete (LANGENDORFF-Herz), daß Adrenalin im Anfangsstadium kontrahierend und danach dilatierend wirkt. ANREP und HAEUSLER haben den Ablauf der Stromkurve nach Adrenalindarreichung am Herz-Lungen-Präparat mit dem Hitzdrahtanaemometer in ihren Einzelheiten untersucht und kommen zu folgender Vorstellung: Anfänglich ruft das Adrenalin eine Verstärkung der systolischen Kraft hervor. Die Coronardurchströmung wird während der Systole nicht nur völlig gesperrt, sondern Flüssigkeit wird schließlich sogar in zunehmendem Maße in die Zuflußleitung zurückgeworfen. Erst später tritt eine Erweiterung der durchströmten Gefäße ein, die schließlich den Effekt der Kontraktionsverstärkung überkompensiert. Auch klingt die Adrenalinwirkung auf den Herzmuskel früher ab, so daß schließlich die Gefäßerweiterung rein zur Geltung kommt.

Untersuchungen am intakten Kreislauf und auch bei getrennter Registrierung des Coronareinstromes unter konstantem Druck (Widerstandsbestimmung) und des Blutangebotes an die Coronararterien zeigen, daß die vermehrte Coronardurchströmung nach *Adrenalin* und ähnlich wirkenden Körpern (*Sympatol* und *Ephetonin*) am intakten Coronarsystem nicht auf einen einzigen mechanischen Faktor, ein vermehrtes Blutangebot, zu beziehen ist; wir müssen auch Veränderungen im peripheren Teil des Coronarsystems annehmen, die die Durchblutung erleichtern.

REIN hat den Mechanismus der Coronardilatation des Adrenalins eingehend untersucht und findet, daß nach Vagotomie die dilatatorische Wirkung noch erheblich zunimmt. Wir machten bei unseren Versuchen die gleiche Beobachtung. Unter normalen Bedingungen ist der dilatatorische Effekt relativ gering. Die dilatierende Wirkung des Adrenalins wird durch die im Vagusstamm verlaufenden vasokonstriktorischen Fasern beträchtlich gehemmt, und zwar noch bevor durch den Vagus die drucksteigernde und herzmuskelfördernde Wirkung nennenswert — durch depressorische Reflexe — beeinflußt wird.

Kleine physiologische Dosen von Adrenalin zeigen nach REIN überhaupt nur bei vagotomierten Tieren Einfluß auf die Coronardurchblutung.

Ist der Vagus intakt, so wird die herzantreibende Wirkung des Adrenalins zuerst eintreten und zu einer Drucksteigerung führen. Dadurch wird über Blutdruckzügler und Vagus der konstriktorische Tonus erhöht, aber je nach der vorhandenen Tonuslage des Vagus kann eine entsprechende Mehrdurchblutung der Coronargefäße ausbleiben. Die konstriktorischen Fasern des Vagus sind also in der Lage, die Adrenalindilatation zu unterdrücken. Voraussetzung für eine freie Entfaltung der zweifellos vorhandenen dilatatorischen Wirkung des Adrenalins auf die Kranzgefäße ist also vorherige Ausschaltung des konstriktorischen Vagustonus. Gefahr einer Insuffizienz des Coronarsystems nach Adrenalin scheint bei einer derartigen Betrachtungsweise, die nur Druck und Vagustonus berücksichtigt, sehr naheliegend. Wir wissen aber, daß die bei der Herzmuskelkontraktion frei werdenden Stoffwechselprodukte eine starke dilatatorische Wirkung ausüben und den konstriktorischen Effekt des Vagus kompensieren können. Dieser Mechanismus konnte sehr deutlich in Versuchen gezeigt werden, in denen bei intakten Nervenverbindungen am Ganztier ein Coronarast unter konstantem Druck isoliert durchströmt wurde (s. Abb. 17). Nach Adrenalindarreichung sollte, da die erweiternde Wirkung des erhöhten Arteriendruckes ausfällt, der erhöhte Vagustonus im abgetrennten Gefäßgebiet eine Konstriktion auslösen. Falls die Gefäßnerven durch den Eingriff geschädigt werden, hätten wir keine Änderung des Coronarstromes zu erwarten. Es kommt jedoch, und zwar, wie wir annehmen, durch direkte Beeinflussung von Stoffwechselprodukten, zu einer starken Mehrdurchblutung des Herzens.

Gibt man nun bei intaktem Nervensystem vorerst Atropin in ausreichender Dosis, wartet den Eintritt des Atropineffektes auf die Puls- und Atemzahl ab und verabreicht nun Adrenalin, dann hätte man eigentlich, wie nach Vagusdurchschneidung, eine starke Zunahme der Herzdurchblutung zu erwarten. Dies ist jedoch selbst bei annähernd gleicher Ruhedurchblutung nicht immer der Fall. Zuweilen sieht man, daß die Durchblutungszunahme nach Adrenalindarreichung meist geringer ist als beim normalen Tier, dafür aber eine viel länger dauernde Wirkung besitzt.

Wir haben beim Adrenalin die Teilvorgänge bei der Herzdurchblutung, — Aortendruck, nervöse Regulation und direkte chemische Einwirkung — etwas eingehender besprochen, da ähnliche Verhältnisse bei allen Mitteln, die Blutdrucksteigerung verursachen, gefunden werden.

Die bekannte Zunahme des Gefäßtonus durch *Barytsalze* erweist sich am überlebenden Gefäßstreifen (O. B. MEYER) sowie auch am lebenden Tiere nach Ausschaltung des zentralen Vasomotorentonus (BREHM) oder nach Lähmung der Vasokonstriktorenenden (HOLZBACH) als peripher bedingt, und zwar ist man geneigt, einen muskulären Angriffspunkt des Wirkungsmechanismus anzunehmen (MEYER und GOTTLIEB). Die konstriktorische Wirkung von Bariumchlorid ist am Coronarsystem des isolierten Herzens in zahlreichen Versuchen dargetan worden (KRAWKOW, K. SATO usw.).

Unter biologischen Verhältnissen am Ganztier ruft Bariumchlorid eine Arteriendrucksteigerung und meist in höheren Dosen auch eine Pulsverlangsamung hervor. Das Minutenvolumen kann je nach der Lage der allgemeinen Kreislauffunktion eine geringe Zu- oder Abnahme zeigen, die Coronardurchströmung jedoch wird stets mächtig gefördert (Abb. 34). Auch nach Entnervung des Herzens (beiderseitige Durchschneidung des Vagosympathicus) und künstlicher Beatmung ruft Bariumchlorid eine Aortendrucksteigerung und eine Mehrdurchblutung des Herzens hervor.

Da bei diesen letztgenannten Versuchen die Kompensationsmöglichkeit des Kreislaufes durch die Atmung ebenfalls ausgeschaltet ist und die Coronarstromvermehrung der Drucksteigerung völlig synchron geht, wird man die durch Bariumchlorid erzeugte Mehrdurchblutung des Herzens vorwiegend als mechanisch bedingt ansehen müssen. Daneben spielt aber auch der dilatatorische

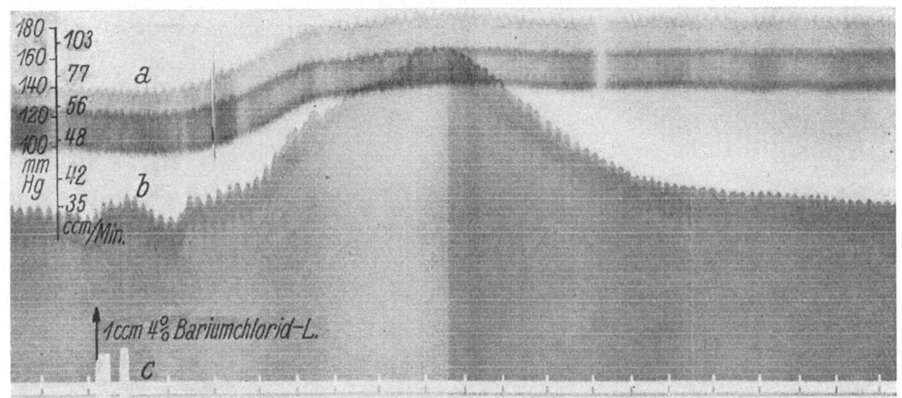

Abb. 34. 1 ccm 4proz. Bariumchloridlösung. *a* Carotisdruck. *b* Coronardurchströmung. *c* Zeit 10 Sekunden.

Effekt von Substanzen, die bei der erhöhten Arbeitsleistung im Herzen selbst infolge vermehrter Stoffwechseltätigkeit entstehen, eine Rolle.

Bereits in früheren Untersuchungen konnte gezeigt werden, daß *Lobelin* neben einer Wirkung auf das Brech- und Atemzentrum eine Arteriendrucksteigerung auslöst, die den Atemeffekt lange Zeit überdauert (Hochrein und Meier).

Die Abb. 35a, b, c zeigen bei demselben Versuchstier die Einwirkung von 0,3 ccm Lobelin auf die Herzdurchblutung unter verschiedenen Versuchsbedingungen. Bereits 10 Sekunden nach intravenöser Darreichung steigt der Arteriendruck steil an, und gleichzeitig erfährt die Coronardurchströmung eine starke Zunahme. Die bekannte Atemwirkung, Tachypnoe und Hyperventilation, setzt schon vor der Arteriendrucksteigerung ein. Nach ca. 60 Sekunden ist sie erloschen, während die hämodynamische Wirkung ca. 100 Sekunden andauert. Auf der Höhe der Arteriendrucksteigerung sieht man zahlreiche Herzunregelmäßigkeiten, die als toxische Wirkung des Lobelins auf das Reizleitungssystem gedeutet wurden (Abb. 35a). Gibt man nunmehr gleichzeitig 0,3 ccm Lobelin + 0,5 ccm Atropin, dann ist die Wirkung auf den Arteriendruck anfänglich etwa die gleiche wie vorher. Die Rückkehr zur Norm erfolgt etwas langsamer, so daß die Arteriendrucksteigerung insgesamt ca. 120 Sekunden dauert. Herzunregelmäßigkeiten treten dabei nicht auf. Die Coronardurchblutung steigt gleichzeitig mit der Arteriendrucksteigerung zu einem höheren Niveau wie vorher an, auf dem sie ungeachtet der Arteriendruckhöhe über 250 Sekunden verharrt. Der Einfluß auf die Respiration ist bei diesem Eingriff relativ gering.

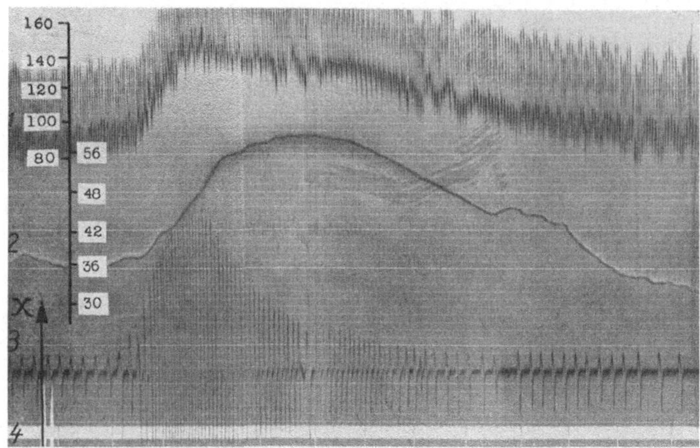

Abb. 35a. Bei *X* Injektion von 0,3 ccm Lobelin. *1* Druck in der A. femor. *2* Durchströmung in der A. coron. *3* Respiration. *4* Zeit 10 Sekunden.

Die Wirkungsdauer beträgt nur ca. 40 Sekunden (Abb. 35b). Durchschneidet man beiderseits den Vagosympathicus etwa in Höhe des Kehlkopfes, dann treten Tachykardie und geringer Druckabfall ein. Bei diesem Versuchstier kommt

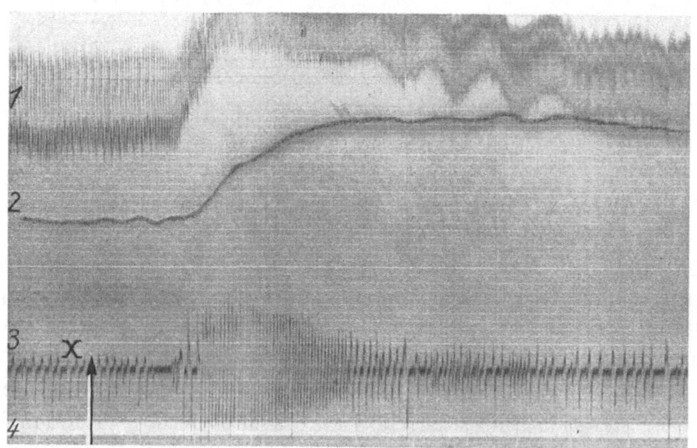

Abb. 35b. Bei *X* Injektion von 0,3 ccm Lobelin + 0,5 ccm Atropin. *1* Druck in der A. femor. *2* Durchströmung in der A. coron. *3* Respiration. *4* Zeit 10 Sekunden.

es aber zu keiner wesentlichen Steigerung des Durchblutungsniveaus der Kranzarterien. Durch die Untersuchungen von REIN und eigene Beobachtungen wissen wir, daß bei Vagusdurchschneidung der konstriktorische Dauertonus der Kranzgefäße aufgehoben und die Coronardurchblutung gesteigert werden soll.

Dies ist aber keineswegs bei allen Versuchstieren der Fall. Man hätte ferner bei Lobelin- + Atropindarreichung eigentlich die gleiche Wirkung wie nach Lobelin bei durchschnittenem Vagus erhalten müssen. Der Vergleich der Kurven (Abb. 35b und c) lehrt, daß die Arteriendrucksteigerung, wenn wir von der stärkeren Ausbildung von Wellen 3. Ordnung absehen, zwar etwa das gleiche Ausmaß erreicht; dasselbe gilt auch für die respiratorische Förderung. Die Coronardurchströmung zeigt aber ein völlig anderes Verhalten. Anfänglich kommt es mit dem Druckanstieg zu einer mäßigen Zunahme, aber noch während der Arteriendruck stark erhöht ist, sinkt die Herzdurchblutung auf das Ausgangsniveau zurück. In dieser Lage zeigt die Stromkurve deutliche Schwankungen, die den Wellen 3. Ordnung des Arteriendruckes gleichgerichtet sind.

Der Kreislaufmechanismus nach Lobelineinwirkung unter normalen Bedingungen und bei gleichzeitiger Atropindarreichung besitzt weitgehende Ähn-

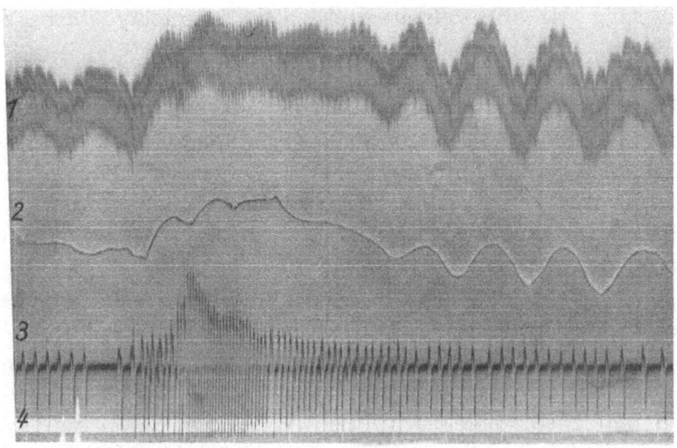

Abb. 35c. Vagosympathicus beiderseits durchschnitten. Bei *X* 0,3 ccm Lobelin. *1* Druck in der A. femor. *2* Durchströmung in der A. coron. *3* Respiration. *4* Zeit 10 Sekunden.

lichkeit mit der Kreislaufwirkung von Adrenalin. Die Atropinwirkung zeigt, daß Lobelin reflektorisch durch Drucksteigerung, vielleicht aber auch durch zentrale Wirkung den Konstriktorentonus der Kranzgefäße erhöht. Die Vorstellung, daß in der Mehrzahl der Fälle die konstriktorischen Fasern im Vagus verlaufen, ist wohl richtig, aber nicht selten beobachtet man, wie der oben beschriebene Versuch deutlich zeigt, daß nach Vagusdurchschneidung die erwartete Ausschaltung des Coronarkonstriktorentonus ausbleibt. Für diese Fälle nehmen wir an, daß die konstriktorischen Bahnen bereits oberhalb der Durchschneidungsstelle, wahrscheinlich durch R. cardiaci, den Vagus verlassen haben. Für diese Möglichkeit spricht der außerordentlich wechselnde topographische Verlauf der Herznerven (PERMAN) sowie die Ergebnisse unserer elektrischen Reizversuche (S. 44). Berücksichtigt man diese Verhältnisse bei pharmakologischen Prüfungen, die auch auf die Bedeutung nervöser Regulationen eingehen, dann ist es oft leicht, Verschiedenheiten in einfacher Weise aufzuklären. Der konstriktorische Effekt, der über die Blutdruckzügler bei Drucksteigerung zustande kommt, bleibt, da der Reflexmechanismus der Sinusnerven auch nach Vagusdurchschneidung unter diesen Bedingungen nicht berührt wird, erhalten. Der Vergleich von Abb. 35b und Abb. 35c ergibt, daß die Reaktion des Arteriendruckes in beiden Fällen annähernd gleich, die der Coronardurchblutung im zweiten Falle aber stark verringert ist. Dadurch wird wahrscheinlich, daß bei der beiderseitigen Durchschneidung des Vagosympathicus dilatatorische Effekte, die normalerweise durch Lobelin ausgelöst werden, nicht zustande kommen können.

Das als *Gynergen* bekannte Ergotoxin lähmt nach DALE jene Fasern des sympathischen Systems, welche eine erregende Wirkung auslösen, während die hemmenden unbeeinflußt bleiben. Nach großen Gaben von Ergotoxin ist durch Reizung der Vasokonstriktoren keine Gefäßverengerung mehr zu erzielen. Am Kreislauf beobachtet man regelmäßig eine ziemlich lange anhaltende Arteriendrucksteigerung. Unsere Versuche ergaben, daß die Wirkung auf die Herzdurchblutung sehr uneinheitlich ist. Wir sahen Zu- und Abnahme, ohne daß es uns möglich war, aus dem Arteriendruck den jeweiligen Coronareffekt als eine Folge der Beeinflussung der allgemeinen Kreislauffunktion oder einer Störung im vagosympathischen Gleichgewicht zu analysieren.

2. Mittel, die den Aortendruck nicht nennenswert beeinflussen.

Von den Stoffen, die keinen wesentlichen Einfluß auf die Höhe des normalen Arteriendruckes besitzen, untersuchten wir Coffein, Cardiazol, Strophantin, Calcium, Traubenzucker und die Organextrakte.

Bereits am LANGENDORFF-Herzen stellten HEDBOM und LOEB eine Mehrdurchströmung der Coronargefäße nach *Coffein*darreichung fest. Die Wirkung greift peripher an den Gefäßwänden an. Ähnlich wirken die pharmakologisch nahestehenden Dimethylxanthine, Theobromin und Theophyllin.

Auch am isolierten Säugetierherzen in situ bei erhaltener zentraler Innervation ließ sich nach großen Gaben eine bedeutende Zunahme der Durchblutung nach Coffein und Theobromin nachweisen (F. MEYER, SAKAI und SANAYOSHI). Wir finden am intakten Ganztier bei intravenöser Injektion von 0,5 ccm Coffeinum natrium-benzoicum bei einem 35 kg schweren Hunde keine wesentliche Änderung der Atmung, des Arteriendruckes und der Pulszahl. Die Coronardurchströmung zeigt dagegen eine langanhaltende Mehrdurchblutung, während die Lungendurchblutung nach einer anfänglichen kurzen Zunahme um ihren Ruhewert pendelt.

Seit der Einführung von Coffein als Prophylaktikum gegen Gefäßkrämpfe durch ASKANAZY haben zahlreiche Beobachtungen über günstige Erfahrungen berichtet. Die prophylaktische Wirkung sieht man in einer Herabsetzung des peripheren Tonus, wodurch die Gefäße weniger anspruchsfähig gegenüber der anfallsweise eintretenden Erregung gemacht werden sollen (R. BREUER). In den Anfällen selbst soll das Theobromin nicht anwendbar sein, da es viel zu langsam in Wirksamkeit tritt, um den Gefäßkrampf kupieren zu können (MEYER und GOTTLIEB). Unsere Versuche zeigen jedoch, daß nach intravenöser Injektion der Coronareffekt raschestens in Erscheinung tritt.

Campher soll durch Erhöhung des Aortendruckes eine Verbesserung der Coronardurchblutung bewirken (F. MEYER). Am künstlich durchbluteten Katzenherzen ließ sich eine erweiternde Wirkung nicht unmittelbar beobachten (SELIGMANN), eher schon am Kaninchenherzen (SITHATCHERA), deutlich am Rattenherzen (A. Fröhlich und L. Pollak). Auch am Menschenherzen soll eine erweiternde Wirkung eintreten (Sawodsky).

Cardiazol ruft am intakten Ganztier bei intravenöser Injektion (bis 1 ccm i. v. für einen 30 kg schweren Hund) keine nennenswerte Mehrdurchblutung des Herzens hervor. Der bekannte Atemeffekt, der meist in einer kurz dauernden Tachypnoe besteht, löst keine wesentliche Förderung des Coronarstromes aus. Arteriendruck, Pulszahl und Lungendurchblutung blieben in der Mehrzahl der Versuche unverändert. Wir halten daher Cardiazol bei der Behandlung von Coronarstörungen für ungeeignet.

Coramin ruft bei intravenöser Injektion bis zu Dosen von 0,5 ccm bei einem 20 kg schweren Hunde eine Verlangsamung und Vertiefung der Atmung hervor. Die Pulszahl und die Höhe des Arteriendruckes werden dadurch nur wenig

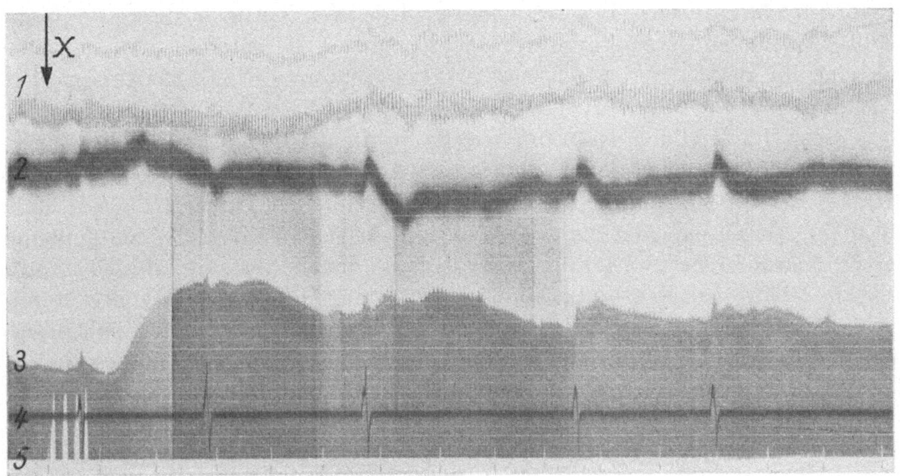

Abb. 36. Bei *X* Injektion von 0,12 g Coffein natr. benc. *1* Druck in A. femor. *2* Durchströmung in A. pulm. *3* Durchströmung in A. coron. *4* Respiration. *5* Zeit 10 Sekunden.

beeinflußt. Eine Wirkung auf die Herzdurchblutung ist deutlich vorhanden. In einigen Fällen sahen wir einen mäßigen Anstieg des Durchströmungsniveaus, der über 100 Sekunden anhielt.

Die *Digitalis*wirkung besteht bekanntlich darin, daß das Herz befähigt wird, mit jeder Ventrikelkontraktion eine größere Arbeit zu leisten, wodurch unter Umständen das Minutenvolumen vergrößert und der Aortendruck erhöht werden kann. Mit Zunahme der Herzarbeit geht eine Verengerung großer Gefäße Hand in Hand (Meyer und Gottlieb). Weiterhin kommt es infolge Erregung des Vaguszentrums zu einer Pulsverlangsamung. Während man dem Digipurat (F. Meyer) eine coronarerweiternde Wirkung zuschreibt, sollen Digitoxin und Strophanthin keine oder eine verengernde Wirkung ausüben (Literatur bei Rigler und Rothberger, Fenn und Gilbert). Man hat daher empfohlen, die Darreichung von Digitaliskörpern bei Coronarerkrankungen mit dilatatorischen Mitteln zu kombinieren (Braun). Am Ganztier läßt sich zeigen, daß selbst bei artefizieller Aorteninsuffizienz die durch 1,0 ccm Digipurat i. v. an einem 25 kg schweren Hunde ausgelöste Bradykardie, trotz gleichbleibender Höhe des maximalen Arteriendruckes, das Blutangebot an die Coronararterien nicht vermindert, sondern vermehren kann. Allerdings ist diese Wirkung nicht konstant. Je nach der allgemeinen Kreislauflage werden verschiedene Befunde, Zu- bzw. Abnahme der Herzdurchblutung, erhoben (s. S. 183).

Strophantin kann am intakten Ganztier auch dann, wenn Arteriendruck, Pulszahl und Minutenvolumen unverändert bleiben, eine Mehrdurchblutung des Herzens hervorrufen. Meist jedoch üben die Digitaliskörper am normalen Kreislauf keinen nennenswerten Einfluß auf die Herzdurchblutung aus.

Aus den verschiedensten Organen konnten an kreislaufwirksamen Körpern Histamin, Acetylcholin, Adenosin, Nucleoside und vorläufig noch unbekannte Restsubstanzen ermittelt werden. Die im Handel befindlichen *Organextrakte* oder sog. „Kreislaufhormone", wie Hormocardiol, Lacarnol, Eutonon, Padutin und gewöhnlicher Muskelsaft sind unreine Lösungen mit wechselndem Gehalt der genannten Substanzen. Bei intravenöser Injektion besitzen diese Präparate bereits in kleinsten Dosen starke Kreislaufwirkungen, die untereinander sehr ähnlich sind. In kleinen Dosen (0,2 ccm bei 20 kg schwerem Hund) bleiben Arteriendruck, Pulszahl und Minutenvolumen meist unverändert. In der Peripherie kommt es zu einer Umwandlung des Strombettes. Bestimmte Organe, wie Herz, Skeletmuskulatur und Gehirn erfahren eine starke Mehrdurchblutung. Diese Kreislaufwirkung ist vom Gleichgewicht des vagosympathischen Tonus in hohem Maße abhängig. Durchschneidet man den Vagosympathicus, dann bleibt die Zunahme der Coronardurchströmung aus. Nachdem die genannten Präparate histaminfrei sein sollen — nach BENNET und DRURY gelingt der Nachweis von Histamin noch in einer Verdünnung von 1:100000 durch Quaddelbildung bei subcutaner Injektion —, wurde von verschiedenen Seiten die Vermutung ausgesprochen, daß das wirksame Prinzip all dieser Körper Abbauprodukte der Zellkerne, nämlich die Adenosintriphosphorsäure bzw. die Adenylsäure seien (POHLE, LINDNER und RIGLER, ROTHMANN). Gibt man 0,5 ccm Adenosin, Adenylsäure oder Adenosintriphosphorsäure, dann erfolgt ebenfalls eine Mehrdurchblutung des Herzens. Der Arteriendruck sinkt jedoch bei gleichbleibender Pulszahl deutlich ab. Die zirkulierende Blutmenge und auch das Schlagvolumen werden verringert. Auch nach Entnervung des Herzens erzeugt Adenylsäure eine geringe Zunahme der Herzdurchblutung bei verminderter Zirkulation und verkleinertem Schlagvolumen. Die aus der Muskulatur extrahierten Purine und Nucleoside erwiesen sich am Kreislauf von Hunden als nahezu wirkungslos.

Am intakten Ganztier gelingt auch der Nachweis, daß die klinisch schon lange bekannte günstige Wirkung von *Traubenzucker* auf den Herzmuskel wohl zum Teil auf eine Förderung der Coronardurchblutung zurückzuführen ist (HOCHREIN).

Die *Calcium*therapie hat bei Kreislauferkrankungen durch Einführung eines wenig toxischen Salzes, des gluconsauren Calciums (SANDOZ), eine größere Verbreitung erfahren. Bei intravenöser Darreichung verursacht Calcium eine starke Mehrdurchblutung des Herzens, die nach beiderseitiger Durchschneidung des Vagosympathicus in noch höherem Maße eintritt. Häufig beobachtet man nach Calcium eine kurz dauernde Arteriendrucksenkung, der ein geringer Druckanstieg und eine mäßige Pulsverlangsamung und eine Mehrdurchblutung der Lunge folgt. Nachdem auch MANCKE und K. SATO am LANGENDORFFschen

Herzen bereits eine bessere Durchblutung nach Calcium beobachtet hatten, ist wohl mit Sicherheit anzunehmen, daß Calcium eine direkte dilatatorische Wirkung auf die Coronargefäße besitzt.

3. Mittel, die den Arteriendruck senken.

Von den *Mitteln, die zu einer Arteriendrucksenkung führen*, untersuchten wir Nitrite und Histamin.

Die *Nitrite*, voran das Amylnitrit, beeinflussen die Kranzgefäße im erweiternden Sinne. Diese Veränderung hält auch dann, wenn der Druck in der Aorta nach Beendigung der Einatmung seinen ursprünglichen Wert wieder erreicht hat, noch an. Am LANGENDORFF-Herzen läßt sich eine Erweiterung der Kranzgefäße erst mit hohen, methämoglobinbildenden Konzentrationen erreichen (O. LOEB). Die einzelnen Nitrite (Amylnitrit, Natriumnitrit) und die Nitratester, Erythroltetranitrat, Nitroglycerin usw., deren Wirksamkeit auf einer im Körper

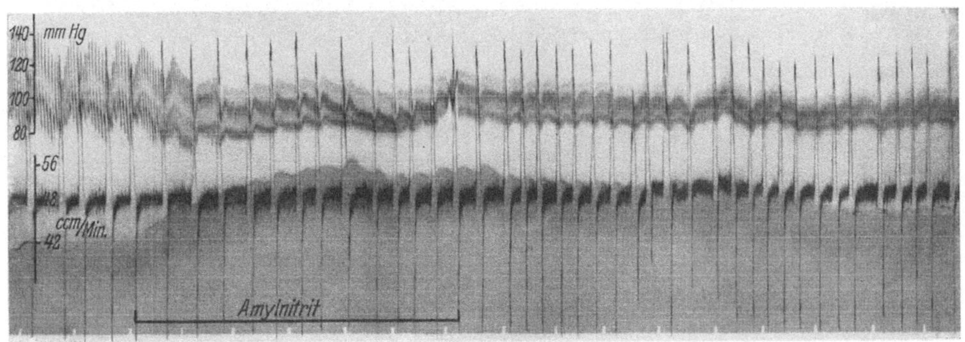

Abb. 37. Wirkung von Amylnitrit. Oben: Blutdruck. Unten: Stromvolumen der Kranzgefäße. Steigerung der Coronardurchblutung trotz gesunkenen Blutdrucks.

langsam vor sich gehenden Rückbildung zu Nitriten beruht, unterscheiden sich untereinander nur durch den Beginn und die Nachhaltigkeit der Wirkung.

Am Ganztier rufen Nitrite bei unveränderter Pulszahl oder Pulsbeschleunigung eine mäßige Arteriendrucksenkung, eine geringe Zunahme des Minutenvolumens und eine starke Mehrdurchströmung der Coronargefäße hervor. Auch nach beiderseitiger Durchschneidung des Vagosympathicus tritt diese Kreislaufwirkung ein (Abb. 37). Die relativ lang dauernde Beeinflussung des Coronarsystems durch Nitrite ist, wie Versuche an der überlebenden Coronararterie zeigen, auf eine sehr feste Bindung dieser Mittel an die Gefäßwand zurückzuführen (s. S. 78).

Histamin beeinflußt beim Hunde, Kaninchen (F. MEYER, H. G. BARBOUR, N. P. KRAWKOW, K. SATO) und Kalb (SPALTEHOLZ und HOCHREIN) die isolierten Coronargefäße vorwiegend im verengernden Sinne, während an Katzen (J. A. GUNN) und Schildkröten (J. J. SUMBAL) eine Erweiterung eintreten soll (S. 77). Die Herzdurchblutung nimmt, wenn Hunde unter biologischen Bedingungen untersucht werden, zu, obwohl der Arteriendruck sehr stark absinkt. Diese Mehrdurchblutung des Herzens ist auf eine starke Dilatation der Kranzgefäße zurückzuführen, die man besonders eindrucksvoll demonstrieren kann, wenn man am Ganztier eine Coronararterie eröffnet und unter konstantem Druck isoliert durchströmt. Auch nach Entnervung des Herzens tritt die Coronardilatation des Histamins noch deutlich in Erscheinung.

In Abb. 38 zeigen wir am Ganztier den Einfluß einer langsamen intravenösen Injektion von Histamin; 1 ccm auf 10 ccm physiologische Kochsalzlösung in 120 Sekunden infundiert. Es kommt kaum zu Herzunregelmäßigkeiten und Pulsänderungen. Eine lang dauernde Arteriendrucksenkung tritt ein. Noch bevor der Arteriendruck absinkt, sieht man eine starke Zunahme der Coronardurchströmung.

Abb. 38. Von *a* bis *b* langsame Injektion von 1 ccm Histamin in 10 ccm 0,9proz. NaCl-Lösung. *1* Druck in der A. femor. *2* Durchströmung der A. coron. *3* Zeit 10 Sekunden.

Auch die Rückkehr der Herzdurchblutung zum Ausgangswert ist nicht an das Verhalten des Arteriendruckes gebunden.

In kurzen Zügen soll noch auf die Coronarwirkung einiger bekannter *Gifte* hingewiesen werden. An Coronarmodellen üben Äther und Chloroform in den Konzentrationen, die therapeutisch verwendet werden, keinen Einfluß auf die Coronargefäße aus. In beträchtlich höheren Konzentrationen vermögen sie diese zu erweitern (O. LOEB). Am Ganztier fand REIN durch Chloroform eine Konstriktion der Coronararterien, die sich durch Adrenalin nicht lösen läßt.

Als eines der wirksamsten gefäßverengernden Mittel wird das *Nicotin* angesehen. Es setzt die Ausflußgeschwindigkeit des aus den Coronarvenen strömenden Blutes stark herab. Die Abnahme beginnt meist mit Einsetzen einiger Vaguspulse und überdauert die Blutdruckänderung, die in einer Senkung und Steigerung bestehen kann (MORAWITZ und ZAHN). Am LANGENDORFF-Herzen übt Nicotin anfangs konstriktorische, später dilatatorische Wirkung auf die Coronargefäße aus, wobei die letztere Wirkung weit überwiegt (K. SATO).

Die Wirkung des Alkohols auf die Gefäßweite ist anscheinend nur unbedeutend und nicht konstant (J. KUNO, O. LOEB). Niedrige Konzentrationen (unter 0,01 %) haben möglicherweise eine Dilatation zur Folge (E. L. BACKMANN).

Die Angaben über die Coronarwirkung von Chinin (K. SCHLOSS), Pilocarpin (EPPINGER und HESS, KRAWKOW), Physostigmin (PAL, HEDBOM), Muscarin (J. PAL), Yohimbin bzw. die Kombination mit Urethan, das Vasotonin (F. MEYER), Papaverin (J. PAL, ROESSLER), *Jodkali* (R. MANCKE), Kalium (K. SATO) usw.

sind teilweise recht widersprechend und unter biologischen Bedingungen am Ganztier noch zu wenig untersucht, so daß von einer Besprechung, da die bisherigen Befunde keine für die Klinik brauchbaren Ergebnisse liefern können, abgesehen werden kann.

Literatur.

ANITCHKOW, S. W.: Über die Wirkung von Giften auf die Coronargefäße des isolierten Menschenherzens bei verschiedenen Erkrankungen. Z. exper. Med. **36**, 236 (1923). — ANREP, G. V., u. H. HÄUSLER: J. of Physiol. **67**, 299 (1929). — ASKANAZY, M.: Neuritis des Herzens. Virchows Arch. **254**, 329 (1925).

BARBOUR, H.: Constricting influence of adrenalin upon the human coronary arteries. J. of exper. Med. **15**, 404 (1912). — Die Struktur verschiedener Abschnitte des Arteriensystems in Beziehung auf ihr Verhalten zum Adrenalin. Arch. f. exper. Path. **68**, 41 (1912). — BARBOUR, H. G., u. A. L. PRINCE: Epinephrin upon the coronary circulation (monkey). J. of exper. Med. **21**, 330 (1915). — BARGER, G., u. H. H. DALE: β-imidazolylethylamine a depressor constituent of intestinal mucosa. J. of Physiol. **41**, 499—503 (1910/11). — BODO, R.: „Heart-tonics" — heart — tone and coronary circulation. Ebenda **64**, 365 (1928). — BRODIE, T. G., u. W. C. CULLIS: The innervation of the coronary vessels. Ebenda **42**, 313 (1911).

COHN, A. E.: Clinical and electrocardiographic studies of the action of digitalis. J. amer. med. Assoc. **64**, 463 (1915). — COW, D.: Some reactions of surviving arteries. J. of Physiol. **42**, 132 (1911).

DRURY u. SMITH: Observations relating to the nerve supply of the coronary artery of the tortoise. Heart **11**, H. 1 (1924). — DRURY, A. M., u. SZENT-GYORGI: Physiological activity of adenine compounds with special reference to their action on the mammalian heart. J. Physiol. **8**, 213—237 (1929). — DUCRET, S.: Die Dehnungseigenschaften der Coronar- und Splanchnicusarterien. Pflügers Arch. **225**, 669 (1930). — DUNLOP, H. A.: Adrenaline vasodilatation. J. of Physiol. **67**, 349 (1929).

EPPINGER u. HESS: Arzneimittelwirkung auf überlebende Coronargefäße. Z. exper. Path. u. Ther. **5**, 622 (1909).

FENN, G. K., u. N. C. GILBERT: Anginal pain as a result of digitalis administration. J. amer. med. Assoc. **98**, 99 (1932).

GANTER: Die Kranzarterien (Coronargefäße). BETHE-BERGMANNS Handbuch der normalen und pathologischen Physiologie 7, Teil 1, 387—401. GOLD, HARRY: Action of digitalis in the presence of coronary obstruction. An experimental study. Arch. int. Med. **35**, 482—491 (1925). — GUNN, J. A.: Histamine on heart- and coronary-vessels. J. of Pharmacol. **29**, 325 (1926).

HEDBOM: Skand. Arch. Physiol. **9**, 1 (1899). — HEUBNER, W.: Die Physiologie der Coronardurchblutung. Verh. dtsch. Ges. inn. Med. **1931**, 339—340. — HOCHREIN, MAX: Experimentelle Untersuchungen des Blutstroms in den Coronararterien. Ebenda **1931**, 291—296. — Klinische und experimentelle Untersuchungen der Herzdurchblutung. Klin. Wschr. **1931 II**, 1705—1709. — Zur Therapie von Kreislauferkrankungen mit körpereigenen Substanzen. Münch. med. Wschr. **1931**, Nr 32, 1354. — HOCHREIN, MAX, u. CH. J. KELLER: Über die Wirkung des Adrenalins und adrenalinverwandter Körper (Sympatol und Ephetonin) auf den Kreislauf. Arch. f. exper. Path. **156**, H. 1/6, 37—63 (1930). — HOCHREIN, MAX, u. CH. J. KELLER: Die Beeinflussung des Kreislaufes durch Organextrakte (sog. Kreislaufhormone). Ebenda **159** (1931). — Untersuchungen am Coronarsystem. II. Mitteilung: Zur Frage der autonomen Regulation des Blutstromes im Coronarsystem unter besonderer Berücksichtigung der Kohlensäureatmung. Ebenda **159**, H. 3, 312—327 (1931). — Beiträge zur Blutzirkulation im kleinen Kreislauf. II. Mitteilung: Über die Beeinflussung der mittleren Durchblutung und der Blutfüllung der Lunge durch pharmakologische Mittel. Naunyn-Schmiedebergs Arch. **164**, H. 5/6, 552—564 (1932). — HOCHREIN, MAX, u. ROLF MEIER: Über den Mechanismus der Blutdrucksenkung durch Histamin. Arch. f. exper. Path. **153**, H. 5/6, 309—324 (1930). — Über die Kreislaufwirkung von Lobelin. Ebenda **146**, H. 5/6, 288—300 (1929). — HOCHREIN, MAX, u. W. SPALTEHOLZ: Untersuchungen am Coronarsystem. V. Mitteilung: Die anatomische und funktionelle Beschaffenheit der Coronararterienwand. Naunyn-Schmiedebergs Arch. **163**, H. 3, 333—352 (1931).

Iwai, M., u. K. Sassa: Über die Beeinflussung des Coronarkreislaufes durch Purinderivate. Arch. f. exper. Path. **99**, 215 (1923).

Krawkow, N. P.: Über die Wirkung der Gifte auf die Kranzgefäße des Herzens. Pflügers Arch. **137**, 501 (1914).

Langendorff, O.: Zur Kenntnis des Blutlaufs in den Kranzgefäßen des Herzens. Pflügers Arch. **78**, 423 (1899). — Lindner u. Rigler: Über die Beeinflussung der Weite der Kranzgefäße durch Produkte des Zellkernstoffwechsels. Ebenda **226**, 697 (1931). — Loeb, O.: Über die Beeinflussung des Coronarkreislaufes durch einige Gifte. Arch. f. exp. Path. **51**, 64 (1904).

Mancke, Rudolf: Zur Frage der Herz- und Gefäßwirkung kleinster Joddosen. Klin. Wschr. **1931**, Nr 38. — Untersuchungen über die Wirkung des Calciumchlorids auf das Warmblüterherz. Arch. f. exper. Path. **149**, H. 1/2, 67—75 (1930). — Melville, K. J., u. R. L. Stehle: The antagonistic action of ephedrine (or adrenaline) upon the coronary constriction, produced by pituitary extract and its effect upon blood pressure. J. of Pharmacol. **42**, 455—470 (1931). — Meyer, F.: Über die Wirkung verschiedener Arzneimittel auf die Coronargefäße des lebenden Tieres. Arch. f. Physiol. **1912**, 223. — Morawitz, P., u. A. Zahn: Über den Coronarkreislauf am Herzen in situ. Zbl. Physiol. **26**, 465 (1912). — Untersuchungen über den Coronarkreislauf. Dtsch. Arch. klin. Med. **116**, 364—408 (1914). — Moore, B., u. C. O. Purington: Über den Einfluß minimaler Mengen Nebennierenextrakt auf den arteriellen Blutdruck. Pflügers Arch. **81**, 483 (1900).

Pal, J.: Über toxische Reaktionen der Coronararterien und Bronchien. Dtsch. med. Wschr. **1912** I, 5. — Das Papaverin als Gefäßmittel und Anästhetikum, S. 164. 1912. — Über Tonushemmung der glatten Muskulatur. Wien. klin. Wschr. **1926**, Nr 20. — Park, E.: Observations with regard to the action of epinephrin on the coronary artery. J. of exper. Med. **26**, 532 (1912).

Rabe, F.: Reaktion der Kranzgefäße auf Arzneimittel XI, **2**, 175. 1912. — Rein, H.: Die Physiologie der Herzkranzgefäße. Z. Biol. **92**, 101—127 (1931). — Rigler, Rudolf, u. Julius Rothberger: Die Pharmakologie der Gefäße und des Kreislaufes. Handbuch der normalen und pathologischen Physiologie VII/2, 1009—1014. Berlin 1927. — Rothlin, E.: Experimentelle Untersuchungen über die Wirkungsweise einiger chemischer, vasotonisierender Substanzen organischer Natur auf überlebende Gefäße III. Z. Biol. **111**, 325 (1920). — Rothmann: Klinische Untersuchungen über die Adenosinphosphorsäure in Blut und Galle. Z. exp. Med. **77**, 22 (1931).

Sakai u. Sanayoschi: Über die Wirkung einiger Herzmittel auf die Coronargefäße. Arch. f. exper. Path. **78**, 331 (1915). — Sato, K.: Pharmakologische Studien über die Funktion der Coronargefäße, zugleich ein Beitrag zu ihrer Innervation. Jap. J. med. Sci., Trans. Int. Med. etc. **2**, 189—238 (1931). — Smith, F. M., C. H. Miller u. V. C. Graber: Adrenaline and acetylcholin on coronary art. of rabbit. Amer. J. Physiol. **77**, 1 (1926). — Sumbal, J. J.: Pituitary extracts, acetylcholin and histamine upon the coron. art. of tortoise. Heart **11**, 285 (1924). — Schloss, K.: Über die Wirkung der Nitrite auf die Durchblutung des Herzens. Dtsch. Arch. klin. Med. **111**, 310 (1913).

Tigerstedt, Robert: Die Physiologie des Kreislaufes **1**, 307 ff.; Vid. I, 201—208, 306 bis 319; III, 36—41; IV. Berlin und Leipzig 1921—1923.

Warburg, Erik J.: Studier over Digitalisbehandling. Digitoxinfreie Praeparater. Hosp. tid. (dän.) **1927**, 383—399, 407—424. — Bemaerkinger on den therapeutiske Anvendelse af Digitalis. Nord. med. Tidsgr. **1**, 8—14 (1929).

C. Erkrankungen des Coronarsystems.

Nachdem uns heute zahlreiche Mechanismen, die die Herzdurchblutung regulieren, bekannt sind, liegt es nahe, nach kausaler Einteilung der Coronarerkrankungen zu suchen. Die Analyse pathologischer Veränderungen bietet jedoch vorerst noch derartige Schwierigkeiten, daß eine Einteilung der Coronarerkrankungen etwa nach dem Grad der Stromverminderung oder nach Über- oder Unterfunktion dieses oder jenes Faktors nicht möglich ist. Die Beziehungen der bei Coronarerkrankungen häufig auftretenden Symptome zu bestimmten Funktionsanomalien sind außerordentlich lose, so daß auch die Abgrenzung der einzelnen Symptomenkomplexe zuweilen etwas Willkürliches besitzt. Weiterhin ist zu berücksichtigen, daß bei ein und demselben Patienten die Zustandsbilder in rascher Folge sich ändern können, so daß bald das eine, bald das andere Kardinalsymptom mehr in den Vordergrund rückt.

Der pathologisch-anatomische Befund, dessen frühzeitige Erkennung die klinische Diagnostik anstreben muß, läßt ebenfalls eine Gruppierung nur schwer zu, da die verschiedensten Krankheitsbilder bei der gleichen anatomischen Veränderung gefunden werden. Andererseits zeigen oft die schwersten klinischen Erscheinungen keinen morphologischen Befund am Coronarsystem. Daneben beobachtet man nicht selten Fälle, bei denen die Autopsie starke Anomalien im Coronarsystem ergibt, ohne daß klinische Symptome auf eine derartige Erkrankung hingewiesen haben.

Wir werden daher nach einer kurzen Besprechung der pathologischen Physiologie und Anatomie des Coronarsystems zunächst Symptome und Symptomkomplexe schildern, die häufig bei Coronarerkrankungen beobachtet werden. Die Pathogenese und die klinische Bedeutung dieser Erscheinungen sollen unter dem Gesichtspunkte, daß den meisten Coronarkrankheiten ein Mißverhältnis zwischen Blutangebot und -bedarf der Herzmuskelzelle zugrunde liegt, besprochen werden. Um auch der Bedeutung, die den pathologisch-anatomischen Verhältnissen im Conorarsystem zukommt, Rechnung zu tragen, muß auf die Klinik der wichtigsten morphologischen Störungen kurz eingegangen werden. Das Bemühen, Störungen von seiten des Coronarsystems nicht symptomatisch, sondern kausal zu behandeln, stößt dabei in vielen Fällen auf vorläufig noch unüberwindbaren Widerstand. Eine schematische Behandlung der Symptome ist nicht durchführbar. Andererseits sind die Indikationen für therapeutische Eingriffe so wenig an anatomische Prozesse der Coronargefäße geknüpft, daß es, um die Wichtigkeit der individuellen Behandlung besonders hervorzuheben, ratsam schien, die Therapie getrennt zu behandeln. Ausgehend von pathologisch-physiologischen Erwägungen werden wir die allgemeinen Gesichtspunkte der Therapie von Coronarstörungen besprechen und dann an Hand einiger praktischer Beispiele deren Anwendung am Krankenbett schildern.

I. Pathologische Physiologie.

Bei der Beschreibung von Störungen des Coronarkreislaufes hat man sich nicht nur mit Veränderungen an den Coronargefäßen selbst, sondern auch mit all den extra- und intrakardialen Schädlichkeiten, die die Durchblutung des Herzens beeinflussen können, zu beschäftigen.

Geht man von normalen Bedingungen aus, dann wird man annehmen können, daß zwischen Blutangebot und -bedarf der Herzmuskelzellen Gesetzmäßigkeiten bestehen, die in ökonomischer Weise durch mechanische, chemische und nervöse Faktoren gesichert sind. Um eine Vorstellung von der Wirkungsweise pathologischer Verhältnisse zu erhalten, wäre es wichtig, die Differenzen zwischen Blutangebot und -bedarf experimentell zu erfassen. Eine derartige genaue Analyse der Ökonomie der Herzdurchblutung ist vorläufig noch nicht möglich. Unsere bisherigen Vorstellungen über die Physiologie der Coronardurchblutung beruhen im wesentlichen auf der Kenntnis der relativen Coronardurchströmung und ihrer Richtungsänderung bei biologischen Eingriffen. Sobald wir konstante normale Verhältnisse verlassen, werden die eingangs beschriebenen Gesetzmäßigkeiten bis zu einem gewissen Grade ihre Gültigkeit verlieren. Eine Übertragung auf pathologische Verhältnisse wird nur mit größter Vorsicht gestattet sein. Nehmen wir an, daß auch unter pathologischen Bedingungen die Herzleistung stets an eine bestimmte Durchblutungsgröße gebunden ist, so müssen wir uns fragen, durch welche Veränderungen das Blutangebot an die Herzmuskelzellen gestört werden kann.

Die ältere Literatur hatte sich hauptsächlich mit morphologischen Veränderungen der Coronargefäße als Ursache der Stromverminderung beschäftigt. Unsere Untersuchungen zeigten jedoch, daß das Blutangebot an die Coronararterien in hohem Maße auch von der *funktionellen Beschaffenheit der Aortenwurzel* abhängig ist. Wird die Aortenwand starrer, d. h. nimmt die Dehnbarkeit ab bzw. der Elastizitätsmodul zu, dann wird unter sonst gleichen Bedingungen das Blutangebot an die Coronararterien geringer. Diese Verhärtung der Aortenwand, die eine Herabsetzung der Windkesselfunktion bedingt, kann mit morphologischen Veränderungen einhergehen. Man findet sie bei der Aortitis luica, der Atherosklerose sowie bei unspezifisch entzündlichen und mit Mediaveränderungen einhergehenden Aortenerkrankungen. Eine Abnahme der Windkesselfunktion der Aorta ohne nachweisbare morphologische Veränderungen tritt gesetzmäßig mit zunehmendem Alter ein. Bei der Hypertension erfolgt diese Abnahme rascher, so daß die Hypertonikeraorta funktionell älter ist, als dem Lebensalter der Patienten entspricht. Die Ursache dieser Elastizitätsverminderung kann in einer chemischen Umwandlung des elastischen Materials oder in einer Verschiebung der Struktur des elastischen Gerüstes gelegen sein (HOCHREIN und LAUTERBACH).

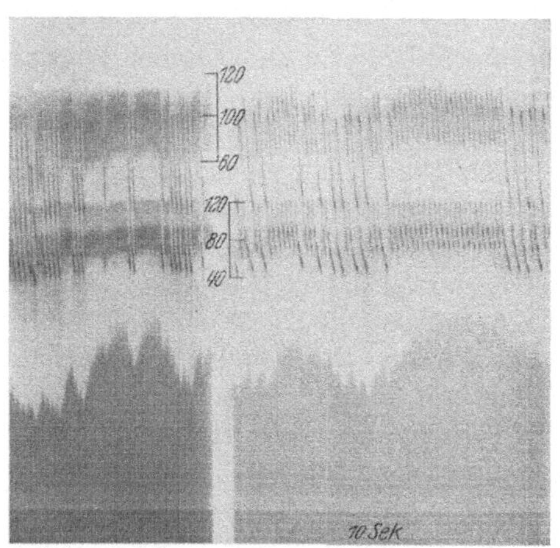

Abb. 39. Absinken des Coronarstromes durch Herzunregelmäßigkeiten.

Neben der Beschaffenheit der Aortenwand können auch veränderte Strömungsverhältnisse in der Aortenwurzel Ursache für eine Verminderung der Herzdurchblutung werden. Es ist auf Grund der eingangs beschriebenen Modellversuche am menschlichen Aortenklappenpräparat denkbar, daß eine anormal rasche Entleerung des Herzens, wie wir sie z. B. beim Basedow annehmen, die Herzdurchblutung ungünstig beeinflussen kann.

Ein besonderes Interesse beanspruchen in dieser Hinsicht auch die *Herzunregelmäßigkeiten.* In der Abb. 39 ist am künstlich beatmeten Ganztier der Coronareinflußdruck (Blutangebot an die Coronararterien), der Carotisdruck und die Durchströmung einer unter konstantem Druck isoliert durchströmten Coronararterie registriert worden. Herzunregelmäßigkeiten verursachen auch dann, wenn der Maximaldruck unverändert bleibt, eine Verminderung des Blutangebotes und des Abstromes in den Coronararterien.

An den Coronararterien selbst kann das Hindernis für die Durchblutung entweder am Ostium oder im weiteren Verlauf der Gefäße sitzen. Die Verengerung des *Coronarostiums* bei der Aortitis luica ohne sonstige Veränderungen an den Coronararterien ist allgemein bekannt. Der gleiche Mechanismus, aber ohne morphologische Veränderungen an den Coronarostien, kann bei der *Mitralstenose* zustande kommen (HOCHREIN). Durch die Schrumpfung und Verdickung der Mitralsegel und der Sehnenfäden wird das ganze Mitralostium in den linken Ventrikel hereingezogen. Der von den geschrumpften Sehnenfäden und Mitralsegeln ausgeübte Zug überträgt sich auch auf den Aortenursprung und insbesondere auf den der Mitralis direkt anliegenden Bereich. Die Sinus Valsalvae werden in die Länge gezogen, und vor allem das Ostium der A. coron. sin. erscheint bei postmortaler Untersuchung, die die mechanischen Verhältnisse während des Lebens wieder herstellt, verzerrt, verschmälert und verschoben.

Auf die Strömungshindernisse in den Coronararterien infolge von Wandveränderungen, die zu einer Einengung des Lumens und Thrombosebildung führen, soll später noch eingegangen werden. Es erscheint für die Wirkung auf den Gesamtorganismus keineswegs gleichgültig zu sein, wo das Strömungshindernis sitzt und ob die Durchblutungsabnahme langsam vor sich geht oder plötzlich erfolgt.

Früher glaubte man, daß die Herzkontraktion eine Hemmung für den Coronarstrom bildet, und man nahm an, daß besonders kräftige Kontraktionen die Herzdurchblutung intensiv vermindern können (ANREP und Mitarbeiter). Diese Art von Stromverminderung in der Peripherie des Coronarsystems ist, wie unsere experimentellen Beobachtungen zeigten, wenig wahrscheinlich. Wir nehmen an, daß vor allem nervöse und chemische Einflüsse den Kontraktionszustand der kleinsten Coronargefäße in anormaler Weise beeinflussen können. Sieht man von grob anatomischen Veränderungen der Herznerven ab, dann kann eine Verschiebung der Gleichgewichte, die zwischen den vom Vagosympathicus überwachten Nutritions- und Entlastungsreflexen bestehen, Änderungen der Herzdurchblutung hervorrufen. Eine derartige Störung braucht nicht einen „Coronarspasmus" zu bewirken, es kann ein Mißverhältnis zwischen Blutangebot und -bedarf der Herzmuskelzelle genügen, um pathologische Symptome hervorzurufen. Welcher Art diese Störungen sein können, läßt sich aus den theoretischen Ausführungen vorerst nur in groben Zügen entnehmen, da eine genauere Analyse der einzelnen Coronarerkrankungen, solange der Blutbedarf der Herzmuskelzelle unter physiologischen und pathologischen Bedingungen nicht bestimmt werden kann, kaum möglich ist.

Analogieschlüsse zu den Verhältnissen am Skeletmuskel (LEWIS, PICKERING und ROTHSCHILD) sind nur bis zu einem gewissen Grade möglich, da verschiedene Beobachtungen darauf hinweisen, daß das Myokard besondere Stoffwechselreaktionen aufweist. Durch experimentelle Untersuchungen wurde wahrscheinlich gemacht, daß die Empfindlichkeit des Herzmuskels gegen Sauerstoffmangel und Milchsäureanreicherung viel stärker ist als die des Skeletmuskels. Andererseits wurde darauf aufmerksam gemacht, daß das Herz im Gegensatz zum Skeletmuskel bereits unter normalen Bedingungen als eins der Organe betrachtet werden muß, die imstande sind, Milchsäure aus dem Blute zu entfernen. Tritt eine Umstellung im vagosympathischen Gleichgewicht in Richtung einer Vaguserregung ein, dann soll die Milchsäureaufnahme des Herzmuskels vermindert, bei einer Erregung des sympathischen Nervensystems unverändert oder etwas vermehrt sein. (In einigen Kontrollversuchen am Ganztier bei eröffnetem Thorax gelang es uns nicht, derartige Verschiedenheiten im Milchsäureniveau des arteriellen und venösen Coronarblutes nachzuweisen.)

Eine besondere klinische Bedeutung kommt der Einwirkung extrakardialer Faktoren, wie Temperaturschwankung und Schmerz, auf die Coronardurchblutung zu, da man weiß, daß durch derartige Einflüsse häufig Anfälle von Angina pectoris ausgelöst werden können. Am oberflächlich narkotisierten Tier gelingt es nicht, durch Temperatureinwirkungen die Coronardurchblutung zu ändern. Tritt Kältezittern auf, dann beobachtet man nach REIN keine Abnahme, sondern eine Mehrdurchblutung des Herzens. Schmerzen können ebenfalls eine Mehrdurchblutung hervorrufen. Diese Beobachtungen zeigen, daß wahrscheinlich die Coronardurchblutung unter normalen Bedingungen in sehr ökonomischer Weise auf ein sehr stabiles Gleichgewicht eingestellt ist, und daß Verschiebungen, wie wir bereits ausgeführt haben, praktisch nur in Richtung einer Mehrdurchblutung erfolgen können (s. S. 60). Welcher Art die Faktoren sind, die unter pathologischen Verhältnissen diese Reaktion umkehren, ob es sich um Umstellung nervöser oder chemischer Gleichgewichte handelt, bedarf noch weiterer Untersuchung.

Ein großes klinisches Interesse beanspruchen die experimentellen Untersuchungen, die sich mit der Sperrung verschiedener Abschnitte des Coronararteriensystems befassen, da der Verschluß größerer oder kleinerer Äste ein Ereignis darstellt, das in der Klinik nicht selten zur Beobachtung gelangt. Als Versuchstier eignet sich besonders der Hund, dessen Coronarkreislauf ziemlich genau erforscht ist, und der als Besonderheit die Hauptversorgung des Ventrikelseptums durch einen einzigen Ast der linken Kranzarterie besitzt (S. 4). Zum Nachweis des *Kranzarterienverschlusses* wurde in der Klinik und im Tierversuch das Elektrokardiogramm in reichem Maße herangezogen. Die Sperrung der Kranzarterien erfolgte entweder durch Unterbindung am freigelegten Herzen oder durch Injektion von Körpern in das Coronarostium, die die Kranzgefäße verstopfen. Man verwendete Lycopodiumsamen, Talg, Jodipin usw. Auch durch Glasstäbe, die von der Aorta aus in die Kranzarterien geschoben wurden, erzeugte man den Verschluß größerer und kleinerer Äste des Coronararteriensystems.

TIGERSTEDT hat die Ergebnisse der älteren Literatur, die sich mit dem experimentellen Verschluß von Kranzarterien beschäftigt, ausführlich geschildert.

Trotz der zahlreichen Anastomosen zwischen den einzelnen Rami und den beiden Kranzarterien kommt es doch in dem von der Ischämie betroffenen Abschnitt des Herzens bereits innerhalb 24 Stunden zu einer Koagulationsnekrose, die allmählich in Schwielenbildung übergeht (KOESTER).

Weitere Versuche von PALMER, A. v. BEZOLD u. a. richteten die Aufmerksamkeit auf verschiedene Arhythmieformen, die nach Verschluß von Coronararterien auftreten.

Nach Bindung eines der großen Äste der Kranzarterien (des R. descendens art. coron. sin. in einer Entfernung von 10—18 und des R. circumflexus in einer Entfernung von 12 mm vom Ursprung) konnten COHNHEIM und v. SCHULTHESS-RECHBERG, von kleinen, sofort vorübergehenden Unregelmäßigkeiten abgesehen, keinen unmittelbaren Einfluß auf die Tätigkeit des Herzens beobachten. Während der ersten 30—40 Sekunden und oft noch länger

blieben Pulsfrequenz und Blutdruck ganz unverändert. Erst etwa gegen Ende der ersten
Minute setzten einige Pulse aus; die Zahl der aussetzenden Pulse wurde immer größer, die
Herztätigkeit wurde ausgesprochen arhythmisch, und etwa gleichzeitig stellte sich eine
deutliche Verlangsamung der Schlagfolge ein. Dabei blieb der Blutdruck indessen ziemlich
unverändert.

Durchschnittlich 105 Sekunden nach der Zuschnürung der Ligatur stand das eben noch,
wenn auch irregulär, zuweilen aber ganz regelmäßig, doch kräftigst schlagende Herz plötzlich still, und der arterielle Druck sank steil zur Abszisse herab; dabei pulsierten die Vorhöfe
noch regelmäßig fort. Nachdem die Kammern etwa 10—20 Sekunden stillgestanden hatten,
begannen in der Muskulatur beider Kammern äußerst lebhafte, wühlende, flimmernde Bewegungen, die 40—50 Sekunden und länger anhielten und dann in den definitiven Ruhestand
übergingen.

Beim Verschluß der rechten Kranzarterie traten die Unregelmäßigkeiten nicht vor
Ablauf der dritten Minute ein, und bis zum tödlichen Herzstillstand dauerte es mindestens
5 Minuten.

Nach dem plötzlichen Herzstillstand gelang es COHNHEIM und v. SCHULTHESS-RECHBERG
auf keine Weise, noch irgendeine Kontraktion des Herzmuskels auszulösen — mechanische
Reizung der Außenwand, Injektion von Flüssigkeit in die Herzhöhlen, Induktionsschläge
blieben ohne Wirkung, und selbst die stärksten Kettenstöße vermochten höchstens eine
kleine Zuckung zwischen den Elektroden auszulösen.

Am merkwürdigsten war, daß, wenn die Coronarligatur nach 80—90 Sekunden, d. h. zu
einer Zeit, wo die Schlagfolge schon irregulär, die Herzkontraktion indes noch durchaus
kräftig und der arterielle Druck hoch war, entfernt wurde, der Versuch trotzdem in der
typischen Weise verlief: die Unregelmäßigkeit der Schlagfolge dauerte noch, bei hohem
Blutdruck, eine Reihe von Sekunden an, bis dann plötzlich der Herzstillstand durch den
steilen Fall des Blutdruckes angezeigt wurde.

Die Ursache dieser Erscheinungen kann, wie die Autoren selber bemerken, nicht in der
Anämie eines circumscripten Teiles der Herzwand liegen, denn wenn die Lungenarterie
oder der linke Vorhof während einer Minute und länger abgeklemmt werden, schlägt das Herz
nach Lösung der Bindung weiter, der Carotisdruck steigt rapid in die Höhe, und bald findet
der ganze Kreislauf wie früher vor der Abklemmung statt (zit. nach TIGERSTEDT).

Die von COHNHEIM vertretene Auffassung, daß der experimentelle Coronarverschluß
unbedingt letal sei, blieb nicht unwidersprochen. FENOGLIO und DROGOUL, TIGERSTEDT,
HIRSCH und SPALTEHOLZ, SMITH u. a. zeigten, daß die Unterbindung einer Coronararterie
von Hunden meist gut vertragen wird.

Von mehreren Autoren wurde die große Empfindlichkeit des Hundeherzens für allerlei
mechanische Eingriffe hervorgehoben, und MARTIN und SEDGWICK bemerken ausdrücklich,
daß die Verletzung der die Coronargefäße umgebenden Gewebe leicht für das Herz fatal
werden kann.

Andererseits findet allerdings PORTER, daß eine ausgiebige mechanische Beschädigung
der um die Kranzarterien liegenden Gewebe nur selten das Herz zum Stillstand bringt, und
daß die Präparation der Arterien behufs Unterbindung niemals dauernde Veränderungen
beim Herzen hervorruft.

Um jede Verletzung der Herzwand bei dem Verstopfen der Arterie zu vermeiden, führte
PORTER in die A. anonyma bzw. A. subclavia einen Glasstab hinein, dessen Ende winkelig
gebogen, ein klein wenig ausgezogen und mit einem runden Kopf versehen war. Dieser wurde
in den vorderen linken Sinus Valsalvae vorgeschoben und, sobald sich der Widerstand der
Klappe kundgab, so lange gedreht, bis der Kopf in der Richtung der linken Coronaröffnung
lag, und dann in die Arterie hineingeführt.

Unter Anwendung dieser Methode beobachtete PORTER nach Zustopfen der linken Kranzarterie Stillstand des Herzens nach etwa 150 Sekunden; wenn das Herz mit Rinderblut
durch den R. circumflexus künstlich gespeist wurde, folgte nach Verstopfen des R. descendens Stillstand erst nach 600 Sekunden. Ganz wirkungslos erwies sich das Verstopfen
des R. circumflexus allein.

Nur wenn das Herz gegen einen genügend großen Widerstand Arbeit leistete, verfiel es
ins Flimmern; sonst waren seine Bewegungen bis zum Tode koordiniert und nahmen nur
stetig und allmählich an Stärke und Frequenz ab.

Die Mortalität nach Unterbindung eines Coronarastes läßt sich nach LERICHE dadurch vermindern, daß man vorher das Ganglion cervicale exstirpiert. Diese Voroperation soll auf die Coronargefäße eine ähnliche Wirkung haben wie die Sympathektomie auf Extremitätengefäße.

Aus all diesen Versuchen ergibt sich, daß das Herz eine teilweise Unterbindung der Blutzufuhr überstehen kann, daß sich aber zuweilen Unregelmäßigkeiten der Herztätigkeit einstellen, die häufig in Flimmern und schließlich in völligen Stillstand des Herzens übergehen können. Der Umstand, daß diese Erscheinungen nicht nur bei Unterbindung größerer Äste auftraten, sondern sich auch bei relativ kleinen Zweigen beobachten ließen, veranlaßte mehrere Untersucher zur Annahme, daß neben der Blutsperre noch andere Momente, insbesondere die bei der Unterbindung unvermeidlichen Nebenverletzungen, für den Eintritt der Erscheinungen, speziell des Flimmerns, eine Rolle spielen.

LANGENDORFF schloß sich dieser Nebenverwundungstheorie auf Grund seiner Versuche am überlebenden Herzen an, bei denen er durch völlige Sperrung der Durchströmungsflüssigkeit kein Kammerflimmern beobachtete, ja sogar bestehendes Flimmern aufheben konnte.

v. FREY schreibt auch dem Ort der Schädigung neben der Anämie des abgesperrten Herzteiles für das Zustandekommen des Herzstillstandes oder des Herzflimmerns noch eine besondere Bedeutung zu, und HERING bringt speziell das Auftreten von Flimmern mit dem Ort der Unterbindung in Zusammenghang.

Nach der Vorstellung von HERING sollen ischämische Teile der Ventrikelmuskulatur zur Bildung von heterotopen Reizen neigen, die nach seiner Meinung besonders leicht auftreten, wenn das Reizleitungsgebiet durch die Ischämie betroffen wird, und dann die Bedingungen zum Auftreten von Herzflimmern geben.

DE BOER wendet sich gegen diese Auffassung und betont, daß dann auch die Ischämie des ganzen Herzens erst recht zum Flimmern führen müßte, was aber im allgemeinen nicht der Fall ist. Seine Theorie über das Entstehen des Flimmerns führt DE BOER zum Schluß, daß nicht die Ischämie eines Teiles oder des ganzen Reizleitungssystems das Auftreten des Flimmerns begünstigt, sondern daß die Bedingungen zum Flimmern gegeben sind, wenn irgendein Teil des Herzmuskels ischämisch wird. Das Auftreten des Flimmerns ist nach DE BOER an das Vorhandensein eines „fraktionierten Zustandes" der Kammer gebunden, der auf einer Verschiedenheit des Refraktärstadiums in verschiedenen Kammerabschnitten beruht.

Diese von DE BOER entwickelte Auffassung ist für die Vorstellung, die wir uns über das Wesen des plötzlichen Herztodes machen, von größter Bedeutung. Die Erklärung dieser Todesform bot bisher um so größere Schwierigkeiten, als der pathologisch-anatomische Befund bei solchen Herzen außerordentlich mannigfaltig sein kann.

Während man früher den Sekundenherztod als vorwiegend auf plötzlichem Stillstand des Herzens beruhend auffaßte, neigt man neuerdings dazu, ihn allgemein auf Flimmern der Ventrikel zurückzuführen. Man kann in der Tat, wenn man bei solchen Fällen kurz nach Eintritt des Todes am Herzen auskultiert, gelegentlich wogende, unregelmäßige Geräusche feststellen, die als Ausdruck des Flimmerns oder Flatterns aufzufassen sind (zit. nach GANTER).

Interessante Beobachtungen ergaben die Versuche von MILLER und MATHEWS, die zeigten, daß einige Hunde 1—3 Monate nach Verschluß einer Kranzarterie unter Erscheinungen zugrunde gingen, die einem Asthma cardiale sehr ähnlich waren. LERICHE und Mitarbeiter fanden, daß Sympathektomie der Coronararterien durch Exstirpation des Sympathikus vom Ganglion stellatum bis zum 3. Ganglion dorsale die Entwicklung des Kollateralkreislaufes nach Unterbindung einer Kranzarterie erleichtert.

Die ersten elektrokardiographischen Untersuchungen bei Kranzarterienverschluß scheinen von R. H. KAHN (1911) ausgeführt worden zu sein. Als regelmäßige Folge eines länger dauernden Verschlusses des Ramus septi der linken Coronararterie wurden bestimmte Veränderungen gefunden. Die Kammerkomplexe nehmen typische Schenkelblockform an, die nach längerer Zeit zwischen beiden Schenkeln wechseln können. LAUTERBACH, der am natürlich schlagenden Hundeherzen die gleichen Versuche ausführte, fand als regelmäßiges Ergebnis einen a.-v. Block, und zwar partiellen oder totalen, ferner Leitungsstörungen in den Schenkeln und den Ästen. Sofort nach Unterbindung der Septumarterie wurde Block im linken vorderen Schenkel beobachtet. Der rechte Schenkelblock war häufiger als der linke, doch kamen auch beide alternierend vor. SMITH unterband verschiedene Äste der linken Coronararterie und konnte in Bestätigung der bereits früher von J. B. HERRICK am Menschen bei Myokardinfarkt gemachten Beobachtungen zeigen, daß nach Coronarverschluß typische Veränderungen, besonders im RT-Intervall, auftreten. Die stark erhöhte T-Zacke wandelt sich bald in ein spitz negatives T um, während das RT-Intervall einen nach oben konvexen Bogen aufweist. Die Versuche von G. W. PARADE und W. STEPP mit Jodipininjektionen in das Ausbreitungsgebiet des Ramus descendens der linken Coronararterie besitzen ein besonderes klinisches Interesse, da neben dem Elektrokardiogramm die Ausdehnung des Infarktes röntgenologisch festgestellt wurde. Sofort nach der Injektion kommt es zu einem vorübergehenden Erregungszustand der Ventrikel, der sich in einer hochgradigen Extrasystolie äußert. Später zeigt sich fast regelmäßig die coronare T-Zacke, welche meist im Laufe von Tagen oder Wochen eine Rückbildung zur Norm erfährt. In einer späteren Arbeit hat PARADE festgestellt, daß sofort nach der Unterbindung in der Mehrzahl der Fälle ventrikuläre Extrasystolen auftreten, die, wenn es gelingt, das Tier am Leben zu halten, wieder verschwinden. Das Herz befindet sich nach der Unterbindung in einer Flimmerbereitschaft. Nach der Unterbindung eines großen Coronarastes kommt es häufig innerhalb von Stunden zu einer Umkehrung der T-Zacke, die später wieder normales Aussehen oder andere Änderungen erfahren kann. Die schwersten Schädigungen des Herzens wurden nach Unterbindung des R. circumflexus beobachtet. Im Ekg beobachtet man dabei eine enorme Erhöhung der Nachschwankung. Nach Unterbindung des R. descendens können Veränderungen vollkommen fehlen. Meist findet man aber ein coronares T in Abl. I oder Abl. II und III. Im pathologisch-anatomischen Bilde entspricht dieser Ekg-Befund einer Organisation des zugrunde gegangenen Herzmuskelgewebes. Der Verschluß der rechten Coronararterie scheint vorwiegend Störungen der Schlagfrequenz zu verursachen. Im Ekg wurden charakteristische Änderungen der Nachschwankung nicht gefunden. Mehrere Stunden nach Verschluß findet man in diesen Gebieten fettige Degeneration der Herzmuskelzellen, nach etwa 8 Tagen Ersatz durch Bindegewebe.

Die elektrokardiographischen Untersuchungen nach experimentellem Coronarverschluß zeigen, daß die beim Myokardinfarkt des Menschen auftretenden Veränderungen im Elektrokardiogramm in ihrem Mechanismus experimentell ziemlich gut nachgeahmt werden können. Nach BARNES läßt sich aus bestimmten elektrokardiographischen Zeichen nicht nur die Diagnose Coronarverschluß erhärten, es gelingt auch, bis zu einem gewissen Grade den Infarkt zu lokalisieren. Da von MORAWITZ und HOCHREIN darauf hingewiesen worden war, daß bei Myokardinfarkt auch in fortlaufenden Untersuchungen Anomalien fehlen können, hat man sich auch experimentell mit der Frage der *„stummen Zonen"* beschäftigt. DAMIR und LAMPERT erzeugten durch Injektion von Höllensteinlösung Infarkte in den verschiedensten Abschnitten des Herzmuskels. Es ist durchaus möglich, auch im Tierversuch zu zeigen, daß im Herzen bei der gebräuchlichen Art der elektrokardiographischen Untersuchung durch Interferenz „stumme Nekrosen“ entstehen. Echte „stumme Zonen“ im wörtlichen Sinne gibt es wahrscheinlich nicht. WOLFERTH und WOOD hatten daher empfohlen, bei Kranken mit Myokardinfarktanamnese, die ein normales Ekg zeigen, noch Untersuchungen in anderen Ableitungen, Brust und Rücken usw., vorzunehmen.

Um das in der Klinik gut bekannte Krankheitsbild des Kreislaufschocks nach plötzlichem Coronarverschluß im Experiment studieren zu können, versetzten wir gesunde Schäferhunde durch Morphin-Pernocton in einen oberflächlichen Schlaf, in dem die Sehnenreflexe noch prompt ausgelöst werden konnten. Die verschiedenen Stämme der linken Coronararterie wurden mit Zügeln versehen, die ein beliebiges Schließen und Öffnen bei geschlossenem Thorax und natürlicher Atmung gestatteten. Wir registrierten die Atmung, den Druck in der rechten und die Durchströmung in der linken A. femoralis. Auf Grund unserer Beobachtungen am Krankenbett glaubten wir, daß der Schock beim Myokardinfarkt reflektorisch von den Coronargefäßen ausgelöst wird. Unsere Untersuchungen, die wir bei normaler Atmung und am intakten Coronarkreislauf unter Beobachtung der äußeren Bedingungen ausführten, die ein biologisches Arbeiten gewährleisten, ergaben weder nach Verschluß des R. descendens noch des R. circumflexus der A. coron. sin. das Bild des Kreislaufschocks. Das Tier wurde nach dem Verschluß etwas unruhig, aber ohne Schmerzlaute zu äußern. Auch Atmung, Arteriendruck und Pulszahl blieben vollkommen unverändert, während die Durchblutung der A. femoralis etwas abnahm, um nach dem Öffnen des Coronargefäßes auf ihren Ausgangswert zurückzukehren. Nach Änderung des vagosympathischen Gleichgewichts, durch vorherige Gaben von Adrenalin sowie nach beiderseitiger Durchschneidung des Vagosympathicus, blieb der Effekt des plötzlichen, ca. 10 Minuten anhaltenden Coronarverschlusses im wesentlichen derselbe. Dieses negative Ergebnis unserer Untersuchungen kann, soweit Hundeversuche überhaupt auf menschliche Verhältnisse übertragen werden können, so gedeutet werden, daß bereits die oberflächliche Morphin-Pernocton-Narkose genügt, um die reflektorische Ausbildung eines Kreislaufschocks nach Coronarverschluß zu verhindern. Wir werden diesen Gesichtspunkt bei der Behandlung im akuten Stadium des Myokardinfarktes berücksichtigen müssen. Es ist aber auch daran zu denken, daß reflektorisch von den Coronargefäßen gar kein Kreislaufschock ausgelöst werden kann, und daß der Schock, den wir im Initialstadium des Myokardinfarktes kennen, ausgelöst wird durch Stoffe, die bei der Autolyse zugrunde gehenden Herzmuskelgewebes entstehen. Der Beginn des Schocks würde also nicht den Augenblick des Coronarverschlusses anzeigen; dieses Ereignis müßte bereits einige Zeit vorher eingetreten sein. Klinische Beobachtungen machen auch diese Erklärung wahrscheinlich. Erforscht man die Anamnese der Patienten mit Myokardinfarkt etwas genauer, dann erfährt man häufig, daß schon einige Zeit vor Einsetzen des Kreislaufschocks, zu dem meist der Arzt erst gerufen wird, eigentümliche Sensationen, allgemeine Unruhe, Herzklopfen, Übelkeit usw. bestanden haben. SUTTON und LUETH sind auf Grund von Beobachtungen bei Tierversuchen der Auffassung, daß 3—14 Sekunden nach dem Coronarverschluß bereits Schmerzen auftreten.

In neuerer Zeit hat man sich auch mit dem experimentellen Studium der Krankheitsbilder, die auf dem Boden eines *Coronarspasmus* entstehen, beschäftigt. GOLDENBERG gab bei Hunden intravenöse Injektionen von Pitressin und studierte dabei das Ekg. Da diese Versuche nach diesem Eingriff Verschiedenheiten im Ekg gegenüber Kranken mit Myokardinfarkt und mit Angina pectoris im Anfall zeigen, wurde geschlossen, daß die Krampftheorie der Angina pectoris, insbesondere aber die Anschauung, daß ein kurz dauernder Coronarkrampf mit konsekutiver Ischämie des Herzmuskels schmerzhaft sei, noch keineswegs als erwiesen betrachtet werden kann. DIETRICH, der auf dem Boden der Krampftheorie der Angina pectoris steht, verabreichte ebenfalls Pitressin, um durch Coronarkonstriktion die Verhältnisse der Angina pectoris beim Hunde nachzuahmen. Er berichtete über verschiedene elektrokardiographische Deformationen, die zur Pathogenese der Agina pectoris in Beziehung gebracht werden.

Unsere eigenen Erfahrungen halten Pitressin für derartige Angina-pectoris-Studien für nicht sehr geeignet, da nicht, wie die Untersuchungen von GOLDENBERG und DIETRICH voraussetzen, stets eine Coronarkonstriktion erzeugt wird. Wir sahen häufig, wie dies nunmehr auch von HOLZ berichtet worden ist, eine Mehrdurchblutung, und erst dann, wenn eine Herzmuskelschädigung, erkennbar durch Veränderungen des Ekg, eintritt, kam es zu einer Verminderung des Coronarstromes. Andererseits zeigen zahlreiche elektrokardiographische Untersuchungen der Angina pectoris vera und vasomotoria, die durch diese Versuche nachgeahmt werden sollen, daß kein Unterschied zwischen dem Anfall und dem Intervall besteht.

Der in der Klinik der Coronarerkrankung so häufig zur Beobachtung kommende *gastro-kardiale Symptomenkomplex* (ROEMHELD) wird bekanntlich darauf zurückgeführt, daß Hochstand des linken Zwerchfells durch Gasansammlung im Kolon und Magen auf das Herz drückt. v. BERGMANN und Mitarbeiter haben auf Grund von Röntgenuntersuchungen (KNOTHE) und tierexperimentellen Studien (DIETRICH) gezeigt, daß die ÅKERLUND-BERGsche Hiatushernie durch Druck auf die Vagusäste an derjenigen Stelle des Ösophagus, wo dieser durch den Hiatus des Zwerchfells tritt, reflektorisch die Betriebsstörung der mangelhaften Coronardurchblutung und damit anginöse Anfälle auslösen kann. DIETRICH und SCHWIEGK ahmten diese Verhältnisse durch einen Gummiballon, der vom Magen aus in den untersten Ösophagusabschnitt gebracht wurde, nach. Aufblähung führte zur ungenügenden Durchblutung des Herzens, Entspannung stellte sogleich die alte Coronardurchblutung wieder her. Andere Gefäße, wie etwa die gleichzeitig gemessene Durchströmung der Mesenterialgefäße oder der Carotis zeigt, nehmen an diesem Reflex nicht teil. Der Ablauf der coronaren Stromkurve erwies sich als unabhängig vom Verhalten des Blutdruckes. Der Reflex kann durch große Atropindosen wie durch Vagusdurchschneidung im Experiment aufgehoben werden. Es handelt sich demnach bei diesem Krankheitsbild, das v. BERGMANN „*epiphrenales Syndrom*" nennt, um eine mechanisch reflektorische Fernwirkung vom Magen nach dem Herzen durch die Vermittlung des Vagus. EPPINGER hatte bei einem Falle mit Hiatushernie, den er lange Zeit klinisch beobachten und auch autoptisch kontrollieren konnte, vermutet, daß Anfälle von Angina pectoris durch mechanische Kompression eines Hauptastes des Coronararteriensystems erklärt werden können. Während man früher diese Fälle immer mehr oder weniger als seltenes Kuriosum angesehen hatte, konnte KNOTHE an 300 Fällen, die zur Magenuntersuchung oder unter dem Verdacht der Hiatushernien geschickt wurden, in 8 % der Fälle eine Hiatushernie bzw. eine Hiatusinsuffizienz feststellen. SCHATZKI hat bei systematischer Untersuchung dieser Verhältnisse an Greisen auf die außerordentliche Häufigkeit dieses Befundes (in 73,3 % eines willkürlich ausgesuchten Materials) aufmerksam gemacht. Die Bedingungen, unter denen die Bildung einer Hiatushernie zustande kommen kann, sind als physiologisch zu bezeichnen (SCHATZKI).

Literatur.

ANREP, G. V.: Neue Untersuchungen über Physiologie und Pharmakologie der Coronargefäße. Arch. f. exper. Path. **138**, H. 1—4, 119—129 (1928).

BERGMANN, v.: Das „epiphrenale Syndrom", seine Beziehungen zur Angina pectoris und zum Cardiospasmus. Dtsch. med. Wschr. **1932**, Nr 16, 605. — BEZOLD, ALBERT v.: Von den Veränderungen des Herzschlages nach Verschließung der Coronararterien. Unters. physiol. Labor. Würzburg **1867**, 1. Teil, 256—287. — BEZOLD, A. v., u. ERICH BREYMANN: Von den Veränderungen des Herzschlages nach dem Verschlusse der Coronarvenen. Ebenda **1867**, 1. Teil, 288—313. — BIRCH-HIRSCHFELD, F. V.: Lehrbuch der pathologischen Anatomie **2**, 2. Ausg., 67—68. 1885. — BOER, S. DE: Über die Folgen der Sperrung der Kranzarterien für das Entstehen von Kammerflimmern. Dtsch. Arch. klin. Med. **143**, 20 (1923).

COHNHEIM, JUL., u. ANT. v. SCHULTHESS-RECHBERG: Über die Folgen der Kranzarterienverschließung für das Herz. Virchows Arch. **85**, 503—536 (1881).

DAVENPORT, GEORGE L.: Suture of wound of the heart. Ligating the interventricular branch of the left coronary artery and vein. J. amer. med. Assoc. **82**, 1840—1845 (1924).

EPPINGER, H.: Zur Symptomatologie der Angina pectoris **1**, Dtsch. med. Wschr. 567—569 (1932).

FENOGLIO, J., u. G. DROGOUL: Observations sur l'occlusion des coronaires cardiaques. Arch. ital. Biol. **9**, 49. — FREY, M. v.: Die Folgen der Verschließung von Kranzarterien. Z. klin. Med. **25**, 158—160 (1894).

GANTER: Die Kranzarterien in Betha, BERGMANNs Handbuch der normalen und pathologischen Physiologie **7**, 1. Teil, 387—401. — GOLDENBERG u. ROTHBERGER: Über den Krampf der Coronargefäße. Wien. klin. Wschr. **43**, 1197 (1930).

HERING, H. E.: Über die Koeffizienten, die im Verein mit Coronararterienverschluß Herzflimmern bewirken. Pflügers Arch. **163**, 1—26 (1916). — HIRSCH, C., u. W. SPALTEHOLZ: Coronararterien und Herzmuskel. Dtsch. med. Wschr. **1**, 790—795 (1907). — HOCHREIN, MAX: Über Angina pectoris bei Mitralstenose. Dtsch. Arch. klin. Med. **169**, H. 3/4, 195—204 (1930). — HOCHREIN, MAX, u. W. LAUTERBACH: Richtlinien für die Beurteilung und Behandlung der Hypertension. Dtsch. Arch. klin. Med. **166**, H. 3/4, 192—204 (1930).

KAHN, R. H.: Elektrocardiogrammstudien. Pflügers Arch. **140**, 627—649 (1911). — KISCH, B.: Beiträge zur pathologischen Physiologie des Coronarkreislaufes. Dtsch. Arch. klin. Med. **135**, 281—310 (1921). — KOLSTER, RUDOLF: Experimentelle Beiträge zur Kenntnis der Myomalacia cordis. Skand. Arch. Physiol. **4**, 1—14 (1893).

LANGENDORFF, O.: Über das Wogen oder Flimmern des Herzens. Pflügers Arch. **70**, 281—296 (1898). — LAUTERBACH, W.: Elektrocardiographische Studien bei Ischämie des Kammerseptums. Z. exper. Med. **61**, 665—686 (1928). — LERICHE, RENÉ, LOUIS HERRMANN u. RENÉ FONTAINE: Ligature de la coronaire gauche et fonction cardiaque chez l'animal intact. C. r. Soc. Biol. Paris **107**, 545—546 (1931). — Ligature de la coronaire gauche et fonction du cœur après énervation sympathique. C. r. Soc. Biol. Paris **107**, 547 (1931).

MICHAELIS, M.: Über einige Ergebnisse bei Ligatur der Kranzarterien des Herzens. Z. klin. Med. **24**, 270 (1893). — MILLER, JOSEPH L., u. S. A. MATTHEWS: Effect on the heart of experimental obstruction of the left coronary artery. Arch. int. Med. **3**, 476—484 (1909). — MORAWITZ, P., u. M. HOCHREIN: Zur Diagnose und Behandlung der Coronarsklerose **1**, 17. 1928.

PARADE, G. W.: Experimentelle Untersuchungen zur Frage der Coronarunterbindung. Arch. exp. Path. **163**, 243—266 (1931). — PORTER, W. TOWSEND: On the results of ligation of the coronary arteries. J. of Physiol. **15**, 121—138 (1894). — Der Verschluß der Coronararterie ohne mechanische Verletzung. Z. Physiol. **1895**, 481. — Further researches on the closure of the coronary arteries. J. of exper. Med. **1**, 46—70 (1896).

REIN, H.: Die Physiologie der Coronardurchblutung. Untersuchungen des Coronarkreislaufes am intakten Organismus. Verh. dtsch. Ges. inn. Med. **1931**, 247—262. — ROTHBERGER, C. J.: Normale und pathologische Physiologie der Rhythmik und Koordination des Herzens. Erg. Physiol. **32**, 472 (1931).

SAMUELSON, B.: Über den Einfluß der Coronararterienverschließung auf die Herzaktion. Z. klin. Med. **2**, 12—33 (1881). — SÉE, G., BOCHEFONTAINE u. ROUSSY: Arrêt rapide de contractions rythmiques des ventricules cardiaques sous l'influence de l'occlusion des artères coronaires. C. r. Acad. Sci. Paris **92**, 86—89 (1881). — SMITH, FRED M.: The ligation of coronary arteries with electrocardiographic study. Arch. int. Med. **22**, 8—27 (1918). — Electrocardiographic changes following occlusion of the left coronary artery. Arch. int. Med. **32**, 497 bis 509 (1923). — SUTTON, D. C., u. H. C. LUETH PAIN: Time of occurence following temporary coronary occlusion. Proc. Soc. Exper. Biol. a. Med. **29**, 1080 (1932).

TIGERSTEDT, ROBERT: Die Physiologie des Kreislaufes. Vid. I—IV, 2. Ausg.; I 201—208, 306—319; III 36—41; IV. Berlin und Leipzig 1921—1923.

URBINO, G.: Effets de la ligature de l'artère coronaire antérieure sur le fonctionnement du cœur. Clinica chir. **1912**, Nr 9.

WASSILIEWSKI, W.: Zur Frage über den Einfluß der Embolie der Coronararterien auf die Herztätigkeit und den Blutdruck. Z. exper. Path. **9**, 146—170 (1911).

II. Pathologische Anatomie.

Bei älteren Personen werden Herzleiden, wenn wir von Klappenfehlern absehen, meist durch eine Atherosklerose der Kranzgefäße hervorgerufen. Die Ätiologie der Coronarsklerose deckt sich weitgehend mit den Ursachen der Atherosklerose überhaupt, doch bieten gerade die Kranzgefäße ätiologisch gewisse Besonderheiten. Es scheint nämlich, daß für die Sklerose der Coronararterien, mehr als dies bei anderen Formen der Atherosklerose der Fall ist, exogene Momente neben den ja stets sehr wichtigen endogenen ätiologisch besonders hervortreten.

Wie ASCHOFF ausgeführt hat, ist unzweckmäßige Nahrung nicht die Ursache der Atherosklerose, aber die Nahrung kann bestimmend für die Form und den Charakter der Atherosklerose sein. Psychische Erregungen, die zu starken nervösen Belastungen des Herzens führen, Tabakabusus usw., werden für die oft ziemlich isoliert und frühzeitig auftretende Erkrankung der Kranzgefäße mit verantwortlich gemacht. Es wurde darauf hingewiesen, daß Menschen in höheren und verantwortungsreichen Stellungen auffallend oft und früh an Coronarsklerose erkranken, so daß auch Männer die weitaus größere Hälfte der Erkrankten stellen. Das Zusammentreffen von Hypertension und Coronarsklerose wurde verschiedentlich hervorgehoben. Der endogene Faktor spielt aber auch hier, wie bei der Atherosklerose überhaupt, eine große Rolle. Es ist bekannt, daß Angehörige einer Familie, obwohl ihre äußeren Lebensverhältnisse sehr verschieden waren, alle um das 60. Lebensjahr herum an den Folgen der Coronarsklerose starben. Es scheint übrigens, daß Coronarsklerose nicht überall in Deutschland gleich häufig ist (MORAWITZ).

Nach den Angaben von RÖSSLE wurde bei Kriegssektionen Atherosklerose der Kranzarterien im Alter von 15—20 Jahren bereits in 10,6%, von 20—25 Jahren in 10,8%, von 25—30 Jahren in 22,7%, von 30—35 Jahren in 27%, von 35—40

Jahren in 34,1%, von 40—45 Jahren in 31,6%, von 45—50 Jahren in 50% gefunden. Die stete Zunahme der Coronarsklerose nach Abschluß des Körperwachstums wurde auch von anderer Seite verschiedentlich beobachtet (KIESEWETTER, MÖNCKEBERG). BOAS und DONNER wiesen darauf hin, daß bei einem größeren Material kreislaufkranker Arbeiter (615 Fällen) ein Drittel an Coronarerkrankungen litt. 71% dieser Kranken waren weniger als 51 Jahre alt. Es wurde dabei die Feststellung gemacht, daß die Coronarsklerose schon vor der Aortensklerose aufzutreten pflegt (ORLIANSKY).

Meist mit dem Charakter der atherosklerotischen Veränderungen in der Aorta korrespondierend, sehen wir in den Kranzarterien einmal die zu rascher Verkalkung neigende Form der Atherosklerose, das andere Mal die gefährlichere Form der Atheromatose ohne weitergehende Verkalkung. Wie W. KOCH ausführt, betrifft die erstere Art mehr die höheren Altersklassen. Dabei kann es zu sehr umfänglichen, bis in kleinere Äste reichenden kalkigen Wandsklerosen kommen, so daß auf dem anatomischen Röntgenbilde solcher Herzen der Gefäßverlauf ungewöhnlich deutlich hervortritt. Man setzt daher ganz unwillkürlich voraus, daß hier die schwersten Zirkulationsstörungen zu erwarten seien, und ist erstaunt, daß weder klinisch entsprechende Angaben vorliegen noch anatomisch größere, das Myokard beeinträchtigende Veränderungen gefunden werden. Die weitere anatomische Untersuchung klärt die Sachlage, da bei den senil-ektatischen Arterien keineswegs gröbere Lichtungsengen gefunden werden, im Gegenteil die Gefäße zwar starre Rohre haben, aber allenthalben gut durchgängig sind. Die Verkalkungen zeigen, auch bei allgemein hyperplastischer Intima, gute bindegewebige Abdeckung.

Ganz anders der atheromatöse Prozeß, d. h. die Form der Atherosklerose, wo die Nekrose, Erweichung, Verfettung im Vordergrunde stehen und die Verkalkung, die eigentlich die dem Körper bestmögliche Heilung bedeutet, unterbleibt oder zurücktritt. Gerade dann kann es nämlich auch an genügender bindegewebiger Abdeckung fehlen, sei es, daß sie nicht schnell genug erfolgt, sei es, daß über der nekrotischen Materie schlechte Aussproßmöglichkeiten bestehen oder der Anreiz zu proliferativen Prozessen fehlt. Jedenfalls ist die vorwiegend als Atheromatose ohne wesentliche Verkalkung einhergehende Form der Atherosklerose, die vielfach örtlich mehr begrenzt ist als die verkalkende oder bindegewebig sklerotische Form, eine ernste Erkrankung.

Die Altersatherosklerose, und dabei besonders die mit ausgedehnter Verkalkung einhergehende Form, bevorzugt die linke Coronararterie, doch ist sie auch an den anderen Kranzgefäßen häufiger als die atheromatöse Art. Die letztere befällt ganz ausnehmend und oft nur auf kurze Strecken die linke A. coronaria in erster Linie am Ramus descendens bald nach seinem Abgang und in zweiter Linie den Ramus circumflexus unter dem linken Herzohr; dabei verursacht sie lokal sehr schwere Veränderungen. Bei Kyphoskoliose beobachtet man gelegentlich eine isolierte Sklerose der rechten Kranzarterie.

In die Gruppe der atheromatösen Veränderungen der Coronararterien ist nach W. KOCH, dessen Ausführungen wir hier im wesentlichen wiedergeben, ein besonderer Typus einzureihen, der gewisse Gesetzmäßigkeiten aufweist, die hervorgehoben zu werden verdienen. Es kommen dabei Personen in Frage, die noch nicht in dem Alter stehen, wo man Atherosklerose des Gefäßsystems schon an und für sich in belangreichem Ausmaß erwarten könnte. Das Lebensalter um 50 Jahre herum ist vielleicht am meisten betroffen, aber auch frühere Altersklassen, 45, 40 Jahre und noch früher sind mit einbezogen. Es handelt sich dann um kräftige, gut genährte Individuen, bei denen ihrem Habitus nach das meist etwas zu reichliche Fettpolster weniger auf konstitutionelle Eigenarten als auf einen gewissen Mastzustand zurückzuführen ist. Bezüglich des Arteriensystems ist hervorzuheben, daß sowohl die Aorta wie auch die peripheren Arterien auffällig zart und ohne atherosklerotische Veränderung angetroffen werden können. Nur die Coronararterien sind schwer erkrankt. Allenfalls findet man daneben noch isolierte atherosklerotische Prozesse in der Bauchaorta. An den Kranzadern überwiegt die Intimaverfettung mit ausgesprochen gelblicher Färbung. Die rechte Kranzader kann ungewöhnlich stark mitbeteiligt sein, während ihre Veränderungen sonst, auch bei der atheromatösen Form, gegenüber der linken Coronaria zurückzubleiben pflegen. Segmentäre Verkalkung der linken Kranzader werden dabei zuweilen beobachtet. Der Tod erfolgt oft plötzlich an Thrombose der rechten Kranzader (bei Stenose oder älterer Thrombose der linken). Das isolierte Befallensein der Kranzadern ist allein schon auffällig. Die schwere Intimaverfettung mit dem tiefgelben Farbton läßt an Cholesterinreichtum denken, auf den auch lipoidreiche, fast zitronengelbe große Nebennieren mit breiter Rinde hindeuten. Gallensteine, darunter auch solitäre Cholesterinsteine bei Männern, sind ein häufiger Nebenbefund.

Wenn auch die einzelnen anatomischen Zustandsbilder der Coronarsklerose zwar grundsätzlich mit denjenigen der Atherosklerose der Aorta und in den anderen Gefäßen übereinstimmen, so besteht aber zeitlich insofern ein wesentlicher Unterschied, als bei den Kranzarterien die Hyperplasie der elastischen und bindegewebigen Bestandteile der Intima bereits in der Jugend physiologischerweise vorhanden ist (s. S. 5). Betrachtet man die Atherosklerose als einen komplexen Vorgang, der aus dem Zusammenwirken der Lipoidablagerung und der Hyperplasie resultiert, so ist bei der Coronarsklerose die zweite Komponente schon frühzeitig vorweggenommen. Die atherosklerotischen Veränderungen in den Kranzarterien können daher bereits in verhältnismäßig jungen Jahren stärker als in anderen Arterien in Erscheinung treten (E. Kirch).

Neben der Coronarsklerose spielt die *Coronarlues* nur eine untergeordnete Rolle. Es handelt sich hier nur selten um ausgedehnte Veränderungen. Nach W. Koch gibt es, praktisch betrachtet, keine Syphilis der eigentlichen Coronararterien, sondern nur einen von der Aortenwand auf die Mündung der Kranzarterien übergreifenden Prozeß, der durch Wulstung der Ränder, durch Narbenschrumpfung und Verwachsung zu Einengung und Verschluß der Coronarostien führen kann. Die Verschlußplatte kann dabei nur Millimeterdicke aufweisen. Dahinter bleibt die Coronararterie unbeteiligt. Da die Aortenlues einen langsamen Verlauf nimmt, pflegt die Verengerung der Coronarostien ganz allmählich einzutreten. Fast nie spielt sich dieser Vorgang an beiden Ostien gleichmäßig ab, so daß durch Anastomosenbildung die Ernährung des Herzmuskels und seine funktionelle Leistungsfähigkeit zunächst einigermaßen erhalten bleiben. Erst wenn beide Ostien stenosiert sind, kann bereits eine geringe Mehrbelastung des Kreislaufs genügen, um die schwersten Symptome, die eine mangelhafte Herzdurchblutung zur Folge hat, hervorzurufen.

Ein seltenes Ereignis, das zuweilen auch die Coronararterien in ausgedehntem Maße betrifft, stellt die *Periarteriitis nodosa* (KUSSMAUL und MAIER) dar. Sie kann im jugendlichen Alter Ursache für anginöse Beschwerden und unbeeinflußbare Herzinsuffizienz werden.

Im August 1926 wurde ein 30 jähriger Tischler aufgenommen mit der Angabe, daß er seit April dieses Jahres an Appetitlosigkeit, Kopfschmerzen, Schmerzen im Rücken mit Ausstrahlen nach den Schultern und den Beinen leide. Er fühle sich außerordentlich matt, habe ab und zu Nachtschweiße, Husten ohne Auswurf, in letzter Zeit etwas an Gewicht abgenommen. In der Anamnese wurde weiter angegeben, daß er 1919 eine Grippe mit Lungenentzündung durchgemacht habe. Alkoholabusus wurde negiert, reichlicher Tabakgenuß zugegeben.

Bei der ersten Untersuchung konnte ein objektiver pathologischer Befund nicht erhoben werden. Der Blutdruck war niedrig (85/60 mm Hg). Bei rectaler Messung wurden geringe subfebrile Temperaturen festgestellt. Die Röntgenuntersuchung ergab einen normalen Befund von Lunge und Herz. Da die Beschwerden bei Bettruhe rasch verschwanden, verließ der Kranke nach wenigen Tagen wieder das Krankenhaus.

Am 4. Januar 1927 wurde er wieder aufgenommen, da er am 3. Januar mit heftigen Kopfschmerzen ohne bestimmte Lokalisation erkrankt war. Er war bewußtlos geworden und hatte im Verlaufe von 24 Stunden zweimal klonische Krampfanfälle am ganzen Körper bekommen, die sich bei der Aufnahme wiederholten. Der Kranke hatte in den ersten Tagen der Beobachtung Fieber bis zu 39,5°, sowie 30000 Leukocyten. Der Kreislauf hatte in der kurzen Zwischenzeit starke Änderungen erfahren. Die vorher bestehende Hypotonie war in eine Hypertension umgeschlagen. Der Arteriendruck betrug 185/140 mm Hg. Die Töne waren rein, der zweite Aortenton akzentuiert. Im Röntgenbild fand man, daß das Herz rechts den Wirbelsäulenrand um $1^1/_2$ Querfinger überragte, nach links war die Verbreiterung nicht deutlich erkennbar. Der linke Herzrand war stark gerundet, der Aortenschatten überragte nach rechts und links den Wirbelsäulenrand. Bei Drehung im ersten schrägen Durchmesser erwies sich der Gefäßbandschatten nicht als wesentlich verbreitert. HOLZKNECHTscher Raum frei. Als Ursache für diese Blutdrucksteigerung wurde anfänglich eine Nierenerkrankung angenommen, da stets deutlich Eiweiß ausgeschieden wurde (ESBACH $^1/_2$—1 $^0/_{00}$). Im Sediment wurden mäßige Mengen Leukocyten, vereinzelte Erythrocyten, keine Zylinder, reichlich Salze gefunden. Aus der Anamnese konnte allerdings ein Anhaltspunkt für eine Nierenerkrankung nicht erhoben werden.

Der Blutstatus ergab am 6. Januar folgenden Befund: Erythrocyten 5,0 Millionen, Hämoglobin 90 %, Leukocyten 10000. Blutsenkung 1 Stunde 25 Minuten.

Der Rest-N wurde bei mehrmaliger Untersuchung stets als normal befunden (32 bis 39 mg-%).

Spezialärztliche Augenuntersuchung ohne Befund.

Die Nierenfunktionsprüfung ergab normales Ausscheidungs- und Konzentrationsvermögen. Eine Lumbalpunktion hatte ein normales Ergebnis.

Am 7. Februar klagte der Kranke über starke Schmerzen in der Brust.

Am 21. März führte eine nochmalige augenärztliche Untersuchung zur Diagnose: Retinoneuritis nephrotica.

Am 1. April geriet der Kranke immer mehr in einen Zustand dauernder Erregung, klagte dabei über sehr *starkes Herzklopfen, Stiche in der Brust mit ziehenden Schmerzen nach der linken Schulter.* Der Eiweißgehalt des Urins hat etwas zugenommen, mit ESBACH wurden 1—3 mg-% nachgewiesen. Zeichen einer Kreislaufinsuffizienz konnten nicht nachgewiesen werden.

Am 13. April traten Anfälle von *paroxysmaler Tachykardie* auf.

Am 18. Mai wurden Ödeme beobachtet, die rasch zunahmen. Der Blutdruck sank mit zunehmender Kreislaufschwäche, die durch Strophanthin nur vorübergehend behoben werden konnte, auf 140/100 mm Hg ab.

Am 25. Mai war der Rest-N noch normal. Am 7. Juni, am Tage vor dem Tode, 78 mg-%.

Die Autopsie ergab eine ausgeheilte Periarteriitis nodosa mit miliaren, z. T. organisierten, z. T. atherosklerotisch veränderten Aneurysmen der Coronargefäße sowie der Zwerchfell-, Magen- und Darmarterien. Atherosklerose der Aorta. Ausgedehnte vasculäre Atrophien beider Nieren mit Lipoidinfiltrationen der erhaltenen Parenchymteile. Fettembolie der Leber. Gallertartige Atrophie des subcutanen und abdominellen Fettgewebes. Rotes Mark in der proximalen Femurdiaphyse. Herzmuskelschwielen. Hypertrophie und Dilatation des rechten und linken Herzens, Pulmonalsklerose. Stauungsorgane.

Die Folgen atherosklerotischer Veränderungen der Kranzarterien wirken sich zunächst an den betroffenen Gefäßen selbst aus. Es muß darauf hingewiesen werden, daß die Coronarsklerose ebensowenig wie die Atherosklerose der übrigen Arterien zu einer Versteifung der Gefäße mit verengerter Lichtung führen muß. Zuweilen kommt es zu einer Gefäßwanderschlaffung und einer gewissen Erweiterung kleiner oder größerer Gefäßabschnitte oder auch ganzer Äste. Sehr viel seltener (MÖNCKEBERG), aber ungleich bedeutungsvoller als diese mehr diffuse ist die umschriebene Ausweitung, die sackförmige Aneurysmabildung der Kranzarterien. Die Hauptgefahr dieser Coronaraneurysmen besteht in der Berstung mit nachfolgendem Hämoperikard. Nicht alle Aneurysmen der Coronararterien werden durch Atherosklerose hervorgerufen; sie können auch entzündlicher Natur sein und sich beispielsweise auf dem Boden der Lues und der Periarteriitis nodosa entwickeln.

Die häufigste Folge der Coronarsklerose ist aber nicht eine Erweiterung, sondern eine stetig zunehmende Verengerung des Gefäßdurchmessers. Diese kann örtlich beschränkt sein oder sich über ganze Äste ausdehnen, sie kann letzten Endes bis zu einer völligen Undurchgängigkeit des Gefäßes führen. Thrombenbildung infolge der Intimarauhigkeiten kommt vielfach noch unterstützend hinzu und führt unter Umständen auch schon bei geringerer atherosklerotischer Verengerung des Gefäßes zu einem völligen Verschluß. Meist tritt dieses Ereignis nur in einem Ramus oder in mehreren kleinen Ästen ein. Ein besonderes Interesse beanspruchen diejenigen Fälle, die bei der Autopsie einen Verschluß beider Coronararterien zeigen.

LEARY und WEARN haben zwei Fälle mit völligem Verschluß der beiden Coronararterien beobachtet, auch von SCOTT und HOLZ ist ein derartiger Fall beschrieben worden. Wir sahen an der Leipziger Klinik einen 48jährigen Handelsvertreter, der 5 Wochen vor seinem Tode das erstemal Herzbeschwerden hatte. Nachts traten plötzlich heftige Schmerzen in der Herzgegend auf, die nach dem Rücken ausstrahlten. Danach wieder völliges Wohlbefinden. 2 Tage vor seinem Tode wieder sehr starke Herzschmerzen, einen Tag vor seinem Tode traten noch Anfälle von Bewußtlosigkeit und Aussetzen der Herzaktion hinzu. Klinische Diagnose: Aortitis luica mit Verengerung der Coronarostien. ADAMS-STOKESscher Symptomenkomplex. Die Autopsie ergab neben einer luischen Aortitis mit sekundärer Atherosklerose und einer Sklerose der Mitralklappen einen fast völligen atherosklerotischen und thrombotischen Verschluß beider Kranzgefäße, ausgedehnte frische Myomalazien im Bereich des Ventrikelseptums, älterer Infarkt mit Schwielenbildung in der Hinterwand des linken Ventrikels und Herzspitzenaneurysma. Trotz dieser schweren Veränderungen, die größtenteils älteren Datums waren, und die eine ausreichende Coronardurchblutung durch die Coronararterien nicht zuließen, besaß der Patient noch wenige Tage vor seinem Tode eine Herzfunktion, die ein relatives Wohlbefinden ermöglichte. Schwere Dekompensationserscheinungen (Ödeme, Ascites usw.) waren nicht aufgetreten.

Wie von der Atherosklerose ist der vordere absteigende Ast der linken Coronararterie, der den unteren Teil der Vorderwand der linken Herzkammer versorgt, auch von der Thrombenbildung am häufigsten betroffen. Bei 32 Fällen stellte E. J. WARBURG den Sitz des Thrombus 28mal in der linken Coronararterie und davon 14mal im Ramus descendens fest. Bei der Besprechung von Myokardinfarkten werden meist die Beziehungen zwischen der Coronararterie, in der der

Verschluß stattgefunden hat und ihrem Versorgungsgebiet nicht genügend berücksichtigt. Der Sitz des Infarktes erlaubt folgende Schlüsse: Vorderer Abschnitt des Ventrikelseptums und Spitze, sowie Vorderwand des linken Ventrikels werden beim Verschluß des R. descendens der linken Coronararterie betroffen. Ein Infarkt, der in der Mitte des Ventrikelseptums beginnt und zur Hinterwand des linken Ventrikels zieht, weist auf Störungen der rechten Kranzarterien hin. In der Wand des rechten Ventrikels werden Infarkte selten gefunden. Ist der R. circumflexus der linken Kranzarterie verschlossen, dann sitzt der Infarkt im medianen Teil des linken Ventrikels zwischen den Versorgungsgebieten des R. descendens und der rechten Kranzarterie. Das Ventrikelseptum wird dadurch in der Regel nicht berührt (MacCallum und Taylor). Nach Aschoff sitzen die Infarkte stets in den mittleren Muskelschichten, seltener bis zum Endo- oder Epikard vordringend. Erreichen sie letzteres, so kommt es zu einer reaktiven fibrinösen Perikarditis über dem infarzierten Bezirk. Wird das Endokard in Mitleidenschaft gezogen, so entwickelt sich ein Parietalthrombus des Herzens.

Bei 5200 Sektionen des Baseler Pathologischen Institutes fand Rintelen bei 51 Fällen, also bei annähernd 1 % aller Sektionen, frische Herzinfarkte als primäre Todesursache. Nathanson berichtet, daß bei 849 Autopsien in 28 Fällen Coronarthrombose als tödliche Ursache festgestellt wurde. A. R. Barnes fand bei 1000 Autopsien 49mal Myokardinfarkt. Männer erkranken viel häufiger als Frauen. White fand unter 62 Fällen 11 Frauen, Jegorow unter 17 Fällen keine Frau, Levine und Brow unter 145 Fällen 34 Frauen, Wearn unter 19 Fällen 9 Frauen, Ryle unter 14 Fällen 8 Frauen. Eine Statistik unserer Klinik umfaßt 17 Männer und 6 Frauen. Von 70 am Myokardinfarkt Verstorbenen in Warburgs Statistik waren 45 Männer und 25 Frauen, Scott und Helz zählten 32 Männer und 4 Frauen.

Die Coronarthrombose entsteht wohl in den meisten Fällen auf atherosklerotischer Basis. Man findet sie daher auch meist bei Kranken, die das 45. Lebensjahr überschritten haben. Smith und Barthels konnten zeigen, daß auch im zweiten und dritten Dezennium Coronarthrombose recht häufig ist. J. Warburg berechnet auf Grund eigener Beobachtungen und der Statistiken von Jegorow, Parkinson und Bedford und Lecount folgende Altersgruppierung:

20—29	30—39	40—49	50—59	60—69	70—79	80—89	Über 90 Jahre
10	13	45	86	100	52	5	1 Fälle

Das Alter der von uns beobachteten Patienten schwankte zwischen 38 und 72 Jahren. Obwohl aus den meisten Untersuchungen ursächliche Beziehungen zur Lues nicht ersichtlich sind, konnten Scott und Helz doch auf Grund von 36 autoptisch kontrollierten Fällen zeigen, daß das mittlere Lebensalter ihrer Fälle mit Lues von 57,5 auf 51,6 Jahre herabsinkt. Eine familäre Disposition wurde in vielen Fällen nachgewiesen (Frothingham). Auch Rassenunterschiede wurden bei der Untersuchung der Häufigkeit dieser Erkrankung gefunden (F. Barker). Individuen mit einem apoplektischen Habitus und einem zyklothymen Temperament scheinen für diese Krankheit am meisten disponiert zu sein. Es wird häufig angenommen, daß die Coronarthrombose besonders eine Krankheit tatkräftiger oder gelehrter Männer sei (Osler) und besonders die befalle, die Erregungen freudiger und trauriger Art in erhöhtem Maße erleben. Sowohl das Material von

Wearn, Gallavardin, E. J. Warburg als auch unsere eigenen Beobachtungen zeigen, daß Coronarverschluß nunmehr auch häufig die Todesursache körperlich arbeitender Berufsklassen geworden ist. Vielleicht ist ein gewisses Überwiegen sozial besser gestellter Schichten in den Statistiken der Myokardinfarkte darauf zu beziehen, daß in diesen Kreisen eine erhöhte Schmerzempfindlichkeit früher und häufiger zum Arzt führt.

Die anatomischen Folgen eines derartigen Verschlusses einer größeren Kranzarterie können weiße oder rote Infarkte der Herzmuskulatur sein. Frische Myokardinfarkte sehen schmutzig-bräunlich aus und sind oft von Blutungen durchsetzt. Ältere Herde nehmen eine graurötliche Färbung an. Mikroskopisch zeigt sich in frischen Herden zunächst ein körniger Zerfall der Herzmuskelfasern, die auch zum Teil verfetten, ferner Einwanderungen von Rundzellen. Das untergehende, kontraktile Gewebe wird durch Bindegewebe ersetzt, so daß schließlich nur noch eine bindegewebige Narbe übrigbleibt. Im Laufe dieser Entwicklung können nach Überstehen des akuten Stadiums Spontanzerreißung erweichter Herde mit Blutung in den Herzbeutel, Aneurysmen im Bereiche älterer, schon schwielig vernarbter Herde, die später in den Herzbeutel perforieren, Bildung wandständiger Thromben in den Aneurysmen mit der fortwährenden Möglichkeit ihrer embolischen Verschleppung in die verschiedensten Organe u. a. m. neben einem allmählichen Nachlassen der Leistung des so schwer geschädigten Herzens weitere Gefahren bilden.

Blickt man zurück auf die anatomischen Schilderungen von der reichen Blutversorgung des Herzmuskels mit den zahlreichen Anastomosen zwischen den beiden Kranzarterien und den einzelnen Ästen, dann muß man sich fragen, wie in einem derartigen Organ überhaupt Infarkte entstehen können. Pratt nimmt an, daß die Coronararterien „funktionelle Endarterien" sind. Bier kommt auf Grund teleologischer Überlegungen zur Auffassung, daß innere Organe trotz reichster Anastomosen Infarkte bilden können, weil ihnen das „Blutgefühl", das die äußere Haut in reichem Maße besitzt, fehlt. Hirsch und Spalteholz hatten in Tierversuchen gezeigt, daß die Ausdehnung des Infarktes stets kleiner ist als das Versorgungsgebiet der verschlossenen Arterie. Fällt jedoch der Blutdruck ab, dann nimmt der Infarkt die ganze Größe des Versorgungsgebietes an. Diese experimentellen Beobachtungen machen, wenn man die klinischen Erfahrungen mit zu Rate zieht, den Mechanismus der Infarktbildung eines so anastomosenreichen Organs, wie es das Herz darstellt, verständlich. Kommt es zu einem plötzlichen Verschluß eines Kranzgefäßes, dann erfolgt ein allgemeiner Kreislaufschock mit einem Absinken des Blutdruckes, so daß der Puls meist nicht mehr zu fühlen ist. Bei dem Darniederliegen der gesamten Zirkulation kann ein Kollateralkreislauf nicht zustande kommen. Der Coronarverschluß führt zu einer Infarktbildung, deren Größe nicht nur von der Art des Kranzgefäßes, sondern auch von der Dauer des Schocks abhängig ist. Ganz anders liegen diese Verhältnisse, wenn der Verschluß einer Kranzarterie langsam vor sich geht. Der Kreislauf erfährt nicht derartige vasomotorische Störungen, der Kollateralkreislauf hat Zeit, sich durch die zahlreichen Anastomosen auszubilden, und man sieht dann, daß bei nahezu völligem Verschluß auch von größeren Ästen das dazugehörige Herzmuskelgebiet normales Aussehen behält. Diese Beobachtungen machen es erklärlich, daß während des Lebens Anhaltspunkte für derartige Veränderungen an den

Coronararterien oft völlig fehlen können. Bei 91 Fällen mit anatomisch sicher-
gestellter Coronarsklerose schweren Grades, die klinisch eingehend untersucht
worden waren, konnten nur 16mal Anhaltspunkte für dieses Leiden aus dem
klinischen Bild gewonnen werden (MORAWITZ und HOCHREIN). Dieses häufige
Mißverhältnis zwischen anatomischen Veränderungen der Coronararterien und
der anatomischen und funktionellen Beschaffenheit des Herzmuskels zeigen die
Schwierigkeiten einer klinischen Diagnose, die J. KRETZ auf Grund einer größeren
statistischen Erhebung zur Auffassung führten, daß es keinen sicheren klinischen
Anhaltspunkt für die Coronarsklerose gibt.

Neben den Herzinfarkten atherosklerotischer Natur spielen andere Ursachen,
wie embolische Verschlüsse (A. DIETRICH), die sog. Mediafibrose der Kranzarterien
(FEYRTER) u. a. m. nur eine geringe Rolle. LEVY berichtet vom Presbyterian
Hospital New York, daß bei autoptisch kontrollierten Fällen von Coronarerkrankungen folgende Veränderungen festgestellt wurden:

1. Atherosklerose
    a) Coronarsklerose ohne Nebenbefunde 110
    b) Thrombose 22
    c) Myokardinfarkt 56
    d) Herzaneurysma 5
    e) Herzruptur 3
2. Lues
    a) Stenose oder Verschluß des Coronarostiums . . 12
    b) Myokardinfarkt 3
3. Rheumatische Arteriitis 2
4. Embolie 1
5. Periarteriitis nodosa 1

In letzter Zeit mehren sich Beobachtungen, die vermuten lassen, daß als
gelegentliche Ursache von Herzinfarkten nervöse Faktoren und zwar ein Spasmus
der Kranzarterien, die weder in ihrer Wandung noch in ihrer Lichtung irgendwelche anatomisch faßbaren Veränderungen aufweisen, in Frage kommen. ASS-
MANN hat einen derartigen Fall als „angioneurotische exsudative Diathese" beschrieben. GRUBER und LANZ beobachteten bei gesunden durchgängigen Kranzarterien einen ausgedehnten Herzinfarkt. Auch der Bericht von NEUBÜRGER über
Herzbefunde bei Epileptikern, die ja zu Gefäßkrämpfen neigen, spricht dafür, daß
ein Krampf der anatomisch gesunden Kranzarterien zu einem Herzinfarkt führen
kann. In gleicher Weise ist auch WOLLHEIMS Beobachtung zu deuten, der bei
gesunden Kranzarterien nach einem tödlich verlaufenden Anfall von Angina
pectoris frische Blutungen im Verlauf der rechten Kranzarterie sah.

Diese großen Herzmuskelinfarkte, die nach akutem Coronarverschluß auftreten, stellen in ihrer Gesamtheit doch ein relativ seltenes klinisches Vorkommnis
— bei ca. 6500 Kranken wurde an der Leipziger Klinik während eines Jahres
23mal diese Diagnose gestellt — dar. Häufiger findet man kleine Schwielen, die
oft in gewaltiger Zahl den Herzmuskel durchsetzen. Linker Ventrikel und Papillarmuskeln sind Lieblingssitze dieser Herzschwielen; sie finden sich aber auch
in den übrigen Herzabschnitten. Die Größe ist ebenso wechselnd wie ihre Zahl;
sie variiert von mikroskopischer Kleinheit bis zur Erbsengröße. Die Entstehung
dieser kleinen Schwielen läßt sich nur selten klinisch erfassen, sicherlich sind sie
aber der anatomische Ausdruck einer Ischämie. Wir wissen heute, daß eine mangelhafte Blutversorgung durch die verschiedenartigsten Störungen zustande kommen

kann. Wahrscheinlich entstehen die kleinen Schwielen langsam durch zunehmende Drosselung der Blutzufuhr, doch ist vorläufig nicht verständlich, wodurch die Lokalisation begünstigt wird. Die Durchsetzung des Herzmuskels mit zahlreichen kleinen Schwielen fällt mit unter den klinischen Begriff der Myodegeneratio cordis. Häufig gehen mit diesen Herzmuskelveränderungen Hypertrophie und Dilatation einher. Die Stärke und Ausdehnung dieser Umwandlung ist jedoch nicht allein von der Coronardurchströmung, sondern auch von verschiedenen extrakardialen Faktoren abhängig.

Vogt hat in experimentellen Untersuchungen Myodegeneratio cordis durch Embolien kleinster Kranzarterien mit Lycopodiumsamen künstlich erzeugt und dabei das anatomische Bild einer fortschreitenden interstitiellen Myokardentzündung, welche eine konsekutive Muskelatrophie in verschiedenen Entwicklungsstadien zur Folge hatte, gefunden. Ausgedehnte nekrotische Veränderungen des Herzmuskels, die man mit Myomalazie bezeichnet, sind nicht selten. In der Mehrzahl der Fälle findet man beim Menschen als Zeichen der Organisation zerstörter Muskelmassen Herzschwielen, die bei großer Anhäufung das Bild der Myokarditis fibrosa ergeben.

Kommt es zur Entwicklung größerer Nekroseherde, dann bildet sich ein Locus minoris resistentiae aus. Durch den Innendruck des Ventrikels wird die Herzwandung an mehr oder weniger umschriebener Stelle ausgebuchtet, es bildet sich ein Herzaneurysma. Schließt sich die Ausbuchtung gleich der Infarktbildung an, dann spricht man von einem akuten — wenn der durch Konfluenz kleiner Nekrosen veränderte Muskel langsam ausgebuchtet wird, von chronischem Aneurysma. Die Aneurysmen können bei extremster Verdünnung der Wandschichten durch Hinzutreten irgendeiner Hilfsursache (momentane Blutdrucksteigerung) auf der Höhe der

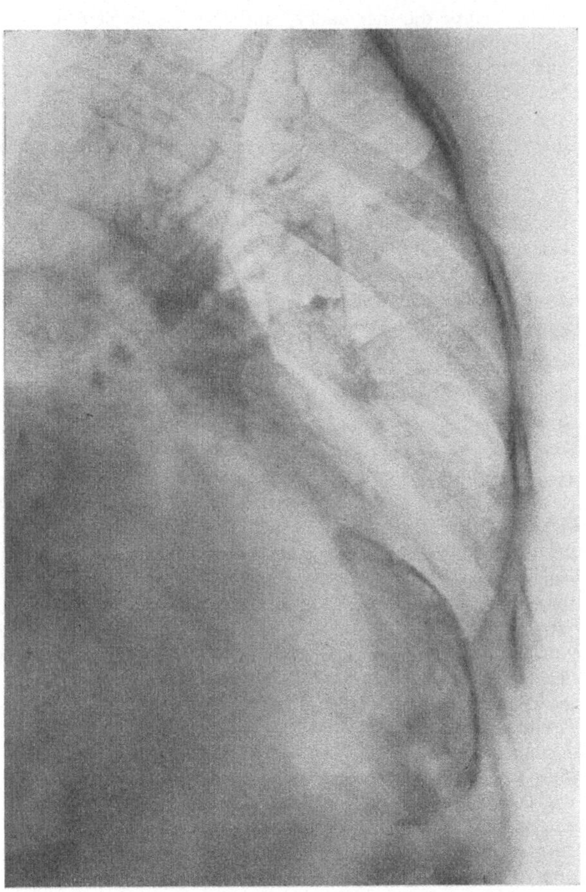

Abb. 40. G., 48 Jahre. Röntgenbefund: Herz erscheint nach beiden Seiten verbreitert. Vermehrte Rundung des linken unteren Herzrandes. Intensiver schmaler halbellipsoider Schattenstreifen im Gebiete der Herzspitze, bei Dl. im linken schrägen Durchmesser zu erkennen.

Ausbuchtung rupturieren, oder aber die Spontanruptur des Herzens kann so rasch der Infarktbildung folgen, daß das Stadium der Aneurysmabildung übergangen wird. Nicht alle Herzaneurysmen führen zur Ruptur. Zuweilen kommt es zu einer Verkalkung dieses Herzneurysmas, so daß röntgenologisch der Verdacht eines Panzerherzens erweckt werden kann.

Abb. 40 zeigt das Röntgenbild eines 58jährigen Arbeiters, der in seiner Anamnese keine Angaben über Herzschmerz oder akute Herzschwäche machen konnte. Mit 48 Jahren hatte er eine Grippe durchgemacht, und seit dieser Zeit immer etwas an Atemnot gelitten. Bei der Klinikaufnahme klagte er über Anfälle von Druck und Beklemmung in der Brust, Schwellung der Beine und des Leibes. Es handelte sich um einen stark dekompensierten Kreislauf. Das Herz war nach beiden Seiten verbreitert. Röntgenologisch wurde ein intensiver halbellipsoider Schattenstreifen im Gebiet der Herzspitze gefunden. Die Pulsation dieses Schattenstreifens war außerordentlich gering. Im Elektrokardiogramm wurde lediglich eine starke Verlängerung der Überleitungszeiten ohne sonstige Deformation festgestellt. Die klinische Diagnose lautete: Obliteratio pericardii (Panzerherz), Kreislaufdekompensation, Stauungsorgane. Bei der Autopsie wurden ein thrombotischer Verschluß der Arteria coronaria dextra sowie ältere Myokardschwielen, eine aneurysmatische Ausbuchtung der Herzspitze mit ausgedehnter Verkalkung sowie teilweise Obliteration des Herzbeutels gefunden. Es handelte sich also hier nicht um eine Kalkschale, die im Perikard, sondern um eine solche, die in der Herzmuskelschwiele gebildet wurde.

Literatur.

ARAN, F. A.: Observation de dilatation partielle (Aneurysme vrai) du ventricule gauche du cœur suivie des quelques remarques sur le diagnostic de cette affection. L'Union méd. **11**, 479—481, 483—484 (1857). — ASCHOFF: Pathologische Anatomie 2. 1911. — ASSMANN, H.: Beitrag zur Kenntnis der angioneurotischen exsudativen Diathese. Krkh.forsch. **4**, H. 4, 280 (1927).

BARKER, L. F.: Coronary thrombosis incidence, prevention and treatment. Amer. Med. **22**, 753—758 (1927). — BECK, HEINRICH: Zur Kenntnis der Entstehung der Herzruptur und des chronischen partiellen Herzaneurysma, S. 35. Dissert., Tübingen 1886. — BENDA, C.: Deutsche pathologische Gesellschaft **6**, 164. Kassel 1903. — Über einen Fall von schwerer infantiler Coronararteriensklerose als Todesursache. Virchows Arch. **254**, 600 (1925). — BIER, A., siehe E. K. WOLFF: Die Lehre vom Kollateralkreislauf seit AUGUST BIER. Dtsch. Z. Chir. **234**, 159 (1931). — BOAS, E. P., u. S. DONNER: Coronary artery disease in the working classes. J. amer. med. Assoc. **98**, 2186 (1932). — BÖTTGER, H.: Über die spontanen Rupturen des Herzens. Arch. Heilk. **4**, 502—512 (1863). — BORK, KURT: Über Kranzadersklerose. Virchows Arch. **262**, 646 (1926). — BOYD, ADAM N.: An inflammatory basis for coronary thrombosis. Amer. J. Path. **4** (1928); Ref. Zbl. Path. **42**, 492. — BUDOR, GASTON-PIERRE: Oblitérations des artères cardiaques et lésions du myocarde, S. 92, Thèse No 95. Paris 1888.

CAUCHOIS, FÉRÉOL: Rétrécissement et thrombose de l'artère cardiaque gauche. Infarctus du cœur. Rupture de cet organe. Mort. Autopsie. Gaz. Hôp. **43**, 434—435 (1870). — CHOMEL: Ramollissement du cœur. Dict. de méd. ou répert. gén. des sci. méd. etc. par ADELON, BECLARD usw., Teil 8, S. 281—284. 1834. — CHRIST, ANTON: Die Bedeutung der Perikarditis im Greisenalter. Frankf. Z. Path. **29**, 47—58 (1923). — CLAWSON, B. J.: The myocardium in non-infectious myocardial failure. Amer. J. med. Sci. **168**, 648—654 (1924). — CROOKE, GEORG FRIEDR.: Über zwei seltene und aus verschiedenen Ursachen entstandene Fälle von rapider Herzlähmung. Virchows Arch. **129**, 186—200 (1892). — CRUVEILHIER, J.: Anatomie pathologique du corps humain (Atlas), Tome 2, Livraison 22, Planche 3. 1835—1842.

DAHLERUP: Sektionen of BERTEL THORVALDSEN. Ugeskr. Laeg. (dän.) **10**, 315—318 (1844). — DAVENPORT, A. B.: Spontaneous heart rupture. — A statistical summary. Amer. J. med. Sci. **176**, 62—65 (1928). — DICKINSON: Trans. path. Soc. Lond. **17**, 53—57 (1866). — DIETRICH, A.: Zit. nach KIRCH. — DIONIS: L'anatomie de l'homme suivant la circulation du sang et les dernières découvertes, 4. Aufl., Pp. 710, Vid. 424, 699—708. Paris 1705. — DRAGNEFF, STEPHANE: Recherches anatomiques sur les artères coronaires du cœur chez l'homme. Pp. 38, Thèse No 26. Nancy 1897. — DUPLAIX, JEAN-BAPTISTE: Contribution à l'étude de la sclérose. Thèse de Paris Nr 254, Pp. 100. 1883. — DUSTERHOFF, KUNO: Über plötzlichen Tod an Herzschlag, bedingt durch Kranzarterienerkrankung und Herzruptur, Dissert., Greifswald 1901.

ENGELHARDT, R. Baron: Ein Fall von Herzruptur. Dtsch. med. Wschr. **35** I, 838—840 (1909). FAGGE, HILTON: A series of cases of fibroid disease of the heart. Trans. path. Soc. Lond. **25**, 64—98 (1874). — FEYRTER, F.: Ein eigenartiger Fall von Myomalacia cordis. Frankf. Z. Path. **33**, 1 (1925). — FROTHINGHAM: The auricles in cases of auricular fibrillation. Arch. int. Med. **36**, Nr 3 (1925). — FUJINAMI, A.: Über die Beziehungen der Myokarditis zu den Erkrankungen der Arterienwandungen. Virchows Arch. **159**, 447—490 (1900).

GALLAVARDIN: Inconstance des douleurs angineuses et du début brusque dans l'infarctus du myocarde. Soc. méd. des hôp. de Lyon 19, avril, Lyon méd. 10 août **1921**; Arch. Mal. Cœur **1922**, 426—427. — Derselbe: Les Angines de Poitrine, 15. Pp. 181. Paris: Mason & Co. 1925. — GLAHN, W. C. VON: Coronary Disease and Infarct of the Heart. Proc. N. Y. path. Soc. **23**, 107 (1923). — GRASER, ERNST: Zur pathologischen Anatomie des Herzens. Dtsch. Arch. klin. Med. **35**, 598—604 (1884). — GREENFIELD, W. S.: Stenosis of the orifices of the coronary arteries of the heart due to endarteriitis deformans at the commencement of the aorta. Trans. path. Soc. Lond. **26**, 55—58 (1875). — GRUBER, G. B., u. LANZ: Ischämische Herzmuskelnekrose bei einem Epileptiker und Tod im Anfall. Arch. f. Psychiatr. **1919**, 98.

HALBRON u. LICHTWITZ: Péricardite symptomatique d'un infarctus du myocarde. Presse méd. **1928**, Nr 14, 18/2, 217. — HAMMAR, A.: Ein Fall von thrombotischem Verschlusse einer der Kranzarterien des Herzens. Wien. med. Wschr. **28**, 97—102 (1878). — HARDT, LEO L.: Coronary thrombosis simulating perforated peptic ulcer. J. amer. med. Assoc. **82**, 692—693 (1924). — HEDENIUS, P.: Tre fall af plötslig död. Uppsala Läk.för. Förh. **23**, 571—593, vid. 588—591 (1888). — HEKTOEN, L.: Embolism of the left coronary artery, sudden death. Med. News **61**, 210—212 (1892). — HESSE, MARGARETE: Zur Statistik der Atherosklerose-sterblichkeit. Frankf. Z. Path. **35**, 477 (1927). — HIRSCH, C. U., u. W. SPALTEHOLZ: Coronararterien und Herzmuskel. Dtsch. med. Wschr. **1**, 790—795 (1907). — HIS und BEITZKE: Demonstration einer Dilatation und Thrombose der Coronararterien. Berl. klin. Wschr. **47** I, 645—646 (1910). — HJELT: Ett fall af circumscript atrofi af hjertmuskulaturen. Finska Läk.sällsk. Hdl. **22**, 418—419 (1880). — HOCHREIN, MAX: Über Angina pectoris bei Mitralstenose. Dtsch. Arch. klin. Med. **169**, H. 3/4, 195—204 (1930). — Zur Diagnose und Therapie der Coronarthrombose. Münch. med. Wschr. **1930**, Nr 42, 1789. — Folgen von Wandveränderungen im Anfangsteile der Aorta. Klin. Wschr. **10**, Nr 15, 690—692 (1931). — HUBER, KARL: Über den Einfluß der Kranzarterienerkrankungen auf das Herz und die chronische Myokarditis. Virchows Arch. **89**, 236—258 (1882).

JAFFÉ, RUDOLF: Über plötzliche Todesfälle und ihre Pathogenese. Dtsch. med. Wschr. **54**, 2010—2012 (1928). — JAMIN, F., u. H. MERKEL: Die Coronararterien des menschlichen Herzens unter normalen und pathologischen Verhältnissen. Dargestellt in stereoskopischen Röntgenbildern, 43 S., 30 Phot. 1907. — JOVES, L.: Wesen und Entwicklung der Arteriosklerose. Wiesbaden 1903.

KAHN, MORRIS H.: Aneurysm of the left ventricle. Amer. J. med. Sci. **163**, 839—853 (1922). — KERNIG, W.: Über objektiv nachweisbare Veränderungen am Herzen, namentlich auch über Perikarditis, nach Anfällen von Angina pectoris. Berl. klin. Wschr. **42**, 10—14 (1905). — KEY u. H. KJELLBERG: Fall af hjertruptur. Hygiea 42. Förhandl. vid. Svenska läkare-sällsk. sammank. **1880**, 186—190. — KEY-ÅBERG, ALGOT: Bidrag till kännedomen om betydelsen af endarteriitis chronica deformans såsom orsak till plötslig töd. Nord. med. Ark. (schwed.) **19**, H. 11 und 15 (1887). — KIESEWETTER, MAX: Atherosklerose der Kranzarterien des Herzens als Todesursache bei Kriegsteilnehmern. Inaug.-Dissert. 1919. — KINTNER, ARTHUR R.: Anomalous origin and course of the left coronary artery. Arch. of Path. **12**, 586—589 (1931). — KIRCH, EUGEN: Pathologie des Herzens. II. Teil. Erg. Path. **23**, 392—470. — Über Entstehung und Folgen der Coronarsklerose und ihre Beziehungen zur Angina pectoris. 4. ärztl. Fortbildungskurs Bad Kissingen, 5. September 1928, S. 62. — KLOTZ u. LOYD: Sclerosis and occlusion of the coronary arteries. Canad. med. Assoc. J. **23**, 359 (1930). — KOCH, W.: Über den Verschluß der Coronararterien. Med. Klin. **1930**, Nr 31. — KOHN, H.: Angina pectoris. Ebenda **22**, 983 (1926) und BRUGSCHs Erg. Med. **9**, 209—276. — KREHL, L. v.: Krankheiten des Herzmuskels. Wien 1913. — KRUMBHAAR, E. B., u. C. CROWELL: Spontaneous ruptures of the heart. A clinicopathologic study based on 22 unpublished cases and 632 from the literature. Amer. J. med. Sci. **170**, 828—856 (1925). — KUGEL, M. A.: Anatomical studies on the coronary arteries and their branches. Amer. Heart J. **3**, 260—270 (1928). — KUSSMAUL u. MAIER: Dtsch. Arch. klin. Med. **1**, 484. —

KUTSCHERA-AICHBERGEN, HANS: Über die pathologische Anatomie der Angina pectoris. Wien. klin. Wschr. 1928, H. 1, 6. — Pathologische Anatomie und Theorie der Angina pectoris. Verh. dtsch. Ges. inn. Med. 1931, 284—291.

LANCEREAUX, E.: Traité d'anatomie pathologique, 2, 795. Paris 1879—1881. — LEARY, T., u. J. T. WEARN: Two cases of complete occlusion of both coronary orifices. Amer. Heart J. 5, 412—423 (1930). — LECOUNT, E. R.: Pathology of Angina pectoris J. amer. med. Assoc. 70, 974—976 (1918). — LEMCHEN, KEY u. WISING: Hygiea 38. Förhandl. vid Sv. Läk.sällsk. sammank. 1876, 224—231. — LEVY, R. L.: Mild forms of coronary thrombosis. Arch. int. Med. 47, 1 (1931). — v. LEYDEN, E.: Über die Sklerose der. Coronar-Arterien und die davon abhängigen Krankheitszustände. Z. klin. Med. 7, 459—486 (1884). — LITTEN, M.: Krankheiten des Circulationsapparates. Jber. Med. 2, 163—219 (1888). — LITTRÉ, E.: Dict. de méd. ou repert. gén. des sci. méd. etc.: par ADELON, BECLARD usw., 2. Aufl., Teil 8, 356—357. 1834. — LOEB, JOSEPH: Über partielle erweichende Myokarditis (Malacia cordis), S. 35. Dissert., Würzburg. — LUND u. HEIBERG, JACOB: Beretning om Professor SCHWEIGAARDS Dod. Norsk Mag. Laegevidensk. 2. R. 24. Bd. Förhandl. i det norske med. Selsk. i. 1870, S. 28—33.

MACCALLUM, W. G., u. J. SPOTTISWOOD TAYLOR: The typical position of myocardial scars following coronary obstruction. Bull. Hopkins Hosp. 49, 356—359 (1931). — MALMSTEN: Hygiea 23, 61 (1861) (Färhandl. vid. Sv. Läk.sällsk. sammank). — MALMSTEN u. DÜBEN: Fall af ruptura cordis. Hygiea 21, 629—630 (1859) (Färhandl. vid. Sv. Läk.sällsk. sammank). — MALMSTEN, WALLIS, LEVERTIN u. THEGERSTRÖM: Fall af hjärtförlamning. Hygiea 38, 109—114 (1876) (Färhandl. vid. Sv. Läk.sällsk. sammank). — MARIE, RENÉ: L'infarctus du myocarde et ses conséquences, S. 214, Thèse Nr 88. Paris 1896. — MEDLAR, E. M., u. WILLIAM S. MIDDLETON: Aneurysm of the left ventricle. Amer. Heart J. 3, 346—355 (1928). — MEHLER, HERMANN: Das partielle Herzaneurysma, Dissert., Berlin 1868. — MERCIER, L. AUG.: Mémoire sur la myocardite considérée comme cause de rupture et d'aneurisme partiel du cœur. Gaz. méd. Paris 12, 505—508, 519—521, 588—590, 627—630, vid. 507, 628, 629 (1857). — MERKEL, H.: Zur Kenntnis der Kranzarterien des menschlichen Herzens. Verh. dtsch. path. Ges. 1907, 127—130, 10. Tagung. Erg.-H. zu Zbl. Path. 17. — MEYER, GEORG: Zur Kenntnis der spontanen Herzruptur. Dtsch. Arch. klin. Med. 43, 379—408 (1888). — MÖNCKEBERG, J. G.: Das Gefäßsystem und seine Erkrankungen. O. v. SCHJERNINGS Handbuch der ärztlichen Erfahrungen im Weltkriege 1914—1918 8, 8. 1921. — Die Erkrankungen des Myokards und des spezifischen Muskelsystems. F. HENKE-LUBARSCHS Handbuch der speziellen pathologischen Anatomie und Histologie 2, 290—555. 1924. — MORAWITZ, PAUL, u. M. HOCHREIN: Zur Diagnose und Behandlung der Coronarsklerose. Münch. med. Wschr. 1928, Nr 1, 17. — MORGAGNI, JO BAPTISTE: De sedibus et causis morborum. I—II Lugduni Batavorum. Vid. Ep. XVII, 6, 17 u. Ep. XXVII. 1761. — MORRIS, LAIRD M.: Cardiac aneurysm. Amer. Heart J. 2, 548—560 (1927). — MÜLLER, SIGURD: Om Bertel Thorvaldsen. C. F. BRICKAS Dansk biogr. Lexikon 17. 1903. — MUSSER, J. H., u. J. C. BARTON: The familial tendency of coronary disease. Amer. Heart J. 7, 45 (1931).

NATHANSON, M. H.: Diseases of the coronary arteries. Clinical and pathological factures. Amer. J. med. Sci. 170, 240—256 (1925). — NEUBÜRGER, KARL: Zur Anatomie der peripheren Gefäßstörungen. Klin. Wschr. 1931 I, 577—579. — NEUBÜRGER, TH.: Der Zusammenhang der Sklerose der Kranzarterien des Herzens mit der Erkrankung seiner Muskulatur. Dtsch. med. Wschr. 24 (1901). — NICOLLE, MAURICE: Contribution à l'étude des affections du myocarde. Les grandes scléroses cardiaques, Thèse Nr 122. Paris 1890.

OBERNDORFER: Die anatomischen Grundlagen der Angina pectoris. Münch. med. Wschr. 72, 1495—1498 (1925). — ODROZOLA, ERNESTO: Les lésions du cœur consécutues à l'athérome des coronaires, Thèse Nr 79. Paris 1888. — OESTREICH, R.: Plötzlicher Tod durch Verstopfung beider Kranzarterien. Dtsch. med. Wschr. 22, 148—149 (1896). — ORLIANSKY: La sclérose des artères coronaires en Suisse. Rev. méd. Suisse rom. 39, Nr 6 (1919). — OSLER: Lectures on Angina pectoris, S. 100. New York und London 1897.

PANUM, P. L.: Om Døden ved Embolie. Bibl. Laeg. 4. Raekke 8, 23—54 (1856). — Undersøgelser over nogle af de Momenter, som have Inflydelse paa Hjertebevaegelserne paa deres Stilstand og paa Hjertets Contraktionsevnes Ophør. Ebenda 10, 46—139, vid. 112—139 (1857). — Experimentelle Beiträge zur Lehre von der Embolie. Virchows Arch. 25, 308—338, 433—530, vid. 310—316 (1862). — PAYNE, F. J.: Two cases of sudden death from affection of the heart, examined in the post mortem theatre. Brit. med. J. 1, 130—131 (1870). —

PLAUT, ALFRED: Versorgung des Herzens durch nur eine Kranzarterie. Frankf. Z. Path. **27**, 84—90 (1923). — PRATT, F. H.: The nutrition of the heart through the vessels of Thebesius and the coronary veins. Amer. J. Physiol. **1**, 86—103 (1898).

QUAIN, RICHARD: On fatty diseases of the heart. Communicated by C. J. B. WILLIAMS. Med. chir. Trans. **33**, 121—196 (1850). — Diseases of the muscular walls of the heart. Lancet **1**, 391—392, 426—427, 459—461 (1870).

REDWITZ, ERICH VON: Der Einfluß der Erkrankungen der Coronararterien auf die Herzmuskulatur mit besonderer Berücksichtigung der chronischen Aortitis. Virchows Arch. **197**, 433—471 (1909). — RENDU: Aortite végétante; angine de poitrine à irradiations brachiales droites, mort par dilatation cardique et asphyxie. Semaine méd. **19**, 19—50 (1899). — RINDFLEISCH, A.: Infarkt-Perikarditis und Aneurysma cordis. Münch. med. Wschr. **71**, 1719—1721 (1924). — RINTELEN, FR.: Zur Kenntnis des myomalazischen Septumdefektes und zur Spontanruptur des Herzens. Z. Kreislaufforsch. **1932**, H. 12, 375. — RÖSSLE, R.: Bedeutung und Ergebnisse der Kriegspathologie. Jkurse ärztl. Fortbildg **15** (1919, Januar). — ROLLESTON, H. D.: A case of sudden death due to embolism of one of the coronary arteries of the heart. Brit. med. J. **2**, 1566—1567 (1896).

SCOTT, E., u. M. K. HELZ: Coronary occlusion. Amer. J. Clin. Path. **1**, 3, 195—207 (1931). — SIMON, THEODOR: Zur Entstehung der Herzaneurysma. Berl. klin. Wschr. **9**, 537—538 (1872). — SMITH, FRED M.: Coronary thrombosis with congenital absence of the left coronary artery. Arch. int. Med. **38**, 222—225 (1926). — SMITH, H. L., u. E. C. BARTELS: Coronary thrombosis with myocardiac infarction and hypertrophy in young persons. J. amer. med. Assoc. **98**, 1072 (1932). — SPENCER, WATSON W.: Atheroma of the aorta and complete occlusion of the left subclavian and left coronary arteries at their origin. Trans. path. Soc. Lond. **19**, 170—171 (1868). — SCHOTT: Angina pectoris und RAYNAUDsche Krankheit. Dtsch. med. Wschr. **1915**, 854. — STADLER, E.: Die Klinik der syphilitischen Aortenerkrankung. Jena 1912. — STERNBERG, C.: Zur pathologischen Anatomie der Angina pectoris. Wien. med. Wschr. **1924**, Nr 45, 2338. — STERNBERG, JOSEF: Über Erkrankungen des Herzmuskels im Anschluß an Störungen des Coronararterienkreislaufes nebst Mitteilung eines Falles von tödlicher Myokarditis nach Fraktur, Dissert., Marburg 1887. — STERNBERG, MAXIMILIAN: Das chronische partielle Herzaneurysma. Anatomie, Klinik, Diagnose, S. 76. Wien 1914. — Stenokardie bei Mitralfehlern. Kongr. inn. Med. **1923**, 91. — STEVEN, JOHN LINDSAY: Fibroid degeneration and allied lesions of the heart and their association with disease of the coronary arteries. Lancet **2**, 1153—1156 (1887). — STRAUCH: Aneurysma cordis. Z. klin. Med. **41**, 231—279 (1900).

TACHARD, F. (COLLIN): Apoplexie interstitielle du cœur. Rupture de cet organe. Mort. Gaz. Hôp. **40**, 411—413 (1867). — TENGMALM, PETRUS GUST.: De ruptura cordis, S. 28. Dissert., Upsalie 1785. — THOREL, C.: Pathologie der Kranzgefäße. LUBARSCH u. OSTERTAGS Erg. Path. **9**, 658—674; **11**, 295—319, vid. 316—319; **17** (2), 447—464 (CHIARIS Fall in 9). — THURNAM, JOHN: On aneurysms of the heart. Med.-chir. Trans. **3**, Ser. 2, 187—265 (1838). — TIEDEMANN, FRIEDRICH: Von der Verengung und Schließung der Pulsadern in Krankheiten, vid. 13—14, 33—42, 293—309. Heidelberg und Leipzig 1843.

VIRCHOW, RUDOLF: Gesammelte Abhandlungen zur wissenschaftlichen Medizin, vid. 380—732. 1856. — VOGT, A.: Pathologie des Herzens. Berlin 1912.

WADHAM: Angina pectoris, depending upon occlusion of the mouths of the coronary vessels. Lancet **2**, 539 (1868). — WARBURG, ERIK J.: Über den Coronarkreislauf und über die Thrombose einer Coronararterie. II. Pathologie und Klinik. Acta med. scand. **73**, 545—604 (1930). — WARTHIN, A. S.: The rôle of syphilis in the etiology of angina pectoris, coronary arterio-sclerosis and thrombosis, and of sudden death. Trans. Assoc. amer. Physicians **45**, 123 (1930). — WEARN, J. T.: Thrombosis of the coronary arteries, with infarction of the heart. Amer. J. med. Sci. **165**, 250—276 (1923). — WEBER, CHARLES-ALFRED: Contribution à l'étude anatomo-pathologique de l'artério-sclérose du cœur, Thèse Nr 341. Paris 1887. — WEBER, F. PARKES: Heart from a fatal case of angina pectoris with thrombosis of the right coronary artery. Trans. path. Soc. Lond. **67**, 14—16 (1896). — WEIGERT, CARL: Über die pathologischen Gerinnungsvorgänge. Virchows Arch. **79**, 87—123, vid. 106—107 (1880). — WHITTEN, M. B.: The relation of the distribution and structure of the coronary arteries to myocardial infarction. Arch. int. Med. **45**, 383—400 (1930). — WILLIAMS, THEODORE: Dilatation of the arch of the aorta and pluggina and obliteration of the left coronary artery. Trans. path. Soc. Lond. 23, 57—59 (1872). — WOLLHEIM, ERNST: Herzinfarkt und Angina pectoris. Dtsch. med. Wschr. S. 617—619 (1931).

ZIEGLER: Über Myomalacia cordis. Virchows Arch. 90, 211—212 (1882). — ZIEGLER, ERNST: Lehrbuch der allgemeinen und speziellen pathologischen Anatomie 2, 7. Ausg., 26—31. Jena 1892. — ZIEMSSEN, v.: Berl. klin. Wschr. 28, 523 (1891); auch Verh. 10. Kongr. inn. Med. Wiesbaden, S. 279—280.

III. Die Klinik der Coronarerkrankungen.

a) Allgemeine Symptomatologie.

Die klinischen Zeichen, die auf Störungen im Coronarsystem hinweisen, sind außerordentlich vieldeutig, so daß die Diagnose Coronarerkrankung nur in wenigen Fällen aus einem einzigen Symptom mit Sicherheit gestellt werden kann. Der Versuch, aus den klinischen Zeichen die Pathogenese eines Coronarleidens zu ergründen, führt nur selten zum Ziele. Die Klinik kennt verschiedene Symptomenkomplexe, die auf Störungen der Herzdurchblutung hinweisen. Schwieriger liegen die Verhältnisse, wenn die Art der Veränderungen — ob es sich um organische Prozesse oder um funktionelle Anomalien handelt — festgestellt werden soll. Bevor auf die Symptomenkomplexe, wie Angina pectoris, Asthma cardiale usw., eingegangen wird, sollen kurz einige Symptome besprochen werden, die für sich allein zwar vollkommen uncharakteristisch sind, die in ihrem Zusammentreffen aber doch den Verdacht einer coronaren Störung erwecken können.

Beginnen wir mit den subjektiven Erscheinungen, dann müssen zwei Gruppen unterschieden werden, solche, die bei der Bewegung des Herzens auftreten und diejenigen, die unabhängig von der einzelnen Herzbewegung bestehen. Bei einer „normalen" Blutversorgung sind keine Empfindungen vom Dasein des Herzens vorhanden. Treten Störungen auf, dann merkt der Patient plötzlich, „daß er ein Herz hat", und diese Tatsache kann ihm durch verschiedene subjektive Symptome, wie Herzklopfen, Herzdrücken, Stechen oder aber auch durch schwere Anfälle von Herzschmerz, der mit Vernichtungsgefühl verbunden ist, zum Bewußtsein gebracht werden. Diese Reihenfolge in der Schwere subjektiver Symptome steht nur in einem losen Zusammenhange mit dem pathologisch-anatomischen Bilde der Coronarveränderungen. Wir wissen, daß die schwersten morphologischen Umwandlungen zuweilen völlig symptomlos verlaufen, während die heftigsten Attacken von Herzschmerzen häufig durch kein anatomisches Substrat eine Erklärung finden können. Dieser Gegensatz zwischen Symptomatik und pathologischer Anatomie ist nicht nur ein wichtiger Hinweis auf die große klinische Bedeutung von Faktoren, die anatomisch nicht erfaßbar sind, also vor allem der nervösen und chemischen Komponenten, sondern auch ein Zeichen dafür, daß Symptomenbilder bei Coronarerkrankungen nicht auf eine einzige Ursache zurückgeführt werden dürfen, sondern als die Resultante aus der Disharmonie vieler verschiedenartiger Faktoren gedeutet werden müssen. Der wesentlichste Mechanismus, der aber bei allen Coronarstörungen die führende Rolle spielt, ist die Differenz zwischen Blutangebot und Blutbedarf der Herzmuskelzelle. Die Ursache dieses Defizits, noch mehr aber die Begleitumstände, die zur Auslösung der verschiedenen klinischen Erscheinungen benötigt werden, sind in den wenigsten Fällen zu ergründen.

Ein außerordentlich häufiges Symptom bei vielen Herzerkrankungen ist *Herzklopfen*. Jeder einzelne Herzschlag wird entweder in der Gegend der Herzspitze oder unter dem Brustbein unangenehm empfunden. Bei Kreislaufinsuffizienz wird darüber auffallend wenig geklagt. Nur Kranke mit Aorteninsuffizienz leiden häufiger darunter. Meist handelt es sich um leicht erregbare Patienten. Beim Basedow gehört Herzklopfen fast regelmäßig zum Krankheitsbild. KAUFMANN nimmt an, daß Herzklopfen auf eine anormal rasche systolische Kontraktion der Herzkammern zurückzuführen ist. Nach der Vorstellung von WIGGERS und vieler anderer Autoren steht die Stärke des Herzspitzenstoßes in Beziehung zum Gefühl des Herzklopfens. Durch kräftige Ventrikelkontraktionen wird das Kammervolumen kleiner, das Herz ändert seine Lage, so daß die Herzspitze eine größere Kraft gegen die Thoraxwand entfalten kann. Klinische Erfahrungen zeigen jedoch, daß bei der Mehrzahl der Patienten, die über Herzklopfen klagen, der Herzspitzenstoß nicht als anormal bezeichnet werden kann, während viele Kranke mit hebendem Spitzenstoß über keinerlei subjektive Beschwerden klagen. Andererseits wird bereits unter normalen Bedingungen bei körperlicher Arbeit oder auch bei psychischer Erregung dieses Zeichen wahrgenommen. Während beim Gesunden ein gewisses Maß von körperlicher Leistung notwendig ist, um Herzklopfen zu erzeugen, klagen Herzkranke bereits in der Ruhe oder nach geringer körperlicher Betätigung über diese Sensation. Auf Grund unserer Vorstellung über das Verhalten peripherer Gefäße bei körperlicher Betätigung ist es möglich, dieses Symptom, das beim völlig Normalen während körperlicher Anstrengungen, bevor der „second wind" erreicht wird, regelmäßig auftritt, als den Ausdruck einer „mangelhaften" Herzdurchblutung zu deuten.

Es genügt aber nicht, für die Erklärung des Herzklopfens allein ein Durchblutungsdefizit anzunehmen; wahrscheinlich ist auch eine erhöhte Erregbarkeit des Nervensystems notwendig, um dieses Symptom in der Ruhe oder bei geringer Anstrengung auszulösen. Die nervösen Bahnen, auf welchen das Herzklopfen zum Bewußtsein kommen kann, sind von GIBSON-VOLHARD, JONESCU und JONESCO u. a. dargestellt worden.

Nicht von der Herzaktion abhängig ist das Gefühl des *Druckes in der Herzgegend*. Man findet dieses Symptom häufig als erstes Zeichen einer beginnenden Coronarerkrankung, selten bei den übrigen organischen und funktionellen Herzkrankheiten. Das bekannteste subjektive Symptom bei Coronarstörungen aber ist der *Schmerz*. Bei den verschiedensten Herzerkrankungen wird über *Schmerzen*, die etwas unterhalb und außerhalb der Herzspitze lokalisiert sind, geklagt. Bei genauer Sensibilitätsprüfung findet man eine Hyperalgesie der Haut und Muskulatur auf der linken Seite der Brust oder auch am Arm. Die hyperästhetischen Zonen wie auch die Schmerzen fallen am häufigsten in das Gebiet der ersten vier Dorsalsegmente des Rückenmarks.

Die Erklärung für das Zustandekommen der Herzschmerzen bereitet ziemliche Schwierigkeiten. Durch Untersuchungen von ROSS, HEAD und MACKENZIE wissen wir, daß das Herz keine schmerzempfindenden Fasern besitzen soll. Die Schmerzen, die meist an der Körperoberfläche lokalisiert werden und häufig mit einer Hyperästhesie der Haut einhergehen, die bei Coronarerkrankungen typische Bezirke umfassen kann, sind nach der Vorstellung von HEAD und MACKENZIE dadurch zu erklären, daß zwar das Herz keine Gefühls- und Schmerzreize zum Zentralorgan direkt sendet, daß aber durch Vermittlung des autonomen Nervensystems fortwährend vom Herzen aus Reize dem Zentralorgan zufließen. Der feinere

Verlauf der Bahnen, auf denen diese Reize ihren Weg nehmen, ist von JONESCU und JONESCO (S. 144) studiert worden. Diese Reize bewirken, wenn sie pathologisch verändert sind, einen Zustand erhöhter Reizbarkeit in den entsprechenden Partien des Zentralorgans. Die in diesen Bezirk einmündenden sensiblen Fasern erfahren eine Umstimmumg, so daß schon unter Umständen physiologische Reize zu schmerzhaften Empfindungen umgeformt und als solche weiter geleitet werden. LEWANDOWSKY stellt sich vor, daß die glatten Muskelfasern der Herzgefäße unter gewissen Umständen bei stärkerer Kontraktur sehr empfindlich werden und Organschmerzen produzieren. Auch NEUSSER nimmt an, daß bei einem Krampfzustand der Coronargefäße durch sensible Sympathicusfasern der Schmerz zentripetal geleitet wird. Irgendein das sympathische Nervengeflecht des Herzens treffender Reiz soll den Schmerz auslösen können (A. HOFFMANN).

Schmerzen und Hyperalgesien wechseln oft von Tag zu Tag. Sie können in Ruhe auftreten, häufig werden sie nach körperlicher Arbeit oder nach psychischer Erregung beobachtet. Treten Schmerzen anfallsweise mit großer Heftigkeit auf, dann spricht man von Angina pectoris. Auf diese Erscheinung soll im weiteren Verlauf noch ausführlich eingegangen werden. Die verschiedensten Affektionen des Herzens können Schmerzen und andere Sensationen in der Herzgegend hervorrufen. Wir finden sie am stärksten bei Coronarleiden, ferner häufig bei Perikarditis, aber auch alle anderen pathologischen Zustände können gelegentlich Schmerzen, Hyperalgesie oder Druckgefühl erzeugen.

Von den objektiven Symptomen bei Coronarstörungen ist am bekanntesten die *Tachykardie*, die bei Verminderung der Herzdurchströmung sowohl in der Klinik als auch im Tierexperiment beobachtet wird. Es handelt sich dabei wohl nicht allein um einen die muskuläre Insuffizienz kompensierenden Vorgang, sondern auch um den Ausdruck einer nervösen Störung. Pulsbeschleunigung und Herzklopfen sind häufig vergesellschaftet. In das Gebiet der nervösen Herzstörungen gehört auch die in Anfällen auftretende Pulsbeschleunigung, die paroxysmale Tachykardie. Wir gehen auf diese Erscheinung noch später näher ein, da wir ebenso wie LEWIS zwischen diesen Anfällen und der Coronardurchblutung enge Beziehungen vermuten.

Kommt es durch starke Durchblutungsabnahme in größeren Bezirken des Herzens zu einer Myodegeneratio cordis, dann entwickelt sich nach einer gewissen Zeit eine Herzschwäche, die die Ursache für eine *Kreislaufdekompensation* werden kann. Auf die bekannten Symptome der Dekompensation, die, je nach dem Sitz der Coronarstörung, als Rechts- oder Linksdekompensation in Erscheinung tritt, soll hier nicht näher eingegangen werden.

Für die Klinik ist es von besonderer Wichtigkeit, bereits Myokardveränderungen zu erkennen, bevor sie in dieses Stadium eintreten. Die Ursache der Myokardveränderungen kann verschiedener Art sein. Uns interessieren hier lediglich die Fälle, die auf der Basis von Zirkulationsstörungen beruhen. Die *Elektrokardiographie* ist neben der Anamnese für die Erkennung derartiger Zustände in weitgehendem Maße herangezogen worden. Man hat sich bemüht, zwischen elektrokardiographischen Deformationen und anatomischen Veränderungen des Herzmuskels Beziehungen aufzustellen. Auf die Bedeutung des Elektrokardiogramms für die Klinik der Coronarerkrankungen soll in einem besonderen Abschnitt eingegangen werden.

Temperatursteigerungen werden nur ausnahmsweise bei Coronarerkrankungen, nämlich bei Myokardinfarkten, beobachtet. Die Temperatur schwankt dann meist zwischen 38 und 39° C. Gleichzeitig kommt es zu einer *Leukocytose* von ca. 10—25000 weißen Blutzellen im Kubikmillimeter Blut. Zuweilen beobachtet man bei der Differenzierung des weißen Blutbildes eine Linksverschiebung der Neutrophilen. Diese Erscheinungen werden auf Autolyse zugrunde gehender Herzmuskelzellen zurückgeführt. Bei Myokardinfarkten beobachtet man ferner in ca. 10 % der Fälle am zweiten oder dritten Krankheitstage ein *perikarditisches Reiben*, das oft nur wenige Stunden zu hören ist.

Das Elektrokardiogramm bei Coronarerkrankungen[1]).

Erst kürzlich haben MAHAIM, ROTHBERGER und ROMBERG die Bedeutung elektrokardiographischer Anomalien zur Erkennung von Reizbildungs- und Reiz-

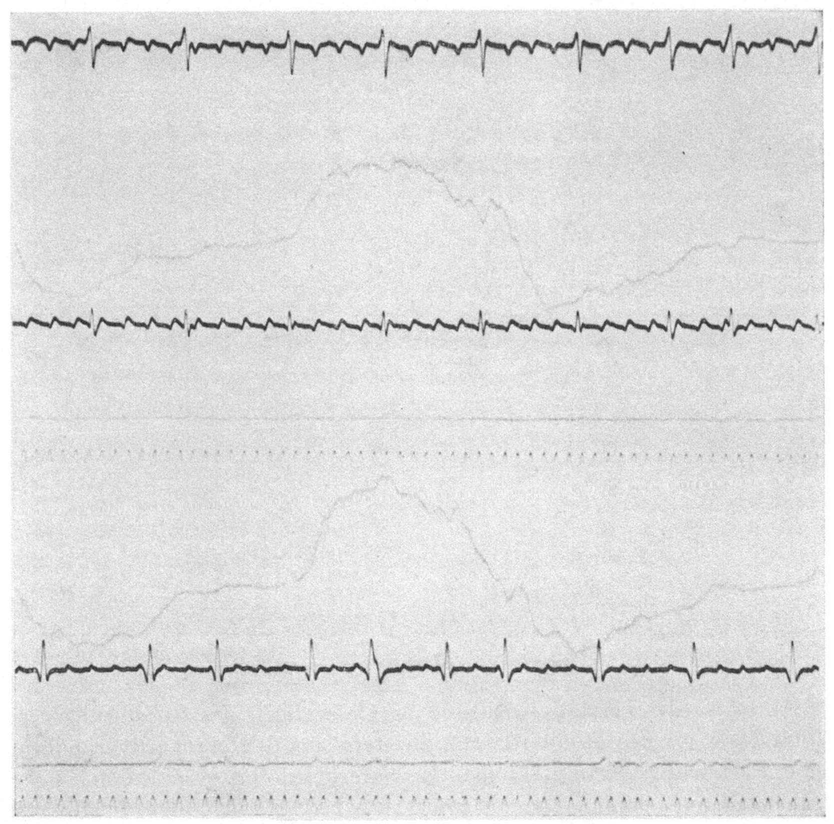

Abb. 41. Arhythmia absoluta mit Vorhofflattern.

leitungsstörungen, die durch Coronarerkrankungen hervorgerufen werden, ausführlich geschildert. Wegen Einzelheiten soll auf diese Abhandlungen verwiesen werden. Es ist wohl das Verdienst von GERAUDEL, als erster beim Men-

---

[1]) Während der Drucklegung ist eine Monographie von CONDORELLI „Die Ernährung des Herzens und die Folgen ihrer Störung" (STEINKOPFF, Dresden, 1932) erschienen, die sich vorwiegend mit Veränderungen des Elektrokardiogramms bei Coronarstörungen befaßt, auf die hier nicht mehr eingegangen werden konnte.

schen die Erkrankung der zuführenden Gefäße des spezifischen Muskelsystems mit bestimmten Deformationen des Ekg in Zusammenhang gebracht zu haben. Wird bei einer Störung im Coronarsystem das Reizleitungssystem betroffen, dann gestattet das Ekg oft eine genaue Lokalisation des befallenen Herzabschnittes. Allerdings darf nicht übersehen werden, daß ein verändertes Ekg noch keineswegs eine bestimmte Coronarerkrankung sicherstellt. Das Gesamtbild hat zu entscheiden, ob eine Coronarsklerose, Lues oder sonstige infektiöse Prozesse vorliegen. Weiterhin bleibt, wie KARTAGENER betont, zu berücksichtigen, daß zwischen elektrokardiographischem Befund und Diagnose zwei indirekte Schlußfolgerungen

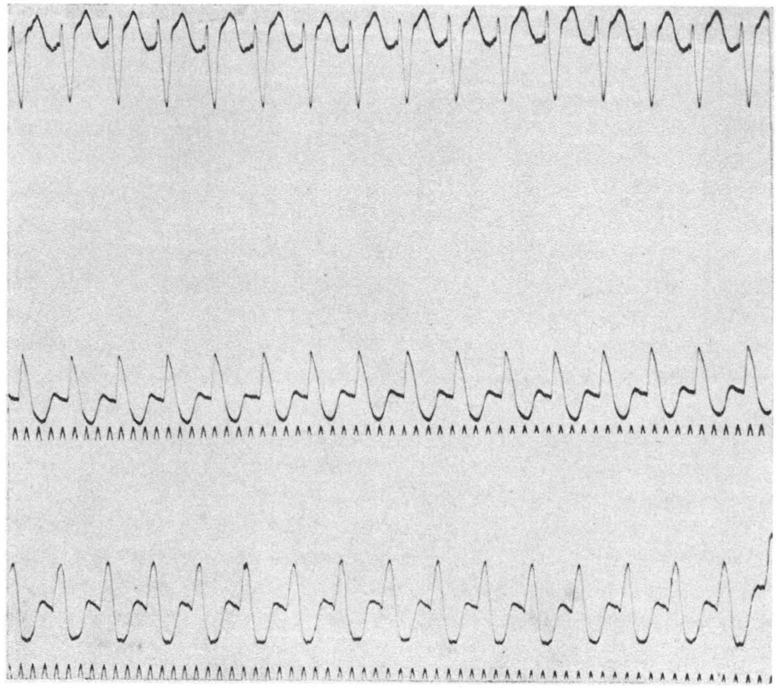

Abb. 42. Rechtsventrikuläre paroxysmale Tachykardie.

eingeschaltet werden: erstens wird aus Veränderungen des Reizleitungssystems auf Veränderungen des Myokards und zweitens aus den Myokardveränderungen auf eine Ernährungsstörung infolge Coronarerkrankung geschlossen. Es kann nicht genug betont werden, daß ein anormales Ekg für sich allein noch nicht zur Annahme einer Herzanomalie berechtigt (WENCKEBACH), während andererseits trotz schwerster Myokard- und Coronarveränderungen mit der üblichen Untersuchungstechnik normale Ekgs aufgenommen werden können (*stumme Zonen* des Herzens nach MORAWITZ und HOCHREIN). Bei der Besprechung der einzelnen Krankheitsbilder soll auf diese Verhältnisse noch näher eingegangen werden.

Wir sind der Auffassung, daß die elektrokardiographische Diagnostik in dem Bestreben, Veränderungen am Coronarsystem aufzudecken, heute noch in vielen Fällen recht unzulänglich ist. Für die Klinik wäre es häufig wichtig, neben anatomischen Änderungen Beziehungen zu Funktionsanomalien der Dynamik oder des Stoffwechsels des Herzens zu kennen. Wir werden auf diesbezügliche Untersuchungen, soweit sie praktische Bedeutung besitzen, noch besonders hinweisen.

Wird die Blutversorgung des Sinusknotens gestört, dann kann man beobachten, daß die Automatie des Sinusknotens sinkt und *a-v-Rhythmus* eintritt (ROTHBERGER und SCHERF). Da die Sinusknotenarterie eine ungewöhnlich starke Muskulatur besitzt, wurde angenommen, daß durch einen verschiedenen Kontraktionszustand der Ringmuskulatur die Frequenz der Sinusreizbildung bestimmt wird (LUTEMBACHER). Bei einem Kranken mit gleichmäßiger *Brady-*

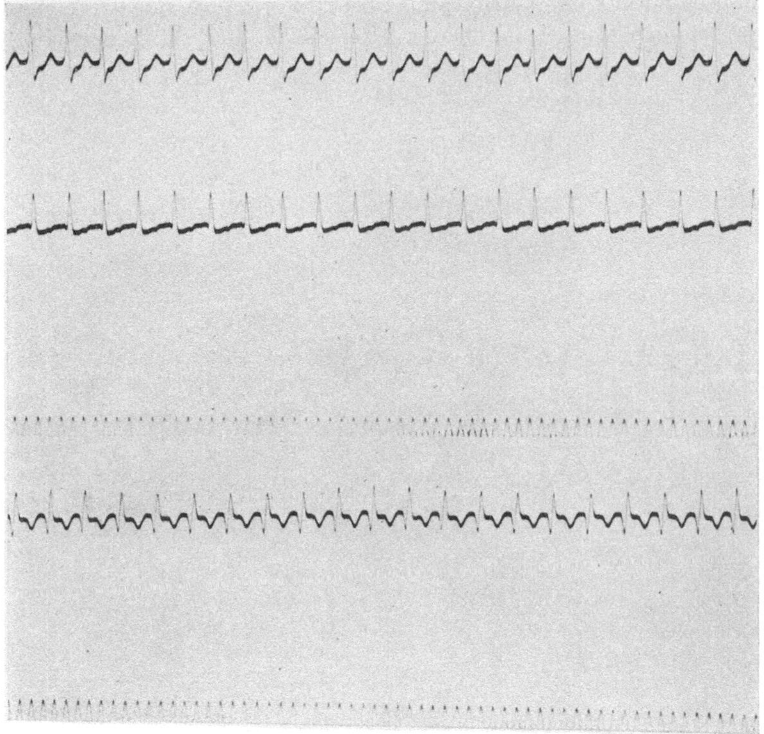

Abb. 43. Atrioventrikuläre paroxysmale Tachykardie. Mittlerer Knotenrhythmus. Frequenz 190 Schläge in der Minute.

kardie wurde von WINTERNITZ und SELYN eine Thrombose der den Sinusknoten versorgenden Arterie gefunden. Auch beim *Vorhofflimmern* (Arhythmia absoluta) hat man nach anatomischen Veränderungen der Coronargefäße gesucht und solche auch teilweise gefunden. Da aber Vorhofflimmern auch bei normalem Coronarsystem lange bestehen und nach langer Dauer dem Sinusrhythmus Platz machen kann, wird gefolgert, daß Veränderungen keine unerläßlichen Bedingungen sind, wodurch aber ihre Bedeutung auch nicht ausgeschlossen ist (ROTHBERGER).

Die große Bedeutung der Arhythmia absoluta bei der Erkennung atherosklerotischer Coronarerkrankungen ist aus der Statistik von 191 Fällen unserer Klinik, die nach Alter und nach ätiologischen Gesichtspunkten gruppiert wurden, zu ersehen.

Alter	Rheumat. Erkrank.	Arterio-sklerot. Erkrank.	Davon Lues	Basedow	♂	♀	Gesamt
20—30	10	—	—	—	4	6	10
30—40	12	—	—	—	4	8	12
40—50	17	11	1	2	11	19	30
50—60	19	35	7	1	35	20	55
60—70	4	42	3	—	30	16	46
70—80	2	29	2	1	19	13	32
80—90	—	6	—	—	4	2	6
	64	123	13	4	107	84	191

Unter 40 Jahren kommt Arhythmia absoluta praktisch nur bei rheumatischen Herzerkrankungen vor. Im höheren Alter, nach dem 50. Lebensjahr, ist die

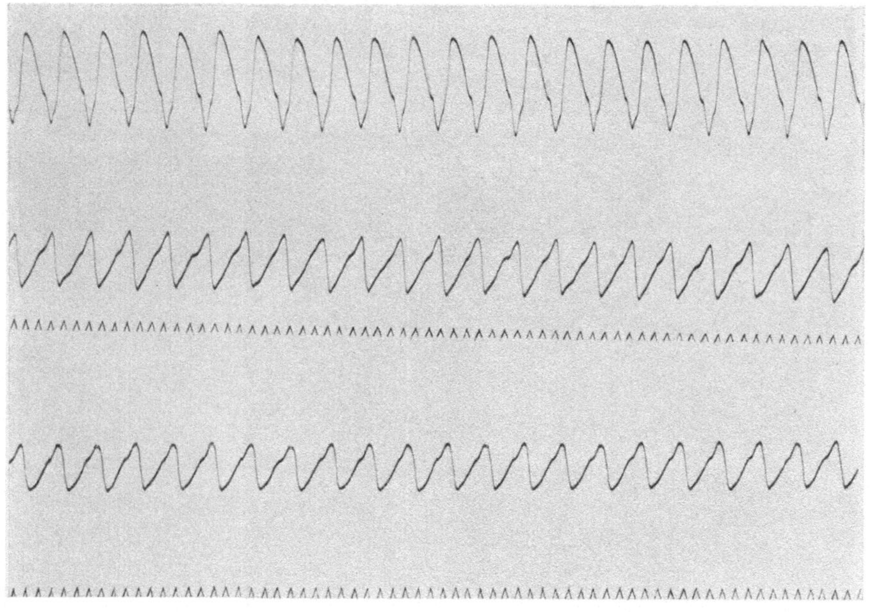

Abb. 44. Ventrikuläre paroxysmale Tachykardie. Frequenz 200 Schläge in der Minute.

Arhythmia absoluta häufig, nach dem 60. Lebensjahr fast regelmäßig der Ausdruck eines atherosklerotischen Herzleidens, einer Coronarsklerose. Lues spielt als ätiologischer Faktor keine Rolle. Man kann mit gewissen Einschränkungen behaupten, daß bei einem ungeklärten Herzleiden eine Arhythmia absoluta Lues als ursächlichen Faktor ausschließt, denn die 6,8% Luetiker, die wir in unserer Statistik führen, zeigten, soweit sie zur Autopsie kamen, neben luischen Veränderungen noch eine ausgedehnte Atherosklerose.

Reizbildungsstörungen durch *Extrasystolen* können im Gefolge von Coronarerkrankungen durch Prozesse mit frischen Blutungen, durch Ödem um einen frischen Herd, plötzliche Anämie bestimmter Bezirke, vielleicht auch durch Schrumpfungsvorgänge hervorgerufen werden (MAHAIM). Zuweilen treten Extrasystolen als Salven in Form ventrikulärer Tachykardie auf und bestehen stunden-, oft tagelang fort. Kommt es in kurzen Perioden, bisweilen bei jedem Schlag wechselnd, zu Rechts- und Linksextrasystolen, dann spricht man von einer extrasystolischen Polymorphie. Nicht selten folgt der Polymorphie ein ausschließlich extrasystolischer Rhythmus, die ventrikuläre Anarchie, und ihr das fast hoffnungslose Kammerflimmern mit dem von H. E. HERING beschriebenen Sekundenherztod.

Da wir bei der Besprechung der Krankheitsbilder auch auf die *paroxysmale Tachykardie* eingehen werden, sollen hier deren elektrokardiographische Kennzeichen etwas ausführlicher besprochen werden. Anfallsweise auftretende Beschleunigung der Herzaktion kommt, wie man aus dem Ekg leicht erkennen kann, durch Impulse, die vom Sinus, Atrioventrikularknoten oder Ventrikel ausgehen, zustande.

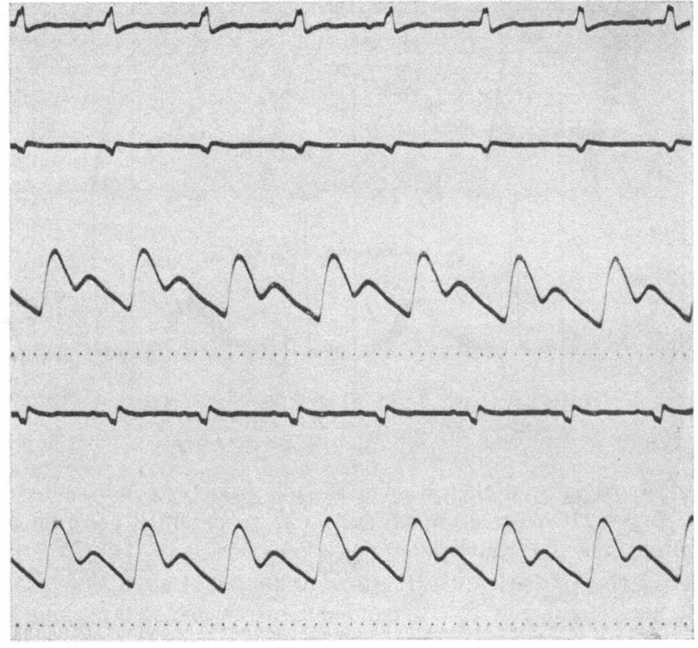

Abb. 45. Arborisationsblock in allen Ableitungen.

Wir unterscheiden folgende Arten von Tachykardien:

1. Aurikuläre

   a) Reguläre Vorhofstachykardie;
   b) Vorhofsflattern;
   c) paroxysmale Anfälle von Vorhofsflimmern.

2. Atrioventrikuläre (a-v-Rhythmus)

   a) oberer Knoten;
   b) unterer Knoten;
   c) mittlerer Knotenrhythmus.

3. Ventrikuläre.

In Abb. 42, 43, 44 zeigen wir einige Formen, und zwar eine häufigere, die atrioventrikuläre Tachykardie (mittlerer Knotenrhythmus), sowie zwei seltenere Arten, eine ventrikuläre und eine rechtsventrikuläre Tachykardie.

Die verschiedenen Formen des Ekg bei a-v-Rhythmus können durch ein von ROTHBERGER ausgearbeitetes Schema leicht verständlich gemacht werden (Abb. 46).

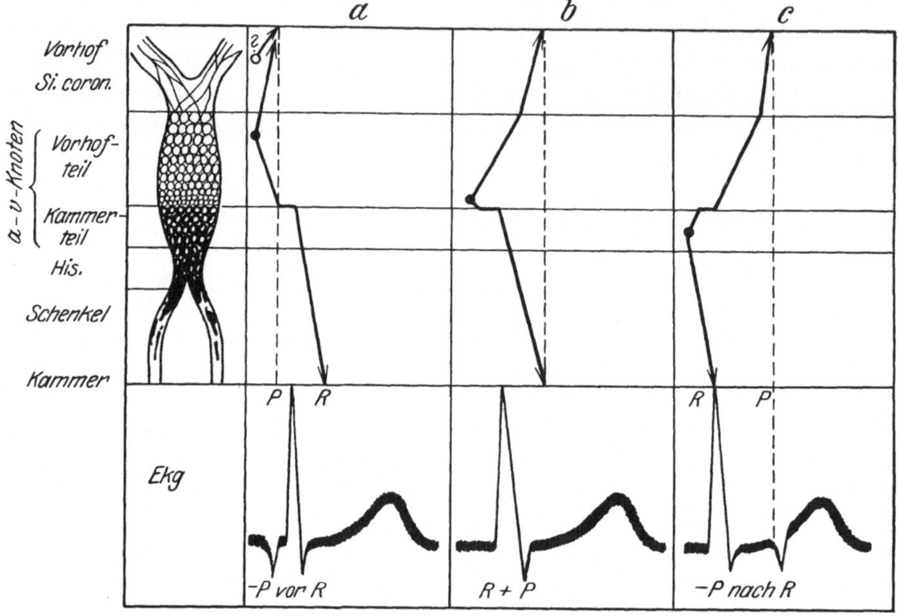

Abb. 46. Schema der Entstehungsweise der drei Arten von a-v-Rhythmus. (Nach ROTHBERGER.)

Die elektrokardiographischen Eigenarten der paroxysmalen Tachykardie sind von WENCKEBACH, ROTHBERGER, HUME u. a. anschaulich geschildert worden. Unter Zuhilfenahme der Statistiken von COWAN, GALLAVARDIN, WILLIUS und BARNES und RITCHIE berichtet HUME, daß in 253 Fällen von paroxysmaler Tachykardie das Herzjagen von folgenden Zentren seinen Ausgang nahm:

Vorhof	Oberer Knoten	Unterer Knoten	Mittlerer Knoten	Unbestimmt, aber supraventr.	Ventrikel
40	8	18	100	32	25 Fälle

Unser eigenes Material an Fällen von reiner paroxysmaler Tachykardie ergab folgendes Bild: Das Alter der von uns beobachteten 18 Kranken schwankte zwischen 19 und 61 Jahren; wir sahen 6 Frauen und 12 Männer. 3 Kranke hatten eine Sinus-, 13 eine atrioventrikuläre und 2 Kranke eine Kammertachykardie. Aus der Anamnese konnte in 3 Fällen ein Bestehen der Anfälle über 15 Jahre, in 6 Fällen über 5 Jahre festgestellt werden. In der anfallsfreien Zeit bot der Kreislauf unserer Kranken keinen auffallenden Befund. Der maximale Arteriendruck bewegte sich innerhalb der Norm, die Pulszahl war im Mittel eher etwas niedrig; die betrug ca. 68 Schläge in der Minute. Zeichen einer Kreislaufinsuffizienz konnten bei den meisten Fällen weder mit den üblichen klinischen Untersuchungsmethoden noch durch Bestimmung der Vitalkapazität und des

Venendruckes nachgewiesen werden. In 60% der elektrokardiographisch untersuchten Fälle war die Überleitungszeit vom Vorhof zum Ventrikel verlängert, eine Spaltung von P wurde in 40% der Fälle beobachtet. Arborisationsblock, Wellung von ST sowie kleine Kammerausschläge mit respiratorischer Deformation wurden nicht in auffallender Häufigkeit gesehen.

Verschiedentlich ist auf Beziehungen zwischen paroxysmaler Tachykardie und Arhythmia absoluta hingewiesen worden. FREDERICQ zeigte, daß bei künstlicher Erzeugung von Vorhofsflimmern zuweilen paroxysmale Tachykardie der Ventrikel auftritt. Da bei der Arhythmia perpetua unregelmäßig beschleunigte, bei der paroxysmalen Tachykardie regelmäßig beschleunigte Reize gebildet werden, nimmt auch A. HOFFMANN an, daß beide Arten von

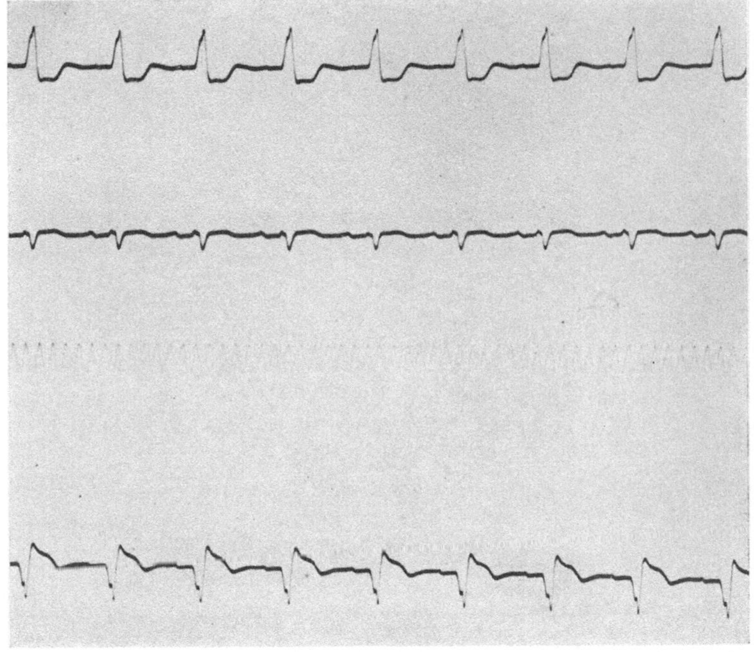

Abb. 47. Rechter Schenkelblock.

Rhythmusstörungen leicht ineinander übergehen können. Hierher gehört auch das paroxysmale Vorhofflimmern, eine Erscheinung, die bereits von CUSHNY erkannt und neuerdings von PARKINSON und CAMPBELL an 200 Beobachtungen ausführlich geschildert wurde.

Störungen im Reizleitungssystem können in einer Verzögerung der Reizleitung (Verlängerung von PQ), einem periodischen Systolenausfall (partieller Block) oder einer völligen Dissoziation zwischen Vorhof und Ventrikel (a-v oder totaler Block) zum Ausdruck kommen. Derartige Anomalien des Ekgs sind nach MAHAIM schon 1906 von mehreren Autoren (TURREL und GIBSON, GALLAVARDIN und DUFOUR u. a.) als Zeichen einer ungenügenden Blutversorgung des ASCHOFF-TAWARAschen Knotens oder des Stammes des HISschen Bündels beschrieben worden. GERAUDEL dachte dabei auch an einen Krampf der Septumarterie ohne anatomische Veränderungen. Bei den intraventrikulären Reizleitungsstörungen kommt es entweder zu einer Blockierung eines Schenkels des HISschen Bündels (rechtsseitiger oder linksseitiger Schenkelblock) oder der feineren Verzweigung

(Arborisationsblock). In reinen Fällen ist dabei die Leitung zwischen Vorhof und Ventrikel nicht gestört. Die Hemmung der ventrikulären Reizleitung kommt nicht nur in einer Deformation, sondern auch in einer Verbreiterung von QRS zum Ausdruck.

Geringe Knotenbildung findet sich auch gelegentlich bei normalem Herzen. Verbreiterung der QRS-Gruppe über das normale Maximum weist auf mannigfache Umwege der Erregungsleitung hin. Mahaim hat das bedeutende Überwiegen des rechten über den linken Schenkelblock mit der Gefäßversorgung der beiden Schenkel in Zusammenhang gebracht. Der rechte Schenkel, der als dünner

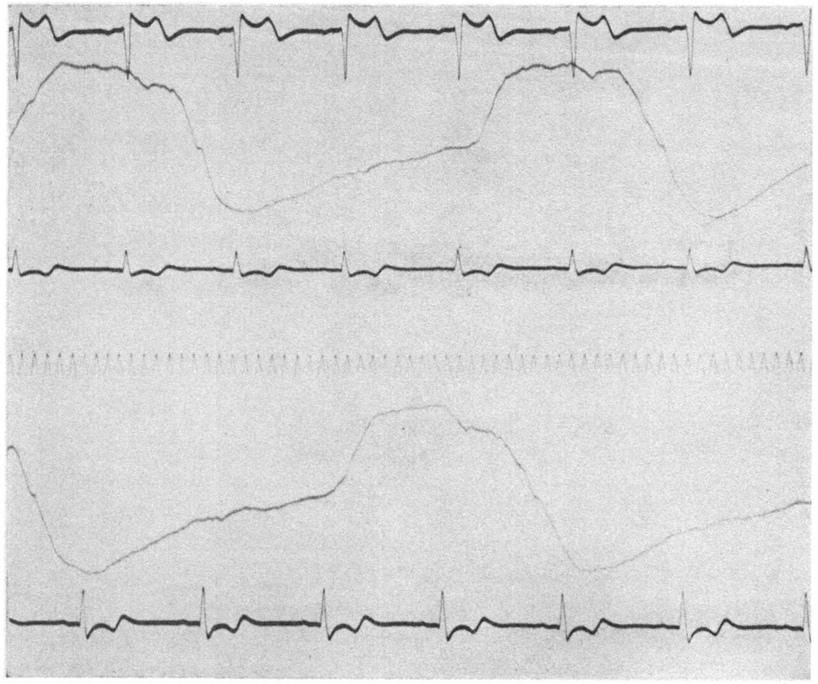

Abb. 48. In Abl. I wird zwischen S und T die isoelektrische Linie nicht erreicht. T in Abl. II und III negativ. T in Abl. III „coronar" deformiert.

rundlicher Strang an der rechten Seite des Kammerseptums fast bis zur Spitze zieht, sowie die vorderen Äste des linken Schenkels werden von der am häufigsten erkrankten linken Kranzarterie versorgt. Der Knoten, das Hissche Bündel und die hinteren Äste des linken Schenkels hingegen gehören zum Durchblutungsbereich der rechten Kranzarterie (s. S. 3). Das Vorkommen sowie die Häufigkeit des Rechtsblockes bei Erkrankungen des linken Herzens wird durch diese Befunde leicht verständlich. Mahaim hat auch bei zahlreichen Fällen von Linkstyp (negatives R in Abl. I bzw. II ohne Verlängerung von QRS) anatomische Unterbrechungen des rechten Schenkels gefunden, so daß er auch hier von einem Rechtsblock spricht.

Auf die Veränderungen des Ekg bei reiner Myokardschädigung soll, da die Befunde wenig eindeutig sind, nicht näher eingegangen werden. Man hat bei

Myokarditis eine konstante Verkleinerung der Ventrikelzacken, Veränderungen der T-Zacke (Negativwerden in zwei Ableitungen), Wellung von ST usw. beobachtet.

In der Literatur der letzten Zeit haben die elektrokardiographischen Veränderungen von ST und der T-Zacke bei Verschluß einer Coronararterie eine besondere Rolle gespielt. Von MAHAIM und ROMBERG wurde darauf hingewiesen, daß die Negativität der T-Zacke vielfach etwas zu ausführlich die Aufmerksamkeit gefesselt habe, so daß wichtigere andere Aufschlüsse des Ekg übersehen wurden. Sicherlich wurde von vielen Autoren nicht genügend berücksichtigt, daß das Elektrokardiogramm nach einem Coronarverschluß, wenn Myokard zugrunde geht, keineswegs immer das gleiche eindeutige Bild zeigt, sondern dauernden Änderungen unterworfen ist. Wir wissen dies durch die experimentellen Untersuchungen von EPPINGER und ROTHBERGER (1910), SAMOJLOFF (1911), F. SMITH (1918) u. a., sowie durch zahlreiche eigene klinische Beobachtungen. Sofort nach dem Verschluß sieht man häufig die hohe T-Welle, die nicht mehr von der isoelektrischen Linie, sondern aus der R-Welle entspringt. Eine Woche später findet man häufig T negativ und spitz (coronares T), zuweilen in Gemeinschaft mit einer Verbreiterung und Aufspaltung von QRS. Nach einigen Wochen kann das Elektrokardiogramm, das vor dem Coronarverschluß bestanden hat, wieder auftreten. Auf Grund einwandfreier klinischer Beobachtungen und autoptischer Kontrollen kann aber auch behauptet werden, daß bei einem akuten, ausgedehnten Myokardinfarkt das Elektrokardiogramm zuweilen völlig unverändert bleibt (MORAWITZ und HOCHREIN, WOLLHEIM u. a.). Ein anormales Elektrokardiogramm nach einem Myokardinfarkt muß andererseits nicht typisch für dieses Ereignis sein. Störungen im Reizleitungssystem und Myokardveränderungen anderer Art, die schon lange Zeit bestanden haben, wahrscheinlich auch chemische und nervöse Störungen, können die Ursache für diese Anomalien im Elektrokardiogramm bilden. Nach Coronarverschluß beobachtet man jedoch so häufig — NATHANSON berechnet in 88 % der Fälle — ein coronares T oder die

hohe Abzweigung von T, daß es sich hier um keine Zufälligkeiten handeln kann. Die nebenstehende Abbildung zeigt in schematischer Darstellung die am häufigsten beobachteten Veränderungen des Ekg nach Coronarthrombose (WARBURG).

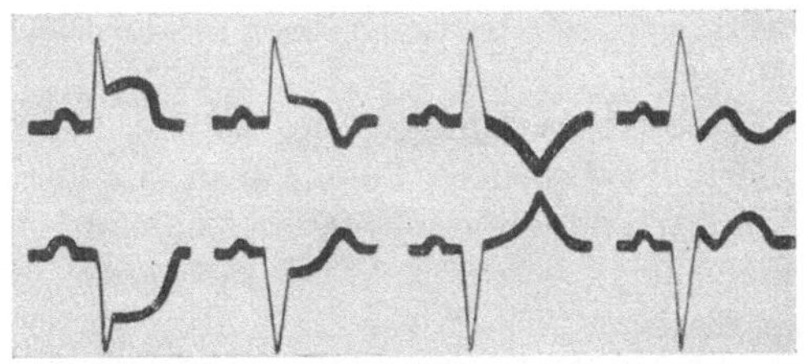

Abb. 49. Änderungen des Elektrokardiogrammes nach Coronarthrombose. Nach ERIK J. WARBURG, Über den Coronarkreislauf und über die Thrombose einer Coronararterie.

Auf Abb. 49 sieht man am weitesten nach links ein Schema der Abl. I und III im Ekg, auf dem an Stelle der normalen Verbindungslinie S—T, die isoelektrisch sein soll (d. h. auf der Grundlinie des Ekg liegt), S sich mehr oder minder weit über der Grundlinie befindet. Die Verschiebung in Abl. III ist der Änderung in Abl. I immer entgegengesetzt. Später, in der Regel im Laufe einiger Monate, verändert sich das Ekg. Es bildet sich in ein oder zwei Ableitungen ein „coronares" T aus (3. Form). Zuweilen beobachtet man Bilder, die als 4. Form schematisch dargestellt sind.

Ekgs wie die zwei ersten der Reihe müssen als für Coronarokklusion besonders charakteristisch angesehen werden. Man beobachtet sie aber auch bei Digitaliswirkung (s. GRAFF und WIBLE), bei rheumatischer Myokarditis (COHN und SWIFT) und auch bei anderen Infektionen oder Intoxikationen. Ekgs wie die letzten der Reihe sieht man dagegen recht häufig sowohl bei Coronarsklerose, bei syphilitischer Aortitis als auch bei rheumatischen Mitralstenosen (PORTE und PARDEE).

Das eingehende Studium der T-Zacke hat zur Erkennung des Myokardinfarkts außerordentlich beigetragen. BARNES und WHITTEN gehen noch weiter und behaupten, mit Hilfe der T-Zacke die Lokalisation des Herzinfarktes mit derselben Genauigkeit wie durch andere klinische Methoden den Verschluß einer bestimmten Hirnarterie, angeben zu können. Kommt es zu einem Infarkt in der Vorderwand des linken Ventrikels und der Spitze, dann treten Veränderungen von ST bzw. RT in Abl. I und II auf. RT in Abl. I und II, besonders aber in Abl. I, zeigt eine Erhöhung über die isoelektrische Linie. Die Form kann dabei konvex, en dôme (CLERK), oder diphasisch sein. Abl. I und III verhalten sich gegensätzlich, so daß eine Erhebung in Abl. I einer Erniedrigung in Abl. III entspricht oder umgekehrt. Gewöhnlich findet man bei Infarkt der Vorderwand des linken Ventrikels Abl. I und II gleichmäßig verändert. Im späteren Stadium des Coronarverschlusses tritt das „coronare" T in Abl. I auf. RT ist dabei in Abl. I gerundet, nähert sich aber bereits mehr der isoelektrischen Linie.

Bei Infarkten der Hinterwand des linken Ventrikels trifft man genau die entgegengesetzten Veränderungen im Elektrokardiogramm. Im Frühstadium ist RT in Abl. II und III erhöht, später wird T negativ und bekommt coronare Form. Überleben die Kranken den Coronarverschluß längere Zeit, dann verschwindet in 6 Wochen bis zu 2 Jahren das „coronare" T, und das Elektrokardiogramm kann wieder völlig normal werden. Treten durch den Infarkt Schenkelblock und Vorhofsflimmern auf, oder ist bereits längere Zeit vorher Digitalis gegeben worden, dann ist diese Ortsbestimmung erschwert. Sitzt der Infarkt im vorderen Teil des Ventrikelseptums, dann kommt es zu einem rechten Schenkelblock. Ist der hintere Teil des Septums betroffen, dann kommt es zu verschiedenen Störungen: wie partieller oder totaler Block, partieller linker Schenkelblock usw. (MAHAIM).

GROTEL berichtete über 9 Kranke mit Coronarverschluß, die autoptisch kontrolliert wurden. Bei 5 Fällen mit Verschluß des Ram. descendens der linken Kranzarterie (Infarktbereich: Vorderwand des linken Ventrikels, teilweise auch Herzspitze) wurde in Abl. I anfänglich eine Abweichung von RST nach oben, später negatives T bei nach oben konvexem RST beobachtet. Ein Fall mit Verschluß der rechten Kranzarterie (Infarktbereich: Hinterwand des linken Ventrikels) zeigte Abl. III anfänglich starke Abweichung von RST nach oben, später negatives T bei nach oben konvexem RST. Zwei Fälle mit Verschluß der rechten und linken Kranzarterie (Infarzierung der Vorder- und Hinterwand des linken Ventrikels) ließen anfänglich in Abl. I und III Abweichung von RST nach oben, später in denselben Ableitungen negatives T bei nach oben konvexem RST erkennen.

Wir konnten uns bisher nicht überzeugen, daß zwischen dem coronaren T und anatomischen Veränderungen des Herzmuskels die strengen gesetzmäßigen Beziehungen bestehen, die besonders die amerikanische Literatur betont. Auf Grund zahlreicher autoptischer Kontrollen hatten wir die Vorstellung gewonnen, daß diesen elektrokardiographischen Änderungen eine Funktionsanomalie des Myokard zugrunde liegt, die organisch bedingt sein kann, aber häufig auch auf einer chemischen oder nervösen Störung beruht. WOLFF und Mitarbeiter fanden nach Darreichung von Pankreasextrakten, die ähnliche Stoffe, wie sie beim Zugrundegehen von Herzmuskelzellen entstehen, enthalten, eine „coronare" Deformation von ST. DAMIR konnte nach Exstirpation des Ganglion stellatum Veränderungen im Ekg erzeugen, die denen nach Coronararterienunterbindung ähneln. Die Untersuchungen von FEIL und KATZ, die in größeren Versuchsserien an verschiedenen Stellen des Herzens Infarkte setzten, zeigen ebenfalls, daß der

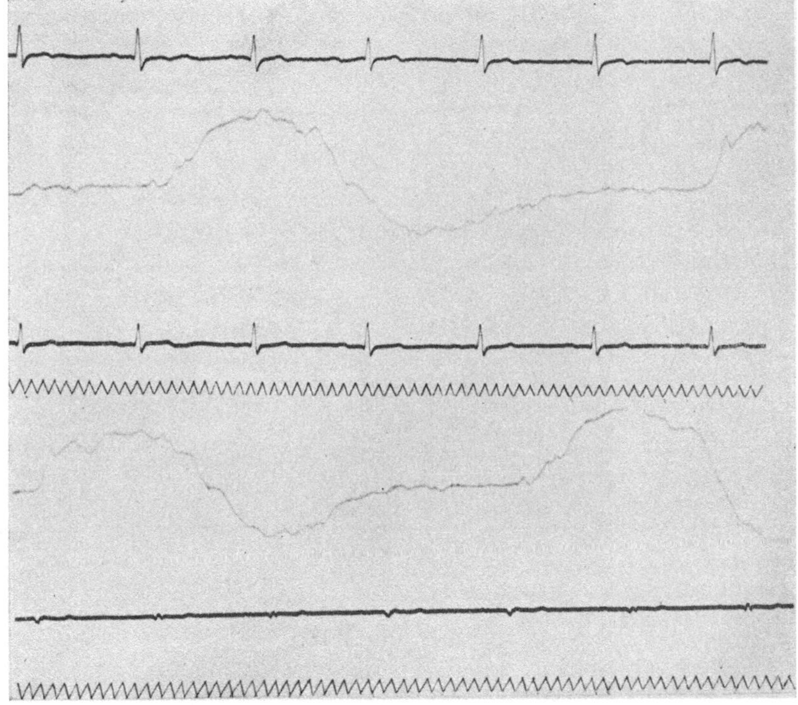

Abb. 50. Kleine Kammerausschläge in Abl. III mit respiratorischen Deformationen.

Coronarverschluß allein nicht imstande ist, die in der Klinik bekannten Deformationen des Ekg hervorzubringen. Der Coronarverschluß scheint lediglich ein Faktor in einem komplexen Vorgang, der zu diesem Symptom führt, zu sein.

Unser klinisches Material ist nicht groß genug, um zu diesen wichtigen Beobachtungen kritisch Stellung zu nehmen.

Wir fanden in 80% unserer Fälle mit Myokardinfarkt Veränderungen von ST bzw. ein „coronares" T. Fortlaufende Kontrollen zeigten, daß zuweilen einige Wochen nach dem Schmerzanfall verstrichen, bis diese Deformation von ST sich entwickelte. Mit großer Häufigkeit beobachteten wir in der Zwischenzeit, aber auch bei Fällen, die später nie ein coronares T zeigten, bei kleinen Kammerausschlägen eine Verbreiterung und Aufsplitterung von QRS in ein oder zwei Ableitungen.

Eine besondere Bedeutung für die Diagnose messen wir auch dem Befunde bei, daß QRS seine Form in den einzelnen Atemphasen, besonders in Abl. III, ändert. Beobachtungen an 2 Fällen, die bereits vor dem Coronarverschluß elektrokardiographisch untersucht worden waren, wiesen uns darauf hin, daß diese respiratorischen Änderungen zum Myokardinfarkt in ursächlicher Beziehung stehen (HOCHREIN). Der Versuch, dieses Symptom durch Lage- oder Größenveränderungen des Herzens, also rein mechanisch, zu erklären, ergab keine beweisenden Belege (HALLERMANN, WOODRUFF).

Bei einer größeren Zahl von Patienten, die in der Anamnese über Schmerzanfälle berichteten, die an einen überstandenen Myokardinfarkt denken ließen,

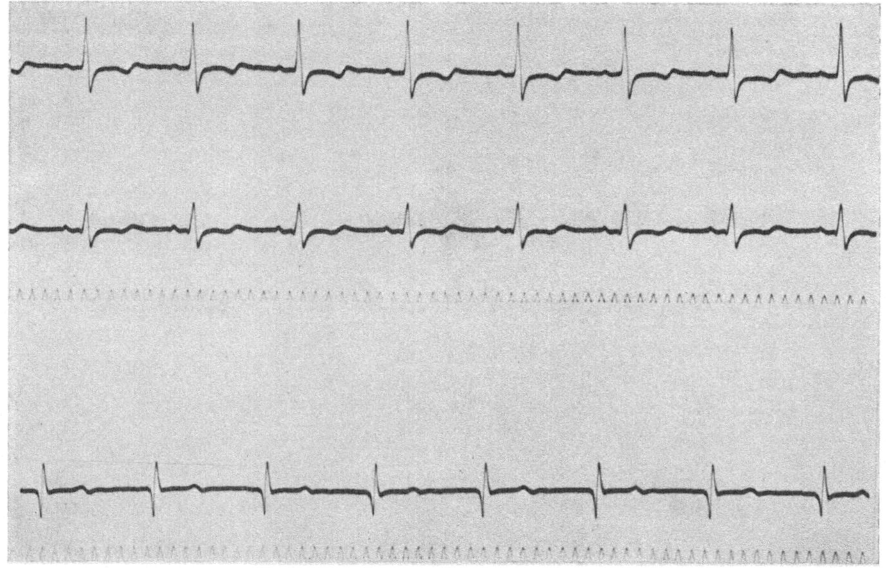

Abb. 51. Tiefes Q in Abl. III.

fanden wir in ein oder zwei Ableitungen ein tiefes Q. Die genaueren Beziehungen dieser Deformation zum Coronarverschluß bedürfen noch weiterer Klärung.

Engverknüpft mit der Diagnose ist die Prognose aus dem Ekg. Ein atrioventrikulärer Block (partiell oder total) ist, falls die Ventrikel intakt sind, nicht unbedingt ungünstig, weil die isolierte Leitungsstörung im ASCHOFF-TAWARAschen Knoten oder im Stamm des HISschen Bündels meist die Folge stationärer oder rückbildungsfähiger entzündlicher Vorgänge ist. Der Schenkel-, meist auch der stark verbreiterte Arborisationsblock hat fast immer eine ungünstige Prognose. KING konnte 50 Fälle von Schenkelblock (47 rechts-, 3 linksseitig) beobachten. Bei 31 Kranken wurde Coronarsklerose als Ursache angenommen. Davon starben 16 Kranke innerhalb eines Jahres nach erstmaliger Beobachtung des Schenkelblockes. 2 Kranke wurden über 4 Jahre beobachtet. Diese schlechte Prognose des Schenkelblocks wird auch von HILL hervorgehoben. Von WILLIUS wurde besonders auf die Prognose der Spaltung des QRS-Komplexes hingewiesen. Er sah sie unter 747 Kranken 550mal, und von diesen 550 starben 23% an Herzleiden mit Hypertrophie des linken Ventrikels. Weiterhin betont WILLIUS die Verdickung und Knotung in der R-Zacke, die er ohne klinische Veränderungen nicht selten feststellte (197 mal bei 747 Beobachtungen). 24 % dieser Fälle starben an Herzleiden. Die Arhythmia absoluta der Jugendlichen gilt als prognostisch ungünstig, während bei älteren Leuten über 60 Jahren, falls keine Erscheinungen von Herzinsuffizienz vorliegen, die Prognose günstiger gestellt werden kann. NICOLAI glaubte, daß die Höhe der elektrokardiographischen Ausschläge, besonders der R-Zacke, in Beziehung steht zur Güte des Herzmuskels. Diese Auffassung kann nicht als allgemeingültig angesehen werden. Allerdings können kleine Kammerausschläge häufig mit Herzschwäche kombiniert sein, da, wie wir zeigen konnten, kleine Kammerausschläge zuweilen der Ausdruck einer Störung im Coronarkreislauf sind. Durch ein tiefes Q in Abl. III soll eine Überlastung des linken Ventrikels, durch ein tiefes Q in Abl. I die des rechten Ventrikels zum Ausdruck kommen. Man ist gewohnt, ein tiefes Q in Abl. III in der Hauptsache bei Hypertension und Aorteninsuffizienz zu sehen. Wir fanden aber nicht selten auch bei Fällen mit schwerer Coronarsklerose, die einen normalen Arteriendruck aufweisen, dieses Zeichen. Diese Fälle hatten meistens eine schlechte Prognose. Die Prognose aus der Finalschwankung (T) ist häufig der Gegenstand eingehender Untersuchungen gewesen. Es ist verschiedentlich die Ansicht vertreten worden (WILLIUS, ROHMER, SCHOTT), daß Änderungen der Blutmenge, Myokardaffektionen, Unterwühlung des Herzmuskels usw. die T-Schwankung negativ machen können. Die Prognose aus der negativen T-Schwankung ist nach WILLIUS von der Ableitung abhängig, in der sie auftritt. Negative Schwankungen in der Abl. I und zugleich in der Abl. II sollen eine schlechtere Prognose besitzen als in anderen Ableitungen. Eine negative Nachschwankung allein in Abl. III ist ohne klinische Bedeutung. Ist die negative Nachschwankung verknüpft mit einer abnormen Anfangsschwankung (Spaltung oder ungewöhnlichen Länge von QRS), so ist die Prognose schlechter (Mortalität 86 %) als bei Kranken, die lediglich negative Nachschwankungen zeigen (Mortalität 50 %). Diese Auffassung stimmt mit den Untersuchungen von KLEWITZ überein, der besonders bei Hypertonikern darauf hinwies, daß eine negative T-Schwankung in Abl. I und II eine prognostisch üble Bedeutung besitzt.

b) Symptomenkomplexe.

1. Angina pectoris.

Treten Herzschmerzen anfallsweise auf, dann weisen sie meist auf Störungen im Coronarsystem hin. Man bezeichnet derartige Beschwerden als *stenokardische Anfälle* oder *Angina pectoris*.

Der Schilderung der Angina pectoris (HEBERDEN) muß vorausgeschickt werden, daß sie nach unserer Auffassung nicht eine Coronarerkrankung sui generis darstellt, sondern daß es sich um ein Krankheitsbild oder besser um eine Reaktionsform des Organismus handelt. Als Ergebnis der Coronarforschung der letzten Jahre hat man die Erkenntnis anzusehen, daß anfallsweise auftretende Herzschmerzen verschiedenartigen Mechanismen, die nur lose Beziehung zu anatomischen Veränderungen der Kranzarterien besitzen, ihre Entstehung verdanken. Die Auswirkung auf die Herzdurchblutung kann in gleichem Ausmaß sowohl durch nervöse Faktoren als auch durch organische Veränderungen erreicht werden.

Symptomatik. Unter Angina pectoris, Stenokardie (BRERA) oder Brustbräune versteht man eine Gruppe von Symptomen, die vom Herzen ausgelöst werden, wobei der anfallsweise auftretende Schmerz im Vordergrunde des Krankheitsbildes steht. Meist beginnt der Anfall ganz plötzlich, zuweilen treten aber auch Vorboten, wie geringes Angstgefühl, Brustbeengung, Druckgefühl in der Herzgegend, einige Minuten oder Stunden vorher, auf. Die Dauer eines derartigen Anfalles kann Sekunden, aber auch Stunden betragen. Ausgelöst werden diese Anfälle vorzugsweise durch körperliche Anstrengungen, durch Einatmung kalter Luft, Aufregungen, oft treten sie nach starken Mahlzeiten auf. Aus prognostischen und bis zu einem gewissen Grade auch aus therapeutischen Gründen ist bei Anfällen von Herzschmerzen eine Erkennung der Grundlage, die beim Zustandekommen dieser Beschwerden eine ausschlaggebende Rolle spielt, anzustreben. Mit ziemlicher Sicherheit ist man heute imstande, drei Zustandsbilder, die das große Syndrom der Angina pectoris bilden, klinisch auseinanderzuhalten:

1. Angina pectoris vasomotoria. Keine organischen Veränderungen, nur funktionelle Störungen der Kranzgefäße.

2. Angina pectoris vera. Organische Coronarerkrankung, vielleicht mit „Spasmen" verbunden, wobei bald die organische, bald die funktionelle Komponente überwiegt.

3. Der Myokardinfarkt, der meist auf dem Boden einer Coronarthrombose entsteht.

Wir fassen die beiden ersten Formen zusammen, da sie in ihrer Pathogenese und ihrer Therapie nach ähnlichen Gesichtspunkten beurteilt werden müssen. Die Schmerzen hierbei werden verschieden geschildert, als brennend, drückend, bohrend, ziehend und krampfartig. Ihr Sitz ist unter dem Brustbein, seltener die Herzgegend. Häufig strahlen die Schmerzen in die linke Schulter und auf der Ulnarseite des linken Armes bis zum Ellbogen oder den Fingern aus. Ein Ausstrahlen nach beiden Schultern ist selten, nur in wenigen Fällen wird ein Ausstrahlen nach dem rechten Arm beobachtet. H. EPPINGER fand bei einem Kranken mit Ausstrahlung des Angina-pectoris-Schmerzes ausschließlich gegen den rechten Arm eine totale Persistenz des rechten Aortenbogens. COWAN berichtete bei 200 Patienten mit Angina pectoris über folgende Verteilung der Schmerzen während des Anfalles:

```
Substernal  . . . . . . . . . . . . . . . . . . . . . . . . . . . .  95 Fälle
    „      und ausstrahlend nach dem linken Arm . . . .  36   „
    „         „          „        „    „   rechten Arm . . .   2   „
    „         „          „        „   beiden Armen . . . . .  24   „
    „         „          „        „   dem Hals . . . . . . .  19   „
    „         „          „        „    „   Rücken . . . . . .   8   „
Epigastrium . . . . . . . . . . . . . . . . . . . . . . . . . . .  11   „
Schultern . . . . . . . . . . . . . . . . . . . . . . . . . . . . .   5   „
```

Die Beurteilung der Angina pectoris nach Art und Auftreten der Schmerzen trägt den wahren Verhältnissen keine Rechnung, da es mancherlei Übergänge gibt. Trotzdem erscheint es zweckmäßig, die von VAQUEZ besonders betonte Zweiteilung der Angina pectoris durchzuführen. Der erste Typ ist die *Angine d'effort* oder *Bewegungsangina:* In der Ruhe ist der Kranke meist ganz beschwerdefrei. Bei Beginn einer Anstrengung, die die Herzarbeit vermehrt, tritt nach kurzer Zeit ein Druckgefühl hinter dem Sternum auf. Er bleibt beim Gehen stehen oder mäßigt seine Schritte. Die Empfindung schwindet, um bei neuerlicher Anstrengung wiederzukehren. Nicht selten bemerkt der Kranke mit Verwunderung, daß er nach vorsichtiger Überwindung dieser „Anfangshemmung imstande ist, ohne Schmerz oder Ermüdung einige Stunden in gutem Tempo zu marschieren" (WENCKEBACH). Lange Zeit kann der Schmerz dann vielleicht bei Änderung der Lebensweise und entsprechender Vorsicht ausbleiben, um eines Tages wieder aufzutreten, heftiger als früher, mit Ausstrahlungen in die Schulter oder die Arme.

Dieses Krankheitsbild hat, wie schon MACKENZIE bemerkte, offenbar die größte Ähnlichkeit mit dem intermittierenden Hinken. BITTORF spricht von „Dyspragia cordis intermittens" in Analogie zur Dysbasia. WENCKEBACH vergleicht diese Erscheinung mit dem „second wind" bei Sportsleistungen: anfänglich besteht eine Beklemmung, die aber schnell und dauernd überwunden wird. Offenbar handelt es sich hier um Vorgänge, die in das Gebiet der nervösen Bahnung gehören.

Die Bewegungsangina ist in den Sprechstunden der Ärzte häufiger als in den Hospitälern. Die Angaben der Kranken — es handelt sich meist um Männer von 45—60 Jahren — sind sehr charakteristisch und von seltener Stereotypie.

Allerdings kommen mannigfaltige Variationen des Zustandsbildes vor, für die wir die Ursachen nur teilweise kennen: Bei vollem Magen, nach dem Essen, stellen sich die Erscheinungen der Angine d'effort leichter ein als im nüchternen Zustande, im Winter beim Hinaustreten in die Kälte stärker als im Sommer.

Die Angine d'effort kann jahrelang ziemlich rein bestehen, wobei der Schmerz nur bei Bewegung auftritt. Es sind besonders diese Fälle, für die WENCKEBACH die Entstehung in der Aorta (Aortalgie) annimmt. Aber man darf nicht glauben, daß die Bewegungsangina von dem anderen klinischen Haupttypus, der *Ruheangina*, streng geschieden ist. VAQUEZ bezeichnet sie als Angine de décubitus, da diese Ruheanfälle vorwiegend beim Niederlegen oder im Bett, also in horizontaler Lage, auftreten. Bewegungs- und Ruheangina können gleichzeitig bei denselben Patienten vorkommen, meist überwiegt jedoch der eine Typus.

Die Ruheangina tritt viel unregelmäßiger auf, der Zusammenhang mit irgendwelchen äußeren Einflüssen, wie er für die Bewegungsangina so typisch ist, stellt sich uns nicht immer so greifbar dar. Ohne irgendwelchen sichtbaren Grund erwacht der Patient in der Nacht von einem Schmerzgefühl hinter dem Brustbein, oder er empfindet nach dem Essen, z. B. während der Nachmittagsruhe, ein unangenehmes Gefühl der Zusammenpressung in der Herzgegend. Ein Gefühl der Angst tritt zuweilen schon bei diesen leichteren Anfällen auf.

Diesen leichteren Empfindungen der Ruheangina stehen jene ganz schweren Anfälle gegenüber, die mit Todesangst und Vernichtungsgefühl verbunden sind. Der Schmerz dieser ganz schweren Anfälle muß eine Intensität besitzen, die sich mit keiner anderen Schmerzart vergleichen läßt, deswegen nicht, weil gerade diesem Schmerz etwas eigen ist, was z. B. dem Schmerz bei gastrischen Krisen oder abdominellen Koliken nicht zukommt: Das Gefühl völliger Vernichtung und die Ahnung der Todesnähe. Ist ein solcher Sturm überwunden, so versuchen die Kranken den Schmerz zu beschreiben: Wie eine Teufelszange, wie ein eisernes Band, das die Brust umschnürt, wie eine unbarmherzige Faust, die das Herz umklammert. Die Dauer der schweren Anfälle ist meist länger als die der leichten. Stundenlang kann die Qual währen, wenn es dem Arzt nicht gelingt, Hilfe zu bringen.

Ein interessanter Fall, der deutliche Beziehungen zur Nahrungsaufnahme zeigte, ist von H. EPPINGER kürzlich beschrieben worden. Bei einer 56jährigen Frau, die schon seit vielen Jahren Beschwerden beim Schluckakte, ähnlich den Erscheinungen bei Kardiospasmus, zeigte, erfolgte öfters nach der Nahrungsaufnahme ein Angina-pectoris-Anfall, der mit dem Gefühl der Ösophagussperre begann. Der Schmerz verbreitete sich, ging höher, wurde schließlich zu einem heftigen, mit Angst verbundenen Druck hinter dem Manubrium sterni. Der Schmerz strahlte nach dem linken Arm aus. Dyspnoe bestand nicht, eher setzte die Atemtätigkeit vorübergehend aus. Der Druck stieg um 30—40 mm Hg an. Gelang es der Patientin, Luft aufzustoßen, so hörte unmittelbar darauf auch der Angina-pectoris-Schmerz auf. Der Exitus trat in einem derartigen Anfall ein. Die Autopsie ergab eine Hernia diaphragmatica. Im Bruchsack, der mit dem Pericard verwachsen war und auf einen ziemlich großen Ast der linken Coronararterie drückte, befand sich ein Teil des Magens.

Beklemmung und Angst werden als der Ausdruck einer anderen Störung angesehen als der Schmerz, da Fälle bekannt sind, bei denen Schmerzen und Angstgefühl für sich allein auftreten. BRAUN hält das Angstgefühl für eine im Herzen entstehende oder doch unmittelbar von ihm ausgehende, für das Herz spezifische Empfindung, die unlösbar mit der Angina pectoris verbunden ist. EDENS vergleicht das Angstgefühl bei der Angina pectoris mit dem Gefühl bei Extrasystolen. Auch hier löst eine Störung der Herztätigkeit ein am Herzen empfundenes Gefühl, das uns als Angst zum Bewußtsein kommt, aus. BROOKS weist darauf hin, daß das Angstgefühl in keiner Beziehung steht zur Stärke des Schmerzes und dem Wunsch des Kranken zu leben. Auch wir kennen zahlreiche Patienten, bei denen anfallsweise Schmerz und Herzangst ohne Beziehung zueinander beobachtet wurden.

Die in den Anfällen von Angina pectoris vorkommenden Erscheinungen, wie Übelkeit, Erbrechen, Speichelfluß und Sekretion der Bronchialschleimhaut, Stuhldrang, Harndrang, Abscheiden eines reichlichen, dünnen Urins und kalter Schweiß werden als Organreflexe gedeutet. Sie sind bei der Angina pectoris vera seltener zu beobachten als beim Myokardinfarkt. An Herz und Puls werden im Anfall der Angina pectoris vera weniger starke Veränderungen als beim Myokardinfarkt gefunden. Die Herztätigkeit und die Pulszahl sind während der Anfälle häufig unverändert (GOODHART, MACKENZIE, JOFUU, ALBUTT, VAQUEZ). GALLAVARDIN beobachtete dagegen in seinen Fällen regelmäßig eine Pulsbeschleunigung. Angina pectoris mit Arteriendrucksteigerung und Pulsbeschleunigung während der Anfälle wird von TH. LEWIS als eine besondere Form angesehen, die vorwiegend bei jugendlichen Personen beobachtet werden soll. Die Beschwerden setzen meist als Arbeitsangina ein. Allmählich werden die Schmerzanfälle immer heftiger und treten auch nachts auf. Beziehungen zwischen der Höhe der Drucksteigerung und der Dauer bzw. der Intensität der Schmerzen wurden nicht gefunden. Der Exitus erfolgt meist ganz plötzlich und unerwartet. Als Ursache dieser Gruppe von Angina pectoris wird von TH. LEWIS ein ,,Vasomotorensturm", bei dem der Sympathikus eine besondere Rolle spielt, in Erwägung gezogen. SCHWARZ beschrieb ein günstiger zu beurteilendes Krankheitsbild bei jungen Leuten von 16—20 Jahren mit Klappenfehlern, bei denen der Blutdruck plötzlich, unter gleichzeitigem Auftreten von stenokardischen Beschwerden, hoch anstieg. In diese Gruppe von Angina pectoris-Kranken muß wahrscheinlich auch ein von PORTOCALIS beschriebener Fall gerechnet werden, der dadurch ausgezeichnet war, daß während des Anfalles der Blutdruck anstieg und ein Erythem sich über den ganzen Oberkörper ausbreitete. Dieses scheinbar paradoxe Zusammentreffen von Hypertension und Erythem führte zur Annahme einer „tiefen Vasokonstriktion" und einer „oberflächlichen Vasodilatation".

Die *Angina pectoris vasomotoria* der Jugendlichen, die meist Vegetativ-Labile und Sexualnervöse betrifft, ist häufig mit zahlreichen vasomotorischen Störungen, wie kalten feuchten Extremitäten, Hemikranie usw. kombiniert.

Wir geben kurz die Krankengeschichte eines typischen Falles von Angina pectoris vasomotoria, den wir kürzlich an der Klinik beobachten konnten.

Eine 34 Jahre alte Kranke kam zur Aufnahme mit den Angaben, daß im Laufe des letzten Jahres sich bei ihr eigenartige Anfälle eingestellt hätten. Den Anfällen gehe eine unangenehme, nicht näher zu beschreibende Sensation in der linken Kopfseite voraus. Ein Kältegefühl überfällt den ganzen Körper. Dabei kommt über die Kranke eine leichte Depression. Dann geht vom Kopf aus über den ganzen Körper bis in die Beine eine Sensation, die die Kranke als totes, absterbendes Gefühl bezeichnet. Die Hände sind dabei zusammengekrampft, schwitzen leicht, die Extremitäten sind kühl. Starkes Herzklopfen mit Schmerzen in der Herzgegend, die nach dem linken Arm ausstrahlen, tritt auf. Die Dauer der Anfälle beträgt nur wenige Minuten. Die Kranke ist während der Anfälle bei vollem Bewußtsein. Nach dem Anfall besteht starker Drang zum Wasserlassen. Weiterhin klagt die Patientin über hartnäckige Obstipation, kalte Extremitäten, die auch nachts im Bett nicht warm werden. Zeitweise sind Kopfschmerz und leichter Brechreiz vorhanden.

Wir hatten Gelegenheit, mehrere dieser Anfälle bei uns zu beobachten. Das Gesicht war dabei sehr blaß, Hände und Füße waren kalt und zeigten weiße bis bläuliche Farbe. Kreislauf ohne Besonderheiten.

Wir diagnostizierten eine Angina pectoris vasomotoria bei vegetativer Neurose. Unsere Behandlung bestand in Hydrotherapie, jeden zweiten Tag ein Fichtennadelbad von 20 Minuten Dauer, Mixtura nervina und Organextrakten. Der Erfolg dieser Therapie war recht gering, bis es uns gelang, ausfindig zu machen, daß die scheinbar recht glückliche Ehe der Kranken seit ca. 2 Jahren durch verschiedene Umstände sehr getrübt war. Wir erfuhren, daß nur aus äußeren Gründen die Ehegemeinschaft aufrechterhalten wurde. Verkehr war seit über 2 Jahren nicht mehr ausgeübt worden. Eine Aussprache zwischen den beiden Ehegatten, die durch Vermittlung des Arztes herbeigeführt wurde, brachte eine volle Verständigung, so daß die Kranke heute in einer harmonischen Ehe ohne jegliche Beschwerden lebt.

Ähnliche Fälle sind von H. CURSCHMANN beschrieben worden. Wir stimmen mit ihm darin überein, daß ein großer Teil der Fälle von Angina pectoris vasomotoria psychischen und sexuellen Ursprungs ist.

Die nervöse Angina pectoris und die „Tabaksangina" kann Schmerzen, Angst usw. in gleichem Maße hervorrufen wie eine auf organischem Boden beruhende Angina pectoris vera. Das Vernichtungsgefühl ist jedoch meist nicht so stark ausgesprochen.

In der Mehrzahl unserer eigenen Fälle von Angina pectoris vera, die der Eigenart des klinischen Materials entsprechend meist schwerere Fälle betreffen, zeigten Arteriendruck, Pulszahl und Elektrokardiogramm beim Vergleich zwischen Ruhe und Anfall keine Verschiedenheiten. Systematische Kreislaufuntersuchungen all unserer Fälle von Angina pectoris vera ergaben in 30% der Fälle Anomalien im Elektrokardiogramm. KAHN registrierte in 330 Fällen von Angina pectoris das Elektrokardiogramm. In 16% der Fälle wurde es völlig normal gefunden, darunter auch bei solchen, die in kürzester Zeit während eines Anfalles ad exitum kamen. Die größere Zahl der anormalen Elektrokardiogramme erklärt sich daraus, daß KAHN nicht zwischen Angina pectoris vera und Myokardinfarkt unterschieden hat. Die Art der Anfälle, Arbeits- oder Ruheangina, zeigt keine Beziehungen zum elektrokardiographischen Befund.

In der Mehrzahl der Fälle von Angina pectoris vera wird man während des Anfalles keine wesentliche Störung der Kreislauffunktion wahrnehmen können. Schließlich kommt es aber zu einem Versagen des rechten oder linken Herzens. Dann tritt während des Anfalles Lungenödem auf, Stauungserscheinungen im großen Kreislauf machen sich bemerkbar, dazu gesellen sich Extrasystolen, Tachykardie u. a. m. Die Herzschwäche, die durch den gleichen Vorgang wie der Herzschmerz ausgelöst wird (VIERORDT), trägt wohl häufig die Schuld an dem plötzlichen, im Verlaufe des Anfalles auftretenden Tode.

Vorkommen. Das große klinische Interesse an der Angina pectoris ist durch ihre Häufigkeit begründet. Die Statistik von WHITE verzeichnet unter 3000 Herzkranken 353 Fälle mit Angina pectoris, darunter 77 Kranke ohne sonstige Zeichen einer Herzerkrankung. Bei 276 Patienten, bei denen gleichzeitig eine organische Herzerkrankung nachgewiesen werden konnte, wurden 223mal Coronarveränderungen, 117mal Hypertension, 28mal Gefäßlues und 14mal rheumatische Herzerkrankung festgestellt. In diesem Material verhielt sich die Zahl der Männer zu der der Frauen wie 3 zu 1, während HEBERDEN angab, daß auf 3 erkrankte Frauen 100 Männer kommen. EDENS sah bei 3400 Kranken im Verlauf von 20 Jahren 187mal ausgesprochene Zeichen einer Angina pectoris. Wir beobachteten in den letzten zwei Jahren bei 100 Fällen von Angina pectoris folgende Verteilung von Alter und Geschlecht:

Alter	Zahl der Fälle		Gesamtzahl
	♂	♀	
20—40	5	3	8
40—50	11	5	16
50—60	32	4	36
60—70	23	9	32
70—80	4	4	8

In Übereinstimmung mit den Beobachtungen von HAY, GALLAVARDIN, EDENS u. a. finden wir, daß die Angina pectoris eine Krankheit des Präseniums ist, und daß vor allem Männer von ihr betroffen werden. Nach von v. ROMBERG kommt Angina pectoris bei der werktätigen Bevölkerung in gleicher Häufigkeit bei Coronarsklerose und Lues vor, während in der Privatpraxis die Coronarsklerose ganz überwiegt. CZYHLARZ, COWAN, LIBMAN u. a. weisen darauf hin, daß sozial besser gestellte Kreise und vor allem geistige Arbeiter zu Angina pectoris neigen. Die jüdische Rasse soll eine besonders große Zahl der Kranken stellen (EDENS). Fälle mit reiner Tabaksangina und NOTHNAGELscher Krankheit sind in unserem Material gering, da diese Fälle selten die Klinik aufsuchen. Aber auch bei der geringen Zahl unserer Fälle können wir H. CURSCHMANN beistimmen, daß die Angina pectoris vasomotoria der Jugendlichen vorwiegend Frauen betrifft.

Ursache. Die Frage nach der Entstehung der Angina pectoris gehört heute noch zu den strittigsten Problemen der Kreislauferkrankungen. Lassen wir die Fälle von Coronarthrombose außer acht, so stehen sich bei der Erklärung der Ursachen der Angina pectoris im wesentlichen zwei Anschauungen gegenüber, die Lehre von der Aortalgie (C. ALBUTT, R. SCHMIDT, VAQUEZ u. a.) und die Coronararterientheorie. ALBUTT begründet seine Theorie u. a. damit, daß der einzige anatomische Befund, der bei keiner Angina pectoris fehle, die Veränderungen der Aortenwurzel seien. Ausnahmsweise könne bei nervösen Menschen auch einmal eine gesunde Aorta unter dem Einfluß gesteigerter Herzarbeit schmerzen. „Wir wissen, daß die Adventitia der Aorta schmerzempfindlich ist, die Adventitia der Kranzarterien kann aber in besonderem Maße der Sitz heftigster Schmerzen sein" (R. Singer).

Wenckebach trennt die Angina pectoris in eine akute Form, wie sie bei Coronarverschluß auftreten kann, und in eine chronische, die auf Aortenveränderungen beruhen soll. „Alles, was über Steigerung der Herzleistung oder Vergrößerung des peripheren Widerstandes zu einer größeren Füllung und Dehnung der Aortenwand führt, kann auslösendes Moment für einen Angina-pectoris-Anfall werden." Nach Wenckebach ist also der anginöse Anfall vielmehr der Ausdruck einer Überdehnung des Anfangteiles der Aorta oder der proximalen Abschnitte der Coronararterien, z. B. im Beginn körperlicher Arbeit, während die peripheren Gefäße noch nicht geöffnet sind und deshalb die vermehrte Blutströmung nicht aufnehmen können (sog. Anfangshemmung). Begünstigt wird die Überdehnung in der Aorta, wenn ihre Wand durch entzündliche Veränderungen geschwächt ist oder die Coronarostien verengt sind. In den Conorararterien trete diese Überdehnung vor den sklerotischen Abschnitten auf. Kutschera-Aichbergen suchte durch anatomische Demonstrationen diese Theorie zu beweisen, indem er besonders beim Myokardinfarkt darlegte, wie selbst ein normaler Arteriendruck imstande ist, Angina pectoris durch Dehnung der Coronararterienwand hervorzurufen.

Schmidt faßt neuerdings seine Anschauung über das Zustandekommen der Angina pectoris dahin zusammen, daß es sich bei dieser Erkrankung um einen neuralgischen Zustand des kardioaortalen Plexus bei allgemeiner Vasomotorenallergie handele. Bei der Erkrankung der Coronarien sollen die in der Adventitia der Coronararterien liegenden Teile des kardioaortalen Plexus sensibilisiert werden.

Die Coronararterientheorie geht bekanntlich schon auf Jenner zurück. Während man früher ein besonderes Gewicht auf morphologische Veränderungen im Sinne einer Stenosierung der Coronararterien legte (Sternberg), war man später durch zahlreiche negative anatomische Befunde bei der Angina pectoris zur Auffassung gelangt, daß eine Verminderung der Coronardurchströmung in Analogie zum „intermittierenden Hinken" durch ein krampfhaftes Zusammenziehen des Herzmuskels zustande komme (J. S. Schwarzmann). H. Kohn glaubt, neben einem allgemeinen Spasmus der Coronararterien auch Teilkrämpfe mit relativer Ischämie im zugehörigen Herzmuskelteil annehmen zu müssen. Bei der Aortitis luica selbst soll nur dann eine Angina pectoris auftreten, wenn der syphilitische Prozeß die Coronarostien verengt hat.

Czyhlarz hat für die Entstehung des Schmerzes im Angina-pectoris-Anfall folgende Vorstellung: Auf Grund der Anrepschen Untersuchungen nimmt er an, daß während der systolischen Kompression der Kranzarterien der Blutstrom in retrograder Richtung getrieben wird. Bei Sklerose und starker Schlängelung der Kranzarterien ist eine derartige Bewegung erschwert. Es kann zu einer vorübergehenden Incarceration (einer Art Volvulus) kommen. Die Herzmuskulatur dieser Gegend kontrahiert sich krampfhaft, um dieses Hindernis zu überwinden. Diese krampfhafte Kontraktion partieller Herzmuskelbündel wird als Angina-pectoris-Schmerz empfunden.

Bereits bei früherer Gelegenheit hatten Morawitz und Hochrein an Hand eines größeren autoptisch kontrollierten Materials darauf hingewiesen, daß die

Lehre von der Aortalgie eine allgemeine Gültigkeit nicht beanspruchen kann. Es sind zahlreiche Fälle mit schwerer Angina bekanntgeworden, die nicht die geringsten Veränderungen an der Aorta aufwiesen, dagegen Zeichen ausgedehnter Coronarsklerose boten. Andererseits werden gerade Erkrankungen, die mit entzündlichen Vorgängen in der Adventitia der Aorta einhergehen, nur selten und, wie es scheint, nur bei Beteiligung der Kranzarterien, von einer Angina pectoris begleitet. Weiterhin ist aus zahlreichen Beobachtungen bekannt, daß die Angina pectoris, auch wenn die anatomischen Bedingungen an der Aorta und den Coronararterien gegeben sind, keineswegs bei jedem Menschen auftritt. Die Auffassung von H. KOHN wiederum, daß eine Angina pectoris bei Aortitis ohne Verengerung der Coronarostien nicht vorkommen kann (RITZ und KRANTZ), ist durch Angaben der Literatur widerlegt worden (ARNOLDI). Auch wir besitzen in unserem autoptisch kontrollierten Material von reiner Aortitis luica mit Angina pectoris 2 Fälle ohne Veränderung an den Coronarostien oder -arterien.

Es erhebt sich nun die Frage nach einer Möglichkeit, diese scheinbar widersprechenden Beobachtungen auf eine gemeinsame Basis zu bringen, um all die verschiedenartigen Theorien, die mehr spekulativ als experimentell gesichert sind, einheitlich erklären zu können.

Bevor wir in die Besprechung unserer eigenen Untersuchungen eingehen, ist es notwendig, einen kurzen Überblick über mehrere Gesichtspunkte, die auf die verschiedenen Vorstellungen von der Pathogenese der Angina pectoris von Einfluß gewesen sind, zu geben. Wir folgen im wesentlichen dabei der Schilderung von HERRICK, der dieses Problem in anschaulicher Weise beschrieben hat.

a) Wie besonders H. KOHN auf Grund eines eingehenden Literaturstudiums der Angina pectoris hervorgehoben hat, sind die Angaben älterer Forscher über die ursächlichen Beziehungen zwischen Angina und Aortenerkrankung nicht beweisend, da die Coronargefäße meist nicht oder nur oberflächlich untersucht wurden. Weit häufiger würde man wohl noch Coronarveränderungen bei Angina pectoris finden, wenn sich die Untersuchung nicht auf die großen Gefäße beschränken, sondern auch auf die kleinen Verzweigungen erstrecken würde.

b) Es gibt viele Fälle von „chronischer Myokarditis", bei welchen die Herzmuskelzellen durch infektiöse oder toxische Einwirkungen, Rheumatismus, Typhus, Diphtherie, Basedow usw. geschädigt sind. Nur selten beobachtet man bei solchen Herzen den Schmerz als hervorstechendes Symptom im klinischen Bilde, Verengerung des coronaren Strombettes wird bei autoptischer Kontrolle kaum gefunden.

c) Angina pectoris wird meist in solchen Fällen von Syphilis beobachtet, bei denen das Coronarostium durch Aortenveränderungen verengert ist. Es gibt aber auch einzelne Fälle von Aortitis luica mit Angina pectoris ohne Stenose der Coronarostien oder Veränderungen der Kranzarterien.

d) Nitrite dilatieren, wie zahlreiche Tierversuche bezeugen, die Coronararterien. Sie schaffen auch in vielen Fällen von Angina pectoris Erleichterung. Es kann daher angenommen werden, daß in diesen Fällen die Lösung eines Spasmus, die Behebung einer relativen Ischämie des Herzmuskels, die Beschwerden besserte. Interessant sind hier Beobachtungen, die HILLER bei einigen Kranken mit Arbeitsangina, deren Anfälle prompt durch Nitrite zu beseitigen waren, machen konnte. Gemessen wurde Druck und Pulszahl in Ruhe und nach körperlicher Arbeit beim Auftreten der Anfälle. Wurde dem Kranken vor der Arbeit Nitrit gegeben, dann trat auf Arbeit die gleiche Reaktion von Arteriendruck und Pulszahl auf, wie ohne Behandlung, doch blieben die Anfälle aus.

e) Die Versuche von LEVINE u. a., die durch Injektion von Adrenalin bei Kranken, die mit Angina pectoris behaftet waren, Anfälle von Herzschmerz auslösen konnten, während bei Jugendlichen kein Herzschmerz hervorgerufen wurde, können in der Weise erklärt werden, daß dem Herzen für die vermehrte Arbeit, die der Blutdruckanstieg nach Adrenalininjektion erforderte, in Fällen mit Coronarerkrankungen nicht die genügende Durchblutung zur Verfügung stand.

f) Schwere Anämie und eine durch Insulin ausgelöste Hypoglykämie verursachen anginöse Herzbeschwerden. In solchen Fällen soll die „Schwelle" für die Schmerzentstehung vermindert bzw. der Parasympathicustonus erhöht sein, so daß schon geringe zirkulatorische Störungen im Coronarsystem Schmerzanfälle auslösen können. Eine Vermehrung des Zucker- bzw. Sauerstoffgehaltes im Blut kann die Herzschmerzen beheben.

g) Hyperthyreoidismus, wie er bei Basedow besteht oder durch Thyroxinverabreichung erzeugt werden kann, ist zuweilen mit stenokardischen Erscheinungen verbunden. Es handelt sich in diesen Fällen wohl um Störungen im Coronarkreislauf, die eine Anpassung der Herzdurchblutung an den erhöhten Stoffwechsel nicht gestatten. Die Herabsetzung der Stoffwechselgröße geht meist mit dem Verschwinden der Angina einher.

h) Bei vielen Patienten mit Angina pectoris sieht man Veränderungen im Elektrokardiogramm, die an und für sich nicht charakteristisch sind, aber doch durch Myokardschädigung infolge coronarer Störung eine einfache Erklärung finden können. Diese engen Beziehungen zwischen Myokardveränderung und Angina pectoris lassen eher einen Zusammenhang mit Anomalien im Coronarsystem als in der Aorta vermuten. Besonders bemerkenswert sind die Elektrokardiogramme, die vor und während eines Anfalles von Angina pectoris aufgenommen wurden. Häufig findet man keine Veränderungen. Dieser negative Befund ist aber, wie vielseitige Erfahrungen zeigen, kein Beweis dafür, daß nicht doch Störungen in der Herzdurchblutung und der Funktion der Herzmuskelzelle vorliegen. In vielen Fällen sehen wir vorübergehende Änderungen, die an die Kurven zu Beginn eines Coronarverschlusses erinnern (PARKINSON und BEDFORD, FEIL und SIEGEL, BOUSFIELD, WILLIUS, WORD und WOLFURTH).

i) Bei Krankheiten, die zum Teil auf Störungen vasomotorischer Regulationen beruhen, wie RAYNAUDsche Erkrankung, Epilepsie, Sklerodermie, hat man verschiedentlich in jugendlichem Alter Myokardveränderungen und auch Angina pectoris bei normalem Befund der Aorta beobachtet.

k) Die früher allgemein vertretene Anschauung, daß der Coronarkreislauf ein druckpassives Gefäßgebiet ist, kann heute als völlig widerlegt gelten. Wir wissen heute auf Grund der experimentellen Untersuchungen von HOCHREIN und KELLER sowie von H. REIN, daß die von MORAWITZ zuerst betonte Autonomie des Coronarsystems zu Recht besteht.

Unter Berücksichtigung dieser Beobachtungen und der verschiedenartigen pathologisch-anatomischen Befunde scheint eine Beantwortung der Frage nach der Ursache der Angina pectoris in der Weise möglich zu sein, daß wir diesen Symptomenkomplex als Resultante folgender Faktoren ansehen:

1. Eine verminderte Zirkulation in den Coronararterien. Dieser Faktor wird von der Mehrzahl der Autoren als sicher angenommen. Auch die Tierversuche von SUTTON und LUETH, die zeigen konnten, daß eine Verengerung der Coronararterien und nicht eine Erweiterung der Aorta Schmerzen auslöst, während der Herzmuskel selbst unempfindlich ist, sprechen in diesem Sinne. Unsere Auffassung geht dahin, daß bei einer allgemeinen Formulierung nicht so sehr Wert auf Verminderung im Sinne eines Spasmus, einer Coronarsklerose usw. zu legen ist. Es muß vielmehr die Differenz zwischen Blutangebot und -bedarf, die trotz einer gewissen Durchblutungssteigerung bei größerer Beanspruchung des Herzens zunehmen kann, betont werden.

2. Übererregbarkeit des vegetativen Nervensystems. Vielleicht ist der positive Ausfall der LIBMANschen Probe, die starke Schmerzempfindung bei Druck auf den Processus styloideus, ein Ausdruck für einen derartigen Zustand.

3. Ein auslösendes Moment, das sowohl exogen als auch endogen bedingt sein kann.

4. Zieht man den später noch zu besprechenden Schmerzanfall bei Myokardinfarkt ebenfalls in den Kreis der Beobachtung, dann wird man noch mit einem gewissen Geschwindigkeitsfaktor beim Zusammenwirken dieser drei Komponenten rechnen müssen.

Gehen wir auf diese vier Punkte etwas näher ein, dann muß darauf hingewiesen werden, daß die Mechanismen, die eine verminderte Zirkulation im Coronarsystem verursachen, durch verschiedene Faktoren ausgelöst werden können. In der überwiegenden Mehrzahl findet sich anatomisch eine Stenosierung durch Sklerose oder Syphilis. ROMBERG berichtet, daß bei 44 Fällen von Angina pectoris vera seiner Beobachtung 21 auf Arteriosklerose, 20 auf Lues und 3 auf die Kombination beider Krankheiten zurückzuführen waren. EDENS konnte in 9 % seiner Fälle eine syphilitische Infektion als Ursache der Angina pectoris feststellen. Wir finden an unserem Material in 15 % der Fälle eine Aortitis luica, in 44 % der Fälle eine Coronarsklerose.

Bei EDENS ist zu lesen, daß schon PARRY über den Zusammenhang von Verkalkungen der Kranzarterien mit Angina pectoris berichtete. Von den 68 autoptisch festgestellten Fällen von hochgradiger Coronarsklerose, die WILLIUS und BRAUN beobachteten, hatten 60 % an Angina pectoris gelitten, von den 37 Fällen KAUFMANNS 62 %, von unseren eigenen 91 Fällen nur 17,5 %. Unter den 138 autoptisch kontrollierten Fällen CABOTS waren 94 Coronarstenosen ohne und 33 mit Angina pectoris. Andererseits beobachtete er 11 Fälle von Angina pectoris ohne Coronarsklerose, 6 dieser Fälle zeigten auch keine Veränderungen der Aorta. Unter 12 Fällen von syphilitischer Mesaortitis mit Verengerung von Kranzarterien hatten 10 eine Angina pectoris gehabt. Es gibt also Coronarsklerosen und syphilitische Aortenerkrankungen mit und ohne Angina pectoris, andererseits auch Fälle von Angina pectoris ohne sichtbare Veränderungen an den Coronararterien. Wenn unsere Hypothese von der Trias im Entstehungsmechanismus zu Recht besteht, dann müssen diese Fälle ohne organische Stenosierung der Coronararterien einen anderen Mechanismus, der zu einer verminderten Blutversorgung des Herzens führt, besitzen.

In diese noch aufzuklärende Gruppe gehören verschiedene Fälle mit *Mitralstenose*. Während man früher annahm, daß Mitralfehler nur selten mit einer Angina pectoris einhergehen (NOTHNAGEL, KREHL), mehren sich in letzter Zeit die Beobachtungen, daß kombinierte Herzklappenfehler, bei welchen eine Mitralstenose im Vordergrunde der Herzerkrankung stand, typische Anfälle von Angina pectoris erleiden können (WHITE und MUDD, STERNBERG, EDENS). Wir konnten in den letzten Jahren 6 Fälle von Mitralstenose mit Angina pectoris beobachten, deren Autopsie keine krankhaften Veränderungen an den Coronargefäßen und der Aorta ergab. Auffallenderweise handelte es sich dabei vorwiegend um Frauen, die im Alter von 27—46 Jahren standen. Während

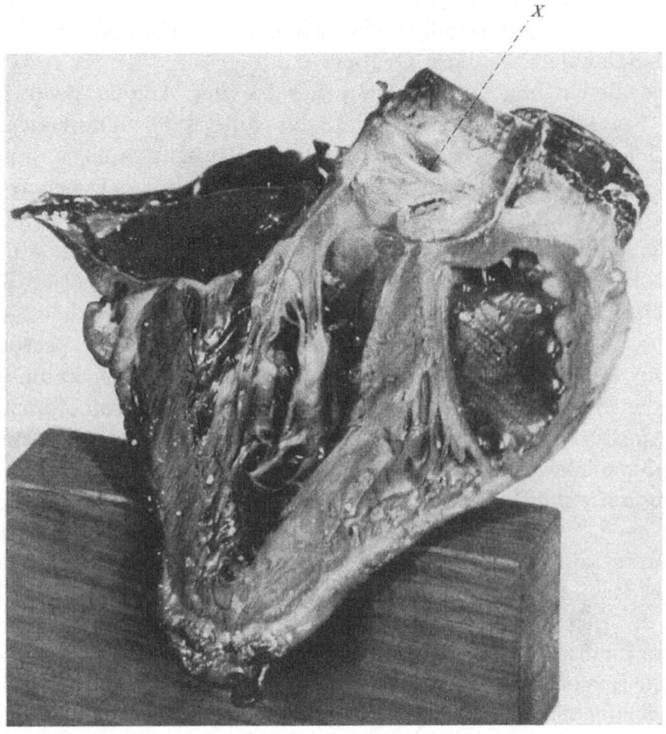

Abb. 52. Längsschnitt durch ein Herz mit Mitralstenose. Herzgröße und -form wurden den Verhältnissen des Lebens entsprechend fixiert (Methodik s. M. HOCHREIN: Angina pectoris und Mitralstenose). Das verdickte und geschrumpfte Aortensegel der Mitralis wird mit der Aortenwurzel, dem Ursprungsgebiet der linken Kranzarterie, durch die schrumpfenden Sehnenfäden in den linken Ventrikel gezogen. Bei X Coronarostium.

STERNBERG annimmt, daß die zartwandige linke Coronararterie bei ihrem Durchtritt zwischen dem linken Vorhof und der Lungenschlagader durch die Erweiterung dieser beiden Teile zusammengedrückt wird, ist es uns wahrscheinlicher, daß das linke Coronarostium durch den Zug des Aortensegels der Mitralis in die Tiefe des linken Ventrikels durch fortdauernde Schrumpfungsprozesse an den Klappensegeln und den Chordae tendineae verzerrt und verkleinert wird (s. S. 93). Die gehäufte Beobachtung dieser Fälle in den letzten Jahren erklären wir damit, daß mehr Patienten infolge der verbesserten Kreislauftherapie dieses Stadium ihrer Erkrankung erleben als früher (HOCHREIN).

Wie sind nun aber die Fälle von Angina pectoris bei Aortitis luica und Hypertension ohne Coronarveränderungen zu erklären? Es kann sich um Coronarspasmen handeln. Andererseits wissen wir durch Untersuchungen am menschlichen Herz-Aortenklappenpräparat, daß das Blutangebot an die Coronararterien eine Funktion des Aortendruckes, der Geschwindigkeit des Aortenstromes, der Dehnbarkeit der Aortenwand, d. h. der Windkesselfunktion der Aorta und der Pulszahl ist. Mit abnehmender Aortendehnbarkeit nimmt das Blutangebot an die Coronararterien ab. Diese Elastizitätsverminderung finden wir nicht nur bei Aortitis luica infolge Mediaveränderungen und einer Erweiterung des Aortenrohres, sondern auch bei der Hypertension ohne offensichtliche Anomalien in der Aortenwandstruktur. Auch verschiedene Fälle von zentraler Sklerose, bei welchen die Windkesselfunktion der Aorta stark herabgesetzt ist, gehören wahrscheinlich in diese Gruppe.

Die große Bedeutung der *Hypertension* bei der Angina pectoris geht aus zahlreichen Statistiken hervor. HAY findet unter 265 Kranken mit Angina pectoris 68,5% mit einem Druck über 150 mm Hg, EDENS 65%, und wir beobachteten 30%. Ein gewisser ursächlicher Zusammenhang zwischen Hypertension und Angina pectoris ist auf Grund dieser Beobachtung sehr wahrscheinlich. Er ist sowohl in dem häufigen Zusammentreffen von Hypertension und Coronarsklerose (HOCHREIN) als auch in dem verminderten Blutangebot an die Coronararterien infolge Herabsetzung der Windkesselfunktion zu suchen. Andererseits ist daran zu denken, daß der Mechanismus, der die Angina pectoris bedingt, sekundär eine Hypertension als nutritive Reaktion auslösen kann.

Verschiedentlich wurde auf häufiges Zusammentreffen von *Aorteninsuffizienz* und Angina pectoris hingewiesen. P. D. WHITE erklärt dieses Zusammentreffen damit, daß der niedrige diastolische Druck nicht genügt, die erforderliche Herzdurchblutung aufrechtzuerhalten. Während der Systole soll keine Durchblutung erfolgen, da nach ANREPS Angaben in dieser Phase der Herzaktion der Coronarstrom gehemmt sein soll. Wir haben auf S. 64 die Tatsachen besprochen, die gegen ANREPS Hypothese sprechen, und gezeigt, daß die Stärke der Herzdurchblutung von der Eigenart der Systole abhängig ist. Ein Erklärungsversuch für das häufige Zusammentreffen von Aorteninsuffizienz und Angina pectoris, der sich auf die ANREPsche Hypothese stützt, kann daher nicht als beweisend angesehen werden.

Soweit wir aus der uns zur Verfügung stehenden Literatur und eigenen Beobachtungen einen Überblick über die Klinik der Aorteninsuffizienz gewinnen können, scheint das Zusammentreffen mit Angina pectoris eher selten zu sein. Meist handelt es sich um Fälle, bei denen gleichzeitig entweder Veränderungen in der Aorta (Verminderung der Windkesselfunktion, S. 92 oder Stenose der Coronarostien bei Aortitis luica) oder funktionelle Störungen ohne anatomische Schädigungen der Coronararterien (Mitralstenose 93) gefunden werden.

Findet man weder organische Veränderungen an den Coronargefäßen noch funktionelle Umwandlungen im Aortenmechanismus, dann ist es auf Grund unseres jetzigen Wissens zwanglos möglich, bei derartigen Fällen einen Coronarspasmus anzunehmen (Angina pectoris vasomotoria, NOTHNAGEL). Der Weg, auf dem dieser Krampf der Kranzgefäße zustande kommt, ist besonders bei Fällen, die ihre stenokardischen Erscheinungen auf Magenstörungen beziehen, eingehend studiert worden (Gastrokardialer Symptomenkomplex nach ROEMHELD). Das Krankheitsbild dieser Angina-pectoris-Form wird meist so geschildert, daß die stenokardischen Beschwerden vorwiegend kurze Zeit nach dem

Essen auftreten. Oft wird angegeben, daß die Anfälle ausgelöst werden durch
körperliche Betätigung oder Bettruhe bei vollem Magen. Zuweilen wird der
Morgenkaffee besonders schlecht vertragen. Es ist uns aufgefallen, daß die
Mehrzahl dieser Fälle nicht ein Ausstrahlen der Schmerzen nach dem linken
Arm, sondern nach beiden Armen oder dem Abdomen angibt. Zweifellos liegt
den meisten Fällen eine starke Gasansammlung im Magen und Zwerchfellhochstand als auslösende Ursache zugrunde. In letzter Zeit, als wir bei diesen Fällen
besonders auf die feineren topographischen Verhältnisse des Magens achteten,

entdeckten wir nicht sel-
ten *Hernien des Hiatus
oesophageus*, die mehr
oder minder große Teile
des Inhalts der Bauch-
höhle enthielten.

Diese Beobachtung
stimmt mit den Ausfüh-
rungen von v. BERGMANN
über das „epiphrenale
Syndrom" überein (s. S.
99). Seitdem wir bei un-
seren Kranken mit steno-
kardischen Beschwerden
diesen Verhältnissen ein
besonderes Augenmerk
schenken, konnten wir
mit der von SCHATZKI
beschriebenen Technik
häufig Hiatushernien
nachweisen. SCHATZKI hat
bereits einige klassische
Fälle unserer Klinik, bei
denen Beziehungen zwi-
schen Angina pectoris
und Hiatushernien ver-
mutet wurden, bekannt-
gegeben. Abb. 53 zeigt
das Röntgenbild eines
Kranken, bei dem fast

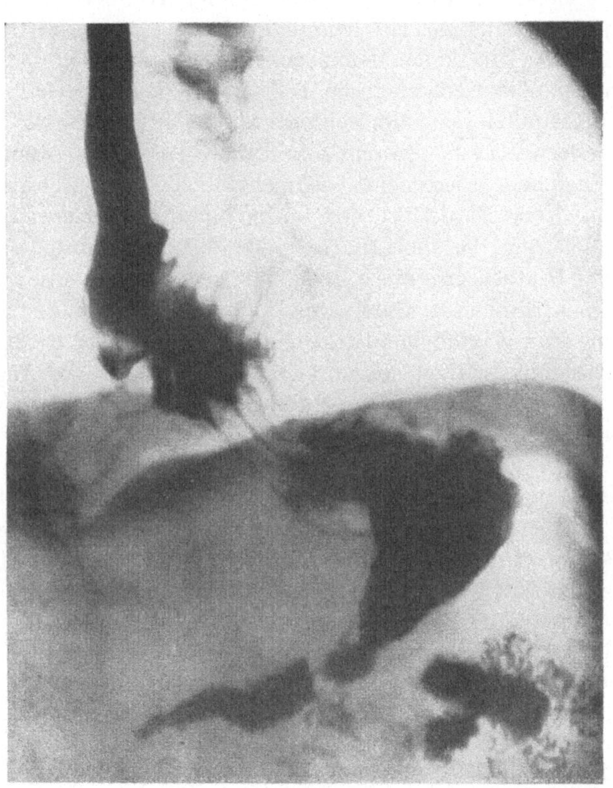

Abb. 53. 54jähriger Mann. Fast die Hälfte des Magens ausgestülpt. Als
Angina pectoris und fragliche Leberzirrhose zur Untersuchung gekommen
(Blutungen!).

die Hälfte des Magens oberhalb des Zwerchfells
liegt. Nach einer langen Anamnese von Magenbeschwerden waren im letzten
Jahre Anfälle aufgetreten, die als drückendes Gefühl, vom Epigastrium auf-
steigend, etwas nach dem linken Arm ausstrahlend, angegeben werden.

Die überzeugenden Darlegungen von v. BERGMANN und seinen Mitarbeitern
sind imstande, einen großen Teil der stenokardischen Beschwerden als mecha-
nisch-reflektorische Fernwirkung vom Magen aus zu erklären. Allerdings liegt
auch hier in der Verallgemeinerung eine große Gefahr. Man ist zu gerne geneigt,
wenn man bei einer Angina pectoris einen derartigen Befund erhebt, die ursächlichen Beziehungen als geklärt anzusehen. Ein weiteres Suchen scheint über-

flüssig, man übersieht organische Veränderungen am Herzen, da man sich mit der Hiatushernie, die später unter Umständen als belangloser Nebenbefund gewertet werden muß, zufrieden gegeben hatte. Man darf nicht vergessen, daß Schatzki bei einem größeren Material (60 Fälle) gefunden hatte, daß eine ganze Anzahl von Kranken völlig beschwerdefrei war. Darunter befanden sich nicht nur kleine, sondern auch eine Anzahl von mittelgroßen Hernien. Selbst die größte Hiatushernie, die an unserer Klinik gesehen worden war, bei der der ganze Magen im Brustkorb lag, verursachte nicht die geringsten Beschwerden. In höherem Alter scheinen derartige Hernien besonders häufig zu sein, ohne jedoch klinische Erscheinungen zu machen. Bei 30 willkürlich ausgesuchten Greisen, die keine nennenswerten Beschwerden hatten, wurden in 14 Fällen mehr oder weniger große Teile des Magens oberhalb des Zwerchfells gefunden. Es handelte sich um echte erworbene Hernien, die durch Steigerung der normalerweise im Zwerchfellschlitz vorhandenen Beweglichkeit des Ösophagus entstehen. Diese wird wahrscheinlich durch Schwund des Fettgewebes, verminderte Elastizität des umhüllenden Bindegewebes, Erschlaffung und Verlängerung der den Hiatus bildenden Muskelbündel verursacht. Sehen wir in der Hiatushernie einen ursächlichen Faktor der Angina pectoris, dann wird man einen ähnlichen Entstehungskomplex wie bei der Coronarsklerose annehmen müssen. Wir kennen dann ein neues Glied in der Reihe der Anomalien, aus dessen Zusammenwirken mit anderen Faktoren sich die Angina pectoris entwickelt.

Külbs hat besonders auf die relative Häufigkeit der reflektorischen Auslösung des Angina-pectoris-Anfalles bei Erkrankung anderer Organe hingewiesen. Neben Erkrankungen des Magens sollen Störungen der Genitalfunktion und Veränderungen an der linken Hand eine besondere Rolle spielen.

Überblicken wir nochmals die verschiedenen Ursachen, die zu einer Coronarstromverminderung führen können, dann sehen wir, daß die frühere Auffassung, als auslösenden Faktor des Schmerzanfalles nur organische Veränderungen im Coronarsystem anzunehmen, nicht aufrechterhalten werden kann. Die Ähnlichkeit der Anfälle von Angina pectoris mit intermittierendem Hinken (Mackenzie, Bischoff u. a.), die schon früher darauf hingewiesen hatte, daß komplexe Vorgänge die Coronardurchströmung vermindern, ist durch neuere Untersuchungen noch weiter verstärkt worden. Wir wissen heute, daß neben dem mechanischen Faktor auch Spasmen bei dieser Störung eine Rolle spielen können.

Um ein Bild zu geben von den Beziehungen der Angina pectoris zu anderen Kreislauferkrankungen, berichten wir in folgender Tabelle kurz über 100 Fälle von Stenokardie, die wir in den Jahren 1929 und 1930 an der Leipziger Klinik beobachten konnten.

Alter	Zahl der Fälle	Aortitis luica	Hypertens. Max.-Druck über 150 mm Hg	Dekompensiert	Rheumat. Herzerkrank.	Ekg o. B.	PQ verl.	Schenkel- oder Astblock	ST stark deformiert	Arhythmia absoluta
20—30	1	—	—	—	—	—	—	—	1	—
30—40	7	—	1	—	2	4	1	—	2	—
40—50	19	4	1	—	3	6	4	1	4	4
50—60	36	8	13	3	1	9	13	6	6	8
60—70	28	2	14	4	1	9	11	9	9	5
über 70	9	1	1	2	—	4	4	2	2	3
Gesamt . .	100	15	30	9	7	32	33	18	24	20

Die Tabelle gibt Aufschluß über die prozentuale Häufigkeit des Zusammentreffens verschiedener pathologischer Veränderungen mit Angina pectoris. Für die einzelnen Altersklassen können Beziehungen zum Hochdruck, rheumatischen Herzerkrankungen, Myokardschädigungen (Ekg) usw. entnommen werden.

Gehen wir in der Besprechung des Entstehungskomplexes der Angina pectoris weiter, dann haben wir uns mit der Bedeutung einer besonderen *Reaktionsbereitschaft des vegetativen Nervensystems* für die Schmerzentstehung zu beschäftigen. Diese Vorstellung stützt sich auf die bekannte Tatsache, daß es keine Veränderung im Coronarsystem gibt, bei der Angina pectoris entstehen *muß*. Sogar ganz große Herzinfarkte können völlig schmerzlos verlaufen. Besonders scheint das der Fall zu sein, wenn das Ereignis ein schon dekompensiertes Herz betrifft. Die häufige Beobachtung, daß Angina pectoris mit Eintritt der Dekompensation verschwindet, ist wohl nicht allein durch hämodynamische Vorgänge zu erklären; wahrscheinlich spielt die damit verbundene Umstellung im vagosympathischen Gleichgewicht dabei eine Rolle. Auch der Anteil konstitutioneller Eigenarten darf bei der Besprechung nervöser Umstimmungen nicht vernachlässigt werden. In EDENS Statistik geben 47,6% der Fälle an, daß der Vater oder die Mutter oder beide an Gefäßleiden gestorben seien. HAY berichtet über vier Brüder mit Angina pectoris, NEUBÜRGER in einer Statistik von 43 Personen über 19 Fälle bei Blutsverwandten. Auf die Beziehung zur Hypertension, die bis zu einem gewissen Grade ebenfalls als eine vegetative Neurose gedeutet werden kann, ist bereits hingewiesen worden. Auch von COWAN ist das häufige Zusammentreffen von Angina pectoris und Vasoneurose beobachtet worden.

H. CURSCHMANN möchte diese Form, die Angina pectoris vasomotoria, von der Angina pectoris vera streng getrennt wissen. Es ist sicherlich richtig, daß das klinische Bild einige Besonderheiten, wie vegetative Störungen, Sexualneurose usw., aufweisen kann. Nachdem aber heute auch der Angina pectoris vera ein funktionelles Moment bei der Auslösung der Anfälle eingeräumt wird, scheint eine Trennung, die ja auch klinisch meist recht schwierig ist, in pathogenetischer Hinsicht nicht erforderlich. Das gleiche gilt für die „Tabaksangina", die bereits bei Jugendlichen schwere stenokardische Anfälle auslösen kann.

EDENS hat ferner auf die große Zahl Fettleibiger unter seinen Anginapectoris-Kranken (62,7%) aufmerksam gemacht. Die Häufigkeit der Angina pectoris unter dem Einfluß von Nervengiften, besonders Nikotin, ist bekannt. Auch Hyperinsulinismus scheint zuweilen stenokardische Anfälle auslösen zu können (PARSONNET und HYMAN) (s. S. 49).

Die Wege, auf denen die Schmerzempfindungen ausgelöst und verbreitet werden, sind häufig der Gegenstand eingehender Untersuchungen gewesen. Wir wollen es bei der Beantwortung dieser Frage vorerst dahingestellt sein lassen, ob der Entstehungsort der Schmerzen das Myokard, die Coronararterien oder lediglich das Herznervensystem ist.

Früher hatte man geglaubt, daß alle inneren Organe — also auch das Herz — überhaupt nicht sensibel für Schmerzen sind und nur den Herzgefäßen eine Schmerzempfindlichkeit zukommt (LENANDER). Heute nimmt man ziemlich allgemein an, daß sowohl der Herzmuskel als auch die Coronararterien Schmerzempfindungen vermitteln können (v. TSCHERMAK). Auf Grund der Untersuchungen von LEWIS, ROTHSCHILD u. a. ist vor allem von KEEFER die Anschauung vertreten worden, daß Anoxämie des Myokards Schmerzen verursacht.

Nach MACKENZIE handelt es sich bei der Angina pectoris um viscero-sensorische Reflexe, die nach der Beschreibung von EDENS folgendermaßen erklärt werden. „Wenn von den Eingeweiden ausgehende Erregungen, die ihrer Art nach Schmerzen erzeugen können, ins Rückenmark gelangen und hier von den ihnen zugeordneten Zellen auf benachbarte sensorische Zellen übergreifen, so entsteht eine Schmerzempfindung, die vom Gehirn in die den betreffenden Zellen zugeordneten Gebiete verlegt wird. Da die Schmerzempfindung in den Körperdecken, insbesondere der Haut, stärker ausgebildet ist als die in den Eingeweiden, so kommt es vor, daß der im Rückenmark übertragene Schmerz die vom kranken Organ ausgehende Erregung überwiegt und eine bis zu einem gewissen Grade selbständige Erscheinung wird. Bei der Angina pectoris sitzt dann der Schmerz irgendwo fern vom Herzen, im linken Arm, der Schulter usw." Oft beginnt der Schmerz im Arm oder Leib oder Hals und zieht sich während des Anfalles in die Brust und Herzgegend (MACKENZIE, OSLER, ORTNER u. a.), ja, Reizung der überempfindlichen Gegend, z. B. Bewegung des linken Armes, kann einen Anfall auslösen.

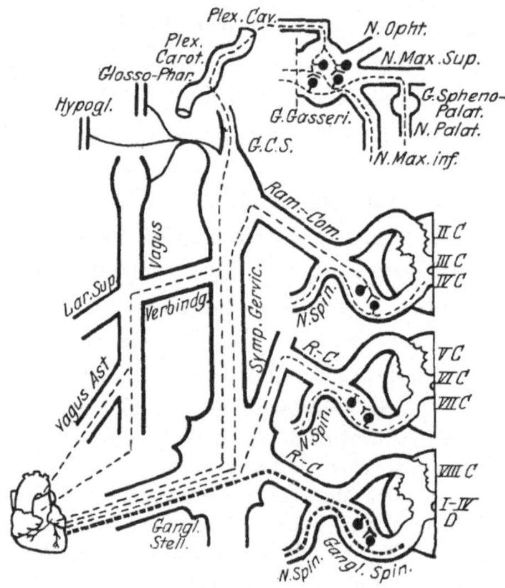

Abb. 54. Sensible Bahnen des Herzens. (Nach DANIELOPOLU.)

Der Verlauf der Reflexbahnen, auf welchen der Schmerz zum Bewußtsein kommt, ist bereits an Hand einer Zeichnung von JONESCO und JONESCU geschildert worden (S. 48).

Das Schema (Abb. 54) von DANIELOPOLU zeigt in anschaulicher Weise die Hauptreflexbahn im N. cardiacus inf. zum Ganglion stellatum verlaufen. Von hier geht sie teils unmittelbar, teils über den Grenzstrang durch die Rami communicantes zu den verschiedenen Rückenmarkswurzeln und medullären Zentren.

Die Untersuchungen von LERICHE zeigten, daß die Reizung des oberen Poles des Ganglion stellatum Schmerzen im linken Arm, des unteren Poles Schmerzen in der Herzgegend, Reizung des Ganglion cervicale sup. Schmerzen hinter dem Ohre und in den Zähnen des Unterkiefers erzeugt. JONESCU und JONESCO fanden nach Reizung des oberen Endes eines durchtrennten N. cardiacus einmal Schmerzen oberhalb der Mamilla, ein andermal Schmerzen in der Achsel.

Es läßt sich nun vermuten, daß Veränderungen in diesen Nervenbahnen auch ohne Coronarerkrankungen die Ursache von Schmerzanfällen werden können oder imstande sind, bei Störungen am Herzen das Auftreten der Angina pectoris zu erleichtern. Wir hatten einige derartige Fälle, die bei normalem Kreislaufbefund auf Grund organischer Nervenänderungen das Bild der Angina pectoris boten, an der Klinik beobachtet.

H., 47 Jahre alt. 1921 akuter Gelenkrheumatismus. 1923 Recidiv. Damals wurde bereits ein Mitral- und Aortenvitium festgestellt. 1931 Einweisung ins Krankenhaus wegen hochgradiger Dekompensation. Erfolgreiche Behandlung mit Strophanthin, Calorose und Salyrgan. Im Laufe der Behandlung Druckgefühl, Schmerzen über dem Herzen, die nach dem linken Arm ausstrahlten. Kein Angstgefühl, keine vasomotorischen Störungen. Geringe Temperatursteigerung, mäßige Leukocytose, geringe Pulsbeschleunigung ohne Druckänderung. Es wurden anfänglich stenocardische Beschwerden angenommen. Nitrite versagten jedoch völlig. Nach einigen Wochen traten dann Kribbeln und Taubheitsgefühl im linken Arm auf. Sensibilitätsstörungen wurden deutlich, so daß als Ursache der Schmerzen eine rheumatische Plexusneuralgie festgestellt wurde. Die mehrmals ausgeführte Plexusanästhesie brachte die Beschwerden prompt zum Verschwinden.

Morphologische Veränderungen am Herznervensystem sind bei der Angina pectoris nicht immer mit Sicherheit nachgewiesen worden. STÄMMLER untersuchte drei Fälle von Angina pectoris und fand in den sympathischen Ganglien von zwei Fällen zum Teil degenerative, zum Teil entzündliche Veränderungen. In einem Falle konnten keine histologischen Umwandlungen nachgewiesen werden. Bei Personen, die Infektionen durchgemacht haben, sind fast regelmäßig Veränderungen der sympathischen Ganglien vorhanden (MOGILNITZKIJ). Das gleiche bestätigt ABRIKOSSOFF, der bei Leichen von an akuten Infektionen Gestorbenen entzündliche (exsudativ-produktive) und degenerative Veränderungen der sympathischen Ganglien feststellte. Auch PETER, LANCEREAUX, BENENATI, GROCCO und FUSARI, ORMOS u. a. beschreiben Veränderungen im Plexus cardiacus oder in den zugehörigen Spinalganglien. In dem Falle BENDAS waren bei einem jungen Mädchen von 20 Jahren, welches an präkordialen Schmerzen gelitten hatte, die Gefäße stark verändert, die zugehörigen sympathischen Ganglien aber gesund. LÄWEN konnte in einer Reihe von experimentell beobachteten Fällen mit degenerativen und entzündlichen Veränderungen der Ganglien keine funktionellen Störungen in den von den betreffenden Ganglien innervierten Organen feststellen. Daher dürfen nicht alle intra vitam beobachteten Störungen der Funktion verschiedener Organe in ursächlichen Zusammenhang mit Veränderungen der Ganglien gebracht werden.

ABRIKOSSOFF fand nicht nur bei Erwachsenen, sondern auch an Leichen von 8—10jährigen Kindern, die an anderen Krankheiten gestorben waren, anatomische Veränderungen der Ganglien atrophischen Charakters (Auftreten von Pigment).

Anatomische Veränderungen sind nach PLETNEW nicht immer eine notwendige Voraussetzung des Anfalls, ebenso steht das Auftreten des letzteren nicht unbedingt mit Veränderungen der Ganglien in Zusammenhang. Mit anderen Worten, es wiederholt sich hier dasselbe, was wir ständig in der Pathologie beobachten können. „Wichtig für das Auftreten eines Krankheitsbildes im Organismus sind die funktionellen Störungen, die wahrscheinlich mit Veränderungen des physikalisch-chemischen Substrats der betreffenden Zellen zusammenhängen. Sie können bei anatomisch verändertem und anatomisch noch unverändertem Material zum Ausbruch kommen.‘‘

Die Erforschung der Einzelheiten, die letzten Endes zur Schmerzauslösung führen, hat noch wichtige Fragen zu lösen. In welcher Weise wirkt die Resultante aus diesem komplexen Vorgang auf die Gefäß- bzw. die Herzmuskelzelle? Verursacht eine Anoxämie, die Anhäufung von Stoffwechselschlacken, eine anormale Reaktion auf Kohlensäureansammlung usw., Änderungen in den sensiblen Nervengeflechten, die sowohl die Gefäßwände umspinnen als auch den

Herzmuskel durchsetzen, den Schmerzanfall? Genügt bereits die mechanische Änderung des Gefäßlumens, um Schmerzen zu erzeugen?

Zwar besteht der Ausspruch von WIGGERS, daß eine sachliche Besprechung der Herzschmerzen zur Zeit nicht möglich ist, da die Vorstellungen, die bis zu den letzten Mechanismen der Schmerzerzeugung dringen, nur Spekulationen sind, auch heute noch teilweise zu Recht. Es ist nicht möglich, aus den vorliegenden Berichten der Literatur eindeutige Resultate zu entnehmen, da der den Tierversuchen zugrunde liegende Maßstab für das Auftreten von Schmerzen — tieferes Atmen und Druckerhöhung (SINGER) oder Ansteigen bzw. Sinken des Arteriendruckes (GUBERGRITZ und JAROSLAW) — auf Grund eigener Beobachtungen wenig zuverlässig ist. Andererseits ist für eine derartige Resignation kein Anlaß vorhanden. Wenn uns auch die Kenntnis vieler Einzelheiten noch mangelt und vor allem die Zusammengehörigkeit vieler Erscheinungen noch völlig unklar ist, so lassen doch verschiedene Beobachtungen bereits die Wege erkennen, auf denen die Erforschung des Schmerzes bei Coronarerkrankungen erfolgen kann.

ODERMATT erzeugte im Tierversuch durch gefäßerweiternde als auch durch gefäßverengernde Mittel Schmerz. Diese Versuche wurden so gedeutet, daß eine Reizung der adventitiellen Nerven durch das die Gefäßwand durchdringende Mittel erfolgte. FRÖHLICH und H. H. MEYER, die im Tierversuch einen Arterienkrampf durch Adrenalin schmerzlos, durch Chlorbarium schmerzhaft machen konnten, glauben durch diese Beobachtung, der Lösung dieses Problems näherzukommen. Der Gefäßkrampf als solcher ist wahrscheinlich nicht schmerzhaft. Der Schmerz entsteht erst in Kombination mit der Übererregbarkeit des vegetativen Nervensystems.

Die heute allgemein verbreitete Vorstellung vom Entstehungsmechanismus der Angina pectoris nimmt den Coronarspasmus als gesichert an und lehnt die von WENCKEBACH und seiner Schule vertretene Dilatationstheorie ab. Wir möchten das Hauptgewicht nicht so sehr auf eine Stromverminderung im Anfall legen, als vielmehr auf die mangelhafte Anpassung der Herzdurchblutung an neue mechanische, nervöse oder chemische Gleichgewichte hinweisen.

Eine derartige Umstellung der Herzdurchblutung tritt normalerweise ein bei Bewegung, Kälte, Magenfüllung, psychischer Erregung, Schmerz usw., also Faktoren, die, wie uns die Klinik lehrt, häufig zur Auslösung eines Anfalles von Angina pectoris führen. Ihre Wirkung kann man sich so vorstellen, daß eine eben noch ausreichende Durchblutung sich diesen Einwirkungen infolge Stenose des Coronarostiums, Coronarsklerose usw. überhaupt nicht oder nur langsam anpassen kann. Es braucht durch diese Faktoren, wenn wir den Entstehungsort der Schmerzen im Myokard suchen, kein Coronarspasmus ausgelöst zu werden. Für das Zustandekommen der Angina pectoris könnte schon genügen, daß ein Defizit zwischen Blutangebot und Blutbedarf der Herzmuskelzelle entsteht.

Überblicken wir noch einmal kurz die verschiedenen Theorien über die Entstehung der Angina pectoris, so wird man der von uns vertretenen Anschauung, die eine einzelne Ursache ablehnt und das Zusammentreffen mehrerer Faktoren: mangelhafte Herzdurchblutung, Reaktionsbereitschaft des vegetativen Nervensystems und auslösendes Moment fordert, zubilligen müssen, daß die Mehrzahl der Fälle von Angina pectoris sich zwanglos in dieses System einreihen lassen und dadurch eine Erklärung finden können.

Prognose: Die Prognose der Angina pectoris ist unsicher, doch nicht ganz ungünstig. Es sind Patienten bekannt, die viele Jahre lang an gelegentlichen Anfällen leiden, oft 10 Jahre lang und mehr, und doch noch bei relativ guter Herzkraft weiterleben. MACKENZIE berichtete über einen Fall, der noch 33 Jahre nach Beginn der Anfälle lebte. Die durchschnittliche Lebensdauer beträgt nach P. D. WHITE 4,6 Jahre nach Beginn der Anfälle. Scheinbar günstige Fälle können andererseits über Nacht zugrunde gehen. Die Art und Dauer der Anfälle erlaubt nur vorsichtige Schlüsse. KATZ weist besonders darauf hin, daß unabhängig von der klinischen Äußerung und der zugrunde liegenden Ursache bei Stenokardie stets eine ernste Prognose gestellt werden müsse. Arbeitsangina ist nicht ungünstiger zu beurteilen als nur vorwiegend durch Erregung ausgelöste Anfälle. Nach MORAWITZ hat die Arbeitsangina eine bessere Prognose als die Ruheangina, die luische vielleicht eine etwas schlechtere als die atherosklerotische. Eine genaue Herzuntersuchung gibt häufig gewisse prognostische Anhaltspunkte. Fälle mit deutlicher Herzschwäche und ausgedehnter Herzmuskelveränderung geben stets eine ernste Prognose. Herzgröße und -form sind meist von geringer Bedeutung. Besonders bedenklich ist ein Pulsus alternans (EDENS). Nach WINDLE starben 17 Fälle von Angina pectoris mit Pulsus alternans, von 12 Fällen HAYS 10 nach durchschnittlich 10 Monaten.

Auf die engen Beziehungen zwischen Veränderungen im Elektrokardiogramm und dem Verlauf der Angina pectoris hat besonders WILLIUS hingewiesen. Er fand, daß innerhalb $5^1/_2$ Jahren 66% der Patienten mit Angina pectoris, die Deformationen der Vor- und Nachschwankungen aufwiesen, ad exitum kamen, während ein gleich großes Material ohne elektrokardiographische Anomalien in dieser Zeitspanne nur eine Mortalität von 27% aufwies. Nach HAY beträgt die Todesziffer 61 bzw. 34%. 15 Fälle mit Astblock starben alle im Laufe eines Jahres (McILWAINE). Aus unseren Aufzeichnungen geht eine besonders hohe Mortalität der Fälle mit Arhythmia absoluta hervor. Die Beziehungen zur Höhe des Arteriendruckes sind nur locker, doch nimmt man an, daß bei Hypertonikern die Prognose durchschnittlich etwas günstiger ist. Bei Jugendlichen soll, wenn während des Anfalles der Arteriendruck stark ansteigt, die Prognose besonders ungünstig sein. Im allgemeinen wird man aber bei Jugendlichen, wenn es gelingt, die ätiologischen Momente, die zur Auslösung der Anfälle führen, zu erfassen, die Prognose günstiger stellen dürfen. Allerdings hat man zu bedenken, daß häufige Spasmen sowohl die frühzeitige Ausbildung der Coronarsklerose begünstigen als auch gelegentlich zur Coronarthrombose führen können.

S. WASSERMANN weist darauf hin, daß Kranke, bei denen Preßatmung oder Atemstillstand stenokardische Anfälle günstig beeinflussen, günstiger zu beurteilen sind. Bei jedem Kranken mit Angina pectoris muß mit der Möglichkeit des Sekundenherztodes gerechnet werden (MORAWITZ und HOCHREIN). Unvermutet kann in einem Anfall oder bei völligem Wohlbefinden dieses Ereignis eintreten.

Als häufige Komplikation der Angina pectoris gelten Coronarthrombose (nach P. D. WHITES Statistik von 500 Fällen in 26%), Hypertension (36%) und Kreislaufinsuffizienz (15,4%).

2. Asthma cardiale (A. Fraenkel).

Symptome. Die Kranken werden plötzlich von einer schweren Atemnot mit Erstickungsgefühl befallen. Die Anfälle können nach einer stärkeren Anstrengung auftreten. Meist kommen sie jedoch nachts. Häufig berichtet der Kranke, daß er sich am Tage vorher völlig gesund fühlte, bei bestem Wohlbefinden gut einschlief, nach einer oder mehreren Stunden aus tiefem Schlaf durch schwere Atemnot wachgerissen wurde. Nach Atem ringend springt er aus dem Bett. Gesicht und Lippen sind blaurot, kalter Schweiß perlt an der Stirn. Mit angstverzerrtem Gesicht sucht der Kranke durch Aufstützen der Arme den Schultergürtel festzustellen, um alle Hilfsmittel für die Atmung anzuspannen. Die Kranken sehen verfallen und meist stark cyanotisch aus. Die Erschöpfung ist meist so groß, daß es dem Kranken schwer wird zu sprechen oder auch nur einige Schritte zu gehen. Die Venen sind gestaut, und schon auf einige Entfernung kann man Giemen und Schnurren hören. Gegen Ende des Anfalles wirft der Kranke schaumiges, oft auch blutiges Sputum aus, ein Zeichen, daß ein vorübergehender Zustand starker pulmonaler Stauung mit Lungenödem bestanden hat. Über der Lunge hört man Giemen, Pfeifen und mit dem Eintritt von Lungenödem auch Knistern. Der Puls ist stark beschleunigt, immer klein, weich, häufig unregelmäßig. Die Atmung kann zuweilen den Cheyne-Stokesschen oder Biotschen Typ annehmen. Neben diesen schweren Anfällen gibt es leichtere Formen von anfallsweiser Schweratmigkeit oder bloßer Beengung. Die Atmung ist dabei groß und beschleunigt. Über den Lungen ist kein anormaler Befund zu erheben, bei stärkeren Anfällen kann lautes Pfeifen hörbar werden. Herz und Puls sind oft unverändert. Das Asthma cardiale kann Minuten und Stunden dauern. Wenn diese Anfälle einmal aufgetreten sind, kehren sie gerne wieder.

Die von diesen Anfällen betroffenen Kranken stehen meist in höherem Alter. Männer scheinen eine stärkere Anfälligkeit zu besitzen als Frauen. In den letzten drei Jahren konnten an der Leipziger Klinik 87 Fälle von Asthma cardiale eingehend untersucht werden. Eine kurze Darstellung der wesentlichsten Befunde ergibt folgende Tabelle:

Alter	Männer	Frauen	Gesamt-zahl	Lues	Klappen-fehler außer Lues	Hoch-druck	Ekg normal	PQ verl.	Schenkel- oder Astblock	Herz-Unregel-mäßigkeit.	Dekom-pensiert
Unter 40	3	—	3	—	1	1	—	1	3	—	1
40—50	6	4	10	1	2	2	5	2	—	1	5
50—60	17	6	23	4	3	8	2	6	5	8	12
60—70	20	9	29	2	1	13	1	8	3	15	10
Über 70	12	10	22	1	2	15	—	2	8	11	7
Gesamt-zahl	58	29	87	8	9	39	8	19	19	35	35

Während bei unserem allgemeinen Krankheitsmaterial die Zahl der männlichen und weiblichen Patienten sich etwa wie 7:5 verhält, zeigen die Fälle von Asthma cardiale ein Verhältnis von 2:1. Die Lues spielt bei diesem Krankheitsbild keine besondere Rolle. Die Beteiligung von ca. 10% entspricht dem Mittelwert, der bei der allgemeinen Krankenhausbelegung gefunden wird. Auch die Klappenfehler, die auf rheumatischer, septischer und anderer Grundlage entstanden sind, beteiligen sich nur mit ca. 10%. Sehr bedeutend ist die Zahl der Hypertoniker. Das Zusammentreffen von Asthma cardiale und Hypertension ist auch aus anderen Statistiken bekannt. Die Anfälle bei Hypertonikern sollen häufig dadurch ausgezeichnet sein, daß sie zwar mit qualvoller Atemnot, aber ohne Zeichen von Lungenstauung und Herzschwäche einhergehen. Nach v. Romberg hat man bei derartigen Fällen stets an Asthma renale bzw. cerebrale zu denken.

Die Übergänge zwischen den einzelnen Formen von Asthma cardiale oder renale sind sehr fließend. Wir beobachteten im Anfall bei der Mehrzahl unserer Hypertoniker Herzschwäche und zuweilen auch Lungenödem, andererseits sahen wir auch bei Kranken mit normalem Blutdruck ohne irgendwelche Dekompensationserscheinungen Herzasthma auftreten. Ein großer Prozentsatz unserer Kranken zeigte in der Ruhe Dekompensationserscheinungen verschiedenen Grades. Aber auch Patienten, die keinen Anhalt für Kreislaufinsuffizienz boten, normale Vitalkapazität und normalen Venendruck besaßen, wurden von Herzasthma befallen. Die von verschiedenen Seiten durchgeführte strenge Trennung in Asthma cardiale und renale war bei unserem Material aus dem Symptomenkomplex nicht möglich. Wir untersuchten Kranke mit kompensiertem und dekompensiertem Kreislauf und fanden in über 90% unserer Fälle im Ekg Störungen, und zwar meist Arhythmia absoluta, Schenkel- oder Astblock, die den Verdacht auf schwere Myokardschädigung erweckten. Eine Verlängerung der Überleitungszeit vom Vorhof zum Ventrikel wurde ebenfalls in größerer Zahl gefunden. Beziehungen zwischen Deformationen im Ekg und Kreislaufdekompensation konnten nicht festgestellt werden. Anormale Elektrokardiogramme wurden bei zahlreichen Fällen mit völlig normaler Kreislauffunktion beobachtet. Unsere sämtlichen Fälle mit normalem Elektrokardiogramm boten dagegen die Erscheinungen der Kreislaufinsuffizienz.

Verschiedentlich machten wir die Beobachtung, daß Kranke, die an schwerem Asthma cardiale litten, die Anfälle plötzlich verloren, wenn eine Apoplexie eintrat. Der Kranke kann auch dann, wenn die Ausfallserscheinungen von seiten der Hirnblutung sich zurückgebildet haben, anfallsfrei bleiben.

Wir hatten bei einigen Kranken Gelegenheit, die gesamte Entwicklung eines derartigen Vorganges beobachten und durch eingehende Kreislaufuntersuchungen festhalten zu können. Es handelte sich um Kranke mit Hochdruck zwischen dem 50. bis 60. Lebensjahr. Einen besonders charakteristischen Krankheitsverlauf bot ein 57jähriger Leiter eines großen industriellen Unternehmens. Aus der Anamnese war eine konstitutionelle Veranlagung für Gefäßerkrankungen zu entnehmen. Vater an Schlaganfall, Bruder an Asthma cardiale mit 60 Jahren gestorben. Immer gesund gewesen. Vor einigen Jahren wurde zufällig Hochdruck festgestellt. Schon seit mehreren Jahren bestand leichte Erregbarkeit, die auf Überarbeitung zurückgeführt wurde. Er fühlte sich dauernd gehetzt durch den Gedanken, daß er sich um alle Kleinigkeiten im Betriebe kümmern müsse. Seit einem Jahr bestand geringe Atemnot beim Treppensteigen. Sonstige Beschwerden waren nicht aufgetreten, bis vor 3 Monaten ohne ersichtliche äußere Ursache Anfälle von sehr starker Atemnot einsetzten. Mit Unterbrechungen von 2—3 Tagen traten diese Anfälle kurz nach dem Einschlafen mit großer Heftigkeit, verbunden mit Beklemmungen auf der Brust und Angstgefühl, auf. Der maximale Arteriendruck bewegte sich über 200 mm Hg. Zeichen schwerer Kreislaufinsuffizienz, Leberstauungen, Ödeme usw. konnten nicht nachgewiesen werden. Nachdem dieser Zustand ca. 4 Wochen gedauert hatte, kam es zu einer Apoplexie mit linksseitiger Lähmung. Der Kranke, der vorher immer in Angst vor einem Schlaganfall gelebt hatte, war durch dieses Ereignis keineswegs traurig gestimmt, eher beruhigt und zufrieden, daß die Spannung der Ungewißheit von ihm genommen war. Die leichte Erregbarkeit war verschwunden, obwohl er sich nach kurzer Zeit wieder für die Vorgänge in seinem Unternehmen in alter Weise interessierte. Anfälle von Asthma cardiale sind seit der Apoplexie, deren Folgen sich nach ca. 4 Wochen völlig zurückbildeten, nicht mehr aufgetreten. Der Arteriendruck zeigte in den letzten 6 Monaten stets annähernd gleiche Werte wie vorher. Zeichen einer Kreislaufinsuffizienz konnten auch nach dem Schlaganfall nicht nachgewiesen werden.

Ein besonderes Interesse beanspruchen die Fälle von Asthma cardiale, die mit einem eosinophilen Katarrh einhergehen. Während man früher glaubte, daß der Nachweis eosinophiler Zellen für Asthma bronchiale charakteristisch sei, konnten wir in den letzten zwei Jahren 10 Fälle beobachten, bei denen das Asthma cardiale in höherem Alter in typischer Weise nach anfänglichen Insuffizienzerscheinungen des Kreislaufes auftrat. Während der Anfälle wurde in Sputum und Blut eine Vermehrung eosinophiler Zellen gefunden, nachdem bei früheren Untersuchungen die Werte sich als normal erwiesen hatten.

Auf die engen Beziehungen zwischen Angina pectoris und Asthma cardiale ist häufig hingewiesen worden. Die beiden Krankheitsbilder gehen zuweilen ohne scharfe Grenzen ineinander über. Kranke, die mit Asthma cardiale aufgenommen werden, geben häufig in der Anamnese an, daß in früheren Jahren typische Anfälle von Angina pectoris bestanden hatten. Mit Auftreten der Schwellung an den Beinen seien die Schmerzanfälle weniger geworden, dafür seien die nächtlichen Anfälle schwerer Atemnot aufgetreten.

L., 62 Jahre, männlich. Frühere Anamnese ohne Befund. Vor 6 Jahren nach stärkerer körperlicher Anstrengung im Hochgebirge erstmalig Schmerzanfall am Herzen mit Ausstrahlen nach der linken Schulter. Trotz schonender Lebensweise und medikamentöser Behandlung (Diuretin, Papaverin usw.) verschwanden die Anfälle nicht ganz. In wechselnder Stärke traten sie bei Bewegung, aber auch in der Ruhe auf. Vor 10 Wochen homöopathische Behandlung mit Nux vomica. Die Anfälle verschwanden, dafür stellten sich Appetitlosigkeit und Schwellung der Beine ein. Nachts traten nunmehr schwere Anfälle von Atemnot auf. Der Hausarzt verordnet Digitalistropfen, die ein geringes Abschwellen der Beine bewirkten. Die Tropfen wurden nach 14 Tagen weggelassen, da der Appetit immer schlechter wurde und sich wieder schwere Anfälle von Herzschmerz einstellten. Seit dieser Zeit haben die Schwellung der Beine und die nächtlichen Asthmaanfälle wieder zugenommen.

Befund bei der Aufnahme in die Klinik: Mäßige Ödeme beider Unterschenkel, große Leber, geringe Stauungsbronchitis. Herz besonders nach links verbreitert. Hebender Spitzenstoß. Töne leise, systolische Unreinheit an der Spitze. 2. Aortenton akzentuiert. Arteriendruck 130/80. Puls 120 Schläge in der Minute. Vereinzelte Extrasystolen, angedeuteter Pulsus celer. Ekg. Sinustachykardie, Linkstyp, ST in Abl. II und III diphasisch, vereinzelte linksventrikuläre Extrasystolen.

Ursache: Die Anschauungen über den Entstehungsmechanismus des Asthma cardiale sind noch sehr widerspruchsvoll. Die geistvollen Ausführungen von EPPINGER, der in dem Asthma cardiale das Zeichen für eine zu rasche Blutströmung sah, die den Gasaustausch in der Lunge nicht mehr gestattet, haben wenig Anklang gefunden. Verschiedentlich wird angenommen, daß eine plötzlich einsetzende Insuffizienz des linken Ventrikels bei der Auslösung der asthmatischen Anfälle eine Rolle spielt. Nach GEIGEL soll sich dadurch eine Stauung im kleinen Kreislauf einstellen. Beim verlangsamten Blutlauf nähert sich der hydrodynamische Druck dem hydrostatischen, der Seitendruck steigt, die kleinsten Gefäße erweitern sich, springen in das Lumen der Alveolen und Infundiblen vor und verkleinern so die Atemfläche. Dadurch entsteht das Bild der Lungenstarre (v. Basch), die allein schon die Atemnot mechanisch erklären kann. Der Gasaustausch in der Lunge wird mangelhaft, ein schlecht decarbonisiertes Blut wird in verminderter Menge in der Zeiteinheit dem Atemzentrum zugetragen. In ähnlicher Weise erklärt auch Edens die Entstehung dieses Krankheitsbildes. Im Liegen, bei Bettruhe, steigt der Blutfluß zum rechten Herzen und damit das Angebot an das linke Herz; das linke Herz vermag aber den Füllungszuwachs nicht zu bewältigen. Die Stauung nimmt infolgedessen zu, die Bronchiolen verschwellen noch stärker und erschweren den Luftzutritt zu den Alveolen. H. Straub vertritt den Standpunkt, daß die Anfälle des Asthma cardiale in der überwiegenden Mehrzahl der Fälle durch vasokonstriktorische örtliche Störungen hervorgerufen werden. Manchmal mag in solchen Fällen vorwiegende Beteiligung der Kranzgefäße zum akuten Nachlassen der Herzkraft führen. Meist handelt es sich um ein durch örtliche Durchblutungsstörungen im Gebiet der Atemzentren ausgelöstes cerebrales Asthma.

Diese Theorien werden nicht allgemein als befriedigende Erklärung für die Entstehung des Asthma cardiale angesehen. Die Mehrzahl der Autoren ist sich darüber einig, daß nicht nur das klinische Bild, sondern auch der Entstehungsmechanismus des Asthma cardiale und cerebrale schwer zu trennen sind, da das Erfolgsorgan, das Atemzentrum, sowohl durch allgemeine Kreislaufschädigung als auch durch lokal begrenzte Spasmen in seiner Funktion gestört werden kann. Die Vorstellung, daß Tachypnoe und Blutansammlung in der Lunge gleichbedeutend sind, ist auf Grund unserer Untersuchungen im kleinen Kreislauf (S. 70) nicht richtig. Die Durchblutung und die Blutfülle der Lunge ist, wenn wir nur den Atemmechanismus berücksichtigen, in hohem Maße von der Atemzahl, Atemtiefe und Atemgeschwindigkeit abhängig. Wir wissen, daß neben einer isolierten Insuffizienz des linken Ventrikels auch andere Mechanismen zur Lungenstauung mit Dyspnoe und Stauung im venösen System führen können. Es ist auch denkbar, daß umgekehrt eine Tachypnoe, die auf nervösem Wege ausgelöst wird, die Blutfüllung der Lunge vermindert und die Zirkulationsgeschwindigkeit in derselben herabsetzen kann. Das Blut staut sich im rechten Herzen und zeigt dann das bekannte Bild der Venenstauung mit starker Cyanose. Man hat bisher immer versucht, auf rein mechanischem Wege die Auslösung und das Krankheitsbild des Asthma cardiale zu erklären. Wir sind jedoch der Auffassung, daß bei diesem Krankheitsbild nervöse Vorgänge nicht von den hämodynamischen Umstellungen zu trennen sind. Die Anfälle treten im tiefen Schlaf auf oder nach einer stärkeren körperlichen Arbeit. Die Funktion des Herzmuskels und, wie die elektrokardiographischen Untersuchungen zeigen, auch der Reizablauf im Herzen sind bei Asthma cardiale meist gestört. Wir wissen, daß eine größere Zahl der Patienten bereits dekompensiert ist oder doch durch stärkere körperliche Betätigung ins Stadium der Kreislaufinsuffizienz kommt. Mit dem Eintritt der Kreislaufinsuffizienz wird das vagosympathische Gleichgewicht in Richtung eines Vagustonus verschoben (Hering). Andererseits ist auch bekannt, daß im Schlaf bei vielen Menschen der Vagustonus, wie Pulsverlangsamung, Schweiße usw. zeigen, gesteigert wird. Es fragt sich nun, in welcher Weise der Vagustonus in Beziehung zum Krankheitsbild des Asthma cardiale gebracht werden kann. An früherer Stelle wurde ausgeführt, daß die Blutdruckzügler nicht nur den Blutdruck, sondern auch die Herzdurchblutung beeinflussen, und daß dabei dem Vagosympathicus eine nivellierende Wirkung, die in dem raschen und ökonomischen Ausgleich der Herzdurchblutung an die Herzarbeit besteht, zukommt. Ein erhöhter Vagustonus verursacht eine Verminderung des Coronarstromes. Wie unsere Versuche zeigen, ist es wahrscheinlich, daß die coronarkonstriktorischen, pulsverlangsamenden und blutdrucksenkenden Fasern im Vagus, wenn man geeignete Reize wählt, getrennt erregt werden können (HOCHREIN und GROS). Die coronarverengernden Fasern im Vagus stellen den zentrifugalen Schenkel der Blutdruckzüglerwirkung auf die Kranzarterien dar. Nach HERING, HEYMANS, KOCH und MARK u. a. sind die Blutdruckzügler auch Atemzügler. Die Blutdruckzügler üben einen tonischen, frequenzhemmenden Einfluß auf die Atmung aus. Die Verlangsamung der Atmung nach Durchschneidung der Nervi vagi zeigt, daß im Nervus vagus zentripetale Nervenfasern verlaufen, die die Atmung tonisch im frequenzfördernden Sinne beeinflussen. H. E. HERING nimmt an, daß diese Fasern normalerweise die Erregbarkeit des Zentrums erhöhen. Schaltet man die fördernden Vagusfasern aus, so nimmt, wenn man die Atemzügler ausschaltet, die Atmung wieder zu. Reizung der Blutdruckzügler bewirkt Blutstauung im kleinen Kreislauf (HOCHREIN und KELLER). Die experimentelle Ausschaltung der Blutdruck- bzw. Atemzügler verursacht Hypertension (KOCH, MIES, NOTHMANN, HAMMER). Wir glauben es nicht als Zufall ansehen zu sollen, daß Asthma cardiale und Hypertension häufig gemeinschaftlich gefunden werden. Wenn wir auch nicht die Auffassung vertreten, daß jede Hypertension durch eine Ausschaltung der Blutdruckzügler ausgelöst wird, so sehen wir doch im erhöhten Blutdruck ein Zeichen für eine Störung der vasomotorischen Regulationen, die ihrerseits wieder auf Reflexbahnen, durch die die Atmung und Herzdurchblutung beeinflußt werden, wirken kann. Nach HERING ist bei der Beurteilung des Asthmas der Hypertoniker zu prüfen, ob der Anfall nicht auf zu starker Erregung beruht. Bekanntlich wird der Tonus der Blutdruckzügler durch Arteriendrucksteigerung erhöht, durch Senkung vermindert.

Wenn auch Einzelheiten in den nervösen Vorgängen, die das Asthma cardiale auslösen, noch nicht bekannt sind, so kann man doch auf Grund bisheriger klinischer Beobachtungen und experimenteller Untersuchungen bereits gewisse Beziehungen zwischen Schlaf, Vagustonus, Blutdruckzügler, Atemzügler, Herzdurchblutung (Angina pectoris), Durchblutung und Blutfüllung der Lunge (Asthma) und Hypertension bei Patienten, die ein funktionsschwaches Herz besitzen, dekompensiert sind oder am Rande der Dekompensation stehen und eine Anomalie im vasomotorischen Gleichgewicht besitzen, ermitteln. Die cardiale Komponente spielt bei allen Fällen eine Rolle, auch wenn keine Kreislaufinsuffizienz vorhanden ist und nervöse Symptome das ganze Krankheitsbild beherrschen.

Von den 87 Patienten mit Asthma cardiale, die wir in den Jahren 1929 und 1930 an der Leipziger Klinik beobachten konnten, kamen 26 im Laufe unserer Beobachtung ad exitum. 17 Fälle konnten autoptisch kontrolliert werden. In 7 Fällen wurden schwere anatomische Veränderungen am Eingang bzw. im weiteren Verlauf der Kranzarterien festgestellt. 7mal wurde eine chronische

Endocarditis der Mitralis mit Schrumpfung und Verdickung der Segel gefunden, also mechanische Verhältnisse, wie wir sie bei der Angina pectoris mit Mitralstenose beschrieben haben. 2mal finden wir den Vermerk Hypertrophie und Dilatation, Herzmuskelschwielen, mäßige Atherosklerose der Aorta. 1 Fall zeigte eine tuberkulöse Pericarditis mit völliger Herzbeutelverwachsung, Verkalkung und Übergreifen eines Kalkkreideherdes aufs Myokard. Interessant ist nun, daß von den 7 Fällen mit Mitralstenose 6 einen erhöhten Blutdruck zeigten. Es handelte sich um Patienten im Alter von 28, 43, 47, 58, 74 und 79 Jahren, bei welchen weder das klinische Bild noch der Sektionsbefund auf eine nephrogene Hypertension hinwiesen.

Bei einem Erklärungsversuch der Pathogenese des Asthma cardiale wird man auf Grund unserer Ausführungen ähnlich wie bei der Angina pectoris nicht nach einer einzigen Ursache, sondern nach der Resultante eines komplexen Vorganges fahnden müssen. Wir glauben, auf Grund klinischer Beobachtungen und experimenteller Untersuchungen, daß dem Vagus bei diesem Wechselspiel eine besondere Bedeutung zukommt. In Tierversuchen kann die Reizung dieses Nerven Blutstauung der Lunge und Coronarkonstriktion erzeugen. Wir fanden, daß im Vagosympathicus die zentripetale Bahn eines Reflexes verläuft, die eine Blutfüllung der Lunge bei Apnoe und Hyperventilation bewirken kann. Der zentrifugale Teil dieser Reflexbahn ist im Sympathicus zu suchen. Die Auslösung dieses Reflexes kann über den Aortennerv (Blutdruck- und Atemzügler) erfolgen. Angina pectoris und Asthma cardiale kommen bei ein und demselben Patienten nicht selten gleichzeitig vor oder können sich ablösen. Im Schlafe überwiegt bei vielen Menschen der Vagustonus. Eine weitere Verschiebung des vagosympathischen Gleichgewichtes in dieser Richtung kann bei verschiedenen Formen eine Kreislaufinsuffizienz erzeugen (Hypertension bei Mitralstenose usw.). Die klinische Bedeutung der Blutdruckzügler in diesem Krankheitsgeschehen bedarf noch weiterer Klärung, doch wird man ihnen heute schon eine gewisse Rolle bei der Wechselwirkung der Zirkulations- und Respirationsstörungen des Asthma cardiale zusprechen dürfen.

Inwieweit die beim Asthma cardiale zuweilen auftretende Eosinophilie in Beziehung zu Umstellungen des vegetativen Nervensystems steht, ist noch nicht zu übersehen. Wahrscheinlich handelt es sich bei diesem Symptom aber ebenfalls um eine Sensibilisierung des Parasympathicus (Morawitz). Interessant sind vergleichende Untersuchungen von Kreislauf und Blutzusammensetzung, die wir im Laufe der letzten Jahre bei verschiedenen Patienten mit Asthma cardiale und eosinophilem Katarrh machen konnten.

All diesen Fällen sind bestimmte Anomalien im Ekg gemeinsam. Es handelt sich fast regelmäßig bereits in anfallsfreien Perioden um Überleitungsstörungen — Verlängerung von *PQ, QRS* oder um Arhythmia absoluta. Die Entwicklung des asthmatischen Zustandes wird durch eine Hypertension sicher begünstigt, ist aber nicht daran gebunden. Im Anfall selbst beobachtet man, daß das Auftreten der eosinophilen Zellen mit einer weiteren Verlängerung der Überleitungszeit einhergeht. Besteht die Auffassung, daß der Vagus die Überleitung hemmen kann, zu Recht, dann wird man mit einer gewissen Wahrscheinlichkeit auch das Auftreten der eosinophilen Zellen mit einer Erhöhung des Vagustonus in Zusammenhang bringen können.

Alter	Geschlecht	Anamnese	Arteriendruck	Ekg		Blutbefund			
				PQ	Anomalien	Leuko	Neutroph.	Lymphoz.	Eosin
67	m.	Nach Mandelentzündung Mitralvitium	115/70	0,18	QRS verlängert	7000	68	28	0
		Asthma cardiale	125/70	0,24	„ noch mehr verlängert	7000	60	24	8
		Kreislaufinsuffizienz	130/70	0,20	Arboris. Block	7200	62	30	6
61	w.	Seit 20 Jahren herzleidend	140/85		Arhythmia absoluta	*12000*	*76*	*21*	*0*
		Seit 1 J. Asthma cardiale				*13000*	*44*	*12*	*10*
						10600	77	19	3
						8400	73	21	4
						7800	61	25	9
55	w.	Seit vielen Jahren herzleidend. Vor 14 Tagen erster Asthmaanfall	175/110		Arhythmia absoluta	5900	53	42	4
						6000	71	4	22
52	m.	Seit 6 Monaten Beklemmungsgefühl auf der Brust, seit 4 Monaten Asthma cardiale	110/75	0,22		13000	72	17	4
						9800	68	20	6
62	w.	Seit 3 Monaten Atemnot und Schwindel	130/70	0,20		7200	61	34	3
		Paroxysmale Tachykardie	135/80	0,20	Ventrikel ES	6200	59	34	4
			135/90	0,22		7000	62	29	2
			200/120	0,20					
		Asthma cardiale mit eosinophilem Katarrh	180/110	0,29	$QRS = 0{,}1$	8000	53	31	7

Diagnose: Beim Asthma cardiale werden die Kranken in höherem Lebensalter plötzlich von einem schweren Erstickungsgefühl befallen, das im Anschluß an eine etwas stärkere Anstrengung oder nachts in Ruhe auftritt und den Schlaf unterbricht. Die Differentialdiagnose kann, wie v. ROMBERG geschildert hat, oft große Schwierigkeiten bereiten. Das klinische Bild ähnelt außerordentlich dem Bronchialasthma, mit dem es den Namen und die ungenügende Durchgängigkeit der feinen Luftwege gemeinsam hat. Die Unterscheidung im Anfall ist oft außerordentlich schwierig. Wichtig ist die Anamnese. Bei Asthma cardiale treten die Erscheinungen erst in höherem Alter auf. Sie beginnen meist mit Allgemeinsymptomen von Kreislaufstörungen. Häufig findet man eine Kombination mit Störungen des Coronarkreislaufes, Beklemmungen, Schmerzen in der Herzgegend, Herzstechen, Angstgefühl. Erst später kommt es zu Anfällen von Atemnot, die nachts aus dem Schlaf heraus auftreten können, aber auch tagsüber beobachtet werden. Häufig hört man, daß starke Erregungen Anfälle auslösen können. Auch das Bronchialasthma kommt gelegentlich bei älteren Leuten vor, die in früheren Jahren nie daran gelitten haben. Die Atembeschwerden werden häufig auf das Herz bezogen, die trockene Bronchitis wird als Stauungskatarrh gedeutet, das Emphysem als Alterserscheinung. Selbst der Nachweis eosinophiler Zellen im Sputum oder im Blut kann für eine scharfe Trennung der beiden Krankheitsbilder nicht verwendet werden, da das Herzasthma auch bei Kranken, die an Emphysem-Bronchitis mit eosinophilem Katarrh leiden, vorkommen kann.

Die Diagnose Asthma cardiale muß daher meist aus der Anamnese gestellt werden. Treten die Anfälle erst im höheren Lebensalter auf und wird eine Vorgeschichte mit Kreislaufbeschwerden gegeben, dann wird man mit ziemlicher Sicherheit ein Asthma cardiale annehmen können. Nach unseren Erfahrungen ist weiterhin der Erfolg der Therapie für die Differenzierung dieser beiden Krankheitsbilder mit ausschlaggebend. Auch dann, wenn keine stärkeren Ödeme vorhanden sind, verursacht eine Injektion von Strophanthin und Salyrgan beim Asthma cardiale meist eine starke Wasserausscheidung, die beim Asthma bronchiale gewöhnlich ausbleibt. Die allergischen Reaktionen mit den verschiedenen Hauttests sind keine sicheren Mittel für die Differentialdiagnose, da viele Menschen, darunter auch Kranke mit Asthma cardiale, an irgendeiner Form der Überempfindlichkeit leiden, ohne je Asthma bronchiale zu bekommen, während bei zahlreichen Kranken mit Asthma bronchiale Überempfindlichkeitsreaktionen nicht festgestellt werden können. Nach unseren Erfahrungen kommt der elektrokardiographischen Untersuchung bei der Differentialdiagnose der verschiedenen Asthmaformen eine große Bedeutung zu. Man findet in der Mehrzahl der Fälle von Asthma cardiale bei der elektrokardiographischen Untersuchung Abweichungen von der Norm, und zwar häufig Arhythmia absoluta, Arborisationsblock oder sonstige Störungen der Überleitung, während beim Asthma bronchiale in der Mehrzahl der Fälle neben dem häufigen Vorkommen eines Rechtstyp keine Besonderheiten wahrgenommen werden. Von v. Romberg, Straub u. a. wird besonders darauf hingewiesen, daß mit dem cardialen Asthma häufig das Asthma renale oder cerebrale verwechselt wird. Asthma cerebrale soll besonders bei Menschen beobachtet werden, die sich bis zum Anfall für völlig gesund hielten, insbesondere eine gute Leistungsfähigkeit ihres Herzens aufwiesen und nach Abklingen des Anfalls auch wieder aufweisen. Diese Anfälle treten ebenfalls mit Vorliebe nachts, gelegentlich auch nachmittags und abends, kaum aber zu anderer Tageszeit plötzlich auf. Sehr rasch entsteht schwerste Atemnot. Oft stellt sich schon in den ersten Minuten Lungenödem in den ganzen Lungen oder in großen Teilen von ihnen mit charakteristischem Rasseln und dem typischen Auswurf ein. Diese Anfälle werden, wie bereits ausgeführt, als Gefäßkrämpfe im Gebiet der Atemzentren gedeutet (L. Hess, H. Straub und Meier). Die Unterscheidung des renalen vom cardialen Asthma ist, wie v. Romberg ausführt, während des einzelnen schweren Anfalles nicht möglich. Unsere Vorstellungen über die Pathogenese des Asthma cardiale führen nicht zu der von der Rombergschen Schule besonders betonten scharfen Trennung zwischen Asthma cardiale und cerebrale, da wir annehmen, daß für das Zustandekommen des Asthma cardiale sowohl eine cardiale, als auch eine nervöse Komponente notwendig ist (s. S. 70). Auch Edens ist der Anschauung, daß in Fällen von Hochdruck und Herzschwäche sich beide Formen mischen können. Kranke, die wir auf Grund des klinischen Bildes als rein cerebralen Typ bezeichnen können, weisen bei genauer Kreislaufuntersuchung, Bestimmung des Elektrokardiogrammes, Venendruckes, Vitalkapazität usw. meist auch Störungen von seiten des Herzens auf, so daß wir glauben, eine scharfe Trennung zwischen Asthma cardiale und cerebrale weder in klinischer Hinsicht noch nach der Pathogenese durchführen zu können. Gibt es reine Fälle von Asthma cerebrale, dann sind sie sicher außerordentlich selten. Auch v. Romberg ist der Auffassung, daß bei schweren Fällen neben der Erregung der zentralen Regulationsmechanismen auch die Lungengefäße geschädigt sein müssen. Da cerebrales Asthma vorwiegend bei Hypertonie vorkommen soll, wird man bei der schwierigen Erkennbarkeit beginnender Herzinsuffizienz bei der Hypertension selten eine kardiale Beteiligung ausschließen können.

Die genaue Trennung zwischen Asthma cardiale und Angina pectoris bereitet oft Schwierigkeiten, da in kurzen Zwischenräumen bei demselben Patienten die Symptome beider Krankheitsbilder wechseln können. Es handelt sich meist um Kranke, die am Rande der Kompensation stehen. Beim Eintreten der Insuffizienz steht die Dyspnoe im Vordergrunde, es überwiegen die Erscheinungen des Asthma cardiale. Bessert sich die Kreislauffunktion, dann beobachtet man häufig, daß Schmerzanfälle, die während der Dekompensation völlig verschwunden waren, wieder auftreten und der Kranke das Bild der Angina pectoris bietet.

Prognose: Im Anfall selbst ist die Prognose mit Vorsicht zu stellen. Führt der Anfall zum Tode, so tritt dieser auf der Höhe des Anfalles ein, oder der Kranke wird allmählich benommen, die Atmung wird ruhig, und erst mehrere Stunden nach Beginn des Anfalles erfolgt der Exitus. Die Prognose im Anfall ist ungünstiger, wenn in den ersten Minuten Lungenödem in den ganzen Lungen oder in großen Teilen mit dem charakteristischen Rasseln und dem typischen Auswurf beobachtet wird. Geht der Anfall günstig aus, so beruhigt sich nach $^1/_4$—$^1/_2$ Stunde die Atmung wieder. Die Kranken erholen sich verhältnismäßig rasch. Nach 1—2 Stunden sind meist Atmung und Kreislauf wieder ohne besonderen Befund. Zuweilen fühlen sich Kranke nach schweren Anfällen noch längere Zeit sehr schwach und hinfällig. Es kann Monate und Jahre dauern, bis ein neuer Anfall auftritt, oder es kommt überhaupt zu keinem Rückfall. Zuweilen treten die Anfälle jedoch Nacht für Nacht auf. Im Intervall ist für die Beurteilung des Krankheitsfalles der Untersuchungsbefund des Herzens von größter Wichtigkeit. Bei Zeichen schwerer Myokardveränderungen wird man die Prognose ungünstiger stellen müssen als bei jenen Fällen, bei denen die nervösen Faktoren überwiegen. Die Anfälle sind bei diesen Kranken häufig viel leichter; meist handelt es sich nur um anfallsweise auftretende Schweratmigkeit oder bloße Beengung. Asthma cardiale bei Schenkelblock führt nach unseren Erfahrungen meist in kürzester Zeit, auch dann, wenn durch eine intensive Strophantin- und Salyrgantherapie Dekompensationserscheinungen gebessert werden können, zum Tode. Bei Fällen mit Kreislaufdekompensation wird man die Prognose auch vom Grade der Dekompensation abhängig machen müssen. Als ungünstiges Zeichen betrachten wir beim Asthma cardiale das Auftreten von CHEYNE-STOKESschem Atmen, das hauptsächlich dann, wenn die Patienten nach einem Anfall zur Ruhe kommen, oder im Schlafe, besonders deutlich werden kann. Nicht selten gelingt es, durch Therapie mit Kreislaufmitteln auch schwere Fälle von Asthma cardiale zu bessern. Dafür treten aber mit zunehmender Besserung der Kreislauffunktion zuweilen stenokardische Anfälle in Erscheinung.

3. Paroxysmale Tachykardie (Herzjagen).

Die Einreihung der paroxysmalen Tachykardie in die Gruppe der Coronarerkrankungen ist in der Klinik nicht allgemein gebräuchlich, da bestimmte pathologisch-anatomische Veränderungen als Ursache der paroxysmalen Tachykardie bis jetzt nicht nachgewiesen werden konnten. WENCKEBACH wies darauf hin, daß schwere Myokardaffektionen ohne Anfälle verlaufen und andererseits bei paroxysmaler Tachykardie mit tödlichem Ausgang auch eine eingehende Untersuchung des Herzens und des spezifischen Muskelgewebes schon wiederholt resultatlos geblieben ist. Diese Argumente sind heute, nachdem wir wissen, daß Spasmen die schwersten Störungen in der Coronardurchblutung hervorrufen können, nicht mehr gültig. Wir rechnen die paroxysmale Tachykardie zu den Coronarerkrankungen, da bereits LEWIS über paroxysmale Tachykardie ventrikulären Ursprungs berichtete, die er beim Hund durch Coronararterienverschluß erzeugen konnte. Bei unseren Coronarstudien (HOCHREIN und KELLER) machten wir die Beobachtung, daß paroxysmale Tachykardie etwa 10—20 Minuten nach der Unterbindung kleiner Äste auftrat, ein Befund, der auch beim Setzen von Myokardnekrosen durch Coronarunterbindung oder durch Höllensteininjektionen von DAMIR erhoben wurde.

In unserer Vorstellung, daß die paroxysmale Tachykardie in die Gruppe der Coronarerkrankungen einbezogen werden muß, werden wir weiterhin durch verschiedene klinische Beobachtungen bestärkt. Wir verdanken P. D. WHITE und Mitarbeiter Krankheitsberichte, die zeigen, daß bei Kranken mit Arbeitsangina in späteren Stadien die Anfälle mit paroxsysmaler Tachykardie einhergehen können. Andererseits kennen wir Kranke mit paroxysmaler Tachykardie, die während der Anfälle über starke stenokardische Beschwerden klagten.

Bei einer 62jährigen Patientin wurde im Frühjahr 1931 Bewegungs-Angina pectoris auf dem Boden einer Coronarsklerose festgestellt. Röntgenologisch starke atherosklerotische Veränderungen der Aorta, Arteriendruck 130/70 mm Hg. Besserung der Beschwerden durch Traubenzucker und Jodcalciumdiuretin. Herbst 1931 Aufnahme in die Klinik wegen paroxysmaler Tachykardie von ventrikulärem Typ und stenokardischen Beschwerden während der Anfälle. Therapie der paroxysmalen Therapie mit Atropin, Barbitursäurepräparate und psychischer Beeinflussung (s. S. 203). Nach 8 Tagen Verschwinden der paroxysmalen Tachykardie und damit auch der stenokardischen Beschwerden. Arteriendruck bei der Entlassung 135/90 mm Hg. Zu Hause wurde verschiedentlich, wenn flaues Gefühl am Herzen auftrat, Atropin bis zur Trockenheit im Halse eingenommen. Gelegentlich einer Nachuntersuchung im Januar 1932 wurde berichtet, daß Anfälle von Herzjagen und Angina pectoris nicht mehr aufgetreten seien. Arteriendruck 200/120 mm Hg. Kurze Zeit später Einlieferung ins Krankenhaus wegen plötzlich einsetzender Anfälle von schwerem Asthma cardiale mit eosiniphilem Katarrh. Arteriendruck 180/110 mm Hg. Besserung der Beschwerden durch Strophantin, Salyrgan und Traubenzucker.

Klinisches Bild: Seit der erstmaligen zusammenfassenden Darstellung der paroxysmalen Tachykardie durch A. HOFFMANN ist die Symptomatik dieses Krankheitsbildes durch zahlreiche Arbeiten (Literatur bei WENCKEBACH und WINTERBERG, HUME u. a.) genau erforscht worden. Da die subjektiven Beschwerden häufig nur gering sind, gelangen derartige Kranke relativ selten und nur, wenn sie schwer unter diesem Zustande leiden, in die Klinik. P. WHITE konnte allerdings innerhalb 13 Jahren 76 Fälle bei einem Krankenmaterial von 8631 Kranken beobachten, während in den letzten $2^1/_2$ Jahren in der Leipziger Klinik bei einem Krankenmaterial von ca. 15000 Fällen nur 17 Kranke mit reiner paroxysmaler Tachykardie, die keine Basedowsymptome, Mitralstenose usw. zeigten, aufgenommen wurden. Das Hauptmerkmal der paroxysmalen Tachykardie in ihrer klassischen Form ist das scheinbar unmotivierte Auftreten hochgradiger Herzbeschleunigung in scharf umschriebenen Anfällen, die gewöhnlich ebenso plötzlich enden, wie sie eingesetzt haben. Die Schlagfrequenz bewegt sich gewöhnlich zwischen 150—250. Die hohe Frequenz und die im allgemeinen unveränderliche Regelmäßigkeit der Schlagfolge sind für die paroxysmale Tachykardie ziemlich charakteristisch. Typisch ist ferner die Wiederholung der Anfälle, die mit der Regelmäßigkeit epileptischer Attacken wiederkehren (WENCKEBACH und WINTERBERG). Die Dauer der Anfälle ist auch bei denselben Individuen außerordentlich verschieden. Es gibt alle möglichen Übergänge von rudimentären, nur durch einige frequente Herzschläge angedeuteten oder wenige Sekunden langen, bis zu Anfällen von minuten-, stunden- und tagelanger Dauer.

Anscheinend von selbst stellen sich die Anfälle bei bestem Wohlbefinden vollkommen unerwartet ein. In der Regel haben die Kranken lediglich die Empfindung eines starken Herzklopfens, gelegentlich sind auch Sensationen wie Beklemmung oder Präcordialangst mit Schmerzen, die in Hals und Arme ausstrahlen, vorhanden, so daß VAQUEZ und DONZELOT von einer „forme anginale" sprechen. Neben den lokalen Beschwerden klagen einige Kranke über Mattigkeit, Kopfschmerzen, Schwindelgefühl, Ohrensausen, Kurzatmigkeit und Ohnmachtsanwandlung. Häufig berichten die Kranken über ein Zusammenschnüren im Halse mit Versagen der Stimme. Nicht selten hört man, daß das Aufhören des Anfalls, der Übergang zu normaler Herztätigkeit als die unangenehmste Empfindung des ganzen Anfalles geschildert wird. Manchem Kranken kann das Eintreten der Anfälle völlig unbemerkt bleiben.

Auffallend ist während des Anfalles meist die Blässe des Gesichts. Gelegentlich besteht bei lange dauernden Anfällen eine mehr oder weniger ausgesprochene Dyspnoe. Die Halsvenen sind stark geschwollen, daneben ist eine Schwellung der Leber, gelegentlich Ödeme der unteren Extremitäten bzw. Ascites und auch Albuminurie beobachtet worden (KÜLBS). A. HOFFMANN hat in all seinen Fällen während des Anfalles Polyurie nachgewiesen.

Beim Auskultieren hört man reine, kurze und scharfe Töne. Die Pausen zwischen 1. und 2. Tönen erscheinen gleich lang (Embryokardie). Geräusche, die in Ruhe bestanden haben, verschwinden. Mitunter ist während des Anfalles ein schabendes Geräusch, das an perikardiales Reiben erinnert, beobachtet worden. Der Puls ist klein, weich, oft nicht zu zählen, gelegentlich wird er unfühlbar, so daß wir bei einem Kranken, der an nur wenig Sekunden dauernden Anfällen litt, die mit Bewußtlosigkeit einhergingen, zuerst an Adams-Stokessche Anfälle dachten. Nach WENCKEBACH bildet die Erniedrigung des systolischen Blutdruckes um ca. 10—30 mm Hg einen ziemlich konstanten Befund im Anfall. Der diastolische Druck kann dabei ansteigen, so daß die Druckamplitude stark vermindert wird. Die Größe des Herzens dürfte nach bisherigen Untersuchungen während kurz dauernder Anfälle unverändert sein. Gelegentlich ist das Herz entschieden kleiner und macht, wie von DIETLEN u. a. beobachtet wurde, weniger ausgiebige Kontraktionen. Es kann aber auch, besonders bei lang dauernden Anfällen, zu einer erheblichen Erweiterung kommen. Der Druck im Venensystem soll während des Anfalles stark ansteigen (HOOKER und EYSTER, KROETZ). Die Pathogenese der Kreislaufstörung bei der paroxysmalen Tachykardie ist durch die hohe Schlagfrequenz, die zur Vorhofpfropfung (WENCKEBACH) führt und durch die auf diese Weise hervorgerufene Erschöpfung des Herzmuskels

bedingt. WIELE beobachtete zwei Kranke, bei denen hochgradige Kreislaufstörungen in der Peripherie bis zur Gangränbildung während der Anfälle führten.

BARCROFT, BOCK und ROUGHTON fanden während des Anfalles folgende Änderungen
der Blutgase: 1. im arteriellen Blut eine starke Abnahme der Sauerstoffsättigung ohne
Zeichen der pulmonalen Stauung und einen niedrigen CO_2-Gehalt, 2. im venösen Blut eine
geringe Sauerstoffsättigung, 3. eine starke Zunahme des Ausnutzungskoeffizienten. Diese
Befunde weisen auf eine Abnahme der Blutgeschwindigkeit hin. Sofort nach dem Anfall
wurde eine Abnahme der Vitalkapazität beobachtet.

Bei unseren eigenen Fällen hatten wir vor allem auch das anfallsfreie Stadium studiert. Die Mehrzahl unserer Kranken klagte über Störungen des vegetativen Nervensystems, wie kalte Extremitäten, Neigung zu Schweißen, Neigung
zum Erröten, leichte Erregbarkeit, nervöse Diarrhöen oder spastische Obstipation. Meist handelt es sich um psychisch sehr labile Kranke. Die Disposition
spielt, wie bereits A. HOFFMANN gezeigt hatte, im Mechanismus der paroxysmalen Tachykardie eine ausschlaggebende Rolle. Innersekretorische Einflüsse,
bakterielle, enterogene und andere Gifte können unter gewissen Bedingungen
bei einer abnormen Reizbarkeit, die in den verschiedensten Herzabschnitten
angenommen wird, den Boden für eine paroxysmale Tachykardie bereiten.
Besteht eine Anfallsbereitschaft, dann kann scheinbar ohne Anlaß, häufig
aber auch durch körperliche oder geistige Anstrengung, psychische Erregung
u. a. m., ein Anfall ausgelöst werden. Nicht selten kann man zeitliche Beziehungen zu großen Mahlzeiten feststellen. Bei zeitlich regelmäßig auftretenden Anfällen gelingt es zuweilen, durch psychische Beeinflussung den Beginn
des Anfalles zu verzögern oder auch völlig zu unterdrücken. Tiefe Atmung
kann oft den Beginn eines Anfalles verhüten. Zuweilen beobachtet man, daß
durch den Valsalvaschen Versuch, Aufstoßen, Erbrechen, Vagus- bzw. Bulbusdruck ein Anfall unterbrochen werden kann. Manche Kranke können durch
eine bestimmte Körperhaltung, die meist einen Druck auf den Leib bewirkt,
die Anfälle günstig beeinflussen.

Neben der geschilderten klassischen Form der paroxysmalen Tachykardie
(Maladie de BOUVERET-HOFFMANN) unterscheidet GALLAVARDIN noch eine
Tachykardie à centre excitable, die nicht wie aus heiterem Himmel entsteht,
sondern außerordentlich leicht durch geringe Anstrengung und psychische Erregung hervorgerufen werden kann. Die Anfälle sind meist kurz, die subjektiven
Symptome nicht schwer. Die Anfälle enden nicht, wie bei der Hauptform, plötzlich und definitiv, sondern es folgen einander, besonders nach stärkeren Anstrengungen, immer wieder neue kurze Attacken, bis schließlich endgültig Ruhe wird.
GALLAVARDIN trennt weiterhin eine Extrasystolie à paroxysmes tachycardiques
ab, bei der die primäre Störung in dem Auftreten von Extrasystolen, durch
deren Häufung kürzere und längere Attacken entstehen, bestehen soll.

Der Verlauf der paroxysmalen Tachykardie zeigt meist, daß die Anfälle
allmählich länger und subjektiv unangenehmer werden und daß mit jeder neuen
Attacke die Disposition gesteigert wird. Bei längerem Bestehen entwickeln sich
häufig die Zeichen der Herzinsuffizienz. Es gibt allerdings auch einzelne Fälle,
bei denen sich die Anfälle nicht wiederholen, zumeist jedoch haben die Kranken,
bevor sie den Arzt aufsuchen, mehrere Anfälle durchgemacht. Schwangerschaft,
interkurrente, besonders fieberhafte Krankheiten, Narkose usw. scheinen un-

günstig auf den Zustand einzuwirken. Die Arbeitsfähigkeit der Kranken kann trotz gehäufter Anfälle unter Umständen lange Zeit erhalten bleiben. Zuweilen sind die Kranken, wenn die Anfälle gehäuft und sehr schwer auftreten, auch im Intervall schon aus Furcht, einen Anfall auszulösen, ans Bett gefesselt. Auf Einzelheiten des Krankheitsverlaufes soll bei Besprechung der Therapie noch näher eingegangen werden (S. 203).

Pathogenese: Es soll hier nicht der Mechanismus der paroxysmalen Tachykardie, ob eine gesteigerte Tätigkeit heterotoper Zentren, eine Kreisbewegung usw. die Ursache dieser Störung im Reizleitungssystem ist, besprochen werden (s. WENCKEBACH und WINTERBERG). Im Rahmen unserer Besprechung ist es wichtig, die klinische Grundlage zu studieren, auf der diese Anfälle zur Auslösung gelangen. Eine bedeutungsvolle Rolle scheint der Disposition zuzukommen. Aus experimentellen Untersuchungen wissen wir, daß nach Vorbehandlung mit geringen Giftmengen (Barium) bereits schwache Acceleransreizung genügt, um typische Anfälle von paroxysmaler Tachykardie auszulösen. Von dem Wesen der Veranlagung beim Menschen haben wir allerdings keine nähere Kenntnis. A. HOFFMANN weist bei seinen hereditären und familiären Fällen auf eine angeborene besondere Organbeschaffenheit hin. Die bei Frauen zur Zeit der Menstruation oder während der Schwangerschaft auftretenden Paroxysmen lassen an innersekretorische Einflüsse, die Anfälle bei Infektionen, bei Magen- und Darmstörungen an bakterielle und enterogene Gifte, das Herzjagen bei Rauchern und Trinkern an die konsumierten Gifte denken, die vielleicht ähnliche wie Barium die Herzerregbarkeit steigern. VAQUEZ und DONZELOT betonen die Beziehung der Anfälle zum Dysthyreoidismus. Interessant ist in dieser Beziehung eine Statistik von HUME. In 64 Fällen konnte 11mal eine Kreislauferkrankung ausgeschlossen werden. In den übrigen 53 Fällen wurden folgende Erkrankungen festgestellt:

Hypertension	16 Fälle
Coronarerkrankungen	12 ,,
Rheumatische Herzerkrankungen	8 ,,
Arteriosklerotische Herzerkrankungen	4 ,,
Syphilitische Herzerkrankungen	4 ,,
Thyreotoxische Herzerkrankungen	2 ,,
Unklare Herzerkrankungen	7 ,,

Das plötzliche Kommen und Gehen der Anfälle deutet darauf hin, daß nicht so sehr organische Veränderungen als chemische oder nervöse Umstimmungen die Anfälle auslösen. Wir denken hier in erster Linie an Störungen im Coronarkreislauf, da aus zahlreichen experimentellen und klinischen Beobachtungen hervorgeht, daß die Anämisierung das Herz auf irgendeine Weise, vielleicht durch den Grad, die Art oder den Sitz eines bestimmten Bezirkes anfallsbereit macht. MAHAIM berichtete über 2 autoptisch kontrollierte Fälle, wobei der eine, bei dem der R. descendens ant. der A. coron. sin. verstopft war, an einer rechtsventrikulären Tachykardie litt, während der andere, bei dem der R. desc. post. der A. coron. dext. verlegt war, linksventrikuläre Tachykardie hatte. Bei der Mehrzahl der Fälle von paroxysmaler Tachykardie wird die Disposition aber nicht durch organische Veränderungen, sondern wahrscheinlich durch nervöse Umstimmung geschaffen. Man hatte früher wegen der Tachykardie verschiedentlich angenommen, daß bei der paroxysmalen Tachykardie eine Vaguslähmung vorliegen würde. Es scheint eher das Gegenteil der Fall zu sein. Die Überleitung vom Vorhof zum Ventrikel ist im Intervall und besonders vor Beginn der Paroxysmen in der Mehrzahl der Fälle verlängert. Bei einigen Fällen, bei denen wir mit Hilfe des Chronaximeters die Tonuslage untersucht hatten, fanden wir eine Vagotonie (W. Gros). Hering konnte bei Tieren, deren Vagustonus durch Dyspnoe und Morphium erhöht war, vermittels Acceleransreizung atrioventrikuläre Tachykardie erzeugen, die wie bei der echten paroxysmalen Tachykardie des Menschen unvermittelt auftrat und ebenso plötzlich verschwand. Wir wissen aber, daß der Vagus konstriktorisch auf das Coronarsystem wirkt. Stehen wir auf dem Standpunkt, daß ein erhöhter Vagustonus die Grundlage für die paroxysmale Tachykardie bildet, dann werden die Gegensätzlichkeiten der anatomischen Befunde, teilweise Coronarveränderung, teilweise völlig negativer Herzbefund, verständlich. Nicht klar ist allerdings, warum eine Störung im Coronarsystem einmal zu einer Angina pectoris, ein anderes Mal zur paroxysmalen Tachykardie führen soll. Wir hatten die Angina pectoris als das Ergebnis einer komplexen Funktion gedeutet, und das gleiche gilt wohl auch für die paroxysmale Tachykardie. Beiden Krankheitsbildern gemeinsam ist eine verminderte Coronardurchblutung, wobei offen gelassen werden soll, ob die eine Erkrankung nicht durch ein allgemeines Durchblutungsdefizit ausgelöst wird, während die andere nur bei stärkerer Anämie bestimmter Reizleitungszentren in Erscheinung tritt. Sicherlich sind aber auch die begleitenden Faktoren, sowohl in ihrer Wertigkeit, wahrscheinlich aber auch in ihrer Art verschieden. Kranke mit Angina pectoris und paroxysmaler Tachykardie zeigen auch im Intervall bereits bei oberflächlicher Betrachtung auffallende Unterschiede. Die Kranken mit paroxysmaler Tachykardie sind ausgezeichnet durch zahlreiche vasomotorische Störungen, kalte Extremitäten, unmotivierten Wechsel von Blässe und Röte, Neigung zu Schweißausbrüchen, dann aber vor allem durch ihre psychische Labilität. In der älteren Literatur wird bereits der Zusammenhang mit Nervenkrankheiten, wie Hysterie, Neurasthenie, Epilepsie usw. erwähnt. Damit ist die komplexe Funktion, die zur paroxysmalen Tachykardie führt, wahrscheinlich noch nicht annähernd erschöpfend geschildert. Wir gewinnen durch diese Beobachtungen aber doch bereits einige Handhaben, die uns bei der Therapie dieses Krankheitsbildes dienlich sein können.

Prognose: Die Prognose ist bei der Möglichkeit einer Wiederholung in jedem Falle unsicher. Bezüglich des einzelnen Anfalles ist sie im allgemeinen günstig. Allerdings ist besonders bei lang dauernden schweren Anfällen nicht zu vergessen, daß der Anfall in tödliche Herzinsuffizienz übergehen kann. Nach Robinson und Herrmann ist die ventrikuläre Tachykardie prognostisch ungünstiger als die aurikuläre. Nach Strang und Levine soll das von den Kammern ausgehende Herzjagen immer mit schwerem Herzleiden, speziell mit Coronarsklerose einhergehen und schon aus diesem Grunde eine viel schlechtere Prognose geben. Willius und Barnes berechnen aus einer Statistik von ca. 100 Fällen, daß bei Fällen ohne erkennbaren organischen Herzbefund eine Mortalität von 10%, bei Kranken, bei denen gleichzeitig eine Aorten- oder Coronarerkrankung oder Endokarditis vorlag, eine solche von 42% gefunden wurde. Unsere Statistik, die allerdings viel kleiner ist (18 Fälle), führt zu einer etwas günstigeren Prognose. Wir stimmen mit WENCKEBACH und WINTERBERG überein, daß anfallsweises Herzjagen bei den genannten Erkrankungen ein ominöses Zeichen ist. Die schlechte Prognose betrifft aber nicht so sehr den Anfall wie die Grundkrankheit. Gegenüber der relativ guten Prognose des einzelnen Anfalles pflegt der ganze Verlauf des Leidens eine sehr ungünstige Beurteilung zu finden. Der zu Recht bestehende Vergleich der paroxysmalen Tachykardie mit der Epilepsie bezüglich der beharrlichen Wiederkehr der Anfälle führt zu einer pessimistischen Auffassung. Verschiedentlich ist die paroxysmale Tachykardie der Vorläufer einer beträchtlichen Hypertension. Gelegentlich sahen wir dabei auch Anfälle von Asthma cardiale auftreten. Diese Formen nehmen natürlich hinsichtlich der Prognose eine Sonderstellung ein.

c) Spezielle Coronarerkrankungen.

1. Sklerose und Syphilis der Kranzarterien. Myodegeneratio cordis.

Klinisches Bild. Die verschiedenen Formen der Degeneration des Herzmuskels, die bei Coronarerkrankungen angetroffen werden, sind in ihrer Bedeutung für die Klinik von v. ROMBERG, KÜLBS, EDENS u. a. ausführlich besprochen worden.

Ähnlich wie bei der Atherosklerose anderer Arterien wird man auch für die Coronarsklerose annehmen können, daß das Spiel der Vasomotoren mit zunehmender Erkrankung leidet. Die Ernährungsstörung führt durch eine fortschreitende Umwandlung des Myokards zu Störungen in der Herzarbeit, die die verschiedenartigsten subjektiven Symptome der Herzinsuffizienz zur Folge haben. Anfallsweise auftretende Schmerzen, die bei akutem Coronarverschluß im Vordergrunde des klinischen Bildes stehen, sind auch bei ausgedehnter Sklerose der großen Kranzarterien relativ selten. Wir beobachteten in 137 autoptisch kontrollierten Fällen von Myodegeneratio cordis nur 4mal Angina pectoris. Herzbeschwerden, wie Stiche und Druckgefühl, besonders nach körperlicher Anstrengung, wurden häufiger beobachtet (24mal). Kurzatmigkeit und Beklemmung bei geringer Muskeltätigkeit, leichte Ermüdbarkeit und allgemeine Schwäche sind oft die einzigen subjektiven Empfindungen, die durch Herzmuskelveränderungen stärkeren oder schwächeren Grades ausgelöst werden. Nicht selten kommen derartige Ernährungsstörungen des Herzens ohne irgendwelche subjektive Beschwerden, die auf das Herz hinweisen, vor (65 Fälle). Sind die Myokardveränderungen so hochgradig, daß die Herzkraft den Forderungen des Kreislaufes nicht mehr genügt, dann treten subjektive und objektive Symptome der Kreislaufinsuffizienz auf. Die subjektiven Insuffizienzerscheinungen sind im wesentlichen davon abhängig, in welchen Abschnitten des Herzens die Insuffizienz am stärksten auftritt. Bald treten Dyspnoe, bald Beschwerden peripherer Stauung mehr in den Vordergrund.

Der objektive Befund des Kreislaufes ergibt auch im Zustand der *Kompensation* meist eine Veränderung der Herzsilhouette, die je nach dem hauptsächlichen Sitz der Veränderung nach beiden Seiten, nach rechts oder nach links, verbreitert sein kann. Häufig findet man als Zeichen einer Hypertrophie des linken Ventrikels einen etwas außerhalb der normalen Grenze liegenden hebenden Spitzenstoß. Die Hypertrophie des rechten Ventrikels kann in vielen Fällen an einer epigastrischen Pulsation erkannt werden. Die Herztöne sind meist uncharakteristisch. Akzentuationen weisen darauf hin, daß eine Blutstauung in einem Gefäßgebiet wegen Schwäche des davorliegenden Herzabschnittes besteht. Der Puls zeigt häufig charakteristische Veränderungen. Tachykardien bis 100 in der Minute und mehr sind bei regelmäßiger Schlagzahl auch in der Ruhe nicht selten. Prüft man die Anpassung der Pulszahl an körperliche Leistungen, dann findet man schon nach geringen Anstrengungen ein starkes Hochschnellen und langsame Rückkehr zum Ausgangswert. Zuweilen beobachtet man auch einen unregelmäßigen Puls, hervorgerufen durch Arhythmia extrasystolica oder perpetua. Überleitungsstörungen findet man in zahlreichen Fällen. Meist kann man im Ekg mehr oder minder starke Veränderungen des QRS-Komplexes (Ast- oder Arborisationsblock), die auf Störungen der Reizleitung in den Verzweigungen des Hisschen Bündels hinweisen erkennen. Eine Deformation von ST in Form einer Wellung oder Rundung wird nicht selten bei Coronarveränderungen mit Myodegeneratio cordis gefunden. Aber auch diese elektrokardiographischen Veränderungen sind kein eindeutiger Beweis für Coronarerkrankungen. Oft finden wir bei schwerster Coronarsklerose ein völlig normales Ekg und starke Veränderungen im Ekg erfahren andererseits bei der Autopsie zuweilen keine anatomische Erklärung. Bei einigen Fällen von paroxysmaler Tachykardie wurde autoptisch eine Coronarsklerose gefunden (v. ROMBERG). Man ist so oft erstaunt, daß schwere Störungen der Reizleitung bei einem leidlich kompensierten Kreislauf gefunden werden.

Der Umschlag in eine schwere *Dekompensation* kann sich aber sehr rasch vollziehen, oft scheinbar ohne äußere Ursache. Je nach dem Herzabschnitt, der zuerst insuffizient wird, treten anfänglich die Dekompensationserscheinungen der Mitralisierung — hochgradige Dyspnoe, Cyanose — oder sofort die der Tricuspidalierung — Stauung im Vena-cava-Gebiet und in der Leber, verminderter Blutzufluß nach dem kleinen Kreislauf — auf. Wird der rechte Ventrikel insuffizient — und dieses Ereignis steht allen Kranken mit Herzschwäche bei Coronarveränderungen einmal bevor — so wird anfänglich der Stauweiher der Leber einen Teil des gestauten Blutes aufnehmen und den Kranken oft jahrelang vor Ödemen bewahren. Hat die Leber ihre größte Ausdehnung erreicht oder durch lang dauernde Belastung infolge Bindegewebsverhärtung ihre Reservoirfunktion eingebüßt, dann kommt es zur Nierenstauung und allgemeinen Hydrops. Das klinische Bild wird dann von Erscheinungen, wie hochgradiger körperlicher Schwäche, Schmerzen der Magengegend, Appetitlosigkeit, Erbrechen, Schmerzen in der Lebergegend, starken Ödemen, Ascites usw. beherrscht.

Dieses Krankheitsbild der Myogeneratio cordis entwickelt sich meist schleichend, in Schüben zwischen symptomenarmen Intervallen. Unsere Beobachtungen zeigen, daß nicht nur das höhere Alter an den Erscheinungen dieser Erkrankung leidet. Bereits im Alter von 30—40 Jahren können sich die ersten Zeichen der auf nutritiver Basis beruhenden Herzmuskelschwäche bemerkbar machen.

Diagnose. Die Frage, ob eine Coronarsklerose vorliegt, ist nach dem Lebensalter nicht zu entscheiden. Unter dem 40. Lebensjahre ist sie relativ selten. Bei Kyphoskoliosen, bemerkenswerterweise besonders an der die hypertrophische Kammer versorgenden rechten Kranzarterie, wird sie recht frühzeitig beobachtet. Pykniker haben ebenfalls Neigung zur vorzeitigen Erkrankung an Coronarsklerose. Die Erkennung ist besonders bei relativ jugendlichen Kranken oft recht schwierig, da die Übereinstimmung zwischen klinischer und pathologisch-anatomischer Diagnose auch bei vielseitiger Untersuchung noch recht ungenügend ist. Ein Parallelismus röntgenologischer Abweichungen der Aorta mit der Coronarsklerose besteht nicht (s. S. 103). Etwas zuverlässiger, aber keineswegs sicher ist der Schluß aus physikalischen Befunden, die auf eine Sklerose des Anfangsteils der Aorta hinweisen (v. Romberg).

Die Statistiken unserer Kreislaufkranken zeigen, daß nur in der Minderzahl der Fälle (16mal unter 91 Fällen) die Sklerose der Kranzarterien in vivo festgestellt wurde. Dieses Mißverhältnis ist dadurch zu erklären, daß die bei Coronarerkrankungen auftretenden Erscheinungen außerordentlich vieldeutig sind. Ein Symptom für sich allein genügt nicht, um anatomische Schädigungen der Kranzarterien anzunehmen. Dies gilt auch für die Anfälle von Herzjagen und Schmerz. Paroxysmale Tachykardie kann bei anatomisch völlig normalen Herzen auftreten. Leichte und mittelschwere Anfälle von Angina pectoris entstehen häufig auf nervöser Basis bei normaler anatomischer Beschaffenheit der Coronargefäße. Treten leichte Anfälle von Angina pectoris über dem 40. Lebensjahr auf, dann wird man mit der Diagnose Angina vasomotorica sehr zurückhaltend sein müssen, besonders wenn noch andere Zeichen, die eine Coronarveränderung wahrscheinlich machen, vorhanden sind. Mit großer Wahrscheinlichkeit wird man eine Coronarsklerose annehmen können, wenn sich im höheren Alter, scheinbar ohne hinreichenden Grund, Herzstörungen entwickeln, auch wenn diese nicht mit Schmerzen in der Herzgegend einhergehen. Diese Herzstörungen können verschiedener Art sein: einfache Herzinsuffizienz, Atemnot bei horizontaler Lage, Herzerweiterung, Tachykardie, dauernd oder anfallsweise auftretende Rhythmusstörungen u. a. m.

In wenig eindeutigen Fällen kann die Elektrokardiographie oft noch Klärung bringen. Bei einem eingehend untersuchten Material von Coronarsklerosen (Morawitz und Hochrein) fanden wir in 18 von 91 Fällen normale Reizfolge. Indessen zeigte die elektrokardiographische Untersuchung, daß nur bei 3 Kranken ein ganz normales Elektrokardiogramm vorhanden war. In allen anderen Fällen bestanden gewisse Änderungen, deren diagnostische Bedeutung gewiß nicht ganz klar ist, die aber immerhin zeigen, daß der Erregungsablauf in dem scheinbar normal arbeitenden Herzmuskel nicht in gewöhnlicher Weise vor sich geht. Wir sahen 8mal unter den 18 Fällen verlängerte Überleitungszeiten, 6mal Erscheinungen von Schenkel- resp. Verzweigungsblock, 13mal gewellte oder abgerundete ST-Zacke (Pardee und Clerc), 10mal Unsichtbar- resp. Negativwerden der T-Zacke in zwei oder mehr Ableitungen. Vielfach fanden sich mehrere dieser Veränderungen in der gleichen Kurve. Auf die zuletzt erwähnten Änderungen der T-Zacke ist vielleicht — es entspricht das auch den Erfahrungen anderer Autoren — bei Kranzarteriensklerose diagnostisch ein gewisser Wert zu legen. Zadek hat bei 50 Kranken mit Coronarsklerose in 6 Fällen trotz schwerer Myokardschädigung ein normales Ekg beobachtet. Verlagerung der normalerweise isoelektrischen Strecke zwischen Initial- und Finalschwankung des Kammerkomplexes oder negative T-Zacke mit nach oben konvexem ST-Intervall zeigten 26 Fälle.

Auf Grund der neueren Untersuchungen von Mahaim beurteilt v. Romberg die Bedeutung des Elektrokardiogramms zur Erkennung der Coronarsklerose sehr günstig. Wird das Reizleitungssystem durch Coronarsklerose betroffen, so ergeben sich oft außerordentlich präzise Änderungen des Ekg. Wie v. ROMBERG ausführt, rückt die Erkrankung aus dem einer genauen Lokalisation nicht zugänglichen Bilde der allgemeinen Herzschwäche oder der Angina pectoris in das Licht einer recht genauen topischen Diagnostik (s. S. 117).

Die Unterscheidung zwischen Sklerose und Lues der Kranzgefäße ist oft schwierig, da die Anamnese häufig nicht zu verwerten ist. Positiver Wassermann und jugendliches Alter sprechen meist für Lues, negativer Wassermann ist kein Gegenbeweis gegen eine Aortitis luica. Man wird daher auch bei negativem Wassermann sorgfältig nach anderen luischen Zeichen, wie Aneurysma, Aorteninsuffizienz, initiale Tabes, Pupillenreflexstörungen usw. fahnden müssen. Die statistischen Befunde unserer Klinik zeigen, daß Asthma cardiale und Arhythmia absoluta häufiger bei Coronarsklerose als bei Coronarlues gefunden werden.

Bei der Beurteilung der Kreislauffunktion möchten wir die Bedeutung des *erhöhten Venendruckes*, den wir nach der Methode von MORITZ und TABORA messen, hervorheben. Normalerweise etwa 6—8 cm Wasser, lag er bei unseren Kranken mit Coronarsklerose, und zwar auch in Fällen, in denen keine deutlichen Kreislaufveränderungen zu finden waren, oft deutlich höher, es wurden Werte von 12 und mehr Zentimeter H_2O festgestellt. Gewiß ist der Venendruck nicht allein von der Herztätigkeit abhängig und nur im Zusammenhange mit anderen, auf das Herz deutenden Symptomen zu werten. In dieser vorsichtigen Bewertung scheint uns aber die Methode recht brauchbar. Sie ergibt wahrscheinlich zuverlässigere Anhaltspunkte, als die doch recht grobe Schätzung der Lebergröße (WASSERMANN), bei der man auch insofern großen Täuschungen ausgesetzt ist, als die Leber bei kurzem breiten Thorax schon normal scheinbar zu tief in das rechte Epigastrium hineinragt. Die Bestimmung der *Vitalkapazität* kann unter Zugrundelegung von Standardwerten in Fällen, in denen eine Lungenerkrankung ausgeschlossen werden kann, ebenfalls als empfindlicher Indicator für die Kreislauffunktion im Verlaufe eines Coronarleidens dienen (ALLEN und HOCHREIN). Leider sind aber sowohl Elektrokardiographie, wie auch blutige Venendruckmessung keine für die Praxis geeigneten Verfahren. Der Arzt wird am Krankenbette, falls sich keine sonstigen Erscheinungen gestörter Zirkulation finden, seine wichtigsten diagnostischen und prognostischen Schlüsse durch Abwägung vieldeutiger Symptome, Tachykardie, Arhythmie, Dyspnoe usw. ziehen müssen.

Prognose: Bezüglich der Prognose sind die unter „Angina pectoris", „Asthma cardiale" und „Coronarthrombose" gemachten Ausführungen zu berücksichtigen. Kommt es zu einer Kreislaufinsuffizienz, dann ist meist die Prognose von der Art, in der die üblichen Herzmittel wirken, abhängig. Man ist bei Herzmuskelschwäche infolge Coronarsklerose oft erstaunt über die rasche Wirkung von Strophantin und Digitalispräparaten selbst bei schwerster Dekompensation. Wir kennen verschiedene Patienten, die innerhalb der letzten 6 Jahre 4—5mal das Krankenhaus mit starken Ödemen, Ascites usw. aufsuchten. Innerhalb weniger Wochen konnten sie so gut gebessert werden, daß ihnen die Ausübung leichter körperlicher Arbeiten wieder möglich war.

Sehr wichtig ist hier das Verhalten des Blutdruckes. Es gibt unter den Kranken mit Coronarsklerose Patienten mit erhöhtem und normalem Blutdruck. Nicht die Höhe des arteriellen Druckes als solche ist es aber, die unsere prognostischen Erwägungen bestimmt, sondern Änderungen des Druckes. Sinken des Blutdruckes muß meist als ein bedenkliches Zeichen angesehen werden.

Einen weiteren, einfach zu gewinnenden prognostischen Anhaltspunkt gewährt der Vagusdruckversuch, der nach HERING besser als Carotisdruckversuch bezeichnet wird. Druck auf den Sinus caroticus rechts führt bei vielen muskelschwachen Herzen zu auffallend starken Vaguswirkungen am Herzen: erhebliche Verlangsamung des Pulses, evtl. kurzdauernder Herzstillstand. Bei suffizienten Herzen ist der Erfolg viel weniger deutlich. Wir selbst haben den sog. Vagusdruckversuch nicht systematisch geprüft. Manche Kliniker aber, wie z. B. ERICH MEYER, messen ihm gerade bei Beurteilung der Leistungsfähigkeit des Herzens bei Kranzgefäßsklerose eine große Bedeutung zu.

Pulsunregelmäßigkeiten darf man, selbst wenn es sich um den prognostisch ungünstigeren schnellen Typ der Arhythmia perpetua handelt, nicht gar zu ungünstig bewerten. Jedenfalls zeigten gerade einige der schwersten Fälle unserer Beobachtung überhaupt keine Herzunregelmäßigkeiten. Kranke mit schweren Überleitungsstörungen, Schenkelblock, partiellem oder totalem Block haben meist eine schlechte Prognose.

Über jedem Kranken, der Coronararterienveränderungen hat, schwebt das Damoklesschwert des plötzlichen Herztodes (Sekundenherztod). Nach den Untersuchungen von H. E. HERING handelt es sich dabei um ein plötzliches Auftreten von Kammerflimmern. Die Erkennung der Flimmerbereitschaft des Herzens halten wir auf Grund zahlreicher Beobachtungen bis zu einem gewissen Grade für möglich.

Bei den ohne Angina pectoris und Asthma cardiale unter dem Bilde der Herzinsuffizienz ohne oder mit Rhythmusstörungen verlaufenden Fällen von Coronarsklerose, die nach unserer Ansicht die Mehrheit bilden, ist der akute Herztod bei noch guter oder leidlich erhaltener Herzkraft seltener als bei den mit subjektiven Erscheinungen verbundenen Formen der Erkrankung. Dagegen ist auch hier der akute Herztod im Zustande schwerer Dekompensation recht häufig und, wie es scheint, häufiger als noch vor 10 oder 20 Jahren. Wenigstens fällt uns auf, wieviel Dekompensierte — mag nun die Dekompensation durch Myokard- oder Endokardschädigungen bedingt sein — heute plötzlich und unvermutet sterben. Wir sind geneigt, anzunehmen, daß die neuerdings so viel leistungsfähiger gewordene Herztherapie das Leben der Kranken zwar verlängert und bis zum letzten Augenblick alles, was möglich ist, aus dem Herzen herausholt, daß dann aber der Tod um so unvermittelter und jäher erfolgt.

Die Prognose der Coronarlues ist im Frühstadium relativ günstig, da eine gründliche spezifische Behandlung die subjektiven Beschwerden und das Gesamtbefinden ausgezeichnet bessern kann. Zuweilen beobachtet man jedoch, daß die Rückbildung der syphilitischen Prozesse nur anfangs Erleichterung schafft, später aber können Narbenbildungen Störungen erzeugen, die an Schwere das Ausgangsstadium übertreffen.

2. Coronarthrombose (Myokardinfarkt).

Klinisches Bild. Während der anämische Infarkt im Herzmuskel mit seinen Folgeerscheinungen, Herzschwielen und Aneurysma der Herzwand, den Ana-

tomen schon lange ein geläufiges Bild war (LOEB, ZIEGLER, WEIGERT, COHN-
HEIM, ASCHOFF u. a.), ist erst in den letzten Dezennien (OBRATZOW und STRA-
CHESKO [1910], HOCHHAUS [1911], J. B. HERRICK [1912]) der klinische Symptomenkomplex dieser Erkrankung so umrissen worden, daß man heute in einer
großen Zahl von Fällen den Verschluß einer Coronararterie in vivo diagnosti-
zieren kann.

Das Eintreten eines derartigen Ereignisses ist oft gekennzeichnet durch
einen schweren Anfall von Angina pectoris, der dadurch charakteristisch ist,
daß er meist nur einmal auftritt, stunden-, oft tagelang anhält, daß dann die
Schmerzattacken plötzlich aufhören und für immer oder doch für längere Zeit
völlig verschwinden. CURSCHMANN SEN. hatte bereits auf die Beziehungen des
Coronararterienverschlusses zur Angina pectoris, die wieder verschwindet, hingewiesen. Die Schmerzen bei Coronarthrombose sind besonders hinter dem
unteren Sternum lokalisiert und strahlen oft ins Epigastrium oder noch tiefer
ins Abdomen aus. Häufig bleibt nach dem Schmerzanfall längere Zeit eine dumpfe
„Wundempfindung" in der Brust zurück. Die Angaben von PARKINSON und
BEDFORD zeigen eine starke Verschiedenheit der Schmerzdauer bei Coronarthrombose. Sie beobachteten eine Schmerzdauer von 1—6 Stunden in 41 Fällen,
6—24 Stunden in 24 Fällen, 1—3 Tagen in 22 Fällen, über 3 Tagen in 13 Fällen.
Meist ist der Schmerz so stark, daß große Dosen von Morphium benötigt werden.
Während des Schmerzanfalles sind die Kranken von Todesangst befallen, der
kalte Schweiß steht ihnen auf Stirn, Brust und Rücken. Die Gesichtsfarbe ist
blaßgrau, die Lippen sind cyanotisch. Es besteht Übelkeit, Brechreiz, Schwindel,
starkes Herzklopfen und häufig unwillkürlicher Abgang von Stuhl und Urin.
Die Atemzahl ist gesteigert, es besteht starke Atemnot. Der Puls ist nicht mehr
zu fühlen, die Zeichnung der Hautvenen ist nicht mehr sichtbar. Der Arteriendruck ist während des Anfalles nicht zu messen, steigt in den nächsten Tagen
über den Normalwert an und fällt dann langsam je nach dem Grad der durch
den Myokardinfarkt ausgelösten Herzschwäche auf den Normalwert oder ein
niedrigeres Niveau ab. Der Venendruck ist während des Anfalles nicht zu messen,
nach WOLLHEIM ist er auch in nächster Zeit noch niedrig. Bei Eintreten einer
Herzinsuffizienz steigt er über die Norm. Die Leber schwillt dann ebenfalls an,
Ödeme können auftreten, die Vitalkapazität nimmt ab. Oft beobachtet man
einen mehr oder minder starken Meteorismus, die Kranken klagen sehr über
Blähungen. Auch nach gut überstandenem Anfall fühlen sich die Patienten
noch außerordentlich matt. Aufsetzen oder Stehen kann zum Kollaps führen.

Während die Mehrzahl der Fälle von Coronarthrombose über starken, lang
dauernden Herzschmerz klagt, beobachtet man zuweilen auch Kranke, bei denen
sich dieser Vorgang unauffällig ohne größere subjektive und objektive Symptome abspielt. Ein kürzlich beobachteter Fall zeigte dies in auffallender Weise.

Sp., Portier, 61 Jahre, leidet seit etwa 2 Jahren an Atemnot bei Anstrengungen, zuweilen auch an Schwindel und Gefühl von Blähung des Leibes. In der Nacht des 30. Oktober 1927 plötzlich schwere Atemnot, Unruhe. Wird am 31. Oktober mit sehr schwerer
Dyspnoe in die Klinik eingeliefert. Er hat keine Schmerzen, nur Atemnot.

Die Untersuchung ergibt lediglich ein quergestelltes, auch etwas verbreitertes Herz,
reine, nur an der Basis etwas leise Töne, regelmäßigen, recht gut gefüllten Puls, Frequenz 85,
Druck 160/100. Über der Lunge viel Giemen und Rasseln. Schaumiges, leicht blutiges
Sputum. Starker Meteorismus. Im Harn wenig Eiweiß, 1,8% Zucker, der bald verschwindet.

Es bestehen während der Dauer des Aufenthaltes in der Klinik subfebrile Temperaturen (rectal 38°), für die keine Ursache gefunden wurde.

Die Atemnot ging unter Excitantien schon am 31. Oktober zurück. Dagegen blieb ein Gefühl von Schwäche ohne irgendwelche Schmerzen. Trotz dieser auffallenden Schwäche war mit den gebräuchlichen Methoden der Kreislaufdiagnostik fast nichts zu finden. Am 1. November war der Puls 88, regelmäßig, Druck 160/100, elektrokardiographisch normale Reizbildung und Reizleitung. Nur die T-Zacke war in Ableitung I und II nicht erkennbar, und es fand sich ein erhöhter Venendruck von 14 cm H_2O (nach MORITZ und TABORA). Endlich erwies sich auch das Intervall zwischen dem Gipfel der Geschwindigkeitskurve nach BROEMSER und dem Gipfel der Druckkurve in der Radialis deutlich vergrößert (0,07 Sekunden gegen 0,04 normal), eine Erscheinung, die nach HOCHREIN und MEIER wohl als Zeichen der Kreislaufschwäche gedeutet werden kann. Die Diurese war etwas vermindert, die Atmung bei leichten Bewegungen sofort wieder frequent. Trotz dieses Mangels an wirklich sicheren und greifbaren objektiven Symptomen war der Gesamteindruck, den der Kranke bot, kein günstiger.

Aus diesem Zustande erfolgte am 4. November plötzlich der Exitus, nach Art des HERINGschen Sekundenherztodes.

Klinisch war Coronarsklerose mit Asthma cardiale angenommen worden. Anatomisch fand sich neben einer ungewöhnlich ausgedehnten Coronarsklerose ein Verschluß des hinteren Hauptastes der linken Kranzarterie mit einem ziemlich frischen Muskelinfarkt, der den größten Teil der hinteren, vom linken Ventrikel gebildeten Herzwand betraf. Nach Ansicht des pathologischen Anatomen (Professor HUECK) war dieser Muskelinfarkt ziemlich frisch, höchstens 8 Tage alt. Wir gehen nicht fehl, wenn wir annehmen, daß es der Infarkt gewesen ist, der in der Nacht vom 30. zum 31. Oktober jenen schweren Anfall von Asthma cardiale mit Lungenödem herbeiführte.

Auch WOLLHEIM konnte über zwei klinisch ganz ähnlich verlaufende Fälle berichten, die bei der Autopsie Infarkte der Hinterwand zeigten. Um diese atypischen Formen von Coronarthrombose erklären zu können, wurde angenommen, daß bestimmte Herzabschnitte bei Veränderungen nicht nur eine geringe Reaktionsfähigkeit im Elektrokardiogramm zeigen — stumme Zonen (MORAWITZ und HOCHREIN) —, sondern auch weniger sensibel sind. Bei Autopsien derartiger Fälle hat man verschiedentlich frische Infarkte gemeinsam mit multiplen Fibrosen, die als Restzustände früherer Coronarverschlüsse anzusprechen waren, gefunden. Die Anamnese berichtete über keine Schmerzen, selbst nicht zur Zeit des letzten Infarktes. Wahrscheinlich hat sich in diesen Fällen die Verengerung und schließlich der Verschluß so abgespielt, daß der von der betreffenden Arterie versorgte Herzabschnitt ziemlich inaktiv und durch den allmählichen Untergang von Gefäßen, Nerven, Herzmuskelzellen so unempfindlich wurde, daß der endgültige Verschluß keine Schmerzen und auch keine Vasomotorenstörung auslösen konnte (J. B. HERRICK). Daneben gibt es Fälle, die von LIBMAN als „hyposensitiv" bezeichnet werden, bei denen zwar alle Symptome des Myokardinfarktes, aber ohne den Schmerz, auftreten, während die Dyspnoe besonders ausgesprochen ist.

In der Mehrzahl der Fälle sind jedoch neben dem Herzschmerz auch die übrigen Symptome vorhanden. Das Krankheitsbild zerfällt dann pathogenetisch in zwei Teile, deren Erkennung prognostisch und therapeutisch von größter Bedeutung ist (HOCHREIN).

Sofort nach dem Verschluß kommt es zu einem *Kreislaufschock*. Der Kranke ist pulslos, die oberflächlichen Venen sind nicht mehr sichtbar. Es besteht eine Tachykardie von 160—180 Herzaktionen. Vereinzelt wurde auch von Bradykardien, die wahrscheinlich durch Reizleitungsstörungen entstanden, berichtet.

Die Herztöne sind sehr leise. Die Atemzahl beträgt 40 und noch mehr. Der Kranke ist leichenblaß, die Lippen zeigen eine aschenfarbige Cyanose. Häufig hört man über den unteren Lungenpartien Rasselgeräusche. Meist besteht Stuhl- und Harndrang. Der Kranke glaubt, daß es zu Ende gehe, er steht in einer Todesangst, dabei wird in der Mehrzahl der Fälle über unerträgliche Schmerzen in der Herzgegend oder unter dem Sternum, die nach beiden Armen ausstrahlen, geklagt. Erholt sich der Kranke wieder, dann steigt der Arteriendruck im Laufe des ersten Tages oft über den Ausgangswert an, um dann im weiteren Verlauf meist beträchtlich unter die Norm abzufallen. Diese Drucklabilität ist nicht so sehr der Ausdruck der Herzmuskelschädigung als einer Störung des vasomotorischen Gleichgewichtes. Die Pulszahl liegt, wenn nicht Überleitungsstörungen auftreten, nunmehr meist zwischen 100 und 120. Setzen sich die Patienten auf oder stehen sie auf, dann kann es zum akuten Kollaps kommen. In einigen Fällen ist in den ersten Tagen perikarditisches Reiben meist an der Herzspitze zu hören. Die Schmerzen lassen etwa 2—4 Tage nach dem Anfalle nach und meist bleibt das Gefühl eines dumpfen Druckes zurück. Am ersten oder zweiten Tage nach dem Anfall kommt es zu einem mäßigen Temperaturanstieg bis ca. 38,5° und einer Leukocytose, die bei unseren Fällen zuweilen bis 14000 anstieg. Die Kreislauferscheinungen der *Herzschwäche* treten nun in den Vordergrund. Die Kranken fühlen sich schwach und elend. Bei den geringsten körperlichen Anstrengungen kommt es zu einer starken Dyspnoe und Tachykardie. In der Mehrzahl unserer Fälle beobachteten wir einen ziemlichen Grad von *Meteorismus*, den wir im Sinne von R. Schoen gleichfalls als ein Zeichen einer Herzschwäche deuten. Die Leber ist wegen dieser Darmblähung meist nicht zu fühlen. Ödeme werden in diesem Stadium nicht beobachtet, doch findet man als objektive Zeichen der Kreislaufinsuffizienz fast regelmäßig einen erhöhten Venendruck und eine verminderte Vitalkapazität (Allen und Hochrein). Nicht in allen Fällen folgt jedoch dem Schock das Stadium der Herzinsuffizienz nach. Oft bleibt für längere Zeit nur das Gefühl allgemeiner Schwäche und leichter Ermüdbarkeit zurück.

Die Symptome der Herzschwäche sind durch den Ausfall eines Teiles der Herzmuskulatur ja ohne weiteres verständlich. Der Kreislaufschock im akuten Stadium des Infarktes — die Auslösung der Vasomotorenlähmung, der trotz der Herzschwäche eine kurz dauernde Hypertension folgt — bedarf noch weiterer Untersuchungen (s. S. 197).

Als wesentliches Allgemeinsymptom der infolge des Coronarverschlusses einsetzenden Nekrose ist die in den nächsten Tagen auftretende und etwa 8 bis 14 Tage anhaltende *Temperaturerhöhung* auf 37,3—38,5° anzusehen. Hauser, J. B. Warburg, Frank u. a. bezeichnen diese Temperatursteigerung als ein konstantes Symptom und eines der sichersten Zeichen der organischen Natur eines Anfalles von Angina pectoris. Die Ursache dieses Fiebers ist nach Jegorow in den mit dem Myokardinfarkt häufig verbundenen thrombotischen Niederschlägen zu suchen, welche die unmittelbare Verschleppung pyrogenen Materials durch den Blutstrom gestatten. Es genügt aber auch bereits, wie E. Frank ausführt, die Muskelnekrose als solche vollständig, um die Temperatursteigerung durch Resorption differenter Substanzen, welche bei der Autolyse des Myokards frei werden, zu erklären. Mit dem Temperaturanstieg kommt es zu einer *Leukocytose* (Libman), die im Differentialbild vor allem durch eine Vermehrung stabkerniger und evtl. auch anderer jugendlicher neutrophiler Leukocyten ausgezeichnet ist. Die Leukocytenwerte können auf 15000 bis 25000 Zellen pro cmm Blut ansteigen (LIBMAN und SACKS, PARKINSON und BEDFORD). Gelegentlich ist auch die Senkungsgeschwindigkeit der roten Blutkörperchen etwas beschleunigt.

Die Pulszahl ist meist noch lange Zeit nach überstandenem Anfall auch in Ruhe erhöht. Gelegentlich soll paroxymale Tachykardie auftreten. MAHAIM berichtete über eine rechts- und eine linksventrikuläre Tachykardie nach thrombotischem Verschluß der Kranzgefäße, die den rechten bzw. linken HISschen Schenkel versorgen.

Das Herz ist nach WHITES Beobachtungen in der Regel vergrößert, während PARKINSON und BEDFORD angeben, daß die *Herzvergrößerung* oft fehlt. E. FRANK findet, daß derartige Patienten vor der Erkrankung häufig eine deutliche Hypertrophie der linken Kammer mit scharfer Bogenkonturierung, insbesondere die bekannte Ausladung des linken unteren Randes und eine Abrundung der Herzspitze zeigen. Etwa 2—3 Wochen nach dem Anfall beobachtet man, daß die Herzbogen nach beiden Seiten verstrichen sind. Die Grenzen verlaufen fast gradlinig. Der Herzschatten ist dreieckig geworden und geht bei der Exspiration wie Teig auseinander. Nach ZADECK stützt sich die Röntgendiagnose des Myokardinfarktes auf den Nachweis des Herzwandaneurysmas. Bei 31 Fällen wurde 15mal eine Dilatation und Abrundung der Herzspitze nachgewiesen, die, nachdem Hypertension und Aorteninsuffizienz ausgeschlossen werden konnte, als Herzspitzenaneurysma gedeutet wurde.

Bereits STERNBERG hat auf das Symptom des perikardialen Reibens im Gefolge eines Coronarverschlusses aufmerksam gemacht. Diese *Pericarditis epistenocardica* kann meist am 2. oder 3. Tage nach dem Schmerzanfall gehört werden. Das Geräusch ist sehr flüchtig, oft nur einige Stunden zu hören. Nicht in allen Fällen beobachtet man perikardiale Reibegeräusche. Sie wurden in FAULKNERS, MARBLES und WHITES Statistik bei 30 Fällen 10mal, in COOMBS 70 Fällen 17mal gefunden. Der pathologische Anatom findet Pericarditis etwas häufiger als der Kliniker. J. B. WARBURG berichtet, daß bei einem Sektionsmaterial von 70 Coronarokklusionen 26mal frische und ältere Pericarditis gefunden wurde. Unter PARKINSONS und BEDFORDS 83 sezierten Fällen wurde dagegen nur 11 mal Pericarditis nachgewiesen. WOLLHEIM beobachtete, daß bei zwei Patienten nach wiederholten Herzinfarkten perikarditisches Exsudat auftrat.

Elektrokardiographische Untersuchungen spielen in der Literatur des Myokardinfarktes eine große Rolle.

Im allgemeinen wird man dem Elektrokardiogramm bei der Diagnose des Myokardinfarktes nicht die wesentlichste Bedeutung zumessen dürfen. Man muß sich vor einer Überwertung hüten, nicht nur, weil das Elektrokardiogramm selbst bei schwersten Veränderungen negativ sein kann, sondern weil wir auch Kranke im jugendlichen Alter mit „coronarem *T*" sahen, bei denen weder auf Grund der Anamnese noch des Befundes die Vermutung eines Myokardinfarktes ausgesprochen werden konnte.

Pathogenese: Durch die bekannten Beziehungen der Coronarthrombose zur Sklerose der Kranzarterien ist die Pathogenese dieses Krankheitsbildes noch keineswegs geklärt (S. 105). Man hat sich die Frage vorgelegt, ob Infektions-krankheiten die Entstehung der Thrombose fördern. Es ist die Vermutung aus-gesprochen worden, daß die Grippeepidemien des Jahres 1918, die fast die ganze Welt heimsuchten, den Keim für die Thrombose, die im letzten Dezennium so erschreckend häufig geworden war, gesät hatten. Sicherlich spielt bei der Coronarthrombose neben der Erkrankung der Gefäßwände die Beschaffenheit des Blutes eine große Rolle. Man hat die Viscosität, den Eiweißgehalt, die Zahl der Blutplättchen u. a. m. untersucht, ohne jedoch zu einem eindeutigen Befund zu gelangen. Die Häufung der Fälle von Coronarthrombose in großen Städten hat man mit unzweckmäßiger Ernährung, schlechter Luft, Automobil-gasen, Fabrikrauch usw. in Beziehung zu bringen versucht (J. B. HERRICK). Es ist bisher aber noch nicht gelungen zu beweisen, warum bei einer allgemeinen Atherosklerose die Coronararterien häufiger thrombosieren als Körperarterien gleichen Kalibers. Statistische Erhebungen von COOMBS gewähren zwar einen interessanten Einblick in die Beziehungen, die zwischen der Häufigkeit des Zusammentreffens verschiedener Herzerkrankungen, der Angina pectoris und dem Myokardinfarkt bestehen (Tabelle) — sie zeigen besonders das seltene Vorkommen bei rheumatischer Herzerkrankung, ulceröser Endocarditis und Herzsyphilis —, bringen uns aber doch dem Kernpunkt dieses Problems nicht wesentlich näher.

	Zahl der Fälle	Angina pectoris %	Myokard-infarkt %
Kongenitaler Herzfehler	35	5,7	0
Rheumatische Herzerkrankung	579	6,4	0
Ulceröse Endocartitis	102	6,8	0,9
Herz-Aorten-Syphilis	88	43,2	1,1
Basedowherz	89	6,7	0
Alkoholische Herzveränderung	27	3,6	0
Hypertension	293	16,3	4,1
Senile Herzdegeneration	377	29,2	15,1

H. KOHN hat besonders auf den Myokardinfarkt als Unfallsfolge hingewiesen. Es handelt sich wahrscheinlich um äußerst seltene Fälle, in denen nach einem das Herz treffenden stumpfen Trauma Herzinfarkte infolge Coronarverschluß entstehen sollen. Für diesen Vorgang werden verschiedene Entstehungsmög-lichkeiten angenommen. Einmal kann das Trauma, z. B. ein Deichselstoß, eine Coronararterie oder mehrere derart stark verletzen, daß sie direkt zur Throm-bose gebracht werden, wie man dies auch von Extremitätenarterien her kennt. Es kann aber auch so geschehen, daß sich in den getroffenen Gefäßen ein Krampf einstellt, der sog. „traumatische segmentäre Gefäßkrampf" nach H. KOHN, der durch seine häufige Wiederholung zur Sklerose der Gefäße und dann indirekt zum Verschluß führt. Auch der mit dem Unfall verbundene see-lische Schock soll solche Spasmen hervorrufen und durch sie zur Sklerose und dann indirekt zum Verschluß führen können. Endlich sollen Blutungen als direkte Folge des Traumas entstehen, die die kleinen Gefäße komprimieren und zur Thrombose bringen. Ferner ist es nach H. KOHN möglich, daß Coronarverschlüsse durch rasche und starke Änderung der Höhenlage, besonders durch Benutzung einer Bergbahn, auftreten können. Ein weiterer ätiologischer Faktor wird in gewissen Aphrodisiacis, die Pituitrin enthalten, gesehen. Von anderer Seite (LEVINE) ist besonders auf das Zusammentreffen von Diabetes und Coronarthrombose hingewiesen worden. PARSONET und HYMAN berichten, daß bei 89 Fällen von Coronarthrombose 22 Patienten am Diabetes mellitus litten. Von diesen 22 Diabetikern bekamen 7 nach einer Insulininjektion schwere stenokardische Anfälle. Auch uns ist bekannt, worauf wir bereits an anderer Stelle hingewiesen haben (S. 49), daß bei Hyperinsulinismus gelegentlich Angina pectoris beobachtet werden kann. Kausale Beziehungen zwischen Coronarerkrankungen und Diabetes mellitus können auf Grund der Beobachtungen am Material der Leipziger Klinik nicht als wahrscheinlich angesehen werden. In den letzten 5 Jahren hatten wir Gelegenheit, 100 Diabetiker, die autoptisch kontrolliert werden konnten, eingehend zu untersuchen. Das Lebensalter und die Häufigkeit der Coronarerkrankungen ist aus folgender Tabelle ersichtlich.

Beziehungen zwischen Diabetes und Coronarerkrankungen.

| | Alter | | | | | | Gesamtzahl der autoptisch kontrollierten Diabetiker |
	unter 40	bis 50	bis 60	bis 70	bis 80	über 80 Jahre	
Bei der Autopsie wurden gefunden Coronarsklerose, ausgedehnte Myokardschwielen usw. in . .	5	12	33	33	14	3	100
		1	5	7	6	2 Fällen	

Bei der außerordentlichen Häufigkeit der Coronarsklerose, die wir in Leipzig bereits im mittleren Alter beobachten, können wir aus unseren Zahlen keine Steigerung bei Diabetikern erkennen. Wir fanden im Gegenteil bei verschiedenen Diabetikern zwischen dem 70. und 80. Lebensjahr vollkommen zarte Coronargefäße. Weder klinisch noch anatomisch konnten auffallend frühzeitige oder häufige Störungen der Blutversorgung des Herzens nachgewiesen werden. Eine frische Coronarthrombose mit Myokardinfarkt wurde nur einmal bei einem 53 jährigen Patienten gefunden.

Seit 1927 stets matt und viel Durst. Damals wurde Zuckerharnruhr festgestellt. 1928 leichter Gelenkrheumatismus. Februar 1931 drohende Gangrän der rechten Zehe. Februar 1932 eingeliefert wegen Erbrechen, das kaffeesatzähnlich ausgesehen haben soll. Klagt über Übelkeit und große Mattigkeit. Keine Schmerzen in der Herzgegend, dagegen Atemnot beim Treppensteigen. Herz: Grenzen Mr. = 4,5, Ml. = 13,5 cm, Töne rein, Arhythmia absoluta. Arteriendruck 105/80 mm Hg. Leib durch Meteorismus stark aufgetrieben. Keine Ödeme. Urin: Zucker 3%, Aceton positiv. Acetessigsäure negativ. Blutzucker 202 mg. Behandlung: Diabeteskost. Kommt 3 Tage nach der Aufnahme an akuter Herzschwäche ad exitum. Sektionsbefund: Thrombus in der A. coron. sin. (ram. descendens)! Parietalthromben im linken Ventrikel. Fibrin. Pericarditis.

Bei keinem Falle dieses ausgesuchten Materials wurden klinische Symptome wahrgenommen, die als stenokardische Anfälle oder Asthma cardiale zu deuten gewesen wären.

Diagnose: In den ersten Stunden des akuten Coronarverschlusses ist, wie H. KOHN berichtet hat, eine Diagnose bei Beobachtung folgender Symptome möglich: Heftigster und lange andauernder anginöser Schmerz, höchstes Angstgefühl, plötzliche Schwäche der Herzkraft mit Pulslosigkeit, kalter Schweiß, oft unwillkürlicher Abgang von Stuhl und Urin, Atemstörungen, zuweilen

Lungenödem, starke motorische Unruhe. In den nächsten Tagen findet man fast regelmäßig Temperaturerhöhung, zuweilen perikardiales Reibegeräusch. Der Arteriendruck steigt bei dauernder Kontrolle für einige Stunden nach dem Anfall für einige Zeit relativ hoch an, um dann in den nächsten Tagen meist ein ziemlich niedriges Niveau einzunehmen. Das Elektrokardiogramm ist nicht immer beweisend, kann aber bei einem positiven Ergebnis im Rahmen der übrigen Erscheinungen bedeutungsvoll sein.

Kommt der Kranke während des Anfalls zur Beobachtung, dann ist die Entscheidung, ob eine einfache Angina pectoris oder ein Myokardinfarkt vorliegt, häufig recht schwierig. Diese diagnostische Unterscheidung ist jedoch wichtig hinsichtlich der Prognose und der Therapie. Die Art der Schmerzen kann bei beiden Erkrankungen gleich sein, doch sind die Schmerzen bei der Angina pectoris meist von kürzerer Dauer. Bei Coronarverschluß beobachtet man stets eine Tachypnoe, Dyspnoe und häufig Erscheinungen über den Lungen, Symptome, die bei Angina pectoris nur selten auftreten. Der Blutdruck und das Elektrokardiogramm sind bei der Angina pectoris meist unverändert, während beim Coronarverschluß die eben geschilderten Veränderungen auftreten können. Ein normales Ekg schließt einen Myokardinfarkt nicht aus. Schweißausbruch, Brechreiz, Stuhl und Harndrang weisen gleichfalls mehr auf einen Coronarverschluß hin. Im einfachen Anfall weicht der Schmerz zu allermeist der Anwendung der Nitrite, beim Myokardinfarkt ist er dagegen refraktär.

Unter Verwendung der Angaben von PARKINSON und BEDFORD, KEEFER und RESNIK, WARBURG, EDENS u. a. geben wir folgendes Schema wieder, das die Differentialdiagnose verschiedener Arten von Coronarerkrankungen erleichtern kann.

		Angina pectoris vasomot.	Angina pectoris vera	Herzinfarkt akut	Chronischer Coronarverschluß
1	Vorkommen	meist Frauen	meist Männer	meist Männer	Männer u. Frauen
2	Anfall	Teilerscheinung einer allg. spast. Vasoneurose	auch ohne Zeichen einer allg. Vasoneurose	unabh. v. Zustand des Gefäßnervensyst. zur Zeit des Anfalles	selten, meist keine umschriebenen Anfälle
3	Beginn des Anfalles	mit peripherischen Gefäßstörungen	mit Herzbeschwerden	mit Herzbeschwerden	Herzschwäche
4	Auslösung des Anfalles	Kälte, Ermüdung, oft von Entzündungsherden aus	Anstrengung, Kälte, Erregg., Blähung aber auch in Ruhe	oft in der Ruhe od. im Schlaf	nach körperlichen Anstrengungen
5	Im Intervall	meist vasomotor. Beschwerden	ohne Beschwerden	meist längere Zeit anginöse Beschw. nach dem Anfall	Neigung zur Kurzatmigkeit
6	Lungenerscheinungen im Anfall	fehlen	fehlen	häufig	häufig
7	Dauer des Anfalles	Minuten, Stunden	Minuten	Stunden, Tage	—
8	Haltung im Anfall	unruhig, oft Erleichterung durch Bewegg.	Vermeidung jeder Bewegung	unruhig	—

		Angina pectoris vasomot.	Angina pectoris vera	Herzinfarkt akut	Chronischer Coronarverschluß
9	Schmerz	meist Beklemmung	oft in der Mitte des Brustbeins	oft im unteren Teil des Brustbeins	Schmerzen gering, vorwieg. Kurzatmigkeit
10	Shockerscheinungen	fehlen	fehlen	vorhanden	fehlen meist
11	Puls	labil	unverändert	klein und oft auch beschleunigt	klein, meist beschleunigt
12	Arhythmie	selten	selten	ca. 15 %	ca. 40 %
13	Blutdruck	labil	unverändert oder erhöht	oft erniedrigt	oft erniedrigt
14	Herztöne	unverändert	oft leise	leise, zuweilen Galopprhythmus, perikard. Reiben	oft leise
15	Erbrechen	fehlt	fehlt	oft	fehlt
16	Dyspnoe	fehlt	fehlt	oft vorhanden	besonders hervorstechend
17	Stauungserscheinungen	fehlen	fehlen	häufige Folge des Anfalls	häufig vorhanden
18	Temperatur	normal	normal	oft erhöht	normal
19	Leukocytose	fehlt	fehlt	vorhanden	fehlt
20	Elektrokardiogramm	normal	oft unverändert	gewöhnlich charakterist. verändert (coronares T)	oft verändert, Arhythmia absoluta. Arborisationsblock usw.
21	Nitrite	nützen	nützen	ohne Wirkung	ohne Wirkung

Im akuten Stadium, zur Zeit des Kreislaufschockes, können große Lungeninfarkte ein ähnliches klinisches Bild wie ein Myokardinfarkt durch Schmerzen, Kreislaufshock, Temperaturerhöhung usw. vortäuschen. Das Elektrokardiogramm, pleuritisches Reiben, Schmerzen beim Atmen usw. zeigen meist den Weg zur richtigen Diagnose. Häufig werden die Kranken eingewiesen mit der Diagnose Grippe, akute Herzschwäche und zuweilen, wenn die Magen-Darmerscheinungen im Vordergrund stehen, als Gastroenteritis.

Auch die Unterscheidung zwischen Coronarverschluß und Gallenanfall ist häufig nicht leicht, besonders wenn der Patient an Gallenkoliken und Angina pectoris schon vorher gelitten hatte. Sitz und Art des Schmerzes können zum Verwechseln ähnlich sein. Es spricht jedoch das Ausstrahlen der Schmerzen nach dem linken Arm stark für einen kardialen Ursprung, hingegen die Ausstrahlung nach der rechten Seite des Rückens und dem rechten Schulterblatt mehr für eine Affektion der Gallenblase. Nach H. KOHN ist in solchen Fällen der Blutdruck oft ein guter Wegweiser, indem er beim Gallenanfall zur Erhöhung neigt, beim Coronarverschluß zum Absinken.

Stehen Magen- und Darmerscheinungen im Vordergrund des Krankheitsbildes, dann läßt das Krankheitsbild oft ein perforiertes Geschwür des Magen- und Darmtractus vermuten. Man wird auch in diesen Fällen, wenn man überhaupt an die Möglichkeit des Coronarverschlusses denkt, gewöhnlich durch die ausstrahlenden Schmerzen, die starke Beteiligung des Herzens und die Atemstörung auf die rechte Fährte geführt werden. Der Kollaps beim perforierten Magen- und Darmgeschwür ist nach KOHN in den ersten Stadien, solange noch keine toxische Wirkung auf das Herz mitspricht, vorwiegend ein Gefäßkollaps und verursacht kaum die schwere Störung der Atmung in Gestalt von Asthma cardiale oder gar von Lungenödem, wie ein Coronarverschluß.

Gelegentlich können Schmerzen, Husten, Rasseln, Dyspnoe, Fieber und Leukocytose auch an Pneumonie denken lassen. Nicht selten wird die Diagnose Grippe gestellt. In diesen Fällen führt meist eine genaue Anamnese, das Ekg, die Beachtung der Leukocytenzahl usw. zur richtigen Diagnose.

Neben diesem stürmischen Krankheitsbild des akuten Coronarverschlusses gibt es verschiedene diagnostische Hinweise, die auch eine allmähliche Verschlechterung der Herzdurchblutung durch langsame Stenosierung der Coronargefäße wahrscheinlich machen können. Der chronische Coronarverschluß betrifft zuweilen größere Äste, ohne daß Schmerzsymptome auftreten, wobei selbst die Herzschwäche, wenigstens eine zeitlang, in den Hintergrund treten kann. Viel häufiger sind chronische Verschlüsse in den kleineren Gefäßen. Das Fehlen von Schmerzen und starken Anfällen ist die Regel. Dieser Vorgang, der nach H. KOHN nicht zu Nekrose, sondern zu Atrophie von Muskelgewebe führt, den er Myatrophia ischiaemica bezeichnet, tritt erst dann klinisch in Erscheinung, wenn er schon einen gewissen Grad erreicht hat. Anginöse Beschwerden kommen aber auch dann selten vor. Herzschwäche beherrscht das klinische Bild. Zwar wird man bei einer genaueren Anamnese häufig erfahren, daß bei jeder Anstrengung, besonders in mittleren Jahren, leichte anginöse Beschwerden vorhanden waren. Hervorstechend ist jedoch nicht der Schmerz, sondern die Kurzatmigkeit.

Der Überblick über die bei akutem und chronischem Coronarverschluß auftretenden Symptome zeigt, daß dann, wenn überhaupt an die Möglichkeit eines derartigen Ereignisses gedacht wird, bei Beachtung der charakteristischen Zeichen und der Anamnese die Diagnose Coronarverschluß auch ohne große technische Hilfsmittel in den meisten Fällen möglich ist.

Prognose: In den ersten Stunden, die vollkommen vom Kreislaufschock beherrscht sind, ist die Prognose vollkommen unklar. Von allen Krankheiten, die mit Anfällen von Herzschmerz einhergehen, steht bei unserem Material der Myokardinfarkt mit 50% Mortalität an erster Stelle. Wir verloren die Mehrzahl unserer Patienten im Anfall selbst oder wenige Tage resp. Wochen später. Auch der Spättod kann als Sekundenherztod den Kranken wegraffen, selbst dann, wenn scheinbar schon eine Besserung eingetreten war. Die Mortalität hängt in den ersten Stunden von der Schwere des Kreislaufschockes ab. Direkte Beziehungen zwischen der Größe des Infarktes und der Schwere des Schockes bestehen nicht. Nach den Angaben von BARKER sterben 60%, nach LEVINE 53%, nach PRIEST 15% im Anfall oder nach den ersten Tagen. Die Mortalität der Frauen soll in diesem Stadium höher sein als die der Männer.

Später hängt die Prognose von der Größe des Infarktes und der allgemeinen Kreislauflage ab. Viele Kranke überstehen einen akuten Coronarverschluß, der mit außerordentlich stürmischen Erscheinungen einherging, ohne daß die geringste Herzschwäche zurückbleibt. Manche Kranke erholen sich von dem Anfall überhaupt nicht mehr. Der Blutdruck bleibt niedrig, der Pulsschlag frequent, es entwickeln sich langsam die Zeichen schwerer Herzinsuffizienz. Häufig bestehen auch noch lange Zeit nach dem Anfall, selbst in den günstig verlaufenen Fällen, leichtere anginöse Schmerzen und große Hinfälligkeit.

Eine weitere Gefahr besteht in der Entwicklung eines *Herzwandaneurysmas.* Im Bereich des Myokardinfarktes tritt allmählich eine immer weitergehende Verdünnung der Herzwand mit leichter Ausbuchtung ein. Schließlich erscheint die Herzwand nach Untergang aller Muskelelemente papierdünn. Das Herzwandaneurysma ist stets von ausgedehnten Thromben erfüllt. Meist rupturiert der linke Ventrikel, und zwar oft in der Nähe der Herzspitze. Ist der Riß groß, so erfolgt der Tod im Augenblick, ist er klein, dann können Stunden vergehen, bis das Herz durch die Masse des in den Herzbeutel sickernden Blutes erdrückt wird. Verwachsungen zwischen dem Herzen und dem Herzbeutel mögen zuweilen den Verlauf noch weiter verzögern. Kürzlich sahen wir einen Patienten, bei dem die Verblutung in den Herzbeutel langsam sich im Verlauf von mehreren Tagen abgespielt hatte, ähnlich etwa wie bei Perforation stark thrombosierter Aortenaneurysmen. Sitzt der Erweichungsherd in der Kammerscheidewand, so kann diese durchbrechen. Es treten dann plötzlich Erscheinungen eines Septumdefektes auf.

Der Eintritt der *Herzruptur* ruft Allgemeinsymptome hervor, die an ein perforiertes Magen- oder Duodenalulcus denken lassen (A. S. HYMAN). Es kommt zu einem plötzlichen Kräfteverfall, Unwohlsein, Erbrechen, unfreiwilligem Stuhl- und Urinabgang. Atembeschwerden stellen sich ein, die sich immer mehr steigern, und dabei besteht eine starke Cyanose. Die Herzfrequenz ist stark erhöht, der Puls ist sehr klein, der Druck meist nicht meßbar. Bei einer Perforation nach dem Perikard können die Zunahme der absoluten Herzdämpfung und die leisen Herztöne an ein derartiges Ereignis denken lassen. Die seltenen Fälle, bei denen Myomalacie zu einer Spontanruptur des Ventrikelseptums führt, sind ausgezeichnet durch ein lautes systolisches Geräusch und kleinen Puls. Das klinische Bild kann zur Diagnose Aortenstenose führen. Auffallend ist die Lautheit dieses Geräusches (Preßstahlgeräusch H. MEYERS), das links vom Sternalrand besonders deutlich gehört werden kann. Über dem ganzen Herzen hört man ein starkes Schwirren, der zweite Aortenton verschwindet, während der zweite Pulmonalton infolge Drucksteigerung im rechten Herzen eher verstärkt wird. Die Ruptur des Ventrikelseptums unterscheidet sich von der Perforation nach dem Perikard durch den weniger rasch einsetzenden Verfall und durch die mangelnde Vergrößerung der absoluten Dämpfung. Prognostisch sind innere und äußere Ruptur als absolut infaust zu bezeichnen (RINTELEN).

Von verschiedenen Seiten ist auf die Bedeutung elektrokardiographischer Veränderungen für die Prognostik der Kranken, die einen schweren Myokardinfarkt glücklich überstanden haben, hingewiesen worden. Je geringer die bleibenden Veränderungen im Ekg sind, um so besser soll die Prognose sein. Auch niedriger Blutdruck und Tachykardie sind schlechte Zeichen.

Im allgemeinen jedoch sind die Aussichten einer längeren Lebensdauer nach Überstehen des akuten Zustandes nicht so ungünstig, als man früher annahm. Aus der Statistik von PARKINSON und BEDFORD ist zu entnehmen, daß den Myokardinfarkt überlebt haben

5 Kranke über 5 Jahre	16 Kranke 6—12 Monate
9 „ 2—5 Jahre	20 „ 1— 6 „
19 „ 1—2 „	2 „ unter 1 Monat.

Auch wir kennen verschiedene Patienten, die vor ca. 3 Jahren einen Myokardinfarkt überstanden haben und sich heute noch leidlich wohl fühlen und ihrem Beruf nachgehen. Die Regel ist es jedoch nicht. Meist sind derartige Menschen für den Rest ihres Lebens gebrochen.

Wird der akute Anfall des Myokardinfarktes gut überstanden, so beträgt auch bei rasch einsetzender Besserung des subjektiven Befindens die Rekonvaleszenz etwa 2 Monate. Vor Ablauf von 3 Monaten nach überstandenem Anfall sollte den Kranken die Wiederaufnahme ihrer gewohnten Tätigkeit nicht gestattet werden. Sollte sich bei einem derartigen Kranken die Notwendigkeit einer Operation ergeben, dann empfiehlt BARNES, wenn möglich 2—3 Monate bis zum Eingreifen verstreichen zu lassen, da zu einem früheren Zeitpunkte die Gefahren durch Kreislaufstörungen zu groß seien.

d) Therapie der Coronarerkrankungen.

1. Allgemeine therapeutische Gesichtspunkte.

Da unseren Vorstellungen von der Pathogenese der Coronarerkrankungen die Anschauung zugrunde liegt, daß das Herz durch irgendwelche Faktoren nicht genügend mit Blut versorgt wird, muß der wesentlichste Gesichtspunkt der Therapie darin gesehen werden, daß dem Herzen für alle physiologischen Aufgaben des Kreislaufes eine „ausreichende" Blutversorgung gesichert wird. Wir können diesem Ziel nahe kommen durch Entlastung des Kreislaufes, d. h. Regelung der Lebensweise, und durch pharmakologische Mittel, die die Herzdurchblutung erhöhen. Die Art des therapeutischen Handelns hat zu berücksichtigen, daß die physiologischen Aufgaben und die Beschaffenheit des Herzens bei jedem Kranken verschieden sind. Eine schematische Darstellung der Therapie ist daher nicht möglich, jeder Kranke wird zu einem therapeutischen Problem.

Bevor wir in die Besprechung der therapeutischen Maßnahmen, die wir bei den verschiedenen Krankheitsbildern zu treffen haben, eingehen, ist es im Interesse einer leichteren Übersicht notwendig, einige Grundzüge, die allgemeinere Bedeutung bei der Behandlung von Coronarerkrankungen besitzen, vorweg zu nehmen. Auf Einzelheiten, die als allgemein bekannt gelten können, soll hierbei nicht eingegangen werden.

α) Pharmakologische Therapie.

Durchblutungsfördernde Mittel.

An diesen Mitteln interessiert uns nicht nur die Intensität der Durchblutungszunahme, sondern auch die Zeitspanne bis zum Eintritt der Wirkung und die Dauer ihres Bestehens. Wie wir im Abschnitt „Pharmakologie des Coronarkreislaufs" ausgeführt haben, hat man zwischen Mitteln zu unterscheiden, die bei plötzlichen Ereignissen intensiv rasch und kurz dauernd wirken, die aber wegen starker Einwirkung auf die allgemeine Kreislauflage nur selten gegeben werden können, und solchen, die nur eine geringe, aber lang dauernde Wirkung auf die Coronardurchblutung besitzen, ohne dabei nennenswerte Umstellungen im großen Kreislauf hervorzurufen. Aus unseren experimentellen Untersuchungen ergeben sich verschiedene wichtige Hinweise auf Einzelheiten, die bei Behandlung von Coronarerkrankungen berücksichtigt werden müssen.

Eine Vermehrung der Herzdurchblutung ist auf zwei Wegen möglich: durch Vergrößerung des Blutangebotes an die Coronararterien und durch Erleichterung des Abstromes, d. h. durch eine Verminderung des Widerstandes im Coronarsystem. Es ist nun keineswegs gleichgültig, welchen Weg man einschlägt. Eine Erhöhung des Blutangebotes verlangt eine Steigerung des Aortendruckes oder der Pulszahl, d. h. eine Mehrleistung des Herzens. Dieser Weg setzt einen leistungsfähigen Herzmuskel voraus. Eine Verminderung des Widerstandes im Coronarsystem ist in all solchen Fällen erwünscht, bei welchen eine Myokardschwäche besteht oder bei denen die Druckverhältnisse im großen Kreislauf unberührt bleiben sollen.

Eine Mehrbeanspruchung des Herzens im Interesse einer besseren Herzdurchblutung wird man beim Schock, bei Coronarspasmen Jugendlicher und stets in Augenblicken der Gefahr verantworten können. Aus den pharmakologischen Ausführungen ergibt sich, daß die hierfür geeigneten Mittel, wenn die Kreislaufwirkung in Betracht gezogen wird, vor allem die *Körper der Adrenalingruppe* sind, die neben einer Vermehrung des Blutangebotes auch eine Verminderung des coronaren Widerstandes bedingen. In die gleiche Reihe gehört das *Bariumchlorid*, das neben einer Blutdrucksteigerung, die zuweilen von einer Bradykardie begleitet ist, eine starke Herzdurchblutung hervorruft. Diese Wirkung ist vom Nervensystem unabhängig, sie tritt auch nach beiderseitiger Durchschneidung des Vagosympathicus auf. Auch das *Lobelin*, von dem wir gezeigt haben, daß der Kreislauf- den Respirationseffekt lange überdauert (HOCHREIN und MEIER), besitzt eine ähnliche Wirkung.

Über die toxischen Folgen von Adrenalin und Lobelin und iher Behebung für den Kreislauf durch Kombination mit Mitteln der Atropinreihe haben wir bereits früher (HOCHREIN und KELLER, HOCHREIN und MEIER) berichtet. Da wir annehmen, daß durch das Atropin konstriktorische Bahnen im Vagus gelähmt werden, ist eine derartige Kombination für die Behandlung der oben genannten Krankheitsbilder gerechtfertigt. Die Wirkung auf die Coronardurchströmung ist dann zwar, wie unsere Versuche zeigen, nicht immer intensiver, aber lange anhaltend. Die Beeinflussung der Atmung ist nur geringfügig, so daß wir die Kombination Lobelin-Atropin hauptsächlich als Kreislaufmittel anzusprechen haben.

Anders liegen die Verhältnisse bei Coronarsklerose, Aortitis luica, Hypertension und der Mehrzahl der Fälle von Angina pectoris. Besteht ein mechanisches Hindernis am Orficium oder im Verlauf der Coronararterie, dann wird durch Mittel, die das Blutangebot erhöhen, die Differenz zwischen Blutbedarf und tatsächlicher Durchblutung nur noch erhöht. Die schweren Zustände, die bei derartigen Fällen durch die Behandlung mit Adrenalin ausgelöst worden sind (MORAWITZ, LEVINE, CARTELL und WOOD, L. N. KATZ usw.), geben Zeugnis für die Richtigkeit dieser Vorstellung. Auch die Kombination mit Atropin wird in diesen Fällen kaum bessere Erfolge erzielen, da das Hindernis ja meist am Beginn des Coronarsystems sitzt, so daß die etwaige Behebung einer Konstriktion der Präcapillaren den Durchströmungsmechanismus nur wenig beeinflussen kann.

Besteht gleichzeitig ein fixierter Hochdruck in gut kompensiertem Zustande, dann ist, wie unsere klinischen Erfahrungen zeigen (MORAWITZ, HOCHREIN), jede akute Änderung im Aortendruck unerwünscht. Mittel, die eine starke Umstellung der allgemeinen Kreislauflage bewirken, wie Adrenalin, auch Histamin, das trotz einer Blutdrucksenkung eine Mehrdurchblutung des Herzens erzeugt, sind für derartige Fälle wenig geeignet. Auch bei Kranken mit Myokardschädigung wird man natürlich alle Mittel, die eine Mehrbeanspruchung des Herzens bedingen, ängstlich meiden. Dies gilt für die Mehrzahl der Fälle von Angina pectoris; zeigte doch die Sichtung unseres Materials, daß bei Kranken über 40 Jahre mit Angina pectoris fast regelmäßig Zeichen schwerer Myokardschädigung vorhanden sind, gleichgültig, ob die Anfälle als Arbeits- oder Ruheangina auftraten. Unsere ablehnende Stellung gegenüber der Behandlung von Angina pectoris mit Adrenalin oder ähnlich wirkenden Stoffen ist durch diese Beobachtungen verständlich.

Von den Mitteln, die die Herzdurchblutung fördern, ohne die Herzleistung wesentlich zu beeinflussen, sind auf Grund unserer experimentellen Erfahrungen die sog. Kreislaufhormone, Calcium, Purinkörper, Kohlensäure und Traubenzucker zu nennen.

Im Tierexperiment entsprechen die sog. *Kreislaufhormone* am besten den Forderungen, die man an die Therapie der Coronarerkrankungen zu stellen hat. Sie verursachen, wie wir gezeigt haben, eine elektive Mehrdurchblutung der Coronargefäße ohne nennenswerte Änderung der allgemeinen Kreislauflage. Auch die Klinik hat sich im Laufe der letzten Jahre stark mit der Frage der therapeutischen Wirksamkeit dieser Stoffe beschäftigt. Hormocardiol (Herzmuskelextrakt), Lacarnol (Skeletmuskelextrakt, vorwiegend Adenosintriphosphorsäure), Eutonon (aus Leber), Padutin (aus Pankreas) werden bei Coronarerkrankungen von verschiedenen Seiten empfohlen. Wir verwenden an der Klinik einen Extrakt aus blutfrischen Skeletmuskeln, den wir nach folgendem Rezept herstellen:

1000 g sehnen- und fettfreies, durch Fleischwolf getriebenes Rindfleisch ohne Wasser im Autoklaven 2—3 Stunden lang bei 100° C extrahiert. Der Fleischsaft wird dann, durch Mull abgegossen und auf ca. 40° erkalten lassen, filtriert, mit 2 n-Natronlauge alkalisiert und auf p_H 7,5 eingestellt. Dann nochmals $^1/_2$ Stunde lang aufkochen lassen und filtrieren. In den nächsten 3 Tagen täglich $^1/_2$ Stunde lang im Autoklaven sterilisieren.

1000 g Fleisch ergeben ca. 300 g Extrakt.

Diese Präparate können intramuskulär oder auch peroral gegeben werden. Auf Grund einer dreijährigen Erfahrung in der Behandlung der Angina pectoris mit diesem Mittel können wir den optimistischen Angaben verschiedener Autoren nicht unbedingt beistimmen. Von einer überlegenen Wirkung gegenüber anderen Mitteln kann sicher keine Rede sein. Wir glauben allerdings, gelegentlich bei Patienten mit spastischen Gefäßerkrankungen eine Besserung der subjektiven Beschwerden beobachtet zu haben. Es ist natürlich schwierig, bei einer Behandlung im Krankenhaus mit langsam wirkenden, wenig differenten Mitteln zu entscheiden, inwieweit der Erfolg der Therapie auf den Milieuwechsel, Diät, Bettruhe usw. zu beziehen ist. Häufig wird mit einer derartigen Therapie kostbare Zeit vergeudet und die günstige Zeit für den Einsatz besser wirkender Mittel versäumt. In diesem Sinne sprechen auch die Erfahrungen von VOLHARD, v. ROMBERG und MARTINI. Interessant sind die Beobachtungen von WOLFF und Mitarbeitern, die in zahlreichen Fällen von Angina pectoris eine Besserung beobachten konnten, aber doch in einem Falle, in dem die Besserung ganz offensichtlich war, das Auftreten eines Myokardinfarktes noch im Verlaufe der Behandlung erlebten. Sie sind der Auffassung, daß durch Organextrakte nur die subjektiven Symptome gebessert, nicht aber die Mechanismen, die zu Myokardinfarkt führen, behoben werden können. Wenn es auch heute noch nicht möglich ist, ein abschließendes Urteil über die Wirkung der sog. Kreislaufhormone auf die Coronardurchblutung abzugeben, so lohnt es sich doch, noch weitere Erfahrung bei Kreislauferkrankungen spastischer Natur zu sammeln. Wir sahen bei 2 Kranken, die in das Gebiet der Raynaudschen Krankheit gehörten, nach Darreichung dieser Mittel an den Extremitäten eine deutliche Steigerung der Zirkulation. Diese Wirkung trat, wie wir durch Messung der Hauttemperatur feststellen konnten, nicht nur nach intramuskulärer, sondern auch nach peroraler Darreichung auf. Wir verordnen daher von diesen Mitteln dreimal täglich 25 Tropfen vor dem Essen und 0,5—1 ccm intramuskulär pro die.

Auf Grund experimenteller Untersuchungen hat man vom *Calcium* eine ähnliche hämodynamische Wirkung wie von den sog. Kreislaufhormonen zu erwarten, nämlich eine Mehrdurchblutung des Herzens ohne nennenswerte Änderung der Schlagzahl und der allgemeinen Kreislauflage. Während die Organextrakte vorwiegend über das Nervensystem wirken, tritt auch nach beiderseitiger Durchschneidung des Vagosympathicus noch eine Vermehrung der Coronardurchströmung bei Calciumwirkung auf. Bei einer großen Zahl von Patienten mit anginösen Beschwerden haben wir daher systematisch Calcium, und zwar das gluconsaure Calcium (Sandoz) als intramuskuläre oder intravenöse Injektion verabreicht. Wir gaben täglich eine Injektion von 10 ccm und hatten den Eindruck, daß bei verschiedenen Fällen durch eine derartige Therapie günstige Erfolge erzielt werden konnten.

Die klinische Brauchbarkeit der *Purinderivate*, deren stromfördernde Wirkung wir auch im Experiment bestätigen konnten, ist so bekannt, daß sich ein Eingehen erübrigt. In der Klinik werden diese Stoffe zweckmäßig zusammen mit dem spasmuslösenden und nervenberuhigenden Luminal gebraucht. Weit verbreitet sind Theominal (Theobromin und Luminal), Euphyllin mit Luminal, sowie Perichol (Kadechol und Papaverin).

Da auf Grund theoretischer Überlegungen durch Säuerung Gefäßspasmen gelöst werden sollen, hat man in die Klinik der Coronarerkrankungen die *Kohlensäure-Inhalationstherapie* eingeführt (YANDELL HENDERSON). Es wurde empfohlen, in der anfallsfreien Zeit ein Gemisch von Kohlensäure und Luft 3mal täglich etwa 20 Minuten lang inhalieren zu lassen. Unsere Tierversuche zeigten bei Beatmung mit geringer Kohlensäurekonzentration eine Zunahme, mit höherer Konzentration eine Abnahme der Herzdurchblutung. Bei einigen Versuchstieren beobachteten wir, ohne daß es uns gelang, eine Ursache ausfindig zu machen, bereits bei geringen Konzentrationen eine Verminderung des Coronarstromes. Um eine Vorstellung von der Kreislaufwirkung der Inhalationstherapie beim Menschen zu bekommen, ließen wir bei einer größeren Anzahl von Patienten ein Gasgemisch von 4 % CO_2 und 96 % O_2 5 Minuten lang in Abständen von 1 Stunde etwa 6—8mal täglich einatmen. Während wir, ebenso wie KROETZ, bei Asthmaanfällen und bei Patienten mit Klappenfehlern oft eine ausgezeichnete Wirkung sahen, klagten Patienten mit fixiertem Hochdruck, Coronarsklerose und Emphysem häufig über starke Beklemmung und Druck in der Herzgegend während der Beatmung. Der Mechanismus, der zu diesen Störungen führt, ist noch völlig unklar, und es wurden daher gemeinschaftlich mit H. BECKER bei Patienten, die günstig bzw. ungünstig reagierten, ausgedehnte Untersuchungen vorgenommen. Die günstige Wirkung äußerte sich sofort in einem subjektiven Besserfühlen, so daß die Patienten stets nach der Beatmung verlangten. Wir hatten den Eindruck, daß unsere Kreislauftherapie (Strophanthin, Digitalis, Salyrgan usw.), wenn wir den Patienten stündlich 5 Minuten lang aus diesem Gasgemisch atmen ließen, kräftig unterstützt wurde. Die Cyanose verschwand während des Atmens, die Angst vor der Atemnot legte sich, und die Patienten wurden ruhiger, bei manchen wirkte die Beatmung einschläfernd. Die Diurese erfuhr auch ohne Darreichung von Diuretica zuweilen eine starke Förderung. Besonders eindrucksvoll war die günstige Wirkung bei einem Patienten mit dekompensiertem Cor adiposum, bei dem Diuretin und Salyrgan nicht nur versagten, sondern Salyrgan schwerste toxische Zustände, Kollaps, Erbrechen, Durchfälle usw. auslöste.

Wir untersuchten bei 10 kreislaufkranken Patienten, die die Carbogengasatmung[1] als große Erleichterung empfanden, Kreislauf und Blutzusammensetzung im venösen Blut vor, während und 5 Minuten nach der Beatmung. Die Ergebnisse stimmen so weitgehend überein, daß es genügt, die Werte eines derartigen Falles einzeln aufzuführen.

G. B., 60 Jahre, männlich, Aortitis luica, dekompensiert. Das Elektrokardiogramm wurde in verschiedenen Phasen der Untersuchung aufgenommen. Es zeigte keine nennenswerte Beeinflussung durch die Beatmung.

	Vor	Während der Beatmung	Nach
Atemzahl in der Minute	20	12	16
Vitalkapazität, Liter	1,4		1,5
Puls in der Minute	64	52	52
Arteriendruck, mm Hg	140/70	130/70	130/70
Venendruck, cm H_2O	12,5	10,0	9,2
Aktuelle CO_2 %	50,6	49,0	
Aktueller O_2 %	16,40	17,8	
Zellvolumen	40,0	40,0	

Patienten mit schlechter Verträglichkeit der Carbogenatmung klagten sofort nach den ersten Atemzügen über Enge der Brust, Druck am Herzen, Kopfschmerzen u. a. m. Es handelte sich um kompensierte und dekompensierte Kranke mit Lungenemphysem, fixiertem Hochdruck, Zustand nach Myokardinfarkt. Die Untersuchung eines derartigen Falles ergab folgende Werte:

M. S., 37 Jahre, männlich, Emphysembronchitis. In Ruhe keine Dekompensationserscheinungen. Elektrokardiogramm während der Untersuchung unverändert.

	Vor	Während der Beatmung	Nach
Atemzahl in der Minute	24	36	24
Vitalkapazität, Liter	3,2		2,8
Pulszahl in der Minute	88	120	88
Arteriendruck, mm Hg	145/80	120/70	120/70
Venendruck, cm H_2O	8,2	16,2	7,6
Aktuelle CO_2 %	54,2	50,2	
Aktueller O_2 %	13,5	14,5	
Zellvolumen	40,4	45,0	

[1] Ein Gemisch von 4 % Kohlensäure + 96 % Sauerstoff.

Beim Vergleich mit den anderen Untersuchungsergebnissen ist in dieser zweiten Gruppe besonders die Erhöhung des Venendruckes und die Zunahme des Zellvolumens während der Beatmung auffällig. Der Sauerstoff- und Kohlensäuregehalt des venösen Blutes zeigt dabei keine Abweichung von den Ergebnissen der ersten Gruppe. Die Reaktion der Puls- und Atemzahl ist für keine der beiden Gruppen charakteristisch, desgleichen ist der Einfluß auf den Arteriendruck wenig typisch.

Die von YANDEL HENDERSON für den Angina pectoris-Anfall empfohlene Therapie der Inhalation eines Gasgemisches von Kohlensäure und Luft, die von LIAN, BLONDEL und RACINE als subcutane Injektion von Kohlensäure modifiziert wurde, ist noch wenig erprobt. Die genannten Autoren berichten in einem großen Teil ihrer Fälle über auffallend rasche Besserung. Wir hatten bisher nur einige schwere Fälle von Angina pectoris während des Anfalles nach den Angaben von HENDERSON mit Kohlensäure beatmet, ohne jedoch dabei einen deutlichen Erfolg zu sehen.

Im Tierexperiment hatten wir gezeigt, daß die intravenöse Injektion von Traubenzucker eine geringe, aber lang anhaltende Steigerung der Herzdurchblutung bewirken kann. Weiterhin wird angenommen, daß Traubenzucker in kolloid-osmotische Vorgänge eingreift, die zu einer Erhöhung der Reizschwelle führen (Lit. bei HASSENCAMP).

Die Anschauungen über den klinischen Erfolg der von BÜDINGEN in die Kreislauftherapie eingeführten *Traubenzuckerbehandlung* sind noch sehr widersprechend. Die ursprünglichen Verordnungen großer Infusionen (150 ccm und mehr einer 5—10 proz. Traubenzuckerlösung) werden an unserer Klinik nicht durchgeführt. Wir geben Injektionen von 20 ccm einer 35proz. Lösung. Häufig verwenden wir die in Ampullen erhältliche Calorose (Güstrow), die aus Invertzucker besteht und erheblich billiger ist als reiner Traubenzucker. Der Kranke erhält drei intravenöse Injektionen wöchentlich. Geschieht die Injektion langsam, dann sind schädliche Folgen nicht zu fürchten. Wenn es auch schwer ist, bei Kranken, die, wie z. B. die Patienten mit Angina pectoris, außerordentlich stark nervösen Einflüssen ausgesetzt sind, die Wirksamkeit eines Mittels, das wenig intensiv, fast schleichend wirken soll, zu beurteilen, so möchten wir bei aller Kritik doch annehmen, daß die Anfälle von Angina pectoris und andere Störungen des Coronarkreislaufes im Laufe einer Traubenzuckerbehandlung zuweilen seltener werden. Verschiedene Fälle mit schweren organischen Veränderungen erwiesen sich aber als völlig refraktär. In der von HASSENCAMP ausgearbeiteten Indikationsstellung ist ein Versuch mit Traubenzuckertherapie durchaus zu empfehlen.

Von den verschiedenen Mitteln, die trotz Blutdrucksenkung eine Steigerung der Herzdurchblutung bewirken, werden in der Klinik fast nur die *Nitrite* gebraucht. Die im Tierexperiment gezeigte Wirkung des Amylnitrits: mäßiger Druckabfall, starke Mehrdurchblutung des Herzens und lange Dauer der Einwirkung, ist aus Beobachtungen der Klinik längst bekannt. Treten die Schmerzempfindungen auf, dann läßt man den Patienten an einem Fläschchen mit Amylum nitrosum riechen. Sicherer als Amylnitrit wirkt Nitroglycerin. (Man gibt etwa $^1/_4$—$^1/_2$ mg Nitroglycerin, 0,01 Spirit. vin. [80 %] ad 10,0, im Anfall 5—10 Tropfen auf Zucker.) Nitroglycerintabletten zu $^1/_2$ mg werden häufig gelobt. Ein gutes Nitroglycerinpräparat ist auch das Nitrolingual (GROEDEL), das einige Tropfen Nitroglycerinlösung in einer Gelatineperle enthält. (Der

Patient zerdrückt im Anfall eine Perle auf der Zunge.) Erythroltetranitrat, das eine etwas langsamere Wirkung besitzt, wird bei kurz dauernden Anfällen selten Anwendung finden. Beim Myokardinfarkt versagen diese Mittel völlig, eine Tatsache, die für die Differentialdiagnose zwischen Angina pectoris und Myokardinfarkt verwertet werden kann.

Da wir bei der Beurteilung klinischer Bilder häufig von der Vorstellung ausgehen, daß ein Coronarspasmus die auslösende Rolle spielt, ist verschiedentlich *Atropin*, das den die Kranzgefäße verengernden Vagus beeinflussen soll, empfohlen worden. Man muß mit den Atropindosen langsam steigen, um die individuell verschiedene Toleranzgrenze zu ermitteln. Wir beginnen meist mit 1 mg pro die und erkennen die von uns gewünschte maximale Dosis, wenn Trockenheit im Halse auftritt. Angeregt durch die Untersuchungen von KELLER und MEYER verwandten wir in letzter Zeit Atropin in verschiedenen Kombinationen, z. B. mit Diuretin, Sympatol, Euphyllin, Adalin, Luminal usw. Papaverin wirkt ebenfalls antispastisch, indem es direkt am Muskel angreift. Wir finden dieses Mittel im Aleuthan und Perichol. Will man Erfolge erzielen, dann muß man ziemlich hoch dosieren, etwa 3—4mal täglich 0,03—0,04. Wir verwenden an unserer Klinik häufig eine Kombination verschiedener Mittel, die sowohl sedative, als antispastische Wirkung besitzen. Bei Angina pectoris haben wir mit der Atropintherapie keine deutlichen Erfolge beobachtet. Auch v. ROMBERG hat keinen günstigen Eindruck mit dieser Behandlung gewonnen. Deutliche Besserung sahen wir bei der Mehrzahl der Fälle mit paroxysmaler Tachykardie.

Digitalis bei Coronarerkrankungen.

Die Indikation von Digitalis bei den verschiedenen Coronarerkrankungen ist noch recht unklar, da von verschiedenen Seiten über günstige und schädliche Folgen berichtet wird.

Digitalis ist nur dann angezeigt, wenn eine Herzinsuffizienz vorliegt. Eine Ausnahme machen vielleicht einige Formen der Hypertension (s. HOCHREIN, Mitralstenose und Hypertension), die auch dann, wenn keine deutlichen Dekompensationserscheinungen vorliegen, nach Digitalis — wir bevorzugen Strophanthin — die subjektiven Beschwerden, Herzbeklemmungen, Benommenheit, Kopfschmerz usw. und den Hochdruck verlieren. Besteht eine Insuffizienz auch nur geringen Grades, dann ist unter Einschränkung der gewohnten Tätigkeit, oft bei vollständiger Bettruhe, eine wirksame Digitalistherapie durchzuführen. Die an unserer Klinik gebräuchlichen Grundzüge der Behandlung der Kreislaufinsuffizienz sind von MORAWITZ und SCHOEN ausführlich beschrieben worden. Die Behandlung dekompensierter Coronarleiden ist von der anderer Kreislaufstörungen nicht wesentlich verschieden. Sie besteht, der Schwere des Klinikmaterials entsprechend, meist in einer Kombination von Strophanthin, Salyrgan und Traubenzucker. Nicht selten beobachtet man bei Coronarsklerose im Verlaufe einer Digitalistherapie, wenn der Allgemeinzustand sich bessert und Ödeme ausgeschwemmt werden, daß stenokardische Beschwerden auftreten. Die Frage der Wechselbeziehungen zwischen Digitalis und Angina pectoris ist daher häufig erörtert worden.

V. NEUSSER mahnt zur Vorsicht bei Digitalisverabreichung wegen vasokonstriktorischer Wirkung. POYNTON glaubt, daß Digitalis bei Angina pectoris und besonders bei Patienten mit Fettherzen gefährlich sei. Mackenzie weist darauf hin, daß neben anderen Erscheinungen auch Opressionsgefühl ein Zeichen von Digitalisüberdosierung sein kann. Sailer berichtet über zwei Fälle von Coronarthrombose, deren Prognose anfänglich relativ gut schien, bis eine Digitalistherapie eine starke Verschlechterung der subjektiven und objektiven Erscheinungen hervorrief. Levine warnt ebenfalls vor Digitalis bei Coronarerkrankung. Bell und Pardee berichten über schlechte Erfahrungen bei Behandlung von Angina pectoris mit Digitalis. Auch Allbutt sah mehr Schaden als Nutzen bei der Behandlung von Angina pectoris mit Digitalis und empfiehlt, bei Coronarerkrankungen Digitalis nie ohne Atropin zu geben. Verdon sah, daß Anfälle von Angina pectoris heftiger wurden nach Einsetzen einer Digitalistherapie. Die gleiche Anschauung vertritt Brooks. Mathieu berichtet, daß bei einem Patienten der erste Anfall von Angina pectoris nach Digitalisdarreichung aufgetreten ist. Auch Fenn und Gilbert berichten über 7 Fälle, bei denen Digitalis mit großer Wahrscheinlichkeit Anfälle von Angina pectoris ausgelöst hat. In Tierversuchen fanden sie, daß nicht in allen Fällen, aber doch bei einer großen Zahl der Versuchstiere Digitalis eine Coronarkonstriktion hervorruft, und glauben, daß Digitalis Anfälle von Angina pectoris durch eine Coronarkonstriktion auslösen könne.

Unsere experimentellen Untersuchungen am Ganztier sind nicht eindeutig, da verschiedene Tiere trotz gleicher Untersuchungstechnik auf Digitalisdosen innerhalb therapeutischer Breite überhaupt nicht antworteten, während andere eine deutliche Reaktion zeigten. Eine Wirkung wurde bei solchen Tieren beobachtet, die unter etwas stärkerer Morphinwirkung standen. Digipurat verursacht dann in einer Dosis von 0,4 ccm teils eine Abnahme, teils eine Zunahme der Coronardurchblutung. Die Art der Reaktion ist bis zu einem bestimmten Grade von der Einstellung des vagosympathischen Gleichgewichtes und der allgemeinen Kreislauflage abhängig. Bestimmte Regeln konnten wir nicht ermitteln, doch scheinen gewisse Beziehungen zwischen dem Verhalten des Coronarstromes und der Reaktion des Druckes im großen Kreislauf zu bestehen. Einer Druckzunahme nach Digitaliseinwirkung entspricht meist eine Coronarstromverminderung, einer Abnahme eine Zunahme. Vielleicht kann man sich diesen Vorgang so vorstellen, daß über die Blutdruckzügler ein Stärkerwerden oder Nachlassen des Konstriktorentonus im Coronarsystem durch die Druckschwankungen, die allerdings nicht sehr groß sind, zustande kommt. Auffallend scheint uns ein Befund, den wir in einigen Versuchsserien erheben konnten: Traubenzucker ist imstande die konstriktorische Wirkung von Digitalis auf das Coronarsystem zu beheben, ohne aber die Digitaliswirkung auf Herz und großen Kreislauf zu beeinflussen. Es empfiehlt sich daher, in Fällen, die zu Angina pectoris neigen, Digitalis gemeinsam mit Traubenzucker zu geben. An unserer Klinik ist diese Form der Therapie schon lange Zeit besonders auch bei intravenöser Strophanthindarreichung im Gebrauch. Stenokardische Anfälle als Folge der Digitalis- bzw. Strophanthinbehandlung sind daher auch bei schweren Coronarsklerosen von uns kaum beobachtet worden.

Die Gegenindikationen und Einschränkungen von Digitalis bei Coronarerkrankungen sind von v. Romberg ausführlich besprochen worden. Er weist darauf hin, daß bei Bekämpfung der schweren Kreislaufschwäche, die während starker Anfälle von Angina pectoris oder kurz danach beobachtet wird, Digitalisstoffe keinen Einfluß haben. Die zirkulierende Blutmenge ist durch Versacken in den erweiterten Blutdepots voraussichtlich vermindert, dem Herzen strömen verkleinerte Mengen zu, so daß die Voraussetzung für die Digitaliswirkung, die vermehrte Spannung der Herzwand durch vergrößerten Zufluß, fehlt. Treten als Zeichen der Reizwirkung sklerotischer Herde Extrasystolen

oder gar ventrikuläre extrasystolische Tachykardie auf, dann ist Digitalis nicht
zu empfehlen. Besondere Vorsicht ist bei der polymorphen Extrasystolie mit
der wechselnden Erregung des rechten und linken Schenkels notwendig. Strophanthin wird, wie v. ROMBERG ausführt, von solchen Kranken mit Störungen
der Schenkelleitung öfter besser vertragen als Digitalis in irgendeiner Anwen-
dungsform. Unsere eigenen Erfahrungen stimmen mit dieser Beobachtung
überein. Dem Strophanthin am nächsten soll Verodigen bei peroraler Anwendung stehen. MAHAIM empfiehlt bei solchen Fällen besonders das krystallisierte
γ-Strophanthin, das Quabain. Abzusehen von allen Digitalismitteln ist nach
v. ROMBERG bei vollständigen oder partiellen Überleitungsstörungen, da die
Überleitung von den Vorhöfen zu den Kammern, wie besonders die Verlangsamung der Ventrikel bei Vorhofsflimmern und -flattern zeigt, dadurch erschwert
wird. Wir hatten verschiedentlich Gelegenheit, kreislaufdekompensierte Kranke
mit Schenkelblock längere Zeit zu beobachten, bei denen wir die Insuffizienz
durch eine kombinierte Behandlung von Strophanthin, Salyrgan und Traubenzucker ohne weitere Beeinträchtigung der Reizleitung gut beheben konnten.
Bei Schenkelblock, bei verlangsamter Überleitung von den Vorhöfen zu den
Kammern, bei Verzweigungsblock und vollends bei nur negativer T-Welle
braucht, wenn Herzschwäche besteht, auf Digitalis nicht verzichtet zu werden.
Die Überleitung kann wieder normal werden, ein Verzweigungsblock verschwinden, die Negativität der T-Welle aufhören. Die unerwünschten Nebenwirkungen
von Digitalis bei der Behandlung von Coronarerkrankungen sind glücklicher-
weise so selten, daß sie deren Anwendung bei eintretender Herzinsuffizienz
kaum je verbieten.

β) Lebensführung bei Coronarerkrankungen.

Im Heilplan der Coronarerkrankungen spielt die Regelung der Lebensführung
eine besondere Rolle. Wir wissen aus vielen Krankheitsberichten, daß psychische Erregung, schwere körperliche Arbeit, Schädlichkeiten in der Ernährung sowie Genußmittel jeglicher Art schwere Symptome bei Coronarkranken
auslösen können. Es handelt sich dabei häufig nicht um Unmäßigkeiten. Das
mangelhafte Spiel der Vasomotoren sklerotischer Kranzarterien kann bereits
die Anpassung der Herzdurchblutung an geringe körperliche Betätigung erschweren. Noch ungünstiger liegen die Verhältnisse, wenn auch das Gefäß-
nervensystem versagt. Im Anfangsstadium des Myokardinfarktes beobachtet
man nicht selten, daß eine größere Nahrungszufuhr zu schweren Anfällen von
Herzschwäche führt.

Besser als Medikamente wirkt oft eine Lebenshaltung auf mittlerer Linie.
Häufig beobachtet man eine Besserung des Krankheitsbildes, wenn es gelingt,
dem Patienten seelische Ruhe und Entspannung zu verschaffen. Milieuwechsel,
berufliche Entlastung oder bereits ein erfrischender Schlaf können günstig auf
das Krankheitsbild einwirken. Das Ausfindigmachen wirksamer Schlaf- und
Beruhigungsmittel bereitet wegen verschiedener individueller Empfindlichkeit
oft Schwierigkeiten. Im allgemeinen sind Coronarkranke mit Angina pectoris
gegen Morphiumderivate ziemlich empfindlich. Schlaf wird häufig mit diesem Al-
kaloid nicht erzielt, im Gegenteil, die Patienten werden unruhig, klagen zuweilen
über vermehrte Herzbeschwerden. Verschiedentlich konnten wir Erregungs-

zustände beobachten. Bei Coronarsklerose mit Neigung zu heterotoper Reizbildung, Extrasystolen, perpetueller Arhythmie kann Morphium unmittelbar gefährlich werden (v. ROMBERG). Eine bessere Wirkung beobachtet man meist mit Barbitursäure- und Harnstoffpräparaten. Zur Erzielung eines gesunden Schlafes gebrauchen wir meist Phanodorm, Noctal, Allional, Sedormit, Quadronox usw. Eine ausgezeichnete Wirkung sieht man oft bei leicht erregbaren und unruhigen Kranken nach einer intramuskulären Injektion von 1—2 ccm 20proz. Luminalnatriumlösung.

Um die nervöse Übererregbarkeit der Patienten mit Coronarerkrankung, besonders bei Angina pectoris, zu dämpfen und das aufreibende Gefühl dauernder innerer Spannung zu beheben, verabreichen wir Adalin (3mal 0,1) oder Luminal, etwa in Form der Luminaletten (à 0,015, 5—6 Stück täglich). Auch Brom und Chloralhydrat ist zuweilen brauchbar.

Bei Coronarerkrankungen ist, wenn keine Herzschwäche vorliegt, Bettruhe nicht angezeigt. Besonders bei der Angina pectoris wird von vielen Seiten mäßige körperliche Betätigung, wie Spazierengehen, Golfspielen usw., empfohlen. Zuweilen ist auch systematische Extremitätenmassage nützlich. Bäder, insbesondere Gasbäder (Kohlensäure) und Vierzellenbäder, können auf Grund unserer Erfahrungen, wenn das Herz geschont werden soll, nicht empfohlen werden, da wir gelegentlich deutlichen Schaden gesehen haben. Das gleiche gilt von Trinkkuren, da durch große Flüssigkeitsgaben leicht der Kreislauf überlastet wird. Zur Beruhigung kann man Fichtennadelbäder geben, die man mit 29° C beginnt und nach 3 Minuten auf 37° C erhöht. Die Badedauer soll 10 Minuten nicht überschreiten. Die von LAUBER für die Therapie der Angina pectoris angegebenen warmen Teilbäder werden auch an unserer Klinik in Form von warmen Fußbädern bei Coronarsklerose mit und ohne Angina pectoris häufig gegeben.

Die Ernährung der Coronarkranken hat in noch höherem Maße wie bei anderen Kreislaufkranken Herz- und Gesamtzustand zu berücksichtigen. Die Grundzüge der Ernährung von Kreislaufkranken sind in neuerer Zeit von MORAWITZ, H. SCHÄFER, SCHWARZ und DIEBOLD ausführlich geschildert worden. Eine Entlastung des Gesamtkreislaufes auf diätetischem Wege hilft medikamentösen Kreislaufmitteln zu einer besseren Wirkung.

Nach H. SCHÄFER hat die Aufstellung des Kostplanes in jedem Einzelfall 3 Fragen zu beantworten.

1. Welche diätetischen Maßnahmen verlangt der erkrankte Kreislaufapparat an sich?

2. Welche diätetischen Maßnahmen erfordert der Zustand des Magens und des Darmes?

3. Welche Modifikationen werden durch Besonderheiten des Allgemeinzustandes (Fettsucht, Diabetes, Gicht usw.) notwendig?

Oberster Grundsatz der Diät bei Kreislaufschwäche muß sein: Besserung der Leistungsbedingungen des Kreislaufes ohne Belastung.

Wichtig ist hier die Einschränkung des Gesamtkostmaßes auf den notwendigen Bedarf und die zeitliche Verabfolgung der *Kost in kleinen Mahlzeiten.* H. SCHÄFER weist besonders darauf hin, daß Kreislaufkranke längere Nahrungspausen oft schlecht vertragen und Zustände von Schwäche oder Schwindel bekommen, sobald der Magen leer ist. Längere Nahrungspausen sollen bei disponierten Kranken anginöse Zustände hervorrufen können. Bei Kranken mit labilem vegetativem Nervensystem empfiehlt es sich nicht, die Mahlzeiten zu reichlich zu bemessen, denn eine lang dauernde Blutabwanderung in das Splanchnicusgebiet während der Verdauung kann, wie wir besonders bei Fällen mit Myokardinfarkt und Asthma cardiale beobachtet haben, zu schweren Kollapsen führen. In schweren Fällen geben wir daher keine Hauptmahlzeiten, sondern ernähren durch häufige kleine Rationen.

Die Qualität der Nahrung soll dem Kranken in kleinem Volumen eine hohe Kalorienzahl bieten. Die Ernährung soll leicht verdaulich sein und keine Blähungen verursachen, da Blähungen des Magens und des Darmes oft die Anfallsbereitschaft bei Angina pectoris und Asthma cardiale erhöhen. Der gastrokardiale Symptomenkomplex (ROEMHELD) tritt besonders häufig bei Coronarerkrankungen in Erscheinung. Frisches Brot, blähende Gemüse, besonders Kohlarten, rohes Obst usw. wird man am besten nicht verabreichen.

Vielfach wird eine Einschränkung des *Eiweißes* gefordert, da die Eiweißverdauung größere Anforderungen an den Stoffwechsel stellt wie Kohlehydrate. Nach C. v. NOORDEN führt reichlicher Eiweißgenuß gelegentlich auf dem Wege des vegetativen Nervensystems zur Übererregung der Kreislauforgane. H. EPPINGER, L. v. PAPP und SCHWARZ wiesen nach eiweißreicher Kost ein gesteigertes Minutenvolumen nach. Nach abendlichem Fleischgenuß wurde Häufung von Asthma cardiale beobachtet (SCHWARZ und DIEBOLD). Vegetabilisches Eiweiß wird verschiedentlich vor animalischem besonders bei Leberstauung bevorzugt (VOLHARD). Da Fett bei Stauungszuständen im Magen-Darmkanal schwer resorbiert wird, muß häufig darauf verzichtet werden.

Die *Flüssigkeitsbeschränkung* gehört seit den Untersuchungen von OERTEL zur Diätvorschrift bei Kreislaufkranken. Man gibt im allgemeinen 1,0—1,5 Liter Flüssigkeit pro Tag. Starken Durst sucht man durch häufiges Mundspülen und durststillende Mittel (Neu-Cesol) zu bekämpfen. v. ROMBERG hält Flüssigkeitsbeschränkung nur dann für geboten, wenn eine positive Wasserbilanz vorliegt, gleichgültig, ob sich der Kranke im Stadium des Präödems oder des manifesten Ödems befindet.

Bei der Entwässerung spielt die *Verminderung des Kochsalzes* eine besondere Rolle. Das Durstgefühl nimmt bei kochsalzarmer Kost ab. Die beim Ödematösen mit Wasser und Kochsalz angereicherten Gewebe geben bei kochsalzarmer Kost Wasser und Kochsalz an das Blut ab, so daß die Ausscheidung durch die auch beim insuffizienten Herzkranken normal funktionierende Niere erfolgen kann (NONNENBRUCH). Die Diurese steigt, die zirkulierende Blutmenge wird vermindert, die Herzmuskelfasern entquellen (H. SCHÄFER). Die Frage, ob bei der Entwässerung Kochsalzarmut (v. NOORDEN: 3—5 g NaCl täglich) oder vollständiger Entzug (Entsalzung nach VOLHARD) vorzuziehen ist, läßt sich wohl nur unter Mitwirkung einer gut ausgestatteten Diätküche entscheiden. Von v. NOORDEN, NONNENBRUCH, SMITH und ROSS u. a. sind Kostvorschriften angegeben worden, die den Forderungen nach Eiweiß- und Kochsalzarmut entsprechen. Auf die günstige diuretische Wirkung der Karelltage in ihren verschiedenen Modifikationen (Obst, Reis, Kartoffel usw.) braucht hier nicht eingegangen zu werden.

Liegt keine Kreislaufinsuffizienz vor, dann sollten besonders die Einschränkungen von Eiweiß und Kochsalz, die eine starke Einbuße an Lebensgenuß bedingen, nicht so scharf durchgeführt werden. Wie v. ROMBERG ausführt, stehen jetzt alle Atherosklerotiker in Gefahr, mit salzarmer fleischloser Kost behandelt zu werden. Es darf nicht übersehen werden, daß der Schaden allzu schroffer und weitgehender Einschränkungen, besonders bei psycholabilen Kranken, sehr groß sein kann. Schwächung der Lebensfreude, Stärkung des Krankheitsbewußtseins können indirekt zu einer Schädigung des Kreislaufes führen.

Da unsere Tierversuche gezeigt hatten, daß Stoffe im Muskelextrakt (Adenosine) ohne Belastung des Kreislaufes die Herzdurchblutung fördern, empfehlen wir bei Coronarerkrankungen gerne Fleischbrühe (früher als beef-tea in der Kreislauftherapie bekannt) oder verordnen einen Muskelextrakt in Tropfenform.

Die *Abmagerung* bei Herzkranken, die v. NOORDEN auch bei Patienten ohne Übergewicht durchführt, ist besonders bei den pyknischen Coronarsklerotikern zu empfehlen. Besteht Herzinsuffizienz, dann ist eine Entfettungskur kontraindiziert.

Besteht bei einer Coronarerkrankung gleichzeitig *Diabetes*, dann ist eine brüske Entziehung der Kohlehydrate oder eine zu starke Einschränkung auf längere Dauer bei Herzschwäche nicht empfehlenswert. Intravenöse Traubenzuckerinjektion (s. S. 86) ist nicht kontraindiziert. Wir haben dadurch, selbst bei lang dauernder Behandlung, nie Störungen der Stoffwechsellage beobachtet.

Vorschriften im Gebrauch von *Genußmitteln* stoßen oft auf Schwierigkeiten von Seiten des Kranken. Über die schädigende Wirkung von *Tabak* auf Herz und Gefäße besteht heute völlige Einigkeit. Selbstverständlich gibt es individuelle Verschiedenheiten. Bei leichter vasomotorischer Erregbarkeit, besonders bei Angina pectoris, sollte der Genuß weitgehend eingeschränkt werden. Häufig wird man einen Kompromiß mit nicotinarmen Tabaken versuchen. Unsere Erfahrung lehrt, daß der völlige Entzug leichter ertragen wird als die Einschränkung. *Alkohol* wird man in Form von Bier wegen des großen Flüssigkeitsquantums verbieten müssen. Gegen leichten Wein in geringer Menge besteht bei kompensiertem Kreislauf wenig Einwendung. Kognak und Sekt werden bei plötzlichen Schwächezuständen und Kollapsen als schnell wirkende Excitantien gebraucht. P. D. WHITE empfiehlt Rum und Whisky im Angina pectoris-Anfall.

Bei leicht erregbaren Herzen, besonders bei Reizbildungsstörungen (Extrasystolen, paroxysmaler Tachykardie usw.) ist der regelmäßige Genuß von starkem *Bohnenkaffee* zu widerraten. Bei Herzinsuffizienz ohne Zeichen gesteigerter Erregbarkeit ist starker Kaffee in kleinen Mengen als Medikament erlaubt. Das gleiche gilt für *Tee*.

Bei Einhaltung dieser Kostvorschriften wird häufig trotz atonischer Zustände von Magen und Darm, die als Zeichen der Kreislaufschwäche frühzeitig auftreten, eine normale Verdauung stattfinden. Besteht *Meteorismus* — und das ist bei vielen Fällen mit organischen Coronarerkrankungen auch ohne deutliche Insuffizienzerscheinung der Fall —, dann wird man versuchen, neben diätetischer Beeinflussung durch gute Entleerung, wenn nötig mit Abführmitteln, evtl. auch Einläufen, gelegentlich auch durch das Darmrohr und das subaquale Darmbad, die Beschwerden zu mildern. Da die Entstehung des Meteorismus noch recht unklar ist — vermehrte Gärung im Darm, Luftschlucken nervöser Art, Veränderung der Innervations- und Zirkulationsverhältnisse im Magen- und Darmkanal usw. — ist auch die therapeutische Beeinflussung meist wenig erfolgreich. Die gebräuchlichen gasbindenden oder gärungswidrigen Mittel, wie Kohle, Allisatin, Species carminativae usw., besitzen meist nur geringe Wirkung. Pituitrin, das als Injektion sonst bei Meteorismus häufig gebraucht wird, ist bei Coronarerkrankungen wegen Gefahr von Gefäßspasmen nicht zu empfehlen.

Nicht selten beobachtet man bei Kreislaufkranken eine hartnäckige *Obstipation*, die das Befinden stark beeinflußt. Die Bekämpfung lediglich durch diätetische Maßnahmen ist oft erfolgreich. Ist man gezwungen, zu Abführmitteln zu greifen, so verdienen neben den bekannten Gleitmitteln vor allem salinische Abführmittel den Vorzug, in erster Linie das reine Bittersalz, in Kapseln oder Oblaten gereicht. Kochsalzhaltige Salzgemische, auch das beliebte Karlsbader Salz, sollen vermieden werden (H. Schäfer).

2. Spezielle Therapie der Coronarerkrankungen.

Bei *Coronarsklerose* wird die Therapie in erster Linie durch die verschiedenen Begleitsymptome, deren Behandlung im weiteren Verlauf noch besprochen werden soll, bestimmt. Die allgemeine Therapie stimmt mit der der Sklerose des übrigen Gefäßsystems überein. Die *diätetischen Maßnahmen* bezwecken eine Lebensregelung auf mittlerer Linie. Sie ist sicher wirksamer als die Verabfolgung einer Arznei zur Besserung der Atherosklerose als solcher (v. Romberg).

Ein spezifisches Mittel gegen die Arteriosklerose gibt es bisher nicht. Von den bekannten Mitteln, die bei der Arteriosklerose empfohlen werden, ist in erster Linie das *Jod* zu nennen. Man nimmt im allgemeinen an, daß es die Viscosität des Blutes vermindert und colloidosmotisch auf die Gefäßwände einwirkt (Guggenheimer). Etwas Bestimmtes über die Wirkungsweise der Jodtherapie wissen wir jedoch nicht, und von vielen Ärzten wird dem Jod eine günstige Wirkung bei Atherosklerose völlig abgesprochen. In Süddeutschland wird Jod wegen der Gefahr der Thyreotoxikose besser nicht verwendet. Dem *Salpeter* wird eine ähnliche Wirkung wie dem Jod zugeschrieben. Über die von Pal empfohlene Behandlung mit *Natrium rhodanatum* 2—6mal täglich 0,5 besitzen wir keine persönliche Erfahrung, es soll aber nach den Angaben von v. Romberg zuweilen recht gute Dienste leisten. H. Kohn empfiehlt nicht nur bei Lues, sondern auch bei Coronarsklerose *Wismutpräparate* zu verabreichen. Wünscht man eine Senkung der Viscosität sowie Hemmung der Blutgerinnung, dann kann ein Versuch mit *Blutegeln* gemacht werden. Bei Sklerose mit Thromboseneigung geben wir an beliebigen Stellen des Körpers 4—6 Blutegel. Weiterhin nehmen wir an, daß eine alkalische Diät diesen Mechanismus unterstützt.

Luische Coronarerkrankungen. Hat man eine Gefäßerkrankung als luisch, wenn auch nur mit Wahrscheinlichkeit, erkannt, so hat die spezifische Behandlung einzusetzen: Besteht eine Kreislaufinsuffizienz, dann ist es oft besser, vorerst die Dekompensation zu behandeln. *Quecksilber* ist heute kaum mehr in Gebrauch. Während früher auch vor der Behandlung der Herz- und Gefäßlues mit Salvarsan gewarnt wurde (Ehrlich), ist durch die Arbeiten Weintrauds Salvarsan bzw. *Neosalvarsan* heute das Mittel der Wahl geworden. Die Behandlung erfolgt in ca. dreimonatlichen Perioden, bestehend aus Einzelgaben von 0,3 g 2mal wöchentlich bis zu einer Gesamtmenge von 4—5 g. SCHOTTMÜLLER empfiehlt nach dieser ersten Kur eine jahrelange Behandlung mit monatlich 0,45—0,6 g Neosalvarsan weiterzugeben. Bei Angina pectoris wird allgemein zu großer Vorsicht bei der Salvarsanbehandlung geraten, da Narbenschrumpfungen eine weitere Stenose der Coronararterien bedingen können. SCHLESINGER ist der festen Überzeugung, daß unter Umständen Salvarsan schwere und gehäufte Anfälle hervorrufen kann. Bei schwerer Angina pectoris empfiehlt daher v. ROMBERG erst 2—3 Wochen nach allgemeinen Regeln zu behandeln und dann erst mit Salvarsan zu beginnen. Da man jedoch dabei Gefahr läuft, kostbare Zeit zu verlieren, zieht EDENS vor, neben der üblichen Behandlung sofort mit Neosalvarsan in kleiner Dosis (0,15) zu beginnen. SCHOTT-MÜLLER hat bei luischer Angina pectoris selbst bei größeren Dosen von Salvarsan keine Nachteile beobachtet. In Kombination mit Salvarsan wird häufig *Jod* in Form von Jodkali gegeben. KLEMPERER empfiehlt besonders die intravenöse Anwendung von Jodnatrium. Die Infusion kann unmittelbar an die Salvarsaninjektion angeschlossen werden. Wir bevorzugen eine Kombinationsbehandlung von Neosalvarsan und *Wismut*, das intragluteal in Form von Bismogenol gegeben werden kann. Die Behandlung der Gefäßlues mit Bismogenol wird wegen ihrer geringen Nebenerscheinungen allgemein sehr günstig beurteilt (KÜLBS). Bei der peroralen Therapie mit *Spirocid* (jeden 2. Tag 3mal täglich 0,25 bis zur Gesamtdosis von 14 g) haben wir deutliche Besserungen nie beobachtet.

Angina pectoris. Die *Behandlung der Angina pectoris* hat nach zwei verschiedenen Gesichtspunkten zu erfolgen. Im anfallsfreien Stadium hat man die Ursache der Anfälle, die Anfallsbereitschaft zu bekämpfen, während im Anfall selbst unsere Bemühungen dahin zielen, den Anfall abzukürzen und zu lindern. Die *prophylaktische Therapie* der Angina pectoris kann unter Umständen gute Erfolge erzielen, wenn man bei der Lebensweise der Kranken beginnt und nach den Faktoren sucht, die die Basis für Störungen im Coronarkreislauf bilden. Wir denken hier an Adipositas, Arthritis urica, Verdauungsstörungen, Aortitis luica usw. Daneben wird man die auslösenden Faktoren, schwere körperliche Anstrengung, seelische Erregungen, Diätfehler, Genußmittelabusus usw. zu beheben suchen.

Bei der Bedeutung, die wahrscheinlich dem vegetativen Nervensystem bei allen Formen der Angina pectoris, vielleicht mit Ausnahme des Myokardinfarktes zukommt, muß die Behandlung diesem Faktor besonders Rechnung tragen.

Über die Bedeutung diätetischer Behandlung bei Angina pectoris gibt folgende Beobachtung Aufschluß:

Eine 59jährige Frau, die angibt, abgesehen von klimakterischen Beschwerden nie krank gewesen zu sein, klagt darüber, daß vor 8 Monaten beim Gehen Druck unter dem Brustbein aufgetreten sei. Der Patientin lief dabei das Wasser im Munde zusammen, und sie verspürte bisweilen auch einen Brechreiz. Seit 14 Tagen treten die Schmerzen in der Brust krampfartig und besonders heftig auf und strahlen nach beiden Armen aus. Die Brust fühle sich wie wund an. Die Schmerzen seien an die Nahrungsaufnahme gebunden und treten häufig etwa 15—20 Minuten nach dem Essen spontan auf. Sie werden verstärkt durch körperliche Bewegungen. Herzklopfen und Atemnot bei körperlicher Anstrengung bestehen nicht. Der Schlaf ist schon seit vielen Jahren sehr schlecht, Patientin kann kaum eine Nacht durchschlafen.

Der Befund ergibt eine mäßige Adipositas (die Patientin erzählt, früher noch stärker gewesen zu sein), normalen Kreislaufbefund, auch bei elektrokardiographischer und röntgenologischer Untersuchung, Zwerchfellhochstand und eine etwa walnußgroße Ausstülpung des Magens durch den Hiatus oesophageus nach dem Thoraxraum. Es handelt sich somit um stenokardische Beschwerden, die reflektorisch vom Magen, wahrscheinlich von der Hiatushernie ausgelöst werden (Epiphrenales Syndrom nach v. BERGMANN).

Therapie: Da die Beschwerden besonders nach größeren Mahlzeiten auftraten, verabreichten wir Sippydiät. Gegen die Blähungen, an denen die Kranke stark litt, wurden Species carminativae und Allisatin gegeben. Zur Beruhigung des Nervensystems und zur Erreichung eines erholenden Schlafes gaben wir von 12 Uhr ab in zweistündigen Intervallen 1 Luminalette, insgesamt 5—6 p. d., in den ersten Tagen vor dem Einschlafen 2 ccm Luminalnatrium intramuskulär. Zur Dämpfung des Vagustonus in steigenden Dosen Atropaverin, bis Trockenheit im Halse auftrat, bei starken Schmerzanfällen Veramon. Durch gelegentliche Gaben von Karlsbader Salz wurde die Darmtätigkeit angeregt. Abends vor dem Abendessen ein heißes Fußbad von 10 Minuten Dauer. Die Kranke, die in den letzten 14 Tagen aus einem Status anginosus nicht mehr herausgekommen war und täglich an gehäuften schweren stenokardischen Anfällen litt, wurde bereits nach 3 Tagen vollkommen beschwerdefrei, so daß wir sie bei Einhaltung der Diät und Verabreichung von Atropaverin und Luminaletten entlassen konnten. Nach 10 Tagen konnten die Medikamente abgesetzt werden. Bei Diät, die besonders auch regelrechte Verdauung berücksichtigte, traten Beschwerden seither nicht wieder auf.

Bereits im Intervall wird man Medikamente geben, die ohne Belastung des Kreislaufes die Herzdurchblutung fördern (s. S. 84). Unentbehrlich als Vorbeugungsmittel, z. B. vor dem Gehen und ebenso bei den ersten Anzeichen des Anfalles ist das Nitroglycerin, das an Wirksamkeit dem Amylnitrit vorgezogen wird (v. ROMBERG). Im *Anfalle selbst* haben sich uns die Nitrite in der Mehrzahl der Fälle ebenfalls bestens bewährt. Die Kupierung des Anfalles mit Nitroglycerin gilt uns wie vielen anderen Autoren als Beweis für das Vorhandensein einer Angina pectoris bei der Differentialdiagnose gegen den Myokardinfarkt. COWAN gibt Nitrite nur, wenn während eines Anfalles der Blutdruck ansteigt.

Einer Zusammenstellung von P. D. WHITE entnehmen wir folgende Angaben über Eintritt und Dauer der Wirkung verschiedener Nitrite.

Mittel	Eintritt	Dauer der Wirkung
Amylnitrit	10 Sekunden	ca. 10 Minuten
Nitroglycerin	1—2 Minuten	30—60 Minuten
Natriumnitrit	5—10 Minuten	1—2 Stunden
Erythrol tetranitrat	15 Minuten	3 Stunden
Mannitol hexanitrat	30 Minuten	4—5 Stunden

Nach v. ROMBERG nützt Nitroglycerin im Anfall meist nicht. Neben energischer Anregung der Herztätigkeit durch Kardiazol, Campher, Coffein wird die intramuskuläre Einspritzung von 1—2 ccm 20proz. Luminallösung, die bis zu 0,8 in 24 Stunden wiederholt werden darf, empfohlen. Genügt sie nicht zur Beruhigung des qualvollen Zustandes, dann kann 0,02—0,03 Dionin oder 0,01 bis 0,02 Narkophin injiziert werden. Vor Morphium, Pantopon, Dilaudid usw. wird dringend gewarnt. P. D. WHITE empfiehlt im Anfall auch Alkohol in Form von Whisky oder Rum.

Im Anfall der Angina pectoris vasomotoria sind die bei der Angina pectoris vera gebräuchlichen Mittel meist wenig wirksam. Die besten therapeutischen

Erfolge werden hier erzielt, wenn es gelingt, die psychische Störung oder die vegetative Neurose, die dieser Erkrankung fast immer zugrunde liegt, zu beseitigen. H. Curschmann empfiehlt als Behandlung: Kontrolle des Sexuallebens, Psychotherapie durch vernünftige Persuasion sowie Chinin und Hypnotica.

A., 33 Jahre. Wegen spastischer Obstipation schon bei vielen Ärzten in Behandlung. Sonst nie krank gewesen. Kommt zur Aufnahme wegen Anfällen von Herzschmerz mit Ausstrahlen nach beiden Carotiden.

Bleibt die rechtzeitige Stuhlentleerung aus, dann tritt ein Gefühl innerer Spannung auf, der Kopf wird benommen, die Stimmung depressiv, daneben besteht leichte Reizbarkeit. Zuweilen wird auch ein Taubheitsgefühl oder Kribbeln an der Außenseite beider Oberschenkel empfunden. In diesem Zustande genügt schon die geringste psychische Erregung, um einen Anfall von Krampf oder Schmerz am Herzen auszulösen, so daß die Arbeit unterbrochen werden muß. Schlaf meist sehr unruhig und wenig erholend.

Befund: Pyknischer Habitus, mäßige Adipositas, sehr große Pupillen, Hämorrhoiden, Varicen an beiden Unterschenkeln, Reflexübererregbarkeit. Lunge o. B. Herz: Größe und Form normal, Töne rein, normale Akzentuation. Arteriendruck 110/80 mm Hg. Puls 56 Schläge in der Minute. Vitalkapazität 4,0 Liter. Ekg.: Sinustachykardie, Rechtstyp, PQ. an der Grenze der Norm. T. in Abl. I und III diphasisch. Diagnose: Vegetative Neurose (Vagotonie). Spastische Obstipation. Angina pectoris vasomotoria.

Therapie: Atropaverin in steigernder Dosis bis Eintritt von Trockenheit im Halse, Diät gegen spastische Obstipation, zur Regulation der Verdauung bei Bedarf Pasta Palm und am Abend ein Ölklysma, das während der Nacht gehalten wurde. Zu Beginn zweimal wöchentlich Darmbad, täglich warmes Fußbad (40° C), 10 Minuten Dauer. Als Schlafmittel Phanodorm.

Wenn uns auch heute zahlreiche Mittel zur Verfügung stehen, durch die eine Förderung der Herzdurchblutung erzielt werden kann, so ist die Behandlung der Angina pectoris doch zuweilen außerordentlich schwierig. Oft steckt unsere Therapie auch heute noch, da dieser Symptomenkomplex keine einheitliche Genese besitzt, im Stadium tastender Versuche. Bei schweren organischen Veränderungen ist eine Beseitigung der Zirkulationsstörungen nicht immer möglich. Wir müssen uns meist mit der Linderung der schweren subjektiven Symptome begnügen. Die Schwierigkeiten einer derartigen Behandlung sollen bei einem Fall von Mitralstenose mit Angina pectoris kurz geschildert werden.

Sch., Ehefrau. Mit 16 Jahren Gelenkrheumatismus. Seit dem 40. Lebensjahre Herzklopfen und Atemnot bei körperlicher Anstrengung. Die Beschwerden wurden auf eine Fettleibigkeit — Gewicht 87 kg bei einer Größe von 165 cm — bezogen. Wegen dieser Beschwerden kam die Patientin in die Klinik. Wir stellten eine Mitralstenose mit Arhythmia absoluta fest. Durch Behandlung mit Strophantin und Salyrgan wurde eine Besserung der subjektiven Beschwerden und eine Gewichtsabnahme von ca. 10 kg erzielt. 2 Jahre später kam die Patientin, die nach der Entlassung aus der Klinik immer in ärztlicher Behandlung gestanden hatte, wieder zur Aufnahme mit heftigen Anfällen von Herzangst und Schmerzen, die von der Mitte der Brust nach dem linken Arm ausstrahlten und in Ruhe auftraten. Die Kranke war trotz normalen Blutbefundes sehr blaß. Ödeme konnten nicht nachgewiesen werden. Arteriendruck 135/70. Zahl der Herzaktionen 120, zahlreiche frustrane Kontraktionen. *Diagnose: Mitralstenose mit Angina pectoris.* Therapie: zweimal täglich 0,1 Chinidin. bas., zweimal täglich 1 Euphyllinsuppositorium. Die stenokardischen Anfälle ließen etwas nach, dafür setzte eine stärkere Atemnot, zuweilen in Form von Asthma cardiale, und stundenlang anhaltendes Herzjagen bis zu einer Frequenz von 160 Schlägen in der Minute ein: Wir gaben 0,2 mg Strophanthin intravenös mit dem Erfolg, daß sofort ein schwerer Anfall von Angina pectoris einsetzte, der durch Nitroglycerin und Pantopon unterdrückt werden konnte. Auf Digitalis sprach die Kranke nicht an. Die Atemnot wurde immer stärker, auch ein Aderlaß brachte keine Erleichterung. Eine intravenöse Injektion von Strophanthin mit 20 ccm Calorose jeden zweiten Tag wurde nun bei guter Verträglichkeit in steigenden Dosen von 0,1 bis 0,3 mg Strophanthin mit 20 ccm Calorose verabreicht. Die Atembeschwerden und die Anfälle von Herzjagen verschwanden völlig. Da wieder leichtere stenokardische Anfälle auftraten, wurden Organextrakte Eutonon und Lacarnol per os und subkutan verabreicht. Stärkeres Herzklopfen und Beklemmungen. Der Versuch, die intravenösen Strophanthininjektionen durch eine perorale Digitaliskur zu ersetzen, führte sofort zu häufigen und sehr heftigen Anfällen von Angina pectoris, die am raschesten durch Nitroglycerin behoben werden konnten. Zeichen einer Kreislaufinsuffizienz in Ruhe nicht nachweisbar. Täglich steigende Atropindosen bis zum Eintritt der Trockenheit im Halse waren auf die Zahl und Heftigkeit der stenokardischen Anfälle ohne Einfluß. Calcium (Sandoz) milderte etwas die Anfälle, ohne ihre Zahl zu verringern. Nitrite waren während der Anfälle später nicht mehr wirksam. Morphium und Sympatol brachten allmähliche Besserung. Ohne ersichtlichen Grund kam es wieder zu einer Verschlechterung. Da anfangs während der Strophanthin-Traubenzucker-Behandlung die Anfälle verschwunden waren, täglich, später jeden zweiten Tag wieder 0,2 mg Strophanthin mit 20 ccm Calorose. Noch etwas matt, sonst wesentliche Besserung. Atmung frei, keine Herzbeklemmung mehr. Weitere Besserung, so daß die Kranke nach ca. sechsmonatlicher Bettruhe in den Lehnstuhl gebracht werden konnte. Bei steigendem Wohlbefinden wurden vorsichtig Gehversuche gemacht. Nach kurzer Zeit wieder Schmerzen in der Herzgegend. Wieder Bettruhe. Nachts plötzlich heftige stechende Schmerzen links über den unteren Lungenpartien. Starker Hustenreiz, blutiges Sputum — Lungeninfarkt. Patientin ist sehr matt, Puls klein. Druck 125/85. Um eine weitere Thrombosenbildung hintanzuhalten: alkalische Diät und Setzen von 6 Blutegeln. Absetzen aller Injektionen. Nachdem früher bereits Digitalis per os nicht vertragen worden war, Suppositorien, später Scillaren. Wegen Unverträglichkeit, Brechreiz, Beklemmung und Erfolglosigkeit wurden Digitalis und Scillaren abgesetzt. Das Befinden wurde immer schlechter, schwere Atemnot, Puls kaum fühlbar, Tachykardie bis 180 Schläge in der Minute. Jeden zweiten Tag wieder 0,5 mg Strophanthin und Traubenzucker: Sofort nach der ersten Injektion starke subjektive Erleichterung und gute Diurese. Weitere Besserung. Pulszahl 80. Das präsystolische Geräusch, das während des schlechten Befindens verschwunden war, war wieder zu hören. Bei allgemeiner subjektiver und objektiver Besserung wieder Auftreten der stenokardischen Anfälle, die nunmehr auf Nitroglycerin wieder gut ansprachen. Das Auftreten der Anfälle konnte nicht beeinflußt werden. Während derselben Pulsbeschleunigung bis 200 pro Minute. Zunehmende Schwäche mit starken Schweißen. Patientin kam nach 16 monatiger klinischer Beobachtung unter den Zeichen der Herzschwäche ad exitum. Autopsie: Recurr. Endocarditis der Mitralis, Knopflochstenose, Hypertrophie und Dilatation des linken Herzens. Keine Atherosklerose. Keine morphologischen Veränderungen an den Ostien und im weiteren Verlauf der Coronararterien. Allgemeine Stauungsorgane. Frischer Embolus in einem Ast der A. pulmon. mit Infarzierung des linken Oberlappens.

Die wirkungsvolle moderne Kreislauftherapie hatte der Patientin, trotz einer schweren Mitralstenose, die wahrscheinlich bereits mit 16 Jahren erworben wurde und in ihrem Schrumpfungsprozeß anscheinend nicht zum Stillstand kam, nach Auftreten der Kreislaufinsuffizienz vom 40. bis 43. Lebensjahr noch eine relativ leidliche Lebensführung ermöglicht. In den letzten 14 Monaten mußten allerdings 70 Strophanthinspritzen verabreicht werden. Sie kam allmählich in das Angina-pectoris-Stadium, und nun wechseln die Krankheitsbilder — Kreislaufinsuffizienz, Atemnot, Asthma cardiale und mit stenokardischen Anfällen — in bunter Folge. Die Angina pectoris konnte anfänglich durch Nitroglycerin sofort behoben werden. Das Auftreten der Anfälle wurde dagegen weder durch Atropin, Calcium, noch Organextrakte verhindert. Strophanthin löste zuerst bei gut kompensiertem Kreislauf in kleiner Dosis einen Anfall von Angina pectoris aus. Nach Eintreten einer allgemeinen Kreislaufinsuffizienz konnte Strophanthin mit Traubenzucker nicht nur die Insuffizienzerscheinungen beseitigen, sondern auch bei regelmäßiger Darreichung für mehrere Wochen die Anfälle völlig zum Schwinden bringen. In einer späteren Periode wird die Kreislauffunktion durch Strophanthin mit Traubenzucker abermals gebessert, nunmehr tritt aber die Angina pectoris, die während der Insuffizienz völlig verschwunden war, durch die Strophanthinbehandlung wieder stärker hervor. Digitalis vermochte im Stadium der Insuffizienz den Kreislauf nicht zu bessern, in dem der Kompensation wurde die Zahl der stenokardischen Anfälle und ihre Heftigkeit eher vermehrt als vermindert. An den Folgen schwerer Kreislaufinsuffizienz kann die Kranke ad exitum.

Gelingt es nicht, mit prophylaktischen Mitteln oder solchen, die während des Anfalles wirksam sind, die Anfälle von Angina pectoris zu bessern und dem Kranken ein erträgliches Dasein zu verschaffen, dann wird man sich mit der Frage der *operativen Behandlung von Angina pectoris* befassen müssen. Da wir bei unserem großen Material bisher noch nicht diesen Gedanken ernstlich zu erwägen hatten, berichten wir mangels eigener Erfahrungen über diese Behandlungsart auf Grund der Darstellungen von EDENS, DANIELOPOLU und PLETNEW.

FR. FRANK hatte, angeregt durch physiologische Experimente, die teilweise Resektion des Sympathicus empfohlen. JONESCO hat diesen Gedanken in die Tat umgesetzt, und seither wurde über eine große Zahl von operativ behandelten Fällen berichtet. Die Operationstechnik wird verschieden angegeben. JONESCO und JONESCU entfernen den Cervicalstrang des Sympathicus mit dem Ganglion stellatum und Ganglion thoracale. BRÜNING empfiehlt außerdem die linksseitige periarterielle Sympathektomie der A. carotis communis und A. vertebralis. DANIELOPOLU, auf dessen zusammenfassende Darstellung wir besonders hinweisen, legt den Sympathicus vom Ganglion cervicale sup. bis zum Ganglion thoracale sup. frei. Alle vom Ganglion cervicale sup. kommenden Fasern werden durchtrennt, und Sympathicus cervicale wird mit Ausnahme des Ganglion cervicale inf. vollständig entfernt. Weiterhin werden der N. vertebralis, die Rami communicantes, die das Ganglion cervicale inf. und thoracale sup. mit den letzten Cervical- und den ersten Dorsalnerven verbinden, sowie die feinen Fasern, die vom Vagus nach dem Thorax ziehen, durchschnitten. BROW und COFFEY haben den N. cardiacus sup. unterhalb des Ganglion cervicale sup. durchschnitten oder das Ganglion cerv. sup. entfernt. LERICHE und FONTAINE halten eine Durchtrennung des Grenzstranges zwischen dem oberen und unteren Ganglion des N. vertebralis und der Rami communicantes des unteren und mittleren Ganglions für das beste Verfahren. EPPINGER und HOFER hatten vorgeschlagen, den N. depressor zu durchschneiden, doch läßt sich dieser Nerv beim Menschen nicht sicher auffinden. R. SINGER läßt auf Grund von Beobachtungen in Tierversuchen die Rami communicantes $C\,8—D\,3$ durchtrennen. Die Zahl der bisher operierten Fälle ist relativ gering. R. SINGERS Statistik gibt einen Überblick über die Gefahren und Erfolge der verschiedenen operativen Behandlungsmethoden.

Verwertungsstatistik der bisher operierten Fälle von Angina pectoris.
(Nach R. SINGER.)

Gruppe	Operationsmethode	Gesamtzahl der operierten Fälle	Für die Statistik verwendbare Fälle	Einwirkung der Operation auf die anginösen Schmerzen			Postoperative Nebenwirkungen trophoneurotischer Natur	Herz- u. Gefäßschädigungen	Todesfälle
				sehr gut	gebessert	negativ			
I	Operation am Halssympathicus . .	28	22	6 (27,3 %)	6 (27,3 %)	6 (27,3 %)	3 (17,7 %)	4 (18,2 %)	5 (22,8 %)
II	Operation am Ganglion stellatum .	27	22	11 (50 %)	7 (31,8 %)	1 (4,54 %)	6 (27,3 %)	5 (22,8 %)	7 (36,3 %)
III	Operation am Ganglion cervicale sup.	29	21	4 (19 %)	3 (14,3 %)	9 (43 %)	8 (38 %)	4 (19 %)	4 (19 %)
IV	Operation am N. depr.	17	15	2 (13,3 %)	2 (13,3 %)	10 (66 %)	1 (6,65 %)	4 (26,6 %)	7 (46,6 %)

In einer neueren Statistik gibt DANIELOPOLU (1932) folgenden Überblick:

Operationsmethode	Gesamt-zahl der operierten Fälle	Einwirkung der Operation auf die anginosen Beschwerden			Todes-fälle
		sehr gut	gebessert	zweifelhaft	
1. Ausschaltung des Pressorreflexes (nach DANIELOPOLU)	54 a)	23 (42,5 %)	15 (27,8 %)	12 (22,2 %)	3 (3,7 %)
2. Operation am Ganglion stellatum (nach FRANCK-JONESCO-GONWIU)	82 a)	13 (15,8 %)	29 (35,4 %)	27 (32,8 %)	14 (17,1 %)
3. Teiloperationen (Sympathico-tomie + N. card. sup. Exstirpa-tion des Gangl. cerv. sup. usw.)	40	35 (87,5 %)			5 (12,5 %)

a) 1 Fall unbekannt.

Die Mortalität bei diesen Eingriffen ist auch nach den Statistiken anderer Autoren (SCHITTENHELM und KAPPIS, HESSE) recht hoch und zum Teil wohl dadurch begründet, daß bei der Durchtrennung schmerzleitender Fasern auch wichtige vegetative Vorgänge ihrer Regulation beraubt werden. Von den meisten Autoren wird daher heute die Operation abgelehnt, und zwar zum Teil wegen der hohen Mortalität, dann aber auch, weil dadurch wohl nur ein subjektives Symptom, der Schmerz, nicht aber die Ursache, die mangelhafte Herzdurchblutung, behoben wird (BARNES).

Auf einen Vorschlag von v. BERGMANN hin wurde daher als Ersatz der Operation von LÄWEN und KAPPIS die paravertebrale Injektion mit Novocain eingeführt, die später auch von PAL, GUBERGRITZ und ISCENKO durchgeführt wurde. MANDL, SWETLOF und SCHWARZ injizierten statt Novocain 85 % Alkohol. PLETNEW hat das Ergebnis beider Formen der Injektion an einem größeren Material eingehend studiert. Seiner zusammenfassenden Darstellung entnehmen wir, daß die paravertebrale Injektion am besten in der Weise durchgeführt wird, daß man zuerst 5 ccm 1proz. Novocainlösung und nach einigen Minuten 5 ccm 70 bis 80proz. Alkohol in die Gegend des linken ersten, zweiten und dritten Brustganglions und, wenn es sich als nötig erweist, in das Gebiet von $C\,7$, $C\,8$ und $D\,1$—4. In den Fällen, wo die linksseitige Einführung von Novocain und Alkohol ergebnislos bleibt, sollen auch die entsprechenden rechtsseitigen Ganglien injiziert werden. Diese Injektionen werden in Zwischenräumen von einer Woche bis zu sechsmal durchgeführt. Auf Grund von an 18 Kranken durchgeführten 73 Injektionen gibt PLETNEW folgende Schilderung der durch diese „chemische Operation" erzielten therapeutischen Resultate:

Das Novocain gibt in der Regel für 1—2 Tage, nicht länger, einen positiven Heilerfolg. Während der Einspritzung erklärt der Kranke häufig, daß die Nadel „in das Herz selbst" eingedrungen ist. 3—5 Minuten später „verschwindet das Herz", „ist das Herz nicht mehr da".

In zwei Fällen kam es unmittelbar nach Einführung der Nadel und in zwei Fällen nach Einführen des Alkohols zu schweren Anfällen von Stenokardie, die mit Herzschwäche einhergingen. In den ersten Fällen hörte der Anfall nach sofortiger Injektion von Novocain auf, und 5 Minuten später hatte Patient keine Schmerzen mehr, aber die Herztätigkeit machte eine wiederholte Anwendung der Cardiaca notwendig. In einem anderen Falle entwickelte sich bei der Einspritzung in die $C\,6$, $C\,7$, $D\,1$—$D\,3$ Ganglien schnell eine schwere Herzschwäche, die energische Maßnahmen erforderte (Strophanthin intravenös, Campher, Coffein subcutan). Daher wird empfohlen, die paravertebralen Injektionen keinesfalls ambulatorisch vorzunehmen.

Die übrigen Kranken empfanden meist sehr bald, zuweilen schon nach 5 Minuten, daß „ihr Herz frei wurde". Bisher hatten sie ihr Herz ständig gefühlt, jetzt „verschwand es".

Die Hautsensibilität erwies sich, sowohl in den Fällen, wo sie vor der paravertebralen Injektion erhöht gewesen war (Zonen der Hauthyperästhesie bei Angina pectoris), wie in denjenigen, wo sie normal war, an den oberen Teilen der entsprechenden Seite der Brust und des Rückens und der inneren Fläche der Arme, also auf dem Gebiete, welches von den der paravertebralen Injektion unterworfenen Ganglien innerviert wird, als herabgesetzt.

13*

An Nebenerscheinungen bei Anwendung der paravertebralen Injektionen wurde bei zwei Kranken eine Ptose des linken oberen Augenlides, ein Bluterguß in die Sklera und Einsinken des linken Auges beobachtet. Bei einem Kranken trat zweimaliges reichliches Blutbrechen ein, das erste Mal 8 Stunden nach der Alkoholinjektion. Die Herzschmerzen waren nach der letzteren um so viel besser geworden, daß der Kranke, Zahnarzt von Beruf, um Wiederholung der paravertebralen Injektion bat, als die Schmerzen nach 2 Monaten wiederkehrten. Dieses Mal trat das ebenfalls reichliche Blutbrechen 12 Stunden nach der paravertebralen Injektion ein. Diesem Kranken wurde der Alkohol ohne vorherige Einführung von Novocain injiziert.

Die Dauerresultate, die bei einigen Kranken bis zu 2 Jahren verfolgt wurden, waren verschieden. Bei den einen traten die anginösen Schmerzen nach einigen Monaten wieder auf, aber in schwächerer Form, als vor den Injektionen, bei den anderen kehrten die Schmerzen nicht wieder.

In Fällen, wo neben den Schmerzen auch eine Insuffizienz des Herzmuskels vorlag, war die Wirkung der paravertebralen Injektionen gering. Hier wurde durch kombinierte Anwendung von Cardiacis, paravertebralen Injektionen und zuweilen Narcoticis ein Erfolg erzielt.

Führen Coronarsklerose oder sonstige Vorgänge, Spasmen, Embolie usw., zu *Myokardinfarkt*, dann hat die Therapie zwei wesentliche Punkte zu berücksichtigen. Einmal handelt es sich darum, den schweren und lange dauernden Schmerzanfall zu kupieren und dann die gewaltige Erregung des vegetativen Nervensystems, die mit einem Kreislaufschock einhergeht und zum akuten Herztod im Anfall führen kann, zu beheben. Wir haben schon bei der Behandlung der Angina pectoris vera ausgeführt, daß beim Myokardinfarkt die Nitrite völlig versagen. Bei diesem oft furchtbar schweren und lange dauernden Schmerzanfällen soll man mit der Anwendung von Narcoticis nicht zögern. Morphin, Eukodal, Pantopon, am besten als subcutane Injektion, müssen zur Linderung der Schmerzen gegeben werden. Da bekanntlich ca. 50 % aller Fälle von Myokardinfarkt im Anfall an den Folgen des Kreislaufschockes ad exitum kommen, hat man in erster Linie diesen Zustand zu behandeln. Die Vorstellung, daß durch den Myokardinfarkt ein Teil des Herzmuskels ausgeschaltet wird und dadurch eine Herzschwäche entsteht, die durch Strophanthin oder Digitalis behoben werden muß, ist in den ersten Tagen des Myokardinfarktes nicht richtig. Es handelt sich hierbei in erster Linie um vasomotorische Störungen, die, wie unsere experimentellen Untersuchungen und klinischen Erfahrungen gezeigt haben, am besten durch eine leichte Narkose — wir verwenden Luminalnatrium als intramuskuläre Injektion, je nach Bedarf 2—4 ccm intramuskulär pro die — behoben werden können. Brooks hat sogar zuweilen eine Allgemeinnarkose von längerer Dauer eingeleitet. Daneben hat man Mittel zu geben, die den Kreislauf tonisieren und die Herzdurchblutung fördern. Wir geben im Anfall abwechselnd alle halben Stunden eine Injektion von 1 ccm Sympatol, Coffein oder Coramin intramuskulär. Intravenöse Injektionen sind bei dem im Schock vorhandenen Venenkollaps meist nicht möglich. Stimulierend wirken ferner Kognak, starker Kaffee, 20—30 Tropfen Spiritus aethereus oder Spiritusäther mit Tinctura Valeriana āā. Auch durch physikalische Maßnahmen, Abreibungen der Extremitäten mit hautreizenden Mitteln (Franzbranntwein, Senfmehl), heiße Packungen usw. kann man in diesem Zustande ausgezeichnete Erfolge erzielen. Bei sorgfältiger Beobachtung des Kreislaufs gelingt es, wie unsere Erfahrungen zeigen, einen großen Teil der Patienten über diesen schweren Zustand des Kreislaufschocks hinwegzubringen. Hat der Kreislauf sich auf eine neue Gleichgewichtslage eingestellt — meist ist sie gekennzeichnet durch einen tieferen Arteriendruck als vor dem Anfall —, dann hat man mit den bekannten Kreislaufmitteln (Strophanthin, Digitalis usw.) eine etwa zurückgebliebene Herzschwäche zu behandeln. Gelingt es, die Folgen des Myokardinfarktes zu bessern, dann erfolgt nicht selten wie aus heiterem Himmel doch noch der Exitus durch den *Sekundenherztod.* Nicht nur nach Myokardinfarkt, sondern, wie eine größere Statistik unserer Klinik zeigte, auch bei Kranken mit atherosklerotischen bzw. luischen Veränderungen der Coronargefäße wird dieses Ereignis relativ häufig beobachtet. Im Jahre 1927 verloren wir 43 Fälle an akutem Herztod, von denen 24 bei gut kompensiertem Kreislauf starben. Diese 24 Fälle verteilen sich auf folgende Krankheiten:

Coronarsklerose 14
Aortitis luica 5
Allgemeine Atherosklerose (ohne besondere Betonung der Kranzarterien) 3
Alte Endocarditis 2

Einer Anregung von P. Morawitz folgend, verabreichten wir 1928 allen Kranken, bei welchen eine Flimmerbereitschaft angenommen werden konnte, 2mal täglich 0,1 Chinidin. basic. Die Statistik des Jahres 1928 ergab bei ungefähr gleicher Belegstärke der Klinik ein Absinken der Gesamtzahl der akuten Herztodesfälle von 43 auf 19, der im Stadium der Kompensation Verstorbenen von 24 auf 5. Besonders eindrucksvoll war die erhebliche Abnahme der Herztodesfälle bei Coronarsklerose und Aortitis luica. Vergleichen wir die Zahlen des gesamten Materials, dann stehen den 19 Fällen des Jahres 1927 7 Fälle im Jahre 1928 gegenüber. Auf Grund dieser Beobachtungen empfehlen wir bei Coronarerkrankungen die *Dauerbehandlung mit Chinidin.* Irgendwelche Schädigungen der dauernden Verabreichung von täglich 2mal 0,1 Chinidinum basic. haben wir trotz monatelanger Darreichung nicht gesehen.

Wir hatten Gelegenheit, an unserer Klinik bei zwei Kranken, deren Kreislauf eingehend untersucht worden war, das Auftreten eines Myokardinfarktes sowie den weiteren Verlauf bis zur Genesung beobachten zu können. In kurzen Zügen geben wir einen Bericht von der Behandlung, die wir bei einem dieser Fälle durchführten.

E. K., ein 59 Jahre alter Graveur, der wegen einer leichten Erkältung auf der Station lag, erlitt ohne irgendwelche Ursache im Bett einen Anfall von akuter Kreislaufschwäche. Er wurde blaß, die Lippen färbten sich cyanotisch, kalter Schweiß stand ihm auf der Stirn. Es bestand starke Atemnot. Atemzahl ca. 50 in der Minute. Der Puls war nicht mehr zu fühlen. Die Venenzeichnung der Hände war verschwunden. Stuhl- und Harndrang. Der Kranke bot das Bild eines Kreislaufschocks. Während des Anfalls klagte der Kranke über starke Schmerzen in der Herzgegend, die nach beiden Armen ausstrahlten, über Brechreiz, Übelkeit, Schwindel und starkes Herzklopfen. Auskultatorisch ca. 160 Schläge. Der Arteriendruck war nicht zu messen. Wir vermuteten einen Myokardinfarkt.

Therapie im Anfall: Nitrite sind vollkommen unwirksam und wahrscheinlich auch schädlich. Die starken Schmerzen können nur durch eine Morphiuminjektion etwas gelindert werden. Zur Behebung des Kreislaufschockes, um den gesunkenen Arteriendruck durch eine Tonisierung zu steigern und die Durchströmung der Coronarien zu vermehren, alle 5 Minuten 1 Ampulle Sympatol intramuskulär. Intravenöse Injektionen sind in diesem Zustande bei den schlecht gefüllten Hautvenen kaum auszuführen. Wir bevorzugen dieses Mittel vor Adrenalin, da es weniger toxisch ist und die Wirkung länger anhält. Weiterhin Abreiben mit heißen Tüchern. Beatmung mit Sauerstoff. Nach $^1/_2$ Stunde läßt der Schweiß nach, der Puls kehrt wieder, die Blässe verschwindet, die Schmerzen bleiben noch weiter bestehen,

Weiterhin alle 30 Minuten eine Ampulle Sympatol subcutan (zweimal täglich 0,1 Chinidinum basicum), Eisbeutel auf das Herz, Heizkissen an den Füßen, der Patient liegt vollkommen ruhig. Das Heben des Kopfes erzeugt bereits Schwindelgefühl. Eine Stunde nach dem Anfall elektrokardiographische Aufnahme. Keine Veränderung von *ST*. Kleine, aufgesplitterte Kammerausschläge in Abl. III, die respiratorische Deformationen zeigen. Verordnung: als Schlafmittel ein Pantoponzäpfchen.

Der Patient hat einige Stunden geschlafen. Schmerzen sind noch vorhanden, doch nicht mehr so intensiv.

2. Krankheitstag: Perikarditisches Reiben ist nicht zu hören. Temperatur rectal 38⁰. Leukocyten 15000. Arteriendruck vor dem Anfall 160/100, nunmehr 180/110. Pulszahl 120 Schläge in der Minute. Therapie: sechsmal täglich eine Ampulle Sympatol, dreimal täglich eine Tablette Veramon, Chinidinum basic. zweimal 0,1, breiige Kost. Als Schlafmittel 20 Tropfen Trivalin.

3. Krankheitstag: Die Schmerzen haben nachgelassen, doch besteht am Herzen noch das Gefühl des Wundseins. Der Kranke fühlt sich sehr schwach. Kein perikarditisches Reiben. Temperatur 38,5⁰ rectal. 12000 Leukocyten. Arteriendruck 140/105. Therapie: Chinidinum basic. fortlaufend. Dreimal täglich eine Ampulle Sympatol subcutan, dreimal täglich 25 Tropfen per os. 20 ccm 33proz. Traubenzuckerlösung intravenös. Da der Kranke über Blähungen klagt, Species carminativae.

4. bis 14. Krankheitstag. Die Temperatur und auch die Leukocytenzahlen gehen langsam zur Norm zurück. Es besteht das Gefühl, als wenn das Herz hin und her pendeln würde. Beim Aufrichten im Bett immer noch große Mattigkeit und Schweißausbruch. (Keine Dekompensationserscheinungen bei Bettruhe.) Unregelmäßiger Stuhlgang und Blähungen werden sehr unangenehm empfunden. Therapie: dreimal täglich 25 Tropfen Sympatol, Chinidinum basicum, jeden zweiten Tag 20 ccm Traubenzucker. Fönen der Herzgegend. Leichte Kost. Dreimal täglich Allisatin. Bei Bedarf ein Einlauf.

3. und 4. Krankheitswoche: Die Besserung hat gute Fortschritte gemacht. Der Kranke kann am Ende der dritten Woche versuchen, aufzustehen. Beim längeren Gehen noch starkes Herzklopfen und Schweiß auf der Stirn. Keine Dekompensationserscheinungen. Das Schwächegefühl läßt langsam nach. Stuhlgang regelmäßig. Therapie: Tinctura Strophanthi, Tinctura Strychni, Tinctura Valerianae āā, dreimal täglich 15 Tropfen, Chinidinum basic. Jeden dritten Tag eine Injektion Traubenzucker. Wegen leichten Kopfdruckes werden zweimal je 2 Blutegel an den Proc. mastoid. gesetzt. Leichte Massage.

Zu Beginn der 4. Woche ein Fichtennadelbad von 5 Minuten Dauer, beginnend mit 30, steigend auf 36⁰, das gut vertragen wurde. 3 Tage später Badedauer 10 Minuten. Am Ende der 4. Woche wurde ein Kohlensäurebad gut vertragen. Da der Patient nach Entlassung drängte, schrieben wir dem überweisenden Arzt, daß bei K. als Nachbehandlung eines Myokardinfarktes, der mit großer Wahrscheinlichkeit auf dem Boden einer Coronarsklerose entstand, zu empfehlen sei: Für eine längere Zeitspanne dreimal täglich eine GROEDELsche Pille, zweimal täglich 0,1 Chinidinum basicum, zweimal wöchentlich 10 ccm glukonsaures Calcium intramuskulär. Jeden dritten Tag ein Kohlensäurebad von 15 Minuten Dauer. fleisch- und kochsalzarme Diät.

Bei der Schilderung der Symptomenkomplexe sind wir ausführlich auf das *Asthma cardiale* eingegangen, da unsere klinischen Untersuchungen gezeigt haben, daß das Krankheitsbild häufig bei Coronarsklerose gefunden wird. In der Literatur wird besonders darauf hingewiesen, daß bei der Behandlung des kardialen Asthmas das Morphium (0,010—0,015 g subcutan) unbedingt notwendig ist, um die entsetzliche Atemnot, welche die Kräfte des Kranken in bedrohlicher Weise aufreibt, zu beseitigen. EPPINGER schreibt dem Morphium außerdem eine direkte Kreislaufwirkung zu. Gleichzeitig wird, wenn irgend angängig, intravenös Strophanthin gespritzt, das gerade hier zuweilen zauberhaft wirkt. Ferner werden Campher, Hexeton, Coffein, Cardiazol oder Coramin in subcutaner Injektion empfohlen. Wir geben gerne Sympatol oder Ephetonin, da unsere experimentellen Untersuchungen gezeigt hatten, daß diese Mittel auf die Lungenstauung günstig einwirken. Von EPPINGER und seinen Mitarbeitern wurde Hypophysin mit Erfolg angewendet. In nicht allzu schweren Fällen kann man mit Asthmolysin günstige Wirkungen sehen. Besteht eine Schwäche und Überdehnung des rechten Ventrikels, so kann ein ausreichender Aderlaß oft große Erleichterung schaffen. Treten die asthmatischen Anfälle, wie so häufig, allabendlich oder allnächtlich auf, so gibt man entsprechend den Angaben von v. ROMBERG Codein, Dionin oder eine Morphiuminjektion zusammen mit einem Excitans etwa $^3/_4$ Stunden vor der gewöhnlichen Zeit des Anfalls, um dessen Eintritt hintanzuhalten. Mit dem Gebrauch der Narkotika soll solange fortgefahren werden, bis die Anfälle auch andeutungsweise nicht mehr auftreten. Bei der Behandlung unserer Fälle von Asthma cardiale war uns vor allem daran gelegen, eine prophylaktische Therapie zu treiben, um das Auftreten von Anfällen zu verhindern. Die Beschreibung folgenden Krankheitsberichtes soll in kurzen Zügen die Maßnahmen, die wir bei derartigen Fällen häufig mit gutem Erfolg durchgeführt haben, kennzeichnen.

W., 73 Jahre, Rentner. Seit 1 Jahre treten nachts, etwa $^1/_2$ Stunde nach dem Einschlafen, Anfälle von hochgradiger Atemnot auf, verbunden mit Angstgefühl, die in den letzten Wochen an Häufigkeit zunahmen. Schmerzen in der Herzgegend bestanden nicht. Die Untersuchung ergab eine leichte Cyanose, keine Ödeme. Leber durch die fetten Bauchdecken nicht sicher zu tasten. Venendruck 11,0 cm Wasser. Vitalkapazität 1,8 Liter. Herz quer gelagert, Spitzenstoß außerhalb der Mamillarlinie, nicht hebend. Systolisches Geräusch über der Spitze, zweiter Aortenton akzentuiert. Arteriendruck 200/120 mm Hg. Puls unregelmäßig. Arhythmia absoluta. Im Elektrokardiogramm kleine aufgesplitterte Kammerausschläge in Abl. III, die ihre Form mit der Respiration ändern. Über der Lunge leicht emphysematöser Klopfschall, grobe und mittlere bronchitische Geräusche. Nierenfunktion ohne Befund. Diagnose: Asthma cardiale, Myodegeneratio cordis, Coronarsklerose, Hypertension, Emphysem, Bronchitis.

Wir hatten die Beobachtung gemacht, daß bei derartigen Patienten auch dann, wenn in der anfallsfreien Zeit keinerlei Insuffizienzerscheinungen des Kreislaufes nachgewiesen werden können, bei intramuskulärer oder intravenöser Darreichung von Salyrgan eine große Menge Flüssigkeit ausgeschwemmt wird. Nach einer derartigen Entwässerung verschwinden bei vielen Kranken, die monatelang jede Nacht an einem derartigen Anfall litten, sofort die Krankheitserscheinungen. Ist die Flüssigkeitsausschwemmung nach Salyrgan sehr groß, dann beobachtet man in den folgenden Tagen zuweilen psychische Veränderungen, vereinzelt ausgesprochene Psychosen.

Wir verabreichten unserem Patienten sofort nach der Einlieferung 0,3 mg Strophanthin und 2 ccm Salyrgan intravenös mit dem Erfolg, daß bei einer Flüssigkeitszufuhr von 1 Liter 2,7 Liter Urin ausgeschieden wurden. Die Anfälle von Atemnot wurden schwächer und verschwanden am fünften Tage völlig, als wir unserer Therapie, die nunmehr in 0,3 mg Strophanthin + 10 ccm Traubenzucker jeden zweiten Tag und täglich zweimal 0,1 Chinidinum basicum bestand, einen Aderlaß von 300 ccm hinzufügten. Der Arteriendruck sank ab auf 170/90 mm Hg, der Venendruck auf 6 cm Wasser. Die nächtlichen Anfälle hatten sich etwas gebessert, verschwanden aber nicht völlig. Mit der Besserung der Kreislauffunktion trat das Asthma cardiale nicht mehr auf, dagegen erschienen nun Anfälle von Schmerzen in der Herzgegend, die nach dem linken Arm ausstrahlten, verbunden mit Beklemmung und Herzangst. Diese Anfälle traten vorwiegend nachts oder nach stärkeren Mahlzeiten auf. Nitrite konnten sie rasch wieder beheben. Da die intravenösen Strophanthininjektionen wegen der schlechten Venen immer schwieriger wurden, gaben wir Digitalis als Suppositorien. Der Zustand wurde etwas schlechter, die asthmatischen Anfälle traten nun jede Nacht wieder auf. Durch Organextrakte konnten die Anfälle nicht beeinflußt werden. Wir gaben nun GROEDELsche Pillen 2 Stück täglich für 5 Tage, pausierten 3 Tage, dann wieder 5 Tage usw. Täglich wurden 10 ccm glukonsaures Calcium intramuskulär verabreicht. Nach 10 Tagen dieser Behandlung fühlte sich der Kranke völlig wohl, Anfälle von Atemnot, Angstgefühl und Herzschmerz traten nach mäßigen körperlichen Anstrengungen und auch in der Nacht nicht mehr auf.

Die bei Coronarerkrankungen häufig anzutreffenden *Herzunregelmäßigkeiten*, besonders die Arhythmia absoluta, sind durch Chinin (WENCKEBACH), Chinidin (FREY) vielfach erfolgreich behandelt worden. Man gibt zuerst 0,5 Chinin, um eine etwa vorhandene Überempfindlichkeit zu erkennen, daran anschließend im Verlauf von 5 Tagen steigende Dosen von Chinidin. sulfur. oder basic., beginnend mit 0,4 g, dann 0,6 bis zu 1,2 g. Dann setzt man ab, um eine Digitaliskur anzuschließen. Zuweilen ist solch ein „Chinidinstoß" erfolgreich, d. h. plötzlich schwindet die absolute Arhythmie, um einem normalen Herzrhythmus zu weichen. Oft ist aber die Kur erfolglos und außerdem nicht ganz ungefährlich, da Chinidin den Herzmuskel schädigt. Viele Patienten mit Arhythmia absoluta hatten keine Beschwerden von seiten ihres Herzens, und erst nach gelungener Regulierung ihres Herzschlages traten vielseitige Störungen auf. In systematischen Untersuchungen der von uns regulierten Fälle konnten wir zeigen, daß die Regulierung häufig eine Verschlechterung der Kreislauffunktion auslöste, die neben subjektiven Symptomen durch eine Steigerung des Venendruckes und eine Verminderung der Vitalkapazität ausgezeichnet war. Wir sind daher in letzter Zeit völlig davon abgekommen, die Arhythmia absoluta zu regularisieren, insbesondere auch deshalb, weil der Erfolg meist zeitlich begrenzt ist. Nach einigen Wochen oder Monaten ist die Arhythmie wieder da.

Bei *Überleitungsstörungen* ist Vorsicht mit Digitalis angezeigt, da dieses die Reizleitung noch mehr verschlechtert. Atropin, das den Vagustonus dämpft, soll auf die Reizleitung günstig wirken (0,5—1,0 mg subcutan oder in Pillen).

Auch *Reizbildungsstörungen* können öfters durch Digitalis ungünstig beeinflußt werden. Treten infolge beginnender Dekompensation bei Hochdruck Extrasystolen auf, dann kann Digitalis zuweilen die Reizbildungsstörungen unterdrücken. Bei Krankheitsprozessen im Herzen jedoch, die reizerregend wirken, sieht man recht häufig, daß Digitalis durch seinen Einfluß auf reizbildende Zentren den Zustand verschlechtert. Ist eine Digitalisierung wegen Kreislaufinsuffizienz notwendig, dann empfiehlt es sich, bei diesen Fällen Strophanthin zu geben, da dieses Mittel unerwünschte Nebenwirkungen in viel geringerem Maße besitzt. Bei kompensierten Kranken mit Extrasystolie sehen wir gelegentlich nach einer mehrwöchentlichen Traubenzucker- oder Calciumtherapie eine deutliche Besserung des Allgemeinzustandes mit Verschwinden der extrasystolischen Herzunregelmäßigkeiten.

An dem großen Kreislaufmaterial der Leipziger Klinik beobachteten wir nicht selten ein Krankheitsbild, das ebenfalls in enge Beziehung mit dem Coronarkreislauf gebracht werden muß, den ADAMS-STOKESschen Symptomenkomplex.

Erst vor kurzer Zeit ist von GERAUDEL ein Fall beschrieben worden, bei dem durch Serienschnitte des Herzens wahrscheinlich gemacht werden konnte, daß der Verschluß eines der Coronarästchens, die das Reizleitungssystem zu versorgen haben, zu ADAMS-STOKESschen Anfällen führte. Er schließt daraus, daß die ADAMS-STOKESschen Anfälle auf Störungen im Coronarkreislauf zu beziehen sind. Eine allgemeine Übereinstimmung über den Entstehungsmechanismus dieser Anfälle besteht jedoch nicht. Es stehen sich im wesentlichen eine neurogene (MORGAGNI) und eine kardiale Theorie (ADAMS und STOKES) gegenüber. Die Vertreter der neurogenen Therapie führen an, daß man bei derartigen Kranken Vagusentzündung (ZURHELLE), Gumma im mittleren Kleinhirnschenkel (LÉPINE), Varix der Oblongata (Neubürger und Edinger) usw. beobachtet hat. Die kardiale Theorie unterscheidet einen muskulären, vasculären und Reizleitungstyp. Das Zustandekommen der Anfälle ist so erklärt worden, daß bei normalem Reizleitungssystem die geschädigte Muskulatur auf die gut geleiteten Reize nicht ansprechen kann (Nagayo). Die Vertreter des Reizleitungstyps stützen sich auf zahlreiche Beobachtungen von Unterbrechungen des Reizleitungssystems durch gummöse, atherosklerotische, entzündliche oder nekrotisierende Prozesse.

Da auf die verschiedenen Erklärungsmöglichkeiten an anderer Stelle eingegangen werden soll, begnügen wir uns mit einem kurzen therapeutischen Hinweis bei 3 klinischen Beobachtungen, die wir vor einiger Zeit an der Leipziger Klinik machen konnten.

Als bestes und sicherstes Mittel zur Erhöhung der Schlagzahl der automatisch tätigen Kammern wird von Gerhard, Kuré, W. Frey, Edens u. a. Suprarenin, von Neisser Strychnin empfohlen. Cohn und Levine verabreichen bei Adams-Stokesschen Anfällen Chlorbarium in Gaben von dreimal täglich 30 mg peroral. Eine Besserung soll häufig schon nach Einnahme der ersten Pulver auftreten. Eine Kur umfaßt gewöhnlich 20 Einzeldosen. E. Meyer konnte bei einem Patienten mit Adams-Stokesschem Anfall und unbeständigem Herzblock durch diese Therapie sehr günstige Wirkung auf die Reizleitung des Herzens und den Allgemeinzustand des Patienten erzielen. Wir machten folgende Beobachtungen:

1. Eine 73jährige Patientin, die noch nie krank und stets sehr rüstig war, verspürte eines Tages eine allgemeine Unruhe, Pochen im Kopf; am Abend kam ein Anfall von Bewußtlosigkeit, sie fiel um, Zucken in Händen und Füßen. Nach dem Erwachen allgemeine Schwäche. Nach 8 Tagen ca. alle 2 Minuten Anfälle von ca. 30 Sekunden Dauer. Die Patientin fühlte den Anfall kommen, der Puls setzte aus, Blässe im Gesicht. Bewußtseinsverlust, Atmung angehalten, Krämpfe, Rückkehr des Pulses, vertiefte Atmung, Rötung des Gesichtes.

Dieser Zustand hatte schon 2 Tage vor der Aufnahme in die Klinik bestanden und hielt auch am ersten Tage unserer Beobachtung an. Das Elektrokardiogramm zeigte während der anfallsfreien Zeit normale Reizleitung. Als Mittel gegen Adams-Stokessche Anfälle werden Atropin, Chlorbarium, intrakardiale Adrenalininjektionen, Faustschlag gegen das Herz u. a. m. empfohlen. Anfänglich glaubten wir, daß immer nach einer bestimmten Dauer der Apnoe, also der Kohlensäureanhäufung und Anoxämie im Blut, der Normalrhythmus wieder auftreten würde. Wir ließen daher ein Kohlensäuregemisch atmen und sahen, daß die Anfälle seltener wurden. Die Patientin schlief ein. Wir setzten die Beatmung ab und beobachteten nun während des Schlafes keinen Anfall mehr. Ein zufälliges lautes Geräusch erweckte die Patientin, die Anfälle setzten in gleicher Form und Häufigkeit wieder ein. Da während des Schlafes scheinbar Faktoren ausfielen, die beim Zustandekommen der Anfälle eine Rolle spielten, gaben wir Luminalnatrium 1 ccm intramuskulär und dann weiter dreimal täglich 0,5 Veramon per os. Die Patientin versank bald in tiefen Schlaf, und die Anfälle hörten auf. Durch die hohen Veramongaben versetzten wir die Patientin in einen Dauerzustand leichter Benommenheit, den wir bei Bedarf durch Luminalzäpfchen noch verstärkten. Die Anfälle wurden selten, vom dritten Tage ab waren sie bereits völlig verschwunden. Ein Absetzen dieser Therapie führte sofort wieder zu gehäuften Anfällen. Wir verabreichten daher Veramon in der angegebenen Weise mehrere Wochen lang. Zur Behebung der Kreislaufschwäche gaben wir zuerst Digitalis, hatten aber den Eindruck, daß damit keine Besserung, eher eine Verschlechterung erzielt wurde. Eine Darreichung von 0,3 Strophanthin intravenös jeden zweiten Tag, kombiniert mit 20 ccm 33proz. Traubenzuckerlösung, wurde gut vertragen. Im Verlaufe von 6 Wochen entwickelte sich ein totaler Block mit einer Kammerfrequenz von 50 Schlägen in der Minute. Die Patientin fühlte sich wieder vollkommen wohl, so daß sie das Bett verlassen konnte. Keine Kreislaufbeschwerden. Nach ca. fünfwöchigem Wohlbefinden trat Colicystitis, Thrombose im linken Bein, Bronchopneumonie auf, und nach längerem Krankenlager erfolgte der Exitus: Bei hochgradiger allgemeiner Atherosklerose, Coronarsklerose im Gehirn makroskopisch keine Narben oder Restzustände einer Blutung.

2. Einige Wochen später konnten wir einen anderen Kranken mit ADAMS-STOKESschen Anfällen eingehend untersuchen. Es handelte sich um einen 35jährigen Friseur, bei dem die Anfälle seit 3 Tagen alle Stunden auftraten und ca. 30 Sekunden anhielten. Während der Pausen war das Elektrokardiogramm völlig normal. In der Anamnese starker Coffein-abusus. Wir gaben 2 ccm Luminalnatrium intramuskulär und dreimal täglich 0,5 Veramon. Die Anfälle traten nicht mehr auf, und der Kranke konnte nach 8 Tagen mit normalem Kreislaufbefund entlassen werden.

3. E., 46 Jahre, Kaufmann. Vater mit 56 Jahren an Apoplexie gestorben. Mit 10 Jahren Lungen- und Rippenfellentzündung. Mit 20 Jahren Lues, mehrfach behandelt. Wassermann in den letzten Jahren mehrfach kontrolliert, stets negativ. 2 Tage vor der Aufnahme nachts starker Anfall von Herzschmerzen, die nach dem linken Arm ausstrahlten, Übelkeit, Er-brechen, starke Kopfschmerzen. Aufnahme in die Klinik, weil die Herzbeschwerden nicht nachließen. Die Untersuchung ergab ein nach links verbreitertes Herz. Starke Akzentuation des 2. Aortentones bei einem Druck von 130/80. Im Röntgenbild starke Atherosklerose der Aorta. Puls: 46 Schläge in der Minute, klein, unregelmäßig. Das Elektrokardiogramm zeigte eine Sinusarhythmie, coronares T in Abl. I, Arborisationsblock in Abl. III. Diagnose: *Myokard-infarkt, Aortensklerose.*

Ein lang anhaltender Singultus konnte durch ca. 3 Minuten dauerndes Auseinander-drücken der Rippen rasch behoben werden. Auf Trivalin ließen die Herzschmerzen nach. Der Allgemeinzustand besserte sich sichtlich.

Zweiter Kliniktag: Tagsüber klagte Patient wieder über starke Kopfschmerzen und allge-meines Unwohlsein. Zeitweilig geringes Aufstoßen. Abends nach ziemlich erschwerter Darmentleerung auf dem Nachtstuhl trat ein sehr starker Kollaps ein. ADAMS-STOKES*scher Anfall,* kurzdauerndes Benommensein, hochgradiges Angstgefühl.

Unserem Kranken E. hatte der herbeigerufene Arzt während des Anfalles zuerst Nitro-lingual gegeben, was sehr schlecht vertragen wurde. Auch Lobelin, Coffein und Cardiazol hatten auf den Zustand scheinbar sehr wenig Einfluß. Nach einer Injektion von Luminal-natrium trat sofort eine wesentliche Besserung ein. Der Puls war noch immer arhythmisch, 50 Schläge in der Minute. Therapie: Täglich eine Injektion Luminalnatrium, 3 Tabletten Veramon, fünfmal 1 ccm Sympatol, für die Nacht ein Pantopon- oder Luminalsuppositorium. Jeden zweiten Tag 20 ccm 35proz. Calorose. Anfälle traten nicht mehr auf. Der Kranke war dauernd in einem leichten Schlafzustand. Die Prognose war in den ersten Tagen sehr ungünstig. Der Puls wurde jedoch täglich voller und bereits am zweiten Tage regelmäßig. Die Pulszahl stieg langsam auf 78 Schläge in der Minute an. In den ersten Tagen erlitt der Kranke jeden Tag ca. 2—3 Stunden nach dem Mittagessen einen leichten Kollaps; er wurde blaß, der Puls wurde sehr schwach, starkes Herzklopfen mit Beklemmungsgefühl. Nachdem die Ernährung durch zahlreiche kleine Mahlzeiten durchgeführt wurde, traten diese Zu-stände nicht mehr auf. In den ersten Tagen verursachte bereits Heben des Kopfes Schwindel-gefühl. Nach 4 Tagen Absetzen von Luminalnatrium und Veramon. Weiterhin dreimal täglich 1 ccm Sympatol subcutan, abends ein Luminalsuppositorium. 12 Tage nach dem ADAMS-STOKESschen Anfall wurde bei bestem Wohlbefinden 1 Stunde außerhalb des Bettes zugebracht. In der Ruhe keinerlei Beschwerden.

Bei einer Nachuntersuchung 6 Monate nach dem Anfall ist der Kranke wieder als Handels-vertreter völlig berufsfähig. Keine subjektiven Beschwerden. Kreislauffunktion normal.

Unsere Beobachtungen erlauben keine endgültige Stellungnahme zur Frage der neurogenen oder kardialen Genese der ADAMS-STOKESschen Anfälle. Steht man auf dem Standpunkt der Gefäß- oder Reizleitungstheorie, dann macht die Beantwortung der Frage, warum bei einer Unterbrechung des Reizleitungs-systems die Kammer nicht in ihrem eigenen Rhythmus schlagen, besondere Schwierigkeiten. Unsere günstigen therapeutischen Erfolge durch Barbitur-säurepräparate können als Dämpfung zentraler Erregungen oder als Dilatation spastisch verengerter Coronargefäße gedeutet werden.

Wenn auch die Zusammenhänge zwischen *paroxysmaler Tachykardie* und Störungen im Coronarkreislauf heute noch nicht als gesichert gelten können, so soll doch in kurzen Zügen auch auf die Therapie dieser Erkrankung an Hand eines Krankheitsberichtes kurz eingegangen werden.

Sp., 39 Jahre. Seit 1924 Anfälle von Herzjagen, dabei Herzklopfen, Schweißausbruch, Rötung des Gesichts und Angstgefühl. Auftreten der Anfälle ohne ersichtlichen Anlaß. Die Anfälle treten zu jeder Tageszeit auf und dauern von 10 Minuten bis zu 11 Stunden. Von früheren Krankheiten ist dem Patienten nichts bekannt.

Die jetzige Untersuchung ergab ein Herz von normaler Form. Die Herzgröße erwies sich als noch normal. Über dem Herzen wurden Geräusche nicht wahrgenommen. Der Arteriendruck betrug 120/85, die Pulszahl 80. Untersuchungen der Kreislauffunktionen ergaben normale Werte. Der Venendruck betrug 6 cm Wasser, die Vitalkapazität 3 Liter. Im Elektrokardiogramm wurde, abgesehen von einer Spaltung von P, kein auffälliger Befund erhoben.

Schon am ersten Tage der Beobachtung hatten wir Gelegenheit, einen Anfall elektrokardiographisch zu registrieren. Es handelte sich um eine atrioventrikuläre Extrasystolie, die vom unteren Knoten ausging und mit einer Pulsfrequenz von 160 Schlägen einherging. Der Arteriendruck betrug dabei 90/55 mm Hg. Dieser Anfall dauerte 10 Stunden. Nach 3 Stunden fiel die Pulsfrequenz auf 132, nach 9 Stunden auf 128. In diesem Stadium zeigte eine neuerliche elektrokardiographische Aufnahme neben Salven atrioventrikuläre Extrasystolen, vereinzelt normale Reizbildung und dazwischen auch einige eingeschobene links ventrikuläre Extrasystolen. Kurz nach dem Verschwinden der atrioventrikulären Extrasystolen war die Überleitung von P nach Q, die in der Ruhe 0,18 Sekunden betragen hatte, auf 0,27 Sekunden verlängert.

Die *Therapie der paroxysmalen Tachykardie* hat nicht nur die Aufgabe, den einzelnen Anfall zu beseitigen, sondern auch dessen Wiederholung vorzubeugen. Die Angaben über die Behandlung derartiger Zustände sind nach den Angaben von WENCKEBACH „etwas abenteuerlich", und nach der Auffassung von LEVIS ist der Erfolg der Therapie sehr ungewiß. Verschiedene Patienten, die an derartigen Zuständen leiden, kennen Kunstgriffe, mit denen sie Anfälle, die sie bereits im Entstehen bemerken, unterdrücken können: Zusammenkauern des Körpers, Druck auf den Unterleib, tiefe Inspiration, Anhalten des Atems, Aufstoßen, Erbrechen u. a. m. kann zuweilen die Ausbildung der paroxysmalen Tachykardie zurückhalten. Man hat daher verschiedene Mittel angewendet, um diese Zustände auszulösen, und vor allem hat sich der Druck auf den Halsvagus bzw. die Carotis als ein in vielen Fällen wirksames Mittel erwiesen. Die Reihe der medikamentösen Mittel, die in der Behandlung der paroxysmalen Tachykardie verwandt worden sind, ist außerordentlich mannigfaltig. WENCKEBACH erwähnt von der Anzahl innerer Mittel, die im Laufe der Zeit in Ermangelung eines sicher wirkenden gerühmt und verlassen wurden: Morphium, Atropin, Alkohol, Äther, Campher, Amylnitrit, Nitroglycerin, Brompräparate, Ergotin — aber keines hat sich als zuverlässig erwiesen. Die Digitalisglycoside und das Physostigmin, von denen man wegen ihrer Vaguswirkung viel erwartete, haben sich ebenfalls nicht voll bewährrt. Intravenöse Strophanthininjektionen, die von A. FRAENCKEL und VOLHARD sowie von VAQUEZ als Mittel zur sofortigen Beseitigung des Herzjagens gepriesen wurden, führen nur ausnahmsweise zum Ziel. WENCKEBACH sieht den größten Fortschritt in der Therapie der paroxysmalen Tachykardie in der Anwendung des *Chinins*. Chininum bihydrochloricum carbamidatum (Merck) wird in einer Dosis von 0,2—0,7 g intravenös verabreicht. Sollte der Anfall nicht sofort zum Stillstand kommen, dann kann, wenn keine

Chininüberempfindlichkeit besteht, nach 3—4 Stunden noch eine zweite bzw. eine dritte Injektion verabreicht werden. STEPP und SCHLIEPHAKE konnten eine schwere paroxysmale Tachykardie mit Cholin beheben. Von G. A. FISCHER wurde Besserung nach intramuskulärer Injektion von 0,2 g Acetylcholin berichtet. Zur Unterbrechung der Anfälle ist von WIELE Solvochin intramuskulär, eventuell auch intravenös empfohlen worden.

Wir suchten den ersten schweren Anfall, den wir bei unserem Patienten sahen, nach der von WENCKEBACH angegebenen Chinintherapie zu kupieren, jedoch ohne Erfolg. Da wir auf Grund früherer Beobachtungen die Vorstellung hatten, daß beim Entstehungsmechanismus der paroxysmalen Tachykardie eine Störung im vagosympathischen Gleichgewicht eine bedeutsame Rolle spielt, suchten wir den Sympathicustonus durch Gynergen zu dämpfen. Nach wenigen Tagen traten jedoch die Anfälle in unverminderter Stärke und Dauer wieder auf. Druck auf die Carotis, den Vagus, Pressen des Leibes, Auslösen von Ructus durch kohlensaure Wasser, Erbrechen durch Kitzeln im Rachen konnten den Anfall, der über 12 Stunden dauerte, nicht zum Stillstand bringen. Am nächsten Tage trat wieder ein Anfall von $14^1/_2$ Stunden auf. Valsalva und Bulbusdruck riefen während des Anfalles keine Änderung der Herzfrequenz hervor. Wir versuchten nun, den Organismus umzustellen, indem wir saure Diät und Ammonium chloratum verabreichten. Die Anfälle traten mit gleicher Häufigkeit, wenn auch in etwas kürzerer Dauer, auf. Da wir nicht den Eindruck hatten, daß die Einstellung auf eine Acidose das Auftreten der Anfälle hemmen würde, stellten wir den Patienten auf Alkalose um. Nachdem der Patient in den 6 Wochen unserer Beobachtung fast jeden Tag einen Anfall von paroxysmaler Tachykardie hatte, sahen wir nach Verabreichung von alkalischer Diät und Natrium bicarbonicum zum ersten Male eine Pause von 5 Tagen, so daß der Kranke bei gutem Wohlbefinden aufstehen und umhergehen konnte. Im weiteren Verlaufe traten jedoch wieder täglich Anfälle, und zwar in etwas leichterer Form und nur von ca. 1 Stunde Dauer, auf. Wir kombinierten nun unsere diätetischen Maßnahmen noch mit einer intramuskulären Darreichung von glukonsaurem Calcium und hatten den Eindruck, daß der Zustand im großen und ganzen besser sei als in den ersten 6 Wochen, obwohl jeden zweiten und dritten Tag noch leichte Anfälle von Herzjagen auftraten. Bei unseren Coronarversuchen hatten wir die Beobachtung gemacht, daß Herzunregelmäßigkeiten mit Salven von Extrasystolen, die nach mechanischen oder pharmakologischen Eingriffen auftreten können, nicht in Erscheinung treten, wenn vorher *Atropin* verabreicht worden war. Eine chronaximetrische Untersuchung führte zu der Vorstellung, daß bei diesem Patienten eine Verschiebung des vagosympathischen Gleichgewichtes in Richtung eines erhöhten Vagustonus vorhanden sei. Wir setzten daher unsere bisherige Therapie ab und gaben in steigenden Dosen Atropin per os, bis eine Trockenheit der Zunge und des Rachens auftrat und als Schlafmittel Luminal. Am dritten Tage nach Eintritt in dieses Stadium traten Anfälle von Herzjagen nicht mehr auf. Wir hatten Gelegenheit, den Patienten noch einige Wochen in der Klinik zu beobachten. Während dieser Zeit und auch nach Rückfragen ist seit über $1^1/_2$ Jahr ein Anfall von Herzjagen nicht mehr beobachtet worden, obwohl der Patient vor der Atropinbehandlung oft jeden zweiten bis dritten Tag an schweren Anfällen zu leiden hatte.

In all den von uns behandelten Fällen von unkomplizierter paroxysmaler Tachykardie, die der eingangs beschriebenen Gruppe angehörten, konnten wir auch dann, wenn die übliche Therapie der Anfallkupierung versagte, mit der oben beschriebenen Prophylaxe, die neben der Darreichung von Atropin und Luminal auch in einer psychischen Beeinflussung besteht, das Auftreten der Anfälle, gleichgültig ob sie von Sinus, Atrioventrikularknoten oder Kammer ausgingen, verhindern und das allgemeine subjektive Befinden bessern. Die Wirkung trat 3—5 Tage nach Auftreten des Atropineffektes ein. Nach Verschwinden der Anfälle blieb noch 3—8 Tage ein „unsicheres" Gefühl am Herzen zurück, das im weiteren Verlauf der Behandlung ebenfalls nachließ. Nach dem Aussetzen der Anfälle empfiehlt es sich, diese Therapie noch ca. 14 Tage fortzusetzen. Den Erfolg unserer prophylaktischen Behandlung sehen wir nicht allein darin, daß während der Behandlung Anfälle, die früher täglich oft mehrmals aufgetreten waren, behoben werden konnten, sondern auch in der Tatsache, daß nach Absetzen der Atropindarreichung Anfälle auch bei Kranken, die in ihrem Berufe körperliche Leistungen vollbringen müssen, lange Zeit nicht mehr aufgetreten sind. Die längste Beobachtungszeit der anfallsfreien Periode beträgt bei einem Beamten, der vor der Behandlung fast täglich Anfälle hatte, nunmehr $1^1/_2$ Jahre, bei einem Apotheker, der eine körperlich ziemlich anstrengende Tätigkeit hat, 1 Jahr.

Der *Wirkungsmechanismus* unserer prophylaktischen Therapie ist bei der noch bestehenden Unklarheit über die Ätiologie der paroxysmalen Tachykardie schwer zu beurteilen. Man wird annehmen können, daß Atropin auf ein Herz, das sich im Zustande von Übererregbarkeit befindet, durch Erhöhung der Reizschwelle und Verlängerung der Latenzzeit günstig einwirkt. Besteht die Vorstellung zu Recht, daß die paroxysmale Tachykardie auf dem Boden eines Vagustonus entsteht, dann kann man die Atropinwirkung zwanglos durch Beeinflussung des Vagus erklären, da dessen Fasern sowohl nach dem Sinus, als auch nach dem Atrioventrikularknoten und Ventrikel verlaufen. In diesem Sinne spricht auch die Beobachtung, daß der Vagus die Refraktärphase verkürzen kann (DALE und MINES, HOFMANN).

Eine besondere Bedeutung scheint der Umstellung des vagosympathischen Gleichgewichtes zuzukommen, von dem wir auf Grund der Dauererfolge annehmen müssen, daß es nach längerer Atropinwirkung auf ein neues Niveau gebracht wird und dort durch irgendwelche kompensatorische Vorgänge selbst nach Absetzen dieses Mittels fixiert wird.

Literatur.

ABRAHAMSON, LEONARD: Diagnosis of coronary thrombosis with report of a case. Lancet **213**, 224 226 (1027). — ABRIKOSSOFF: Ein Fall von multiplen Rhabdomyomen des Herzens. Zieglers Beitr. **45**, 376 (1909). — ACKER, R. B.: Delayed death in coronary thrombosis. J. amer. med. Assoc. **73**, 1692 (1919). — ALLBUTT, CLIFFORD: Angina pectoris. Brit. med. Assoc. 1894; East Anglian Branch, Ann. Meeting, Yarmouth. 21. Juni 1894; Brit. med. J. **1**, 1439. — Diseases of the Arteries including angina pectoris 2, 229—329, 370, 450. London 1915. — Certain points in the diagnosis and treatment of angina pectoris. Land. **1**, Nr 18 (1923). — ALLEN, EDGAR, u. MAX HOCHREIN: Über Venendruck und Schlagzahl des Herzens., Dtsch. Arch. klin. Med. **166**, H. 3/4, 237—243 (1930). — Venous Pressure and Vital Capacity. Ann. int. Med. **3**, Nr 11, 1077/83 (1930). — ALLEN, GEO A.: Diseases of the coronary arteries. Brit. med. J. **2**, 232—236 (1928). — AMENOMIYA, R.: Über die Beziehungen zwischen Coronararterien und Papillarmuskeln im Herzen. Virchows Arch. **199**, 187—212 (1910). — ANDERSEN, S.: A case of heart block with intermittend course and final restitution of sinus rhythmus. Acta med. scand. **1909**, 47. — ANDERSON, J. P.: Differentiation between coronary thrombosis and acute abdominal conditions. J. amer. med. Assoc. **91**, 944—946 (1928). — ANGELVIN, LUCIEN: Contribution à l'étude des anéurysmes du cœur (anéurysmes du ventricule gauche). Thèse Nr 63. Montpellier 1906. — ARAN, F. A.: Recherches sur les maladies du cœur et des gros vaisseaux considérées comme causes de mort subite. Arch. gén. méd. Ser. 4 **1**, 19, 46—60, 302—315. — Observation de dilatation partielle (Anéurysme vrai) du ventricule gauche du cœur suivie de quelques remarques sur le diagnostic de cette affection. L'Union méd. **11**, 479—481, 483—484 (1857). — AUBERTIN, CH., u. JEAN LEREBOULLET: Les suites éloignées de l'infarctus du myocarde, insuffisance ventricule gauche par plaques fibreuses et anevrysmes du cœur. Arch. Mal. Cœur **22**, 705—721 (1929).

BARD, L.: Angine de poitrine et asphyxie locale des extrémités. Un cas à terminaison mortelle. Presse méd. **1921**, 73. — BARKER, L. F.: Coronary thrombosis incidence, prevention an treatment. Amer. Med. **22**, 753—758 (1927). — BARNES, A. R.: Electrocardiographic localization of myocardial infarcts. Med. Clin. N. Amer. **14**, 671—686 (1930). — Medical and surgical problems associated with coronary sclerosis. Ann. int. Med. **5**, 873—885 (1932). — BARNES, A. R., u. R. G. BALL: The incidence and situation of myocardial infarction in 1000 consecutive postmortem examinations. Proc. Staff Meetings Mayo Clin. **5**, 367—369 (1930). — BARNES u. WHITTEN: Study of the RT-interval in myocardial infarction. Amer. Heart J.**5**, 142—171 (1929). — BARNES, A. R., u. MERRIT B.WHITTEN: Study of T-wave negativity in predominant ventricular strain. Ebenda **5**, 14—67 (1929). — BARNES, A. R., u. F. A. WILLIUS: Cardiac pain in paroxysmal tachycardia. Ebenda **2**, 490—496 (1927). — BARTH: De la rupture spontanée du cœur. Arch. gén. Méd., 6 Ser. **17**, 5—48 (1871). — Plötzlicher Tod durch Verstopfung der rechten Kranzarterie. Dtsch. med. Wschr. **22**, 269—270 (1896). — BARTOLETTI, FABRITIO: Methodus in dyspnoeam seu de respirationibus libri IV etc., S. 383—384. 1633 (als Vorlesung 1628). — BATES, WM., u. JAMES E. TALLEY: The electrocardiograms of coronary occlusion following a stab wound in the left ventricle. Amer. Heart J. **5**, 232—237 (1929). — BECK, HEINRICH: Zur Kenntnis der Entstehung der Herzruptur und des chronischen partiellen Herzaneurysma, Dissert., Tübingen 1886. — BENSON, ROBERT L.: The present status of coronary arteriel disease. Arch. Path. a. Labor. Med. **2**, 876—918 (1926). — BERGMANN, v.: Das „epiphrenale Syndrom", seine Beziehungen zur Angina pectoris und zum Kardiospasmus. Dtsch. med. Wschr. **1932**, Nr 16, 605. — BETTELHEIM, K.: Über die Störungen der Herzmechanik nach Kompression der Arteria coronaria sinistra des Herzens. Z. klin. Med. **20**, 436—443 (1892). — BISCHOFF: Ischaemia cordis intermittens. Schweiz. med.Wschr. **53**, Nr 29 (1923). — BITTORF: Dyspragia cordis intermittens. Med. Klin. **1920**, Nr 45, 16. — BOLLER, R., u. A. GROEDEL: Zur Pathologie und Klinik der Herzkranzgefäßaneurysmen. Wien. Arch. inn. Med. **22**, 1—12 (1931). — BORCH OLE (OLAI BORICHII): Mors ex contusione auriculae cordis. Thomae Bartholini. Acta med. philos. Hafniensia 4, 150—151, Observatio 47 (1676). — BOUSFIELD, GUY: Angina pectoris. Changes in electrocardiogram during paroxysm. Lancet **2**, 457—458 (1918). — BRAUN, L.: Über Angina pectoris. Wien. klin. Wschr. **1914**, 693. — BREITMANN: Die Herzbräune. Zbl. Herzkrkh. **1914**, Nr 6. — BRERA, V.: Über die Stenocardia oder die sog. Angina pectoris nebst Bemerkung von HARLES. (Aus dem Giorn. Méd. prat. Fascic. **12**, **14**.) Hufelands J. prakt. Heilkde **46** (1818). — BROOKS, HARLOW: Concerning certain phases of angina pectoris based on a study of 350 cases. Amer. J. med. Sci. **182**, 784—800 (1931). — BRÜNING, F.: Die operative Behandlung der Angina pectoris durch Exstirpation des Hals-, Brustsympathicus usw. Klin. Wschr. **1923**, Nr 17, 777. — Vagus und Sympathicus. Ebenda **2**, 2272 (1923). — BRUGSCH, THEODOR: Lehrbuch der Herz- und Gefäßerkrankungen, S. 448 bis 451, 529—532. Berlin 1929. — BRUNTON, L.: Über die Anwendung des Kaliumnitrat und Kaliumnitrit bei chronischer Steigerung der Arterienspannung. Dtsch. med. Wschr. **1902**, Nr 6. — BÜDINGEN: Ernährungsstörungen des Herzmuskels. Leipzig 1917. — BURGESS, ALEX M.: The reaction to nitrites in the anginal syndrome and arterial hypertension. Ann. int. Med. **5**, 441—462 (1931).

CABOT: Facts on the heart. Philadelphia und London 1926. — CAMPBELL, J. S.: Stereoscopic radiography of the coronary system. Quart. J. Med. **22**, 247—267 (1929). — CANNON, J. H.: Syphilitic coronary occlusion in aortic insufficiency. Amer. Heart J. **5**, 93—98 (1929). — CHIARI, A.: Thrombotische Verstopfung der rechten und embolische Verstopfung des Hauptstammes der linken Coronararterie usw. Prag. med. Wschr. **(1897)**. — CHRISTIAN, HENRY A.: Cardiac Infarction (coronary thrombosis) an easily diagnosable condition. Amer. Heart J. **1**, 129—137 (1925). Ref. Z. Kreislaufforsch. **19**, 36 (1927). — CHURCH, W. S.: Die Häufigkeit der Endocarditis bei Kindern. Saint Bartholomews Hosp. rep. **32**, 7—14 (1896). — CHVOSTEK, F.: Asthma cardiale und Stenokardie. Wien. klin. Wschr. **1921**, Nr 43, 519. — CLERC, A.: La pathologie de l'oblitération coronarienne et ses bases anatomo-physiologiques. Presse méd. **32**, 777 (1924). Ref. Kongreßzbl. inn. Med. **38**, H. 1/2. — Angine de Pcitrine et Theorie Coronarienne. Presse méd. **35**, 593 (1927). — Anomalies electrocardiographiques au cours de l'oblitération coronarienne. Ebenda **35**, 499 (1927). — CLERC, A., u. P.-N. DESCHAMPS: La pathologie de l'oblitération coronarienne. Ebenda **1924**, 777. — CLERC, A., u. J. R. LÉVY: Recherches electrocardiographiques au cours de la fièvre typhoide. C. r. Soc. Biol. **100**, 1072 (1929). — COFFEN, T. HOMER, u. HOMER P. RUSH: Acute indigestion in relation to coronary thrombosis. J. amer. med. Assoc. **91**, 1783—1785 (1928). — COHN,

A. E., F. R. Fraser u. R. A. Jamieson: The influence of ditialis on the T wave of the human electrocardiogramm. J. exper. of. Med. **21**, 593—604 (1915). — Cohn, Alfred E., u. Homer T. Swift: Electrocardiographic evidence of myocardial involvment in rheumatic fever. Ebenda **39**, 1—35 (1924). — Conner, L. A., u. E. Holt: Subsequent Course and Prognosis of Coronary thrombosis. Amer. Heart J. **5**, 705 (1930). — Coombs, C.: The aetiology of cardiac disease. Bristol med.-chir. J. **159**, 43 (1926). — Observations on the aetiological correspondence between anginal pain and cardiac infarction. Quart. J. Med. **23**, 233 (1930). — Coombs, Carey F., u. Geoffrey Hadfield: Ischaemic necrosis of the cardiac wall. Lancet **2**, 14—15 (1926). — Costantini, Henri: Traitement chirurgical des plaies du cœur. J. de Chir. **16**, 383—398 (1918). — De la chirurgie des plaies récentes du cœur par projectiles et instruments tranchants, LXX, Thèse de Paris Nr 186. Saint-Dizier 1919. — Cotton, Th. F.: Some clinical aspects of coronary disease. Brit. med. J. Nr 3712. S. 368 (1932). — Cowan, J.: Angina pectoris. Brit. med. J. **1931** (23. Mai), 879. — Cowan, J., u. L. T. Ritchie: Diseases of the heart. London 1922. — Curschmann, H.: Angina pectoris. Verh. 10. Kongr. inn. Med. Wiesbaden S. 274—277. 1891. — Sklerose der Brustaorta. Arbeiten aus der Med. Klin. Leipzig: Vogel 1893. — Curschmann jun., H.: Über vasomotorische Krampfzustände bei echter Angina pect. Dtsch. med. Wschr. **1906**, 1527. — Über Angina pectoris vasomotoria und verwandte Zustände. Med. Klin. **2**, 1133—1135 (1931). — Czylharz, Ernst: Bemerkungen zur Lehre von der Coronararteriensklerose und von der Angina pectoris. Wien. med. Wschr. **1928**, Nr 35, 1107. — Zur Entstehung des Schmerzes im Angina-pectoris-Anfall. Ebenda **1931**, 1001—1002.

Danielopolu, D.: The pathology and surgical treatment of angina pectoris. Brit. med. J. **1924**, Nr 3326. — Anatomie und Physiologie der sensiblen cardio-aortalen Bahnen beim Menschen. Z. klin. Med. **106**, H. 1/2 (1927). — Über den Mechanismus der Beendigung des Anfalles von Angina pectoris. Klin. Wschr. **8**, 596 (1929). — L'angine de poitrine et l'angine abdominale, S. 263—269. Paris 1927. — Le traitement chirurgical de l'angine de poitrine par la méthode de la suppression du réflexe presseur. Bases physiologiques et cliniques de cette méthode. Rev. belge Sci. méd. **3**, 633—676 (1931). — Un cas d'angine de poitrine très grave traitée par la méthode de la suppression du réflexe presseur. Bull. Soc. méd. Hôp. Paris **3**, s. 47, 1005—1012 (1931). — Résultats du traitement chirurgical de l'angine de poitrine. Bukarest 1932. — Danielopolu, D., J. Marcou u. G. G. Proca: Sur l'innervation des coronaires. Mécanisme de production des échecs et des accidents de la stellectomie dans l'angine de poitrine. C. r. Soc. Biol. Paris **107**, 421—423 (1931). — Sur l'innervation des coronaires. Rôle des filets sympathiques et des filets parasympathiques. Ebenda **107**, 419—421 (1931). — Davida, v.: Ungar. Lap. siebenbürg. ärztl. Z. **5**, 7 (1923). Zit. nach Zbl. Herzkrkh. **1923**, 191. — Dietlen: Herz und Gefäße im Röntgenbild. Leipzig 1923. — Dmitrenko, L. F.: Das Problem der Angina pectoris. Dtsch. med. Wschr. **1926**, 366, Nr 9. — Donzelot: Trois cas de guérison clinique d'infarctus du myocarde. Presse méd. 8 II, Nr 11, 168 (1928). — Drucker, E.: Zur Behandlung der paroxysmalen Tachykardie. Med. Klin. **1931**, Nr 13, 468. — Druru, A. N.: Arborisation block. Heart **10**, 23—30 (1921). — Duckett, T., u. P. White: Paroxysmal ventr. Tachycardia. Amer. Heart J. **2**, 139 (1926).

Edens, Ernst: Die Krankheiten des Herzens und der Gefäße. Berlin 1929. — Pathogenese und Klinik der Angina pectoris. Kongr. inn. Med. Wiesbaden **1931**, 262—277. — Edgren, J. G.: Über die sog. nervösen Herzkrankheiten. Wien. med. Pr. **44**, 1377 ff. (1903). — Eckerson, Lowell B., George H. Roberts u. Howard Tasker: Thoracic pain persisting after the coronary thrombosis. J. amer. med. Assoc. **90**, 1780—1782 (1928). — Eppinger, H.: Angina pectoris. Wiener Angina-Diskussion. Wien. med. Wschr. **74**, Nr 16 (1924). — Zur Pathogenese der Angina pectoris. Wien. med. Wschr. **1927**, Nr 1, 7. — Zur Symptomatologie der Angina pectoris. Dtsch. med. Wschr. **1932**, 567. — Eppinger, H., u. G. Hofer: Zur Pathogenese und Therapie der Angina pectoris. Ther. Gegenw. **64**, 166 (1923). — Die Durchschneidung des Nervus depressor bei der Angina pectoris. Vortr. Ges. Ärzte Wien, 20. April 1923. Med. Klin. **1923**, Nr 24, 850. — Eppinger, H., L. v. Papp u. H. Schwarz: Über das Asthma cardiale. Versuch zu einer peripheren Kreislaufpathologie. Berlin: Julius Springer 1924. — Eyster: Physiologic. Rev. **6**, 301 (1926). — Eyster, J. A. E.: Experimental and clinical studies in cardiac hypertrophy. J. amer. med. Assoc. **91**, 1881—1883 (1928).

FAULKNER, JAMES M., HENRY C. MARBLE u. PAUL D. WHITE: The differential diagnosis of coronary occlusion and of cholelithiasis. J. amer. med. Assoc. **83**, 2080—2082 (1924). — FEIL, H. S., L. N. KATZ, R. A. MOORE, u. R. W. SCOTT: The electrocardiographic changes in myocardial Ischemia. Amer. Heart J. **6**, Nr 4, 522 (1931, April). — FEIL, HAROLD, u. MORTIMER L. SIEGEL: Electrocardiographic changes during attack of angina pectoris. Amer. J. med. Sci. **175**, 255—260 (1928). — FENN, G. K., u. N. C. GILBERT: Anginal pain as a result of digitalis administration. J. amer. med. Assoc. **98**, 99 (1932). — FENOGLIO, J., u. G. DROGOUL: Observations sur l'occlusion des coronaires cardiaques. Arch. ital. Biol. **9**, 49 (1888). — FISCHER, GUSTAV A.: $2^1/_2$ Jahre klinische Erfahrung mit Acetylcholin. Ther. Gegenw. **1932**, H. 6. — FISCHER, R.: Klinische Studie zur paroxysmalen Tachykardie. Wien. Arch. inn. Med. **16**, 137 (1928). — FOTHERGILL, JOHN: Case of an angina pectoris with remarks. Further accounts of the angina pectoris. Med. Observat. **5**, 233—251 (1776). — FRAENKEL, A.: Über Angina pectoris. Verh. Kongr. inn. Med. Wiesbaden. Berl. klin. Wschr. 1891, 521—522. — FRAENKEL, E.: Über traumatischen Kranzarterienverschluß. Münch. med. Wschr. **51 II**, 1272 (1904). — FRANK, CARL: Über Angina pectoris und Sklerose der Coronararterien. Dissert., München 1884. — FRANK, E.: Das klinische und elektrocardiographische Bild der Coronarthrombose. Z. Kreislaufforsch. **21**, 664—665 (1929). — FRANK, L., u. W. WORMS: Aortalgie und Angina pectoris. Dtsch. med. Wschr. **1926**, Nr 14, 570. — FRIEDREICH, N.: Die Krankheiten des Herzens. In VIRCHOWS Handbuch der speziellen Pathologie und Therapie 5, Abt. 2, 275 u. 301—304. 1861. — FUJINAMI, A.: Über die Beziehungen der Myocarditis zu den Erkrankungen der Arterienwandungen. Virchows Arch. **159**, 447—490 (1900). — FULTON, FRANK T.: Remarks in the manner of death in coronary thrombosis. Amer. Heart J. **1**, 138—143 (1925).

GALEATI, DOMINICI GUSMANI: De morbus duobus. De Bononiensi scientiar, et art. inst. atque acad. commentarii. Tom. 4. Acad. quorundam. op. var., S. 26—43, vid. 33—34. 1757. — GALLAVARDIN, L.: Contribution à l'étude de l'angine de poitrine vraie, et le rôle de la syphilis. 10. Januar 1920. Lyon méd. Ref. Zbl. Herzkrkh. **17**, 355 (1925). — Angine de poitrine et syndrome de STOKES ADAMS, accès angineux à forme syncopale. Presse méd. **1922**, 755. — Inconstance des douleurs angineuses et du début brusque dans l'infarctus du myocarde. Soc. méd. des hôp. de Lyon. 19. April 1921. Lyon méd. 10. August 1921. Ref. Arch. Mal. Cœur **1922**, 426—427. — Les angines de poitrine **15**, 181. Paris: Mason & Co. 1925. — Syphilis et angine de poitrine d'effort d'après 450 observations. Presse méd. **32**, 599 (1924). Ref. Zbl. Herzkrkh. **17**, 355 (1925). — GALLAVARDIN u. DUFOURT: Embolie de l'artère coronaire antérieure avec bradycardie à 22—28. Lyon méd. 27. Juli 1913. Ref. Arch. Mal. Cœur **1914**, 406. — GALLAVARDIN u. GRAVIER: Formes cliniques de l'infarctus du myocarde. Ann. Méd. **20**, 161 (1926). — GARROD, A. E., u. P. WEBER: Angina accompanied by Aortitis. Lancet **1**, 855 (1908). — GEIGEL, R.: Nervöses Herz und Herzneurose. Münch. med. Wschr. 1917, Nr 1. — GÉLINEAU, E.: De l'angine de poitrine épidémique. Gaz. Hôp. 1862, 454, 466, 478. — GÉRAUDEL: Elektrokardiographische und anatomische Untersuchungen eines Falles von ADAMS-STOKES. Arch. Mal. Cœur. **23**, 704 (1930). — GIBSON, G. A.: The nervous affections of the heart. Edinburgh med. J. **1902** (Juli). — GIBSON, ALEXANDER GEORGE: The clinical aspects of ischaemic necrosis of the heart muscle. Lancet **209**, Nr 25 (1924). — GIBSON-VOLHARD: Nervöse Erkrankungen des Herzens. Wiesbaden: J. F. Bergmann 1910. — GILBERT, N. C.: Angina pectoris. Med. Klin., N. A. **9**, 1439—1451 (1926). — GLAHN, W. C. VON: Coronary disease and infarct of the heart. Proc. N. Y. path. Soc. **23**, 107 (1923). — GLASER, F.: Die Wirkung der Sympathektomie bei Angina pectoris und Asthma bronchiale. Med. Klin. **1924**, 477. — GOLD, HARRY: Action of digitalis in the presence of coronary obstruction. An experimental study. Arch. int. Med. **35**, 482 bis 491 (1925). — GOLDENBERG, M.: Über Pathogenese und Klinik der Angina pectoris. Verh. dtsch. Ges. inn. Med. **1931**, 343—345. — GOLDSCHEIDER, A.: Über die operative Behandlung der Angina pectoris. Klin. Wschr. 1925, Nr 51, 2425. — GORDINIER, HERMAN C.: Coronary arterial occlusion. A perfectly definite symptom-complex. The report of thirteen cases with one autopsy. Amer. J. med. Sci. **168**, 181—201 (1924). — GRAFF, DE, u. WIBLE: Proc. Soc. exper. Biol. a. Med. **24**, 1 (1926). — GROSSMANN, M.: Zur Frage der Angina pectoris. Wien. klin. Wschr. **1922**, Nr 16. — GROTEL: Elektrokardiographische Beobachtungen bei Coronararterienthrombose. Dtsch. Arch. klin. Med. **169**, 44 (1930). — GUBERGRITZ, M.M.: Zur Klinik und Therapie der Angina pectoris. Z. Kreislaufforschg. **19**, 89 und 129 (1927). —

GUBERGRITZ, M. M., u. S. J. JAROSLAW: Zur Frage nach der Entstehung der Schmerzen bei Angina pectoris. Ebenda **23**, 251—261 (1931). — GUGGENHEIMER, H.: Zur Herzbehandlung bei Erkrankung der Coronargefäße. Dtsch. med. Wschr. **1923**, 1007. — GUILLEAUME: Die Angina pectoris mit Symptomen von Herzschwäche. Liège méd. **6** (1925). Ref. Münch. med. Wschr. **1925**, Nr 28.

HAINES, S. F., u. E. J. KEPLER: Angina pectoris associates with exophthalmic goiter and hyperfunctioning adenomatous goiter. Med. Klin., N. A. **13**, 1317—1324 (1930). — HALBRON u. LICHTWITZ: Péricardite symptomatique d'un infarctus du myocarde. Presse méd. **18 II**, Nr 14, 217 (1928). — HALLERMANN, W.: Über die diagnostische Bedeutung der kleinen Kammerausschläge im Elektrokardiogramm. Dtsch. Arch. klin. Med. **170**, 4. H., 445—457 (1931). — HAMBURGER, W. W.: Disease of the coronary vessels. Angina pectoris and „acute indigestion". Med. Klin., N. A. **9**, 1261—1281 (1926). — HAMMAN, LOUIS: The symptoms of coronary occlusion. Bull. Hopkins Hosp. **38**, 272—319 (1926). — HARDT, LEO L.: Coronary thrombosis simulating perforated peptic ulcer. J. amer. med. Assoc. **82**, 692—693 (1924). — HARVEY, WILLIAM: Opera omnia a collegio medicorum Londinensi edita 1766. Exercitatio altera ad J. RIOLANUM, S. 109—141, vid. 127. — HASSENCAMP, E.: Die Behandlung der Angina pectoris mit Traubenzucker. Z. Kreislaufforschg. **1931**, H. 5, 132. — Die praktischen Erfahrungen und theoretischen Grundlagen der Traubenzuckertherapie. Zbl. inn. Med. **1932**, Nr 18 a, 634. — HAUSER, A.: Über Fieberbeobachtungen bei Angina pectoris. Med. Klin. **18**, 1402—1405 (1922). — Angina pectoris-Fieber (Herzinfarkt). Chronisches partielles Herzaneurysma. Ebenda **21**, 854—856 (1925). — HAY, JOHN: The Bradshaw lecture on angina pectoris: some points in prognosis. Brit. med. J. **1923**, 957. — HAYGARTH: A case of the angina pectoris with an attempt to investigate the cause of the disease by dissection and a hint suggested concerning the method of cure. Med. Transact. **3**, 37—46 (1775). — HEAD: On disturbances of sensation with special reference to the pain of visceral disease. Part III. Heart and Lungs **19**, 153. — HEBERDEN, WILLIAM: A letter to Dr. H., concerning angina pectoris and Dr. Heberdens account of the dissection of one who had been troubled with that disorder. (Read 17. November 1772.) Med. Transact. London 1785. Vol. III: Kommentarien über den Verlauf der Krankheiten und ihre Behandlung. Aus dem Lateinischen mit Anmerkungen von J. F. RIEMANN, S. 318. Leipzig 1805. Commentaries on the history and cure of diseases, 4. Aufl. London 1816. — Some accounts of a disorder of the breast. Med. transact. **2**, 59—67 (1772). — Med. transact. **1786**. (College of Physiciens London **2**, 59, 2. Aufl.) — Commentaries on the history and cure of diseases, 2. Aufl., S. 518, vid. 362—369. London 1803. — HENDERSON, VANDELL: Inhalational treatment of angina pectoris and intermittend claudication. Amer. Heart J. **6**, 548—554 (1931). — HEPBURN, J., u. GRAHAM DUNCAN: An electrocardiographical study on 123 cases of diabetes mellitus. Amer. J. med. Sci. **176**, 782—789 (1928). — HERING, H. E.: Zur Erklärung des plötzlichen Todes bei Angina pectoris. Münch. med. Wschr. **1915**, Nr 44, 1489. — HERRICK, J. B.: Clinical features of sudden obstruction of the coronary arteries. J. amer. med. Assoc. **59**, 2015—2021 (1912). — Concerning thrombosis of the coronary arteries. Trans. Assoc. amer. Physicians **33**, 408—418 (1918). — Thrombosis of the coronary arteries. Amer. med. Assoc. **72**, 387—390 (1919). — Some unsolved problems connected with acute obstruction of the coronary artery. Amer. Heart J. **4**, 633—640 (1929). — The coronary artery in health and disease. Amer. Heart J. **6**, 589—607 (1931). — HERRICK, J. B., u. F. R. MIZUM: Angina pectoris. Clinical experience with two hundred cases. Amer. med. Assoc. J. **70**, 67—70 (1918). — HESSE, A.: Angina pectoris. Verh. dtsch. Ges. inn. Med. **1931**, 342—343. — HESSE, ERICH: Beiträge zur chirurgischen Behandlung der Angina pectoris. Arch. klin. Chir. **137**, 117 (1925). — HILL, J. G. W.: Bundle-Branch Block. Clinical and Histological study. Quart. J. Med. **24**, 15—18 (1930). — HILLER: Diskussionsbemerkung. Verh. dtsch. Ges. inn. Med. **1932**. — HIRSCHFELD, ERNST: Angina pectoris saturnina. Inaug.-Dissert., Berlin 1926 und Z. klin. Med. **104**. — Die Angina pectoris. Dtsch. med. Wschr. **1928**, 315 und 359. — HOCHHAUS, H.: Zur Diagnose des plötzlichen Verschlusses der Kranzarterien des Herzens. Ebenda **37**, 2065—2068 (1911). — HOCHREIN, MAX: Über Angina pectoris bei Mitralstenose. Dtsch. Arch. klin. Med. **169**, H. 3/4, 195—204 (1930). — Zur Diagnose und Therapie der Coronarthrombose. Münch. med. Wschr. **1930**, Nr 42, 1789. — Folgen von Wandveränderungen im Anfangsteile der Aorta. Klin. Wschr. **10**, Nr 15, 690—692 (1931). — Zur Behandlung der paroxysmalen Tachykardie. Münch. med. Wschr. **2**,

2070—2073 (1931). — Klinische und experimentelle Untersuchungen der Herzdurchblutung. Klin. Wschr. 2, 1705—1709 (1931). — Herzgeräusche bei der Hypertension. Münch. med. Wschr. 1932, 1309. — HOCHREIN, MAX, u. CH. J. KELLER: Das Verhalten des kleinen Kreislaufes bei verschiedenen Krankheitsbildern. Ebenda 1932, Nr 6, 231—233. — HOCHREIN, MAX, u. W. LAUTERBACH: Richtlinien für die Beurteilung und die Behandlung der Hypertension. Dtsch. Arch. f. klin. Med. 166, H. 3/4, 192—204. (1930). — HOCHREIN, MAX u. ROLF MEIER: Über neuere Methoden zur Bestimmung der arteriellen Blutgeschwindigkeit. Münch. med. Wschr. 1927, 1995. — HOFFMANN, A.: Die Lehre von den Herzneurosen. Dtsch. Z. Nervenheilk. 38 (1910). — Funktionelle Diagnostik und Therapie der Erkrankungen des Herzens und der Gefäße. Wiesbaden: J. F. Bergmann 1911. — Lehrbuch der Herzkrankheiten. Wiesbaden 1920. — HOFER, G.: Zur Klinik und Technik der Depressordurchschneidung bei der Angina pectoris. Vortr. Ges. inn. Med. Wien, 5. und 6. März 1924. — HOLZMANN, JACOB EASTON: Myxoedema heart. Amer. Heart J. 4, 351—366 (1929). — HODGSON, JOSEPH: A treatise on the diseases of arteries and veins, S. 36—41. London 1815. — HOFBAUER, L.: Angina pectoris. Verh. dtsch. Ges. inn. Med. 340—341, 1931. — HÖSSLIN, H. v.: Die Behandlung der paroxysmalen Tachykardie. Münch. med. Wschr. 21—30, 1927. — HUCHARD, HENRI: Des angines de poitrine. Rev. Méd. 2 (1883). — Maladies du cœur et des vaisseaux, S. 917. Paris 1889. — Traité clinique de maladie du cœur et de l'aorte, Teil 2, S. 589. Paris (1899). — HUME, W. E.: Paroxysmal Tachycardia. Lancet 1930, 1055—1063. — HUNTER, JOHN: A treatise on the blood inflammation and gunshot wounds. A short account on the authors life by Everard Home, vid. XLV—LXVII. London 1794. — HURXTHAL, L. M.: The Appearance time of T wave Changes in the electrocardiogram following acute coronary occlusion. Arch. int. Med. 46, 657 (1930).

JACOBI, HARRY G.: Symptomatic response of peripheral arterial disease in polycythemia vera to intravenous use of physiologic solution of sodium chloride. J. amer. med. Assoc. 96, 1138—1139 (1931). — JAMISON, S. CHAILLE, u. GEORGE H. HAUSER: Angina pectoris in youth of eighteen. Ebenda 85, 1398 (1925). — JASCHKE, R. TH.: Beitrag zur Pathogenie und Therapie der anginoiden Zustände. Med. Klin. 1908, Nr 5 und 6. — JEGOROW, BORIS: Die intravitale Diagnose des Myocardinfarktes. Z. klin. Med. 106, 71—94 (1927). — JENNER, E., s. JOHN BARON: The life of Eduard Jenner 1, 38. London 1838. (Letter to Dr. HEBERDEN 1778.) — JONESCO: Traitement chirurgical de l'angin de poitrine. Presse méd. 31, Nr 46 (1920). — JONESCO u. JONESCU: Experimentelle Untersuchungen über die afferenten kardioaortalen Bahnen und über den phys. Nachweis des Depressor als isolierter Nerv beim Menschen. Z. exper. Med. 48, H. 3/5 (1928). — JONESCU, D.: Über die Pathogenese und die chirurgische Behandlung der Angina pectoris. Z. klin. Med. 107, 427 (1928). — JOSNÉ: Traité de l'arterio-sclérose, S. 245. Paris (1909). — JUSTER, IRVING R., u. HAROLD E. B. PARDEE: Abnormal Electrocardiograms in patients with syphilitic aortitis. Amer. Heart. J. 5, 84—92 (1929).

KAHN, R. H.: Elektrokardiogrammstudien. Pflügers Arch. 140, 627—649 (1911). — KAHN, MORRIS H.: The electrocardiographic signs of coronary thrombosis. Boston med. J. 1922, 788. — The electrocardiogram in angina pectoris. Ann. int. Med. 4, 1499—1508 (1931). — KAPPIS, M.: Die operative Behandlung der Angina pectoris. Med. Klin. 1923, Nr 51 und 52, 1658. — „Chirurgie des Sympathicus", ausführliche Behandlung der ges. Materie nebst Literatur. Erg. inn. Med. 25 (1924). — Untersuchungen über die Schmerzempfindlichkeit des rechten Nervus vagus. Med. Klin. 1925, 536. — KATZ, LOUIS N.: The significance of the T wave in the electrocardiogram. Physiologic. Rev. 8, 447—500 (1928). — KAUFMANN, R.: Kranke mit Stenokardie und Lungenödem. Wien. med. Wschr. 1923, 598. — Über einen Fall von operierter Coronarangina. Ebenda 74, 2337 (1924). — KEEFER, CHESTER S., u. WILLIAM H. RESNIK: Angina pectoris. A syndrome caused by anoxaemia of myocardium. Arch. int. Med. 41, 769 (1928). — KELLER u. MEYER: Entgiftung und Wirkungssteigerung von Kreislaufmitteln durch Atropin. Münch. med. Wschr. 1931, Nr 29, 1216. — KING, J. T.: Bundel-Branch Block. Ass. amer. Phys. 1931 (5. Mai). — KISCH, F.: Vasaler Krampf oder Dehnungsschmerz bei der Angina pectoris. Wien klin. Wschr. 1931, Nr 22, 702. — KLEMPERER: Die intravenöse Jodtherapie. Ther. Gegenw. 85 (1915). — KLEWITZ: Berufsarbeit und Herzvergrößerung bei Frontsoldaten. Münch. med. Wschr. 34 (1918). — KOHAN, B. A., u. E. J. BUNIN: Zur Frage über die Differentialdiagnose der Thrombose der rechten und der linken Kranzarterie des Herzens am Lebenden. Z. Kreislaufforsch. 20,

199—204 (1928). — Kohn, Hans: Die Angina pectoris. Berl. klin. Wschr. 1915, Nr 20, 509. — Die epidemische Angina pectoris auf der „Embuscade". Dtsch. med. Wschr. 1926, Nr 11. — Zur Angina pectoris ohne anatomische Grundlage. Münch. Med. Wschr. 1925, Nr 50, 2155. — Angina pectoris, Aorten- oder Coronarhypothese. Med. Klin. 1926, Nr 26—28, 983. — Angina pectoris. Med. Klin. 22, 983 (1926). Brugsch Erg. Med. 9, 209—276. — Zur Geschichte der Angina pectoris. Heberden oder Rougnon. Z. klin. Med. 106, 1—20 (1927). — Zur Angina pectoris. Verh. dtsch. Ges. inn. Med. 1931, 305—311. — Der Coronarverschluß. Fortbildungskurs Bad Nauheim 1931. — Korcynski: Ein Fall von intra vitam diagnostizierter Embolia arteriae coronariae cordis. Zbl. klin. Med. 5, 797—798 (1887). Ref. von Przegl. lekarski 1887, Nr 1, 3—5. — Krehl, Ludolf v.: Vorstellung eines Falles von Angina pectoris nervosa. Dtsch. med. Wschr. 1905, 653. — Krankheiten des Herzmuskels. Wien 1913. — Die Erkrankungen des Herzmuskels und die nervösen Herzkrankheiten. Nothnagels Spezielle Pathologie und Therapie 15: Der Verschluß der Kranzarterien, S. 369—372. — Kretz, J.: Über Veränderungen an den Coronararterien und ihre klinische Bedeutung, mit besonderer Berücksichtigung der Coronarsklerose. Wien. Arch. inn. Med. 9, 5, 9, 419 (1925). — Kroenig: Berl. klin. Wschr. 32, 969—970 (1895). — Kroetz: Zur Klinik der Periarteriitis nodosa. Dtsch. Arch. klin. Med. 135, 311 (1921). — Die Koeffizienten des klinisch meßbaren Venendruckes. Ebenda 139, H. 5/6, (1922). — Kronecker, H.: Über Störungen der Koordination des Herzkammerschlages. Verh. 15. Kongr. inn. Med. Wiesbaden 1897, S. 524—529. — Krumbhaar, E. B., u. C. Crowell: Spontaneous ruptures of the heart. A clinopathologic study based on 22 unpublished cases and 632 from the literature. Amer. J. med. Sci. 170, 828—856 (1925). — Külbs, F.: Angina pectoris. Klin. Wschr. 1927, Nr 20. — Erkrankungen der Zirkulationsorgane in Mohr-Staehelins Handbuch der inneren Medizin. 1928. — Kutschera-Aichbergen, H.: Über die pathologische Anatomie der Angina pectoris. Wien. klin. Wschr. 1928, H. 1, 6. — Angina pectoris. Verh. dtsch. Ges. inn. Med. 1931.

Laache, S.: Recherches cliniques sur quelques affections cardiaques nonvalvulaires „hypertrophie idiopathique" etc. et sur la dégénérescence du muscle cardiaque. Videnskals-Selskabets Skrifter, Mathem. naturv. Klasse, Kristiania 1895, Nr 1, 88. — Laennec, Renat. Theophil. Hyacint.: De l'auscultation médiate etc. 2, 214, 286—298. Paris 1819. — Lambert, Alexander: Cardiac pain. Amer. Heart J. 2, 18—37 (1926). — Lauber, H., u. H. Scholderer: Angina pectoris und periphere Durchströmung. Verh. dtsch. Ges. inn. Med. 1931, 303—305. — Laewen: Münch. med. Wschr. 35 (1925). — Lemann, Isaac Ivan: Coronary occlusion in Buergers disease. (Thromboangiitis obliterans.) Amer. J. med. Sci. 176, 807—812 (1928). — Lépine: Sur un cas de syndrôme de Adams-Stokes sans bloccage. Semaine méd. 1907, Nr 51. — Leriche, René, Louis Hermann u. René Fontaine: Ligature de la coronaire gauche et fonction du cœur après énervation sympathique. C. r. Soc. Biol. Paris 107, 547—548 (1931). — Levine, S. A.: Coronary thrombosis, its various clinical features. Medicine 8, 245—418 (1929). — Cases of coronary occlusion, with recovery. Med. Klin., N. A. 8, 1719—1741 (1929). — Levine u. Brown: Coronary thrombosis, its various clinical features. Amer. Heart J. 5, 121—122 (1929). — Levine, S. A., A. C. Ernstene u. B. M. Jacobson: Use of epinephrin as diagnostic test for angina pectoris with observation on electrocardiographic changes following injections of epinephrin into normal subjects and into patients with angina pectoris. Arch. int. Med. 14, 191—200 (1930). — Levine, S. A., u. F. C. Newton: The selection of patients with angina pectoris for sympathectomy; with a report of additional cases. Amer. Heart J. 1, 41—46 (1925). — Levine, S. A., u. W. B. Stevens: The therapeutic value of quinidine in coronary thrombosis complicated by ventricular tachycardia. Ebenda 3, 253—259 (1928). — Levine, S. A., u. Charles L. Trautner: Infarction of the heart simulating acute surgical abdominal conditions. Amer. J. med. Sci. 155, 57—66 (1918). — Lévy, J. Robert: Les anomalies du complexe ventriculaire électrique. Leur importance en clinique, S. 202. Paris 1929. — Valeur sémiologique des altérations du complexe ventriculaire électrique dans les syndromes angineux. Arch. Mal. Cœur 22, 523—542 (1929). — Levy, Robert L.: Cardiac pain, a consideration of its nosology and clinical associations. Amer. Heart J. 4, 377—388 (1929). — Mild forms of coronary thrombosis. Arch. int. Med. 47, 1 (1931). — Some clinical features of coronary artery disease. Amer. Heart J. 7, 431—442 (1932). — Lewandowsky: Zit. nach A. Hoffmann. — Lewis, Th.: Angina pectoris associated with high blood pressure and its relief by amyl nitrite; with a note on Nothnagels syndrome. Heart **15**, 305—327 (1931). — The experimental production of paroxysmal tachycardia and the effects of ligation of the coronary arteries. Ebenda **1**, 98—137 (1909—1910). —Vasovagal Syncope and the Carotid Sinus Mechanism. Brit. Med. J. May 14 (1932). — Gain in Muscular Ischemia. Arch int. Med. **49**, 713 (1932). — LEWIS, TH., G. W. PICKERING u. P. ROTHSCHILD: Observations upon muscular pain in intermittent claudication. Ebenda **15**, 359 (1931). — LEYDEN, E. v.: Über die Sklerose der Coronararterien und die davon abhängigen Krankheitszustände. Z. klin. Med. **7**, 459—486 (1884). — LIAN, C., A. BLONDEL u. RACINE: Traitement de l'angine de poitrine par les injections intraveineuses iodées intensives et par les injections sous-cutanées d'acide carbonique. Bull. Soc. méd. Hôp. Paris **3**, s. 47, 1725—1735 (1931). — LIAN, CAMILLE u. L. POLLET: L'état de mal cardiogastroangineux et l'infarctus du myocarde. Presse med. **1924**, Nr 40, 440—442. — LIBMAN, EMANUEL: Diskussionsbeitrag. Med. Rec. **89**, 124—125 (1916). — Some observations on the thrombosis of the coronary arteries. Trans. Assoc. amer. Physicians **34**, 138—140 (1919). — The importance of blood examinations in the recognition of thrombosis of the coronary arteries and its sequels. Amer. Heart J. **1**, 121—123 (1925). — Studies in pain. Trans. Assoc. amer. Physicians **44**, 52 (1929). — LIBMAN, E., u. B. SACKS: A case illustrating the leucocytosis of progressive myocardial necrosis following coronary artery thrombosis. Amer. Heart J. **2**, 321—325 (1927). — LOEWENBERG, RICHARD DETLEV: Ein Beitrag zur Klinik des Herzinfarktes und der Pericarditis episteno-cardica. Dtsch. Arch. klin. Med. **142**, 189—195 (1923). — LUTEMBACHER, R.: La bradycardie dans la fièvre typhoide. Presse méd. **29**, Nr 77 (1921). — Douleurs de distension cardiaque. (Angine de décubitus.) Ebenda **1922**, 281. — Les troubles fonctionels du cœur. Paris 1924. — LUTEN, DREW, u. EDWARD GROVE: The incidence and significance of electrocardiograms showing the features of left axis deviation and QRS of normal duration with inverted T_1 and upright T_3. Amer. Heart J. **4**, 431—441 (1929).

MACKENZIE, J.: Herzkrankheiten. Berlin: Julius Springer 1910. — Angina pectoris, S. 253. London: H. Frowde, Hodder & Stoughton 1923. First printed Oxford 1923. — MAGNUS-ALSLEBEN, E.: Angina pectoris. (Aortalgie und Coronarsklerose.) Klin. Wschr. **1926**, 585. — MAHAIM, IVAN: Les maladies organiques du faisceau de His-Tawara. Paris 1931. — MANDL, F.: Die Wirkung der paravertebralen Injektion bei Angina pectoris. Dtsch. Arch. klin. Chir. **3**, 136. — Weitere Erfahrungen mit der paravertebralen Injektion bei der Angina pectoris. Wien. klin. Wschr. **1925**, 759. —MARTINI: Die klinische Untersuchung der sog. Herzhormone bei Angina pectoris. Dtsch. med. Wschr. **1932**, Nr 15, 569. — MASTER, ARTHUR W., u. H. E. B. PARDEE: The effect of heart muscle disease on the electrocardio-gram. Arch. int. Med. **37**, 42—65 (1926). — McNEE, J. W.: The clinical syndrome of thrombosis of the coronary arteries. Quart. J. Med. **19**, 44—52 (1925—1926). — MEANS, J. H.: Certain aspects of the pathogenesis of angina pectoris. Canad. med. Assoc. J. **24**, 193 (1931). — MEYER, ERNST: Unbeständiger Herzblock. Z. Kreislaufforsch. **1932**, H. 12, 369. — MIDDLETON u. OTWAY: Insulin Shok and the Myocardium. Amer. J. med. Sci. **181**, 39 (1931). — MILLER, H. R., u. MORRIS M. WEISS: Disease of the coronary arteries. Its occurence without gross cardiac hypertrophy. Arch. int. Med. **42**, 74—78 (1928). — MOORE, NORMAN S., u. JOHN R. CAMPBELL: The development of the abnormal com-plexes of the electrocardiogram in coronary occlusion. Amer. Heart J. **4**, 573—583 (1929). — MORAND: Hist. de l'Acad. Roy. des Sci. Obs. anat. **7**, 14 (1729). — MORAWITZ, PAUL: Beobachtungen bei Angina pectoris. Ärztl. Rundschau **1926**, Nr 17. — Zur Therapie bei Kreislaufstörungen. Verh. dtsch. Ges. inn. Med. **1928**, 411—414. — Zur Prophylaxe des aku-ten Herztodes. Ebenda **1929**, 351—352. — Pathogenese, Diagnose und Therapie der Angina pectoris. Dtsch. med. Wschr. **55**, 1993 (1929). — Krankheiten des Kreislaufes. Lehrbuch der inneren Medizin, S. 296—414. Berlin: Julius Springer, 1931. —Angina pectoris. Verh. dtsch. Ges. inn. Med., 43. Kongr. Wiesbaden **1931**, 278—283. — Angina pectoris. Med. Z. Hermannstadt **1931**, H. 1. — Zur Klinik der Angina pectoris. Hosp.tid. (dän.) **1932** Nr 23, 1—28. — Asthma cardiale mit eosinophilem Katarrh. Ther. Gegenw. **1932**, H. 4. — MORAWITZ, P., u. MAX HOCHREIN: Zur Diagnose und Behandlung der Coronarsklerose. Münch. med. Wschr. **1928**, Nr 1, 17. — Zur Verhütung des akuten Herztodes. Münch. med. Wschr. **1929**, Nr 26, 1075. — MORISON, ALEXANDER: On the nature and treatment of angina pectoris. Lancet **1**, 98—100 (1910). — MUSSER, J. H., u. J. C. BARTON: The familial tendency of coronary disease. Amer. Heart J. **7**, 45 (1931).

Nagayo: Pathologische und anatomische Beiträge zum Adams-Stokesschen Symptomenkomplex. Z. klin. Med. 67, 512 (1909). — Nakagawa: J. of Physiol. 56, 340 (1922). — Nathanson, M. H.: Disease of the coronary arteries. Clinical and pathological features. Amer. J. med. Sci. 170, 240—256 (1925). — The electrocardiogram in diphtheria. Arch. int. Med. 42, 23—46 (1928). — The electrocardiogram in coronary disease. Amer. Heart J. 5, 257 (1930). — Neubürger, Th., u. L. Edinger: Einseitiger, fast totaler Mangel des Cerebellums. Varix medullae oblongatae. Herztod durch Accessoriusreizung. Berl. klin. Wschr. 1898. — Neuhof, Selian: Clinical varieties and therapy of precordial pains due to organic cardiovascular disease. Med. Rec. 89, 123—124 (1916). — Nicolai: Kurze kritische Übersicht über den augenblicklichen Stand der Herzdiagnostik. Jena: Fischer 1915. — Nonnenbruch: Beobachtungen über chronische Nierenerkrankungen bei Endocarditis lenta. Klin. Wschr. 1, 45 (1922). — Nothnagel: Zur Lehre von der vasomotorischen Neurose. Dtsch. Arch. klin. Med. 3, 309 (1867). — Mitteilungen über Gefäßneurose. Berl. klin. Wschr. 1867. — Nyssen, René: L'influence de la douleur sur la pression artérielle chez l'homme. J. de Neur. 31, 205—280 (1931).

Obrastzow, W. P., u. N. D. Strachesko: Zur Kenntnis der Thrombose der Coronararterien des Herzens. Z. klin. Med. 71, 116—132 (1910). — Oettinger, Jacob: Über Veränderungen des Elektrokardiogramms nach akutem Verschluß der Coronararterien. Ebenda 110, 578—595 (1929). — Ogle, John W.: Miscellaneous contributions to the studys of pathology. Chapt. III. Cases in which morbis changes in the arteries of the heart were met with upon dissection adducted with special reference to sudden death and symptoms of so-called angina pectoris. Observations on the pathogeny of angina pectoris. Brit. and foreign. med.-chir. Rev. 46, 447—466 (1870). — Ohm, R.: Der Herzkrampf, sein Nachweis und Vorkommen, sein Wesen und seine klinische Bedeutung. Klin. Wschr. 1922, Nr 38. — Oppenheimer, Bernard S., u. Marcus A. Rothschild: Electrocardiographic changes associated with myocardial involvment. J. amer. med. Assoc. 69, 429—431 (1917). — Ortner, N.: Klinische Symptomatologie. 1919. — Zur Frage der Ätiologie der Angina pectoris. Übergang von Aortalgie in Angina pect. Med. Klin. 1926, Nr 21. — Alte und neue Gedanken zur Frage nach der Ätiologie der Angina pectoris vera. Wien. med. Wschr. 1926, Nr 1, 8. — Osler, William: Lectures on angina pectoris, S. 100. New York und London 1897. — The lumleian lectures on angina pectoris. Lancet 1, 696—702, 839—844, 973—977 (1910). — Otto, Harold L.: The ventricular electrocardiogram. An experimental study. Arch. int. Med. 43, 335—350 (1929). — The effect of obstruction of coronary arteries upon the T-wave of electrocardiogram. Amer. Heart J. 4, 346—350 (1929).

Pagenstecher: Weiterer Beitrag zur Herzchirurgie. Die Unterbindung der verletzten Arteria coronaria. Dtsch. med. Wschr. 27, 56—57 (1901). — Pal, J.: Über Angina pectoris und abdominis. Wien. med. Wschr. 1904, 569. — Paroxysmale Hochspannungsdyspnoe. Wien 1907. — Klinisches und Therapeutisches über Angina pectoris. Wien. Arch. inn. Med. 6, 153 (1923). — Die krampflösende Wirkung der paravertebralen Injektion. Wien. klin. Wschr. 1924, 1323. — Über Wesen und Behandlung der Angina pectoris vera. Ebenda 1926, Nr 22. — Der akute Aortenschmerz. Med. Klin. 1928, H. 43. — Coronarspasmus — Angina pectoris. Ebenda 1929, H. 1. — Gefäßkrisen, S. 41. Leipzig 1905. Z. ärztl. Fortbildg 28, 309—312 (1931). — Parade, D. W.: Experimentelle Untersuchungen zur Frage der Coronarunterbindung, Arch. exp. Path. 163, H. 3, 243 (1931). — Parade u. Voit: Zur Pathologie und Therapie der Adams-Stokesschen Krankheit. Dtsch. med. Wschr. 1931, 629. — Pardee, Harold E. B.: An electrocardiographic sign of coronary artery obstruction. Arch. int. Med. 26, 244—257 (1920). — Clinical aspects of the electrocardiogram. A manual for physicians and students, 2. Aufl. 1928, New York 1924. — Heart diseases and abnormal electrocardiograms with special reference to the coronary T-wave. Amer. J. med. Sci. 169, 270—283 (1925). — Complete clinical recovery after thrombosis of a coronary branch. Amer. Heart J. 2, 442—445 (1927). — Parkinson u. Bedford: Cardiac infarction and coronary thrombosis. Lancet 1, 4—10 (1928). — Successive changes in the electrocardiogramm after cardiac infarction. (Coronary thrombosis.) Proc. roy. Soc. Med. 21, Nr 15, Sect. of Med., 723—725 (1928); Heart 14, 195 (1928). — Electrocardiographic changes during brief attacks of angina pectoris. Lancet 220, 15 (1931). — Parsonnet, Aaron E., u. Albert S. Hyman: Applied electrocardiography. An introduction to electrocardiography for physicians and students. New York 1928. — Pawinski, J.: Über den

Einfluß der trockenen Pericarditis auf die Entstehung der Stenocardie und Cardialasthma. Dtsch. Arch. klin. Med. 58, 565—604 (1897). — William-Heberden-Angina pectoris. Eine historisch-klinische Skizze. Z. klin. Med. 70, 352—357 (1910). — PEARCY, J. FRANK, WALTER S. PRIEST u. C. M. VAN ALLEN: Pain due to temporary occlusion of the coronary arteries in dogs. Amer. Heart J. 4, 390—392 (1929). — PERITZ, O.: Über den Herzkrampf im Rahmen der Spasmophilie. Z. Neur. 1926, 395. — PLETNEW, D.: Zur Frage der intravitalen Differentialdiagnose der rechten und linken Coronararterienthrombose des Herzens. Z. klin. Med. 102, 295—310 (1926). — Läßt sich ein Aneurysma der Herzventrikel intra vitam feststellen? Ebenda 104, 378—393 (1926). — Zur Frage der Dauerresultate nach Anwendung der paravertebralen Alkoholinjektion bei Angina pectoris. Z. Kreislaufforsch. 23, 177—183 (1931). — PLENGE, K.: Tabakabusus und Coronarsklerose. Dtsch. med. Wschr. 2, 1947 (1930). — PORTE, DANIEL, u. HAROLD E. B. PARDEE: The occurence of the coronary T-wave in rheumatic pericarditis. Amer. Heart J. 4, 584—590 (1929). — PORTOCALIS, A., u. G. T. FLORA: Angine de poitrine d'effort avec érythème initial et poussée hypertensive. Bull. Soc. méd. Hôp. Paris 3, s. 47, 1650—1658 (1931). — PRIEST, W. S.: Coronary thrombosis. Illinois med. J. 1931, 1—25 (Oktober).

RAW, NATHAN: The nature of angina pectoris (Correspondence). Lancet 2, 571 (1909). — REID, W. P.: The mechanism of angina pectoris. Arch. int. Med. 34, 2 (1924). — RICHON: Pathogénie de l'angine de poitrine et des indications de son traitement chirurgical. Presse méd. 1925, 62. — RINDFLEISCH: Einige Bemerkungen über Angina pectoris. Dtsch. med. Wschr. 1924, Nr 43, 1470. — RITCHIE, W. T.: Further observations on auricular flutter. Quart. J. Med. 1913, Nr 25, 1—12. — ROBINSON, G. CANLY, u. GEORGE R. HERRMANN: Paroxysmal Tachycardie of ventricular origin and its relation to coronary thrombosis. Trans. Assoc. amer. Physicians 35, 155—163 (1920). — ROEMHELD, L.: Angina pectoris. Verh. dtsch. Ges. inn. Med. 1931, 313—314. — ROHMER, P.: Elektrokardiographische und anatomische Untersuchungen über den Diphtherie-Herztod. Z. exper. Path. 1912, Nr 11. — ROLLESTON, SIR HUMPHRY: Cardiovascular diseases since Harvey's discovery (Harveian Oration). Lancet 2, 799—801 (1928). — ROMBERG, ERNST V.: Die Lehre von den Herzneurosen. Dtsch. Z. Nervenheilk. 1910, 171. — Lehrbuch der Krankheiten des Herzens und der Blutgefäße, 4. u. 5. Aufl., vid. 84—90, 209—219. Stuttgart 1925. — Über Angina pectoris. Münch. med. Wschr. 76, Nr 18, 748—750 (1929). — Über Coronarsklerose. Münch. med. Wschr. 1932, 1021. — ROTHBERGER, C. J.: Normale und pathologische Physiologie. Erg. Physiol. 32, 472 (1931). — ROTHBERGER u. SCHERF: Erregungsausbreitung vom Sinus auf den Vorhof. Z. exper. Med. 53, H. 5/6 (1927). — ROTHSCHILD, M. A., H. MANN u. B. S. OPPENHEIMER: Successive changes in the electrocardiogram following acute coronary occlusion. Proc. Soc. exper. Biol. a. Med. 23, 253 bis 255 (1926). — RUSSOW: Herzinfarkt und Bradykardie. Dtsch. med. Wschr. 1932, Nr 19, 735. — RYLE, JOHN A.: A note on John Hunters cardiac infarct. Lancet 1, 332—334 (1928).

SAMOJLOFF: Der G. R. Minessche Ringrhythmusversuch am Schildkrötenherzpräparat. Pflügers Arch. 197, H. 3/4 (1922). — Über den Einfluß des Muskarins auf das Elektrokardiogramm des Froschherzens. Zbl. Physiol. 27, Nr 1. — SCOTT, R. W.: Clinical and pathological aspects of coronary diseases. Ohio State Med. J. 25, 349—354 (1929). — SINGER, RICHARD: Experimentelle Ergebnisse über den Angina-pectoris-Schmerz. I. Verursacht die akute Herzmuskelischämie Schmerzen? Vortr. Ges. Ärzte Wien, 26. Juni 1925. Wien. klin. Wschr. 1925, Nr 28, 797. — Experimentelle Studien über die Schmerzempfindlichkeit des Herzens und der großen Gefäße, über die Schmerzleitung und ihre Beziehung zur Angina pectoris. Vortr. Ges. Ärzte Wien, 30. April 1926. Ebenda 1926, Nr 19, 555. — Die erste operative Behandlung der Angina pectoris durch Ramicotomia anterior. C 8 — D 3. Wien. klin. Wschr. 1927, Nr 31, 989. — SINGER, R., u. A. SPIEGEL: Der Weg des Herz- und Aortenschmerzes über die Hinterwurzeln zum Zentralnervensystem. Z. exper. Med. 55, 607 (1927). — SMITH, F. M.: Further observations on the T-wave on the Ekg of the dog following the ligation of the coronary arteries. Arch. int. Med. 25, 673—682 (1920). — SMITH, S. CALVIN: Observations on the heart in diphtheria. J. amer. med. Assoc. 77, 765—772 (1921). — SPIRT, J.: Über den Mechanismus der Entstehung und des Schwindens der Angina pectoris. Z. Kreislaufforsch. 24, 75—82 (1932). — SUTTON, D. C., u. H. C. LUETH: Schmerz. Arch. int. Med. 45, 827 (1930). Ref. nach Rona Zbl. Physiol. 59, 117 (1931). — SCHÄFFER, H.: Über die Diätbehandlung der Kreislauferkrankungen. Med. Welt 1931, Nr 40, 1428. — SCHATZKI, R.:

Die Beweglichkeit von Ösophagus und Magen innerhalb des Zwerchfellschlitzes beim alten Menschen. Fortschr. Röntgenstr. **45**, H. 2, 177—187 (1932). — Die Hernien des Hiatus oesophageus. Dtsch. Arch. klin. Med. **173**, H. 1, 85—103 (1932). — SCHERF, D.: Ein Fall von Angina pectoris. Z. klin. Med. **120**, H. 5/6, 715 (1932). — SCHITTENHELM u. KAPPIS: Weitere Erfahrungen mit der chirurgischen Behandlung der Angina pectoris. Münch. med. Wschr. **19**, 753 (1925). — SCHLAYER, C. R.: Über Angina pectoris. Dtsch. med. Wschr. Nr 47, 1998, **1928**. — SCHLESINGER, H.: Die Syphilis des Zirkulations- und Respirations-apparates. Wien: Julius Springer 1928. — SCHMIDT, RUDOLF: Schmerzphänomene bei inneren Krankheiten. Prag. med. Wschr. **1914**, Nr 40. — Angina pect. und Aortalgie. Med. Klin. 1 (1922). — Zur Kenntnis der Aortalgie (Angina pectoris) und über das Symptom des anginösen linksseitigen Plexusdruckschmerzes. Ebenda **1923**, Nr 45. — SCHOEN, R.: Neuere Kreislaufmittel und ihre Anwendung bei lebensbedrohlichen Zuständen Erg. Chir. **21**, 339—420 (1928). — SCHOTTMÜLLER: Zur Behandlung der Spätlues inkl. der Aortitis luica. Dtsch. med. Wschr. **49**, 175 (1923).—SCHWARTZ, J.: Am. Assoc. **94**, 852 (1930). — SCHWARZ, H., u. H. DIBOLD: Zur diätetischen Behandlung Kreislaufkranker. Med. Klin. **1932**, Nr 25, 857. — SCHWARTZMANN, J. S.: Muscle extract in treatment of angina pectoris and intermittend claudication. Brit. med. J. **1**, 855—856 (1930). — STADLER, E.: Die Klinik der syphilitischen Aortenerkrankung. Jena 1912. — STAEMMLER: Zur pathologischen Anatomie des sympathischen Nervensystems. Dtsch. med. Wschr. **13** (1925). — STEPP, W., G. W. PARADE: Untersuchungen u. Betrachtungen über den plötzlichen Herztod durch Kammerflimmern. Münch. med. Wschr. **1928**, 1869. — Über die Bewertung der Final-schwankung des Elektrokardiogramms für die Diagnose von Myocardschädigungen. Kln. Wschr. **1931**, 684. — STEPP u. SCHLIEPHAKE: Über Fortschritte in der Behandlung der paroxysmalen Tachykardie. Fortschr. Ther. **2**, H. 7 (1926). — STERNBERG, MAXIMILIAN: Pericarditis epistenocardica. Wien. med. Wschr. **1910**, 14—23. — Stenokardie bei Mitral-fehlern. Kongr. inn. Med. **1923**, 91. — STEWART, J. HAROLD: The relation of clinical including electrocardiographic phenomena to occlusion of the coronary arteries based on the observation of a case. Amer. Heart J. **4**, 393—407 (1929). — STOUTZ, V.: Gibt es ein objektives Symptom für einen Anfall von Angina pectoris. Münch. med. Wschr. **1926**, 892. — STRAUB, H.: Die Schweratmigkeit der Herzkranken. Z. ärztl. Fortbildg **1931**, Nr 16, 513—519. — STRÜMPELL: Spezielle Pathologie und Therapie **1**, 442 (1914).

TRIER, F.: Panum's sidste Sygdom. Meddelt i det medicinske Selsk. i. Kjøbenhavn d. 6te Oktober 1885. Hosp.tid. (dän.) **3**, R. 3 B, 1089—1093.

VAQUEZ, M. H.: Action thérapeutique des nitrites. C. r. Soc. Biol. **56 II**, 290 (1904). — Angine de poitrine. Arch. Mal. Cœur **8**, 45 (1915). — Maladies du cœur **2**, 816, vid. 293, 316—326, 475—479. Paris 1928. — VAQUEZ, H., R. GIROUX u. N. KISTHINIOS: De l'action de certains extraits pancréatiques dans le traitement de l'angine poitrine. Presse méd. **27**, 1277—1279 (1929). — VEIL, PAUL, u. JUAN CODINA-ALTÈS: Traité d'electrocardio-graphic clinique, S. 381—386. Paris 1928. — VERDON, H. W.: Gastric origin of angina pectoris. Brit. med. J. **3**, 18 (1911).

WARBURG, ERIK J.: Studier over digitalisbehandling. J Digitoxinfreie Praeparater. Hosp.tid. (dän.) **1927**, 383—399, 407—424. — Bemaerkninger on den therapeutiske An-vendelse af Digitalis. Nord. Med. Tidsker. **1**, 8—14 (1929). — Über den Coronarkreislauf und über die Thrombose einer Coronararterie. II. Pathologie und Klinik. Acta med. scand. **73**, 545—604 (1930). — WASSERMANN, S.: Die „Angina respiratoria". Wien. Arch. inn. Med. **1924**, H. 3. — Über eine bisher unbeachtet gebliebene Atemstörung bei der Angina pectoris. Wien. klin. Wschr. **1924**, 889. — Neue klinische Gesichtspunkte zur Lehre vom Asthma cardiale. Wien. Arch. inn. Med. **12**, 1 (1926). — Über ein Preßphänomen und den Atem-stillstand bei Angina pectoris. Z. klin. Med. **117**, H. 3/4, 321—341 (1931). — WENCKEBACH: Kongr. inn. Med. **1923**; Gesellschaft für innere Medizin und Kinderheilkunde, Wien. Ges. Vorträge und Diskussion über Angina pectoris. Wien und Leipzig: Perles 1924. — Toter Punkt, „second wind" und Angina pectoris. Wien. klin. Wschr. **1928**, Nr 1, 1. — WENCKE-BACH u. WINTERBERG: Die unregelmäßige Herztätigkeit, S. 353—355. Leipzig 1927. — WEINTRAUT: Über die Salvarsanbehandlung syphilitischer Herz- und Gefäßerkrankungen. Ther. Gegenw. **1911** (Oktober). — WHITE, PAUL D.: The prognosis of angina pectoris and of coronary thrombosis. J. amer. med. Assoc. **87**, 1525—1530 (1926). — Heart Disease, New York (1931). — WHITE, P. D., u. P. D. CAMP: The status anginosus induced by paroxysm auricular fibrilfation. Amer. Heart J. **7,** 581 (1932). — WHITE, PAUL D., u. SEELEY G. MUDD: Angina pectoris in young people. Amer. Heart J. **3,** 1—13 (1927). — WIECH-MANN, E., u. J. LOER: Zur Entstehung des Asthma cardiale. Dtsch. Arch. klin. Med. **154,** 372 (1927). — WIELE, G.: Herzrhythmusstörungen (Paroxysmale Tachykardia und Flimmer-arhythmie) mit schweren Zirkulationsstörungen der Peripherie und ihre Behandlung. Münch. med. Wschr. Nr 15, 581 (1932). — WIGGERS, C. J.: Physiologic meaning of common clinical signs and symptoms in cardiovascular disease. J. amer. med. Assoc. **96,** 603—610 (1931). — WILLIUS, F. A.: Angina pectoris: An electrocardiographic study. Arch. int. Med. **27,** 192—223 (1921). — Infarctus du myocarde. Deux observations avec electrocardio-grammes détaillés.' Arch. Mal. Cœur. **18,** 712—718 (1925). — Clinical electrocardiograms. Their interpretation and significance, S. 167—168, 184—201. Philadelphia und London 1929. — WILLIUS, F. A., u. GEORGE E. BROWN: Coronary sclerosis. An analysis of eighty-six necropsies. Amer. J. med. Sci. **168,** 165—180 (1924). — WILSON, F. N., u. R. FINCH: The effect of drinking iced water upon the T deflection of the electrocardiogram. Heart **10,** 275—278 (1923). — WINDLE: Abnormal forms breathing in cases of angina pectoris, with pulsus alternans. Lancet **180,** 1260 (1911). — WINTERNITZ u. SELYN: Zit. nach ROTH-BERGER. — WOLFERTH, CH. C., u. F. C. WOOD: The electrocardiographic diagnosis of coronary occlusion by the use of chest leads. Amer. J. med. Sci. **183,** 30—35 (1932). — WOLFF, E. K.: Die Lehre vom Kollateralkreislauf seit August Bier. Dtsch. Z. Chir. **234,** 159—171 (1931). — WOLFFE, JOSEPH B., DONALD FINDLAY u. EDWARD DESSEN: Treatment of angina pectoris with a tissue vasodilatator extract. Ann. int. Med. **5,** 625—642 (1931). — WOLLHEIM, ERNST: Herzinfarkt und Angina pectoris. Dtsch. med. Wschr. 1, 617—619 (1931). — WOODRUFF: In Druck.

ZURHELLE: Experimentelle Untersuchuugen über die Beziehungen der Infektion und der Fibringerinnung zur Thrombosebildung im strömenden Blut. Zieglers Beitr. **47,** 3 (1910).

Namenverzeichnis.

Aargard, Otto C. 9, 14.
Abrahamson, Leonard 205.
Abrikossoff 145, 205.
Acker, R. B. 205.
Adams 200.
Albrecht, E. 5, 14.
Allbutt, Clifford 132, 134, 184, 205.
Allen, C. M. van 214.
— Edgar 165, 169, 205.
— Geo A. 205.
Amenomiya, R. 205.
Andersen, S. 205.
Anderson, I. P. 205.
Angelvin, Lucien 205.
Anitchkow, S. W. 89.
Anrep, G. V. 18, 31, 32, 36, 37, 38, 39, 42, 51, 55, 57, 64, 65, 66, 68, 71, 79, 89, 93, 100, 140.
Aran, F. A. 110, 205.
Archangelsky 14, 42, 72.
Arnold 14.
Arnoldi 136.
Aschoff 2, 14, 106, 110, 167.
Askanazy, M. 84, 89.
Aßmann, H. 108, 110.
Atzler, E. 52, 71.
Aubertin, Ch. 205.

Backmann, E. L. 88.
Ball, R. G. 206.
Banchi 1, 14.
Barbour, X. 14, 87, 89.
Barcroft, I. 52, 71, 159.
Bard, L. 205.
Barger, G. 89.
Barker, L. F. 106, 110, 175, 205.
Barnes, A. R. 97, 106, 122, 126, 161, 195, 206.
Barth 206.
Barthels 106, 113.
Bartoletti, Fabritio 206.
Barton, J. C. 112.
Basch, v. 151.
Bates, Wm. 206.
Baum 15.
Bayliß, W. M. 52, 71.
Beck, Heinrich 110, 206.
Bedford 106, 137, 167, 170, 173, 176, 213.

Beitzke 111.
Belajeff 10.
Bell 184.
Benda, C. 110, 145.
Benenati 145.
Bennet 86.
Benninghoff, A. 8, 14.
Benson, Robert L. 206.
Bergmann, v. 99, 100, 141, 191, 195, 206.
Bettelheim, K. 206.
Beyer, H. O. 75.
Bezold, Albert v. 94, 100.
Bianchi 4.
Bier, A. 107, 110.
Birch-Hirschfeld, F. V. 100.
Bischoff 142, 206.
Bittorf 131, 206.
Blondel, A. 182, 212.
Boas 102, 110.
Bochdalek 1, 14.
Bochefontaine 101.
Bock, A. B. 33, 71, 159.
Bodansky, Oscar 72.
Bodo, R. 51, 89.
Boeger 67, 71.
Boer, S. de 71, 96, 100.
Böttger, H. 110.
Bohr, Chr. 32, 71.
Boller, R. 206.
Bonnet, R. 14.
Borch, Ole (Ol. Borichius) 206.
Bork, Kurt 110.
Bousfield, Guy 137, 206.
Boyd, Adam N. 110.
Braeucker, W. 10, 13, 14.
Braun, L. 85, 132, 138, 206.
— L. 71.
Brehm 80.
Breitmann 206.
Breuer, R. 84.
Brera, V. 130, 206.
Breymann, Erich 100.
Brodie, T. G. 71, 79, 89.
Broemser, Ph. 16, 22, 32, 71, 168.
Brooks, Harlow 132, 206.
Brow 106, 194.
Brown, George E. 211, 216.
Brücke 16, 71.
Brüning, F. 194, 206.

Brugsch, Theodor 206.
Brunton, L. 206.
Budor, Gaston-Pierre 110.
Büdingen 182, 206.
Burgeß, Alex M. 206.
Bunin, E. J. 210.

Cabot 138, 206.
Camp 215.
Campbell, John R. 123, 212.
— I. S. 206.
Cannon, I. H. 206.
Cartel 178.
Cauchois, Féréol 110.
Chauveau 17.
Chiari, A. 206.
Chomel 110.
Christ, Anton 110.
Christian, Henry A. 206.
Church, W. S. 206.
Chvostek, F. 206.
Clark, A. I. 72.
Clawson, B. I. 110.
Clerc, A. 126, 164, 206.
Codina-Altès 215.
Coffen, T. Homer 206.
Coffy 194.
Cohn, A. E. 89, 126, 201, 206, 207.
Cohnheim, Jul. 4, 14, 94, 95, 100, 167.
Colucci, V. 14.
Condorelli 117.
Conner, L. A. 207.
Connet, H. 73.
Coombs, C. 207.
— Carey F. 170, 171, 207.
Costantini, Henri 207.
Cotton, Th. F. 207.
Cow, D. 52, 72, 89.
Cowan, I. 122, 130, 134, 143, 191, 207.
Crainicianu 3, 32.
Crooke, Georg Friedr. 110.
Crowell, C. 112, 211.
Cruickshank, E. W. H. 71.
Cruveilhier, I. 14, 110.
Cullis, W. C. 71, 79, 89.
Curl, H. 73.
Curschmann, H. 133, 134, 143, 167, 207.
— jun., H. 192, 207.

Sachverzeichnis.